美国著名奥数教练蒂图·安德雷斯库系列丛书(第三辑)

U1016821

罗马尼亚数学问题集

A Romanian Problem Book

[美] 蒂图·安德雷斯库(Titu Andreescu)
[罗] 玛丽安·特蒂娃(Marian Tetiva) 著
余应龙 译

哈爾濱工業大學出版社
HARBIN INSTITUTE OF TECHNOLOGY PRESS

黑版贸审字 08－2020－178 号

内 容 简 介

本书中的数学问题选自 1975—1986 年罗马尼亚国家选拔赛试题，这些问题按照时间的顺序排在每一章中. 本书主要讲述了代数、数论与组合、几何与三角这三方面的问题，并在后续章节中给出了问题的解答，有些问题不止给出一个解答，而且还添加了评论，甚至插叙了一些相关结果，从而为读者提供不同的思路. 虽然本书中有些问题提出的时间比较早，但是对于参加数学竞赛的学生仍有参考价值.

本书适合参加数学竞赛的学生和教练员参考使用，也可供数学爱好者参考阅读.

图书在版编目(CIP)数据

罗马尼亚数学问题集/(美)蒂图・安德雷斯库(Titu Andreescu)，(罗)玛丽安・特蒂娃(Marian Tetiva)著；余应龙译. —哈尔滨：哈尔滨工业大学出版社，2025. 6. —ISBN 978-7-5767-2014-3

Ⅰ. O15；O18

中国国家版本馆 CIP 数据核字第 20258XR606 号

© 2020 XYZ Press，LLC

All rights reserved. This work may not be translated or copied in whole or in part without the written permission of the publisher (XYZ Press, LLC, 3425 Neiman Rd., Plano, TX 75025, USA) and the authors except for brief excerpts in connection with reviews or scholarly analysis. Use in connection with any form of information storage and retrieval, electronic adaptation, computer software, or by similar or dissimilar methodology now known or hereafter developed is forbidden. The use in this publication of tradenames, trademarks, service marks and similar terms, even if they are not identified as such, is not to be taken as an expression of opinion as to whether or not they are subject to proprietary rights.

www.awesomemath.org

LUOMANIYA SHUXUE WENTIJI

策划编辑　刘培杰　张永芹
责任编辑　张嘉芮　穆方圆
封面设计　孙茵艾
出版发行　哈尔滨工业大学出版社
社　　址　哈尔滨市南岗区复华四道街 10 号　邮编 150006
传　　真　0451-86414749
网　　址　http://hitpress.hit.edu.cn
印　　刷　哈尔滨博奇印刷有限公司
开　　本　787 mm×1 092 mm　1/16　印张 18.5　字数 332 千字
版　　次　2025 年 6 月第 1 版　2025 年 6 月第 1 次印刷
书　　号　ISBN 978-7-5767-2014-3
定　　价　68.00 元

（如因印装质量问题影响阅读，我社负责调换）

◎序言

本书中的数学问题选自于 1975—1986 年罗马尼亚国家选拔赛试题.这些问题按时间顺序出现在每一章中.

本书的第一作者在 1975 年作为一名高中生参加了他的最后一次选拔赛.本书的第二作者较为年轻,在本书所涉及时期的最后一年参加了选拔赛.

我们从出现在历届罗马尼亚全国数学竞赛中的问题中学到了不少数学知识,这些知识伴随着我们的整个职业生涯.这些问题虽已老旧,其中有些问题甚至超过四十年,但是对于现在的学生仍有参考价值,特别是对于参加数学竞赛的学生.我们觉得只是呈现这些问题及其解答是远远不够的,于是,若有可能我们就给出不止一种解法,还对这些解答给出一些评论,以便将这些问题搞得更明白,或弄清楚与其他一些问题的联系,甚至插叙另一些相关的结果.我们相信所有这一切都是很有意义的,至少对于参加数学奥林匹克竞赛的新手而言.我们在多处留下一些与呈现的问题有关的不附解答的问题,希望读者能够接受,甚至享受这些挑战.当然,如今"所有的解答在网上都有",但是我们还是重复一下建议:首先设法自己解决问题,然后查看解答.

如果你比较一下近年来的竞赛题,你肯定会一方面看到代数与几何之间的不同的比例,另一方面看到组合与数论之间的不同的比例.与其说这是我们的选择,不如说是不同年代的现实.您将会发现本书的两位作者诚挚地邀请您阅读本书,并从中学到一些东西,这将使你在数学竞赛中,更重要的是在科学、技术、工程和数学的领域中有很好的表现.欢迎各位提出建议、指正和评论.

最后我们对这些问题的提出者表示感谢(很抱歉不一一列举提出者的姓名). 十分感谢 Richard Stong 先生对本书提出不少有益且可改进的意见.

在 1984 年比赛的最后一轮中,分发了一本小册子,其中包含 1975 年至 1983 年罗马尼亚国家选拔赛试题及其简解,我们在形成本书时使用了这本小册子的部分内容(在本书中提到的另一些材料)并向这些材料的提供者表示衷心的感谢.

Titu Andreescu

Marian Tetiva

2020 年 1 月 1 日

◎ 目录

第 1 章　代数问题

1. 设 $a_1, a_2, \cdots, a_n$ 是实数,满足 $a_k \geqslant \frac{1}{2}(k = 1, 2, \cdots, n)$ 和 $a_{n+1} = a_1$. 求

$$S_n(a_1, a_2, \cdots, a_n) = \sum_{k=1}^{n} a_k(1 - a_{k+1})$$

的最大值.

2. 考虑实数集

$$A = \{a_1, a_2, \cdots\}, B = \{b_1, b_2, \cdots\}$$

其中 $a_1 = b_1$,并且对于任何正整数 n,有 $b_{n+1} = b_n(1 - a_{n+1}) + (1 - b_n)a_{n+1}$. 证明:当且仅当 $\frac{1}{2} \in B$ 时,$\frac{1}{2} \in A$.

3. 确定一切函数 $f: \mathbf{Q} \to \mathbf{Q}$,对于每一对 $x, y \in \mathbf{Q}$,满足方程

$$f(x + y) + f(x - y) = 2(f(x) + f(y) + 1)$$

4. 求方程组

$$(x_1 + x_2 + x_3)x_4 = (x_1 + x_2 + x_4)x_3 = (x_1 + x_3 + x_4)x_2 = (x_2 + x_3 + x_4)x_1 = a$$

的复数解,这里 a 是给定的复数.

5. 确定实数 x_1, x_2, x_3, x_4,使

$$\begin{aligned} \max\{x_1, x_2 + x_3 + x_4\} &= \max\{x_2, x_1 + x_3 + x_4\} = \max\{x_3, x_1 + x_2 + x_4\} \\ &= \max\{x_4, x_1 + x_2 + x_3\} = 1 \end{aligned}$$

然后提出并解 n 个数的类似的问题.

6. 如果 a, b, c 是周长为 6 的三角形的边长,A, B, C 是用弧度制表示的内角的大小,证明

$$2\pi \leqslant aA + bB + cC < 3\pi$$

7. 设 n 是大于 1 的整数,$a > 1$ 是无理数. 证明

$$\sqrt[n]{a + \sqrt{a^2 - 1}} + \sqrt[n]{a - \sqrt{a^2 - 1}}$$

也是无理数.

8. 设 a, b, c, d 是非负实数,且

$$a \leqslant 1, a + b \leqslant 5, a + b + c \leqslant 14, a + b + c + d \leqslant 30$$

证明:$\sqrt{a}+\sqrt{b}+\sqrt{c}+\sqrt{d}\leqslant 10$.

9. 证明:任何实系数多项式函数可写成两个递增的(实)多项式函数的差.

10. 考虑一个整系数多项式 P 以及某些不同的整数 $a_1,\cdots,a_n$. 证明:如果存在集合 $\{1,2,\cdots,n\}$ 的一个排列 σ,使 $P(a_k)=a_{\sigma(k)}$,$k=1,2,\cdots,n$,那么 $\sigma\circ\sigma$ 不变.

11. 设 a,b,c 是整数,$a>0$,给定的方程 $ax^2+bx+c=0$ 在$(0,1)$中有两个不同的零点,证明:$a\geqslant 5$.

12. 证明:对任何 $x_k\in[1,2]$,$k=1,2,\cdots,n$,有

$$\left(\sum_{k=1}^{n}x_k\right)\left(\sum_{k=1}^{n}\frac{1}{x_k}\right)^2\leqslant n^3$$

13. 考虑三次实多项式 P,Q,R,对每一个实数 x,都有

$$P(x)\leqslant Q(x)\leqslant R(x)$$

以及对某个实数 a,有

$$P(a)=Q(a)=R(a)$$

证明:存在 $\lambda\in[0,1]$,使 $Q=(1-\lambda)P+\lambda R$. 证明:对于四次多项式同样的结果不成立.

14. 证明:存在一个函数 $f:\mathbf{N}^*\to\mathbf{N}^*$,对任何 $n\in\mathbf{N}^*$,有 $f(f(n))=n^2$.

15. 求一个二次多项式 $P\in\mathbf{R}[X]$,对于任何 $x\in[-1,1]$,有

$$\left|P(x)+\frac{1}{x-4}\right|\leqslant 0.01$$

是否存在具有这一性质的一次多项式?

16. 设 $n\geqslant 2$ 是整数. 计算

$$\max_{1\leqslant k\leqslant n}\ \max_{n_1+\cdots+n_k=n}\binom{n_1}{2}\cdots\binom{n_k}{2}$$

17. 设 n 是正整数. 求一切多项式 $P\in\mathbf{R}[X]$,使得对一切 $x\in\mathbf{R}$,有

$$P\left(x+\frac{1}{n}\right)+P\left(x-\frac{1}{n}\right)=2P(x)$$

18. 对实数 x,设(x)(这是一个特别安排的记号)是最接近 x 的整数,也就是说,当且仅当 p 是满足

$$p-\frac{1}{2}\leqslant x<p+\frac{1}{2}$$

的唯一整数时,我们有$(x)=p$. 例如,对任何整数 k,有$(k)=k$,$(2.3)=2$,$(-2.5)=-2$. 求一个多项式 P,对一切 $n\in\mathbf{N}^*$,有

$$\sum_{k=1}^{n^2}(\sqrt{k})=P(n)$$

19. 设 a,b,c 和 λ 是实数，且 $a^2+b^2+c^2=1,\lambda>0,\lambda\neq 1$. 证明：如果 $x,y,z\in\mathbf{R}$ 以及 $x-\lambda y=a,y-\lambda z=b,z-\lambda x=c$，那么

$$x^2+y^2+z^2\leqslant\frac{1}{(\lambda-1)^2}$$

20. 设 M 是所有双射 $\phi:\mathbf{N}\to\mathbf{N}$ 的集合. 证明：不存在双射 $F:\mathbf{N}\to M$.

21. 考虑展开式

$$(1+X+X^2)^n=a_0^{(n)}+a_1^{(n)}X+\cdots+a_{2n}^{(n)}X^{2n}$$

证明：(a) $a_0^{(n)}\leqslant a_1^{(n)}\leqslant\cdots\leqslant a_n^{(n)}$ 和 $a_n^{(n)}\geqslant a_{n+1}^{(n)}\geqslant\cdots\geqslant a_{2n}^{(n)}$.

(b) 四个和

$$S_j^{(n)}=\sum_{k\geqslant 0}a_{4k+j}^{(n)},j=0,1,2,3$$

中的三个和相等，第四个和与这三个相等的和相差 1.

(每个和都取遍所有非负下标 k 也满足 $4k+j\leqslant 2n$.)

22. 设 $n\geqslant 2$ 是整数，a 是正实数. 求

$$\max_{0\leqslant a_1,\cdots,a_n\leqslant n}\sum_{k=1}^{n}(a-a_1)\cdots(a-a_{k-1})a_k(a-a_{k+1})\cdots(a-a_n)$$

23. 设 p 是奇质数，n 是偶自然数. 设 $P(X)=X^{p-1}+X^{p-2}+\cdots+X+1$. 证明：多项式

$$-1+\prod_{k=0}^{n-1}P(X^{p^k})$$

能被 X^2+1 整除.

24. (a) 求一切函数 $f:\mathbf{R}\to\mathbf{R}$ 满足恒等式

$$f(x)+f(\lfloor x\rfloor)f(\{x\})=x,\forall x\in\mathbf{R}$$

通常我们用$\lfloor x\rfloor$ 和 $\{x\}$ 分别表示实数 x 的整数部分和小数部分.

(b) 对于在(a)中找到的每一个函数 f，求一切 $k\in\mathbf{R}$，方程 $f(x)+mx+k=0$ 对任何 $m\in\mathbf{R}$ 都有解.

25. 证明：16 个连续整数的任何集合都能分割成两个集合 U 和 V，每个集合都有 8 个元素，且对 $k=1,2,3$，满足

$$\sum_{u\in U}u^k=\sum_{v\in V}v^k$$

26. 考虑多项式 $P=\alpha X^3-\frac{1}{6}X,\alpha\in\mathbf{R}$.

(a) 求出所有使 $p(n) \in \mathbf{Z}(n \in \mathbf{Z})$ 的 α.

(b) 对无理数 α 以及任何 $0 \leqslant u < v \leqslant 1$,证明:存在 $n \in \mathbf{N}$,使

$$u < \{P(n)\} < v$$

27. 设 $x_1, \cdots, x_n$ 是非负实数. 证明:存在 $a_1, \cdots, a_n \in \{-1, 1\}$,使

$$a_1 x_1^2 + \cdots + a_n x_n^2 \geqslant (a_1 x_1 + \cdots + a_n x_n)^2$$

28. 求区间[4,40]内的一切实数三数组 x, y, z 满足

$$x + y + z = 62,\ xyz = 2\ 880$$

29. 设 A 是有限的实数集,再设 $f: A \to A$ 是一个函数,且对一切不同的 $x, y \in A$,有 $|f(x) - f(y)| < |x - y|$. 证明:f 不是 A 到 A 上的映射,以及 f 恰有一个不动点.

30. 设 $f: \mathbf{R} \to \mathbf{R}$ 是一个函数,且对一切 $x \in \mathbf{R}$,有

$$f(f(x)) = \frac{x^9}{(x^2+1)(x^6+x^4+2x^2+1)}$$

证明:f 恰有一个不动点.

31. 设 a, b, c 是一个三角形的三边长. 如果实数 x, y, z 满足 $ax + by + cz = 0$,证明:$xy + xz + yz \leqslant 0$.

32. 证明:在集合$\{1, 2, \cdots, 1\ 022\}$中取的任意 19 个不同的整数中,能够找到不同的三个数 a, b, c,有 $a < b + c < 4a$. 如果用 n 代替 1 022,求最小可能的 m 代替 19,使结果仍然成立.

33. 设 A 是非空集合,$h: A \times A \to A$ 是一个函数. 证明以下两个命题等价:

(i) 存在一个双射 $f: A \to A$,对任何 $x, y \in A$,有 $h(x, y) = f(x)$ 或者对任何 $x, y \in A$,有 $h(x, y) = f(y)$.

(ii) 对任何两个双射 $s: A \to A, t: A \to A$,定义为 $h_{s,t}(a) = h(s(a), t(a))$ 函数 $h_{s,t}: A \to A$ 是一个双射.

34. 设 P 是实多项式,且对每一个实数 t,有 $P(\sin t) = P(\cos t)$. 证明:存在实多项式 T,有

$$P(X) = T(X^4 - X^2)$$

35. 如果 $x_1, \cdots, x_n \in \mathbf{R}, a \in \left[0, \frac{\pi}{2}\right]$ 以及 $\sum_{k=1}^{n} \sin x_k \geqslant n \sin a$,那么证明

$$\sum_{k=1}^{n} \sin(x_k - a) \geqslant 0$$

36. 设 p 是奇质数,$f \in \mathbf{Q}[X]$ 是有理数域上的 p 次不可约多项式,$x_1, \cdots, x_n$ 是 f 的复数根. 证明:对于任何次数小于 p 的有理系数的非常数多项式 g,数 $g(x_1)$,

$g(x_2),\cdots,g(x_p)$ 两两不同.

37. 设 $f_1,\cdots,f_n:\mathbf{R}\to\mathbf{R}$ 是 $n(n\geqslant 2)$ 个函数. 证明：存在数 $a_1,\cdots,a_n\in[0,1]$，使

$$\left|a_1\cdots a_n-\sum_{i=1}^{n}f_i(a_i)\right|\geqslant\frac{1}{2^n}$$

38. 求一切数对 $(p,q)\in\mathbf{R}\times\mathbf{R}$，使不等式

$$\left|\sqrt{1-x^2}-px-q\right|\leqslant\frac{\sqrt{2}-1}{2}$$

对一切 $x\in[0,1]$ 成立.

39. 求一切正整数 $n\geqslant 2$，不管如何选择实数 $a_1,a_2,\cdots,a_n(a_n\neq 0)$，方程

$$a_nx^2-2\sqrt{a_1^2+\cdots+a_n^2}\,x+a_1+\cdots+a_{n-1}=0$$

都有实数根.

40. 设 f 是实多项式，且对一切 $x\in\mathbf{R}$，有 $f(x)>0$. 证明：存在多项式 g，使 fg 是各项系数都为正的多项式.

41. 设 a 和 b 是两个整数. 求 $\mathbf{Z}[X]$ 的一切多项式 f，对一切 $x\in\mathbf{N}$，有

$$xf(x-b)=(x-a)f(x)$$

42. 对于整数 $n\geqslant 2$，设

$$P_n(X)=2^{n-1}(X^n+1)-(X+1)^n$$

证明：(a) $P_n(X)$ 的所有的根都有同一个绝对值.

(b) 对于任何 $n\geqslant 1$，我们有

$$\frac{P_{2n}(X)}{X^n}=Q_n\left(X+\frac{1}{X}\right)$$

其中 Q_n 是 n 次多项式，它的根都是实根，且都在区间 $[-2,2]$ 中.

43. 求一切实函数 $f,g:\mathbf{R}\to\mathbf{R}$，对一切 $x,y\in\mathbf{R}$，有

$$f(x)-f(y)=(x-y)(g(x)+g(y))$$

44. 证明：不存在正整数列 $\{a_n\}_{n\geqslant 1}$，对一切 $n\geqslant 2$，有

$$a_{n-1}\leqslant(a_{n+1}-a_n)^2\leqslant a_n$$

45. 设 $f:\mathbf{N}^*\to\mathbf{N}^*$ 是满射，$g:\mathbf{N}^*\to\mathbf{N}^*$ 是单射，且对一切 $n\in\mathbf{N}^*$，$f(n)\geqslant g(n)$ 成立. 证明：$f=g$.

46. 设 a,b,x,y,z 是正实数. 证明

$$\frac{x}{ay+bz}+\frac{y}{az+bx}+\frac{z}{ax+by}\geqslant\frac{3}{a+b}$$

47. 设 $n\geqslant 2$ 是正整数. 对正整数 $p\geqslant n$ 求一切可能的值，使方程组

$$\sum_{j=1}^{k} x_j^k = n, k = 1, 2, \cdots, n-1, p$$

(在 $\mathbf{C}^n$ 内)有唯一的(和明显的)解 $x_1 = \cdots = x_n = 1$.

48. 证明:如果 n 是正偶数,$a_0, a_1, \cdots, a_n$ 是正实数,且成公差 $d \in [-2a_n, a_0]$ 的等差数列,那么对于一切 $x \in \mathbf{R}$,有

$$a_0 + a_1 x + \cdots + a_n x^n > 0$$

49. 数列 $\{x_n\}_{n \geqslant 0}$ 对一切 $n \in \mathbf{N}$ 满足关系式

$$\sqrt{x_{n+2} + 2} \leqslant x_n \leqslant 2$$

则 $x_{1\,986}$ 的值是什么?

50. 确定一切双射且单调的函数 $f: \mathbf{R} \to \mathbf{R}$,对一切 $x \in \mathbf{R}$,有

$$f(x) + f^{-1}(x) = 2x$$

(f^{-1} 表示 f 的反函数).

第 2 章　数论与组合问题

2.1　数　　论

1. 求一个整系数多项式 P，对任何正整数 n，$P(n)+4^n$ 都能被 27 整除.

2. 证明：当且仅当 $n=4$ 时，方程

$$x_1^2+\cdots+x_n^2-\frac{(x_1+\cdots+x_n)^2}{n}=1$$

有整数解.

3. 设 $n\geqslant k$ 是正整数，p 是质数. 证明：如果 $\binom{n}{k}$ 能被 p^s（对于某个自然数 s）整除，那么 $n\geqslant p^s$.

4. 证明：每一个正整数的无穷等差数列包含一个无穷的等比数列.

5. 求方程

$$3^x+4^y=5^z$$

的非负整数解.

6. 设 $p>2$ 是质数. 证明

$$(-1)^{\lfloor\sqrt{p}\rfloor}\prod_{j=2}^{p-1}\sin\frac{p\pi}{j}>0$$

7. 如果 n 是正奇数，证明：$\dfrac{2\cdot(3n)!}{n!\ (2n)!}$ 能被 $3(3n-1)(3n-2)$ 整除.

8. 设 b_n 是和 $\sum\limits_{k=1}^{n}k^k$ 的末位数. 证明：对任何 $n\in\mathbf{N}$，有 $b_{n+100}=b_n$.

9. 设 n 是正整数. 一个 $n\times n$ 的矩阵 $\boldsymbol{M}_n$ 按以下方式填满 0 和 1：对于每一个 $1\leqslant i\leqslant n$ 和 $1\leqslant j\leqslant n$，如果 i 能整除 j，那么在第 i 行和第 j 列的交叉处填 1，否则填 0. 对于给定的正整数 p，求最大可能的 n，对这个 n，在 $\boldsymbol{M}_n$ 中恰好存在 p 列，这 p 列的每一列中的元素之和是奇数.

10. 设 m 是不能被 3 整除的整数. 证明：存在无穷多个正整数 N，使 N 和 $N+1$ 的各位数字的和都能被 m 整除.

11. 考虑一切数 $k \in \mathbf{Z}$,对一切正整数 n,有

$$1\,981 \mid 7^n + k \cdot 290^n$$

对具有这一性质的 k,求 $|k|$ 的最小的可能的值.

12. 对于每一个正整数 x,设 $f(x)$ 是最大正整数 k,对此存在 k 个整数 $1 \leqslant a_1 < \cdots < a_k \leqslant x$,只要 $1 \leqslant i < j \leqslant k$,$a_i + a_j$ 就不能整除 $a_i a_j$. 证明

$$f(2^n) \geqslant 2^{n-1} + n$$

13. 对整数 $m = \overline{m_1 m_2 m_3 m_4 m_5 m_6 m_7}(0 \leqslant m_i \leqslant 9, m_1 \neq 0)$,定义

$$f(m) = \frac{m}{\overline{m_1 m_2 m_3} + \overline{m_4 m_5 m_6} + m_7}$$

对取遍自然数 m 的所有 7 个数字,求 $f(m)$ 的最小可能的值(所有的数都写成十进制). 我们将形如 $a,b,\cdots,l$ 的数记为$\overline{ab\cdots l}$.

14. 设 p 是质数,n,a 是两个正整数.

(a) 如果 $a = a_0 + a_1 p + a_2 p^2 + \cdots$,$n = n_0 + n_1 p + n_2 p^2 + \cdots$ 分别是 a 和 n 的 p 进制表达式,证明:当且仅当 $n_i < a_i$ 时,对至少有一个 $i \in \mathbf{N}$,使 $\binom{n}{a}$ 能被 p 整除.

(b) 如果 $t \in \mathbf{N}$,$p^t \leqslant a < p^{t+1}$,那么证明:对于任何 $n \in \mathbf{N}$,有

$$\binom{n + p^{t+1}}{a} \equiv \binom{n}{a} \pmod{p}$$

15. 让我们用 $P(n)$ 表示以下命题:存在一些十进制 n 位数,其各位数字之和等于各位数字之积. 证明:对无穷多个 $n \in \mathbf{N}^*$,$P(n)$ 成立,也对无穷多个 $n \in \mathbf{N}^*$,$P(n)$ 不成立.

16. 设 p 是奇质数,$m_1,\cdots,m_p$ 是 p 个连续整数,σ 是 $\{1,2,\cdots,p\}$ 的一个排列. 证明:存在 $k,l \in \{1,2,\cdots,p\}$,$k \neq l$,使

$$m_k m_{\sigma(k)} \equiv m_l m_{\sigma(l)} \pmod{p}$$

17. 求一切满足

$$3^x \cdot 2^y + 1 = z^2$$

的非零整数三数组 (x,y,z).

18. 对于正整数 $n \geqslant 2$,设 $h(n)$ 表示 n 的最大质因数. (例如,$h(7) = h(21) = 7$,或 $h(32) = 2$.) 证明:存在无穷多个 n,有

$$h(n) < h(n+1) < h(n+2)$$

19. 求满足关系式

$$(x+y)^2 + 3x + y + 1 = z^2$$

的一切非负整数的三数组(x,y,z).

20. (a) 求一切满足

$$p^2-q^2=2^k$$

的质数 p,q 和非负整数 k.

(b) 如果 $n\geqslant 3$ 是整数,k 是非负整数,证明:不存在质数 p,q 满足方程

$$p^n-q^n=2^k$$

21. 设 m,n 是正整数.考虑一切非负整数的 m 数组$(k_1,\cdots,k_m)$的集合 A,使 $k_1+\cdots+k_m=n$ 且$\dfrac{n!}{k_1!\cdots k_m!}$是奇数.证明:$A$ 的基是 m 的幂.

22. 求方程

$$x^2y+y^2z+z^2x-3xyz=1$$

的一切非负整数解.

23. 设 k 是自然数.数列$\{x_n\}_{n\geqslant 0}$定义为:对于每一个 $n\geqslant 0$,都有

$$x_0=0,x_1=1,x_{n+2}=kx_{n+1}+x_n$$

证明:在数 $x_1,\cdots,x_{1\,986}$ 中存在乘积能被 $19\cdot 86$ 整除的两个数.

24. 设正整数 s,p,q,有 q 整除 s,p 整除 $s-1$,$q>p$,且 $s\leqslant pq$.证明

$$s\leqslant pq-\frac{q(p-1)}{q-p}$$

对于给定的 p,提供一个使等式成立的 s,q 的例子.

25. 求一切整数对(a,b),使方程

$$(ax-by)^2+(bx-ay)^2=xy$$

有一个非零整数解.

2.2 组　　合

1. 设 $S=\{1,2,\cdots,8\}$,$\mathscr{M}$ 是 S 的 4 个元素的子集的一族,如果 A 和 B 属于 $\mathscr{M}$,且不相同,那么 $A\cap B$ 至多有两个元素.$\mathscr{M}$ 中元素可能的最大个数是多少?

2. 证明:位于单位正方形内(或边界上)的任意九点中存在三点,以这三点为顶点的一个(可能是退化的)三角形的面积不大于$\dfrac{1}{8}$.

3. 证明:在任何十个连续正整数中,至少有一个与另九个中的任何一个互质.

4. 证明：对于任何整数 $n \geqslant 55$，一个正方体能被分割成 n 个正方体.

5. 可以对边长为整数的正方形网格的每一个结点 (h,k) 写一个整数 $a_{h,k}$. 如果每一个数都等于到该结点的最近的四个结点的平均数，即对一切 $h,k \in \mathbf{Z}$，有

$$a_{h,k} = \frac{a_{h-1,k} + a_{h+1,k} + a_{h,k-1} + a_{h,k+1}}{4}$$

那么我们称这样的网格为调和网格.

(a) 证明：存在一个调和网格，使数 $a_{h,k}$ 不都相等.

(b) 证明：如果数 $a_{h,k}$ 不都相等，那么对于每一个 $N \in \mathbf{N}$，网格包含大于 N 的数，也包含小于 $-N$ 的数.

6. 设 S_n 是 $1,2,\cdots,n$ 的排列的集合，M_n 是所有排列 $\sigma \in S_n$ 的集合，对这个集合存在 $\tau \in S_n$，使 $\sigma(1)+\tau(1),\cdots,\sigma(n)+\tau(n)$ 是连续自然数.

证明：当且仅当 n 是奇数时，M_n 是空集.

此外，当 n 是奇数时，对任何 $\sigma_1,\sigma_2 \in M_n$，我们有

$$\sum_{k=1}^{n} k\sigma_1(k) = \sum_{k=1}^{n} k\sigma_2(k)$$

7. 设 $A_1,\cdots,A_{3n}$ 是一个平面内的点，$\triangle A_1A_2A_3$ 是等边三角形，对于任何 $k \in \{1,2,\cdots,n-1\}$，$A_{3k+1},A_{3k+2},A_{3k+3}$ 是 $\triangle A_{3k-2}A_{3k-1}A_{3k}$ 的边的中点. 对 $A_1,\cdots,A_{3n}$ 的每一点用给定的两种颜色之一涂色.

证明：当 $n \geqslant 7$ 时，可以在 $A_1,\cdots,A_{3n}$ 中找出同色的四点，形成一个两底是 $\triangle A_{3k-2}A_{3k-1}A_{3k}$ 的边的等腰梯形. 当 $n=6$ 时，是否成立？

8. 考虑一个 $n\times n$ 的矩阵. 有多少种方法将 1 和 -1 填入空格中，使每行和每列的数之积是 -1？

9. 设由集合 $\{1,2,\cdots,n\}$ 的数组成的数列 $u_1,\cdots,u_n$ 满足不等式 $u_i < u_{i+2}$ $(1 \leqslant i \leqslant n-2)$ 以及 $u_i < u_{i+3}$ $(1 \leqslant i \leqslant n-3)$. 设这种数列的种数是 $\phi(n)$. 求 $\phi(6)$.

10. 给出一个正六边形和 25 条直线，每一条直线将这个六边形分割成两个五边形，使这两个五边形的面积的比是 $1:3$ 或 $1:2$. 证明：这些直线中至少有三条共线.

11. 证明：在任何三个整数中都可选出两个，譬如说，a 和 b，使 a^3b-ab^3 能被 10 整除.

12. 设 p 是奇质数，数列 $\{a_n\}_{n\geqslant 1}$ 定义为 $a_1=p$，对每一个 $n\geqslant 1$，$a_{n+1}=2a_n+1$. 证明：在该数列的前 p 项中至少存在一个合数.

13. 设 M 是笛卡儿平面中坐标为正整数的一切点组成的集合. M 中的每一点 $P(a,b)$ 用一条棱与 M 中的每一点 $Q(a+b,c)$ 相连 $(c>a+b)$. 证明：不管 M 被如何涂成有限多种

颜色，总存在被一条棱联结的同色两点.

14. 设 A 是 k 个整数的数列 $s=\{s_1,\cdots,s_k\}$ 的集合，且 $0\leqslant s_i\leqslant n, i=1,2,\cdots,k$. 对于每一个这样的数列 $s=\{s_1,\cdots,s_k\}$，记 $M(s)$ 为 $\max\{s_1,\cdots,s_k\}$. 证明

$$\sum_{s\in A}M(s)=(n+1)^{k+1}-1^k-2^k-\cdots-(n+1)^k$$

15. 设 $n, r\geqslant 3$，和 d 是正整数，且

$$nd>\binom{n+r}{r+1}$$

证明

$$(n-t)(d-t)>\binom{n-t+r}{r+1}, t=1,2,\cdots,n-1$$

16. 竞赛评审组要给 n 个参赛者每人恰好赠送一本书. 已知评审组有某种书的拷贝 n 本，还有 $2n+1$ 本书，每本只有 1 个拷贝，求完成赠送的方法的个数.

17. 用四种颜色对一个只有三角形面的多面体的顶点涂色. 证明：各个顶点都被用三种不同颜色涂色的多面体的面数是偶数.

18. 设 n 是正整数. 求最大可能的自然数 $m\geqslant 2$，使集合 $\{2,3,\cdots,m\}$ 能被分割成 n 个子集，其中没有一个子集包含这样的两个不同的数，其中一个是另一个的指数大于 1 的幂.

19. 设集合 M 由正四面体的顶点、各条棱的中点、每个面的重心和该正四面体的中心组成. 证明：不管如何将 M 分成两类，至少有一类包含共线的三点，或者包含正四面体的四个顶点.

20. 对一切正整数 n，存在函数 $f:\{1,2,\cdots,n\}\to\{1,2,\cdots,n\}$，对一切 $k\in\{1,2,\cdots,n\}$，有

$$f(f(k))=n-k+1$$

对每一个这样的 n. 求出具有这一性质的函数 f 的个数.

21. 证明：集合 $\{1,2,\cdots,1\,983\}$ 中有 15 个元素的任何子集都有元素的和相等，但不交的两个子集. 求集合 $\{1,2,\cdots,1\,983\}$ 中没有上述性质的 11 个元素的一个子集.

22. 对正整数 n 和 $k\leqslant n$，设 $f(n,k)$ 是 k 个整数 $1\leqslant a_1<\cdots<a_k=n$ 的数列的个数. 对此差 $a_2-a_1,\cdots,a_{k-1}-a_{k-2}$ 是奇数，而差 a_k-a_{k-1} 是偶数. 计算 $f(n,k)$，并证明

$$\sum_{k\geqslant 1}f(n,k)=F_{n-1}$$

其中 $\{F_n\}_{n\geqslant 0}$ 是斐波那契数列，定义为 $F_0=F_1=1$，对每一个 $n\geqslant 2$，$F_n=F_{n-1}+F_{n-2}$.

23. 如果 X 是有 n 个元素的集合，$a \in X$ 是固定的，求函数 $f: X \to X$ 使 $f(f(x))=a$.

24. 设 $m \geqslant 3$ 是正整数. 求最小正整数 $r(m)$，不管我们如何将集合 $\{1,2,\cdots,r(m)\}$ 分割成两类，至少有一类包含一些数 $x_1,\cdots,x_m$，有

$$x_1+\cdots+x_{m-1}=x_m$$

25. 设 X 是有 $n \geqslant 2$ 个元素的有限集. 如果 X 的子集不是空集，也不是整个集合 X，我们就说 X 的这个子集是真子集. 求这样的 X 的子集的所有集合 $\mathcal{C}$: X 的每一个真子集与 $\mathcal{C}$ 中的奇数个集合不相交.

26. 设 $n \geqslant 2$ 是正整数，A 是有 n^2 个元素的集合. 设 $\mathcal{C}$ 是 A 的子集的总体，$\mathcal{C}$ 的每一个成员有 n 个元素. 已知 $\mathcal{C}$ 的任何两个不同的子集的交至多有一个元素.

(a) 证明：$\mathcal{C}$ 至多可以包含 n^2+n 个元素.

(b) 证明：当 $n=3$ 时，情况(a)中的等式可以取到(也就是说，存在一个总体 $\mathcal{C}$，它有 12 个子集，每个子集都有 3 个元素，且都是一个有 9 个元素的集合的子集，总体 $\mathcal{C}$ 的任何两个子集至多有一个元素是公共的).

27. 用两种颜色对非负整数集涂色，不管如何选择正整数 n 和 d，是否可能总存在 $k \in \{0,1,\cdots,d\}$，使数 $n+k$ 和 $n+k+d$ 被涂上不同的颜色?

28. 设 A 是 $\{1,2,\cdots,n\}$ 的排列的一个非空集合，且

(i) 如果 $\sigma_1,\sigma_2 \in A$，那么 $\sigma_1 \circ \sigma_2 \in A$.

(ii) 对于任何 $\sigma \in A$，任何 $i,j \in \{1,2,\cdots,n\}$ 我们有

$$i \leqslant j \Rightarrow \frac{\sigma(i)}{i} \geqslant \frac{\sigma(j)}{j}$$

证明：A 包含恒等排列，并且至多有一个其他的排列.

29. 设 X 是 n 个非负整数的集合，$f: X \to X$ 是函数，对一切 $x \in X$ 有

$$f(x)=|\{y \in X \mid f(y)=x\}|$$

($|A|$ 表示有限集 A 的元素的个数，即 A 的基).

(a) 证明：当 $n \geqslant 7$ 时，存在上述的集合 X 和函数 f. 再证明：对于每一个 X，至多可能存在一个这样的函数 f.

(b) 证明：当 $n=6$ 时不存在这样的一对 X 和 f.

30. 设 $\mathcal{S}$ 是空间中各棱都平行于坐标轴的平行六面体的集合(当然考虑的是笛卡儿坐标系)，至少有一条棱的长是整数. 证明：如果 $\mathcal{S}$ 中的内点不交的有限个平行六面体的并也是一个平行六面体 P(我们也说这些平行六面体铺切 P)，那么这个平行六面体至少也有一个棱的长是整数.

31. 在边长为 15 的等边三角形内给出 111 个点. 证明：能够在给定的点中找到(至少)被直径为$\sqrt{3}$ 的圆面覆盖的三点.

32. 设 m,n,r 是正整数，且 $2\leqslant r\leqslant m+n$. 设 $X=\{1,2,\cdots,m\}$, $Y=\{m+1,\cdots,m+n\}$.

证明：对于集合 $X\cup Y$ 的排列 π 的个数，存在 $0\leqslant i\leqslant m+n$，使 $\pi(i+1),\cdots,\pi(i+r)$ 都属于 Y，且排列 π 的个数等于 $(m+n)!\ -m!\ n!\ c(m,n,r)$，其中 $c(m,n,r)$ 是多项式 $(1+x+\cdots+x^{r-1})^{m+1}$ 中 x^n 的系数.

33. 在网球锦标赛中有编号为 $1,2,\cdots,n$ 的 n 名选手参赛，每一对选手恰好相遇一次. 对于每一对有序的不同选手 (x,y)，存在选手 $i_1,\cdots,i_p$，有 x 战胜 i_1，i_1 战胜 i_2，……，i_{p-1} 战胜 i_p，i_p 战胜 y ($p\geqslant 0$; $p=0$ 表示 x 战胜 y). 证明：存在这些选手的一个排列 $k_1,\cdots,k_n$，使 k_1 战胜 k_2，k_2 战胜 k_3，……，k_{n-1} 战胜 k_n，k_n 战胜 k_1.

第 3 章　几何与三角问题

1. 给定一个圆锥和一个正整数 $n \geqslant 3$，考虑由 $n-1$ 个平行于圆锥的底，且将圆锥分割成体积相等的 n 个部分的平面组成的集合 S_1；设 S_2 是由 $n-1$ 个平行于圆锥的底，且将圆锥的侧面积分割成面积相等的 n 个部分的平面组成的集合. 证明：当且仅当在 n 的分解式中至少存在一个指数大于 2 的质因数时，$S_1 \cap S_2 \neq \varnothing$.

2. 证明：对于大于 3 的任何 n，存在一个有 n 条不全相等的边的凸多边形，使任何内点到各边所在的直线的距离的和是常数（与内点的位置无关）.

3. 对于四面体 T，设集合 $S(T)$ 的组成如下：(i) 每条棱的中点；(ii) 每个面上的各条高的垂足；(iii) 在每个面所在的平面内，联结顶点和该面的垂心的线段的中点. 证明：如果 $S(T)$ 包含位于一个球面上的一个子集 $S'(T)$，且存在 T 的两个面，它所在的平面至少包含 $S'(T)$ 的三个点，但是 $S'(T)$ 不是这两个面所在的平面的并的子集，那么：

(a) $S(T)$ 在球面上.

(b) T 的相对的是互相垂直.

(c) $S(T)$ 至少包含 24 个元素.

4. 给定四个平行平面和一个四面体，证明：存在一个与给定的四面体相似的四面体，在四个平面的每个面上有一个顶点.

5. 解方程组

$$\sin x_1 \cos x_2 = \sin x_2 \cos x_3 = \cdots = \sin x_{n-1} \cos x_n = \sin x_n \cos x_1$$

这里 $x_1 + \cdots + x_n = \pi, 0 \leqslant x_k \leqslant \frac{\pi}{2}, k = 1, 2, \cdots, n$.

6. 考虑直线 l_1 和 l_2 共点于 A. 一个经过 A 的变动的圆与 l_1 和 l_2 第二次分别相交于 B 和 C. 设 M 是含点 C 的 $\overset{\frown}{AB}$ 的中点，设 N 是含点 B 的 $\overset{\frown}{AC}$ 的中点. 设圆 O_1 是经过 A 且与 BM 相切于 B 的圆，设圆 O_2 是经过 A 且与 CN 相切于 C 的圆. 设 T 是圆 O_1 和圆 O_2 的第二个交点. 求 T 的轨迹.

7. 一个凸多边形的顶点位于半径为 1 的圆上. 我们从每一边的中点出发在多边形的内部画一条长为 1 的线段. 证明：这些线段中的最后两条有一个公共点.（我们认为线段是闭的，即包括它的两个端点.）

8. 给出对应角相等、对角线对应相等、周长相等的两个不全等的四边形的一个例子.

9. 设 $A_1A_2A_3A_4$ 是一个四面体,考虑点 $B_{ij}\in A_iA_j$,对 $i\neq j,i,j\in\{1,2,3,4\}$($B_{ij}=B_{ji}$). 证明:四个四面体 $A_1B_{12}B_{13}B_{14}$,$A_2B_{12}B_{23}B_{24}$,$A_3B_{13}B_{23}B_{34}$,$A_4B_{14}B_{24}B_{34}$ 有一个公共点.

10. 考虑一个将平面分成全等的等边三角形的一个分割. 是否存在顶点都在这些三角形的顶点上的一个正方形?

11. 一位裁缝随意地从一块 25×20 的矩形被单中剪出 120 个边长为 1 的正方形补丁. 证明:不管他如何裁剪,他还是能够从剩下的布料中剪出一个直径为 1 的圆形补丁.

12. 设 $ABCD$ 是凸四边形,O 是该四边形的一个内点. 证明:如果 $\triangle AOB$,$\triangle BOC$,$\triangle COD$,$\triangle DOA$ 的周长相等,O 是该四边形的对角线的交点,那么 $ABCD$ 是菱形. 如果没有"O 是该四边形的对角线的交点"这一条件,命题是否还成立?

13. 考虑四个同心圆,它们的半径形成一个非常数的等差数列. 证明:不管如何在每个圆上选取一点,这四点不是正方形的四个顶点.

14. 证明:对于任何多面体,存在一个平面,使多面体在它上面的投影不是一个非退化的三角形.

15. 考虑平面内 $3n$ 个不同的点的集合 M,且 M 中两点之间的最大距离是 1. 证明:

(a) 在 M 的任何四点中,可以选取两点,使它们之间的距离至多是 $\frac{1}{\sqrt{2}}$.

(b) 当 $n=2$ 时,对于任何 $\varepsilon>0$,存在六个点的集合 M,使 M 的各点之间的距离中有 12 个属于区间$(1-\varepsilon,1]$,但是不存在 13 个距离都属于区间$\left(\frac{1}{\sqrt{2}},1\right]$的图形 M.

(c) 存在一个包含 M 的所有的点的半径为 $\frac{1}{\sqrt{3}}$ 的圆. 再证明:M 中至少存在 $n+2$ 个点 P,使圆心为 P,半径为 $\frac{1}{\sqrt{2}}$ 的圆至少包含 M 中的 n 个点.

(d) M 中至少存在相距至多是 $\frac{2}{3\sqrt{n}-\sqrt{3}}$ 的两点.

16. 设 $\triangle ABC$ 是锐角三角形,$m(\angle A)=60^\circ$. 对于该三角形内的一点 P,我们考虑它在 BC,CA,AB 上的投影分别是 A',B',C'. 求使 $A'B+B'C+C'A$ 是给定的常数的点 P 的轨迹.

17. 考虑底为 $A_1A_2A_3A_4$ 的棱锥 $V\text{-}A_1A_2A_3A_4$. 证明:经过$[VA_1]$,$[VA_3]$和$[A_2A_4]$的中点的平面将棱锥分割成体积相等的两个部分.

18.(a) 是否存在一个(严格) 位于单位正方形内的 $1\times\frac{1}{2}$ 的矩形?

(b) 求能覆盖单位正方形的边长为 1 的等边三角形的最小个数.

19. 设 $\triangle ABC$ 是一个边长为1,中心为 O 的等边三角形. 设 δ 是半径为1,圆心分别为 A,B,C 的闭圆面的交,δ' 是 δ 关于 O 的反射. 求线段$[MN]$的中点的轨迹,这里 $M\in\delta,N\in\delta'$.

20. 如果凸四边形 $ABCD$ 的对角线和联结对边的中点的直线共点,那么四边形 $ABCD$ 是平行四边形.

21. 设 S 是三维空间中具有以下性质的线段的集合:

(i) 如果$[AB]$,$[CD]\in S$,且直线 AB,CD 不同,那么 $ABCD$ 或 $ABDC$ 是圆内接四边形.

(ii) 如果$[AB]\notin S$,那么存在$[CD]\in S$,使 $AB\neq CD$(作为直线),并且 $ABCD$ 和 $ABDC$ 都不是圆内接四边形.

(iii) 没有任何平面包含 S 的所有线段.

描述所有这样的集合 S,并求这样的集合 S 的所有线段的中点的轨迹.

22. 设 $A_1\cdots A_n$ 是一个正多边形,对每一个 $1\leqslant i\leqslant n$,设 B_{i-1} 是边$[A_{i-1}A_i]$的中点($A_0=A_n,B_0=B_n$). 对 $1\leqslant i\leqslant n$,考虑点 $M_i\in[A_iB_i]$. 证明:$M_1\cdots M_n$ 的面积不小于 $B_1\cdots B_n$ 的面积.

23. 设 $\triangle ABC$ 是等腰三角形($AB=AC$),M 在边$[AB]$上,N 在边$[AC]$上. 设 P 是直线 BN 和 CM 的交点. 证明:当且仅当 $\angle APM\equiv\angle APN$ 时,$MN\parallel BC$.

24. 在正方形 $ABCD$ 所在的平面内求所有的点 P,使

$$\max\{PA,PC\}=\frac{PB+PD}{\sqrt{2}}$$

25. 证明:对于每一个实数 x,有

$$\max\{|\sin x|,|\sin(x+1)|\}>\frac{1}{3}$$

26. 考虑在三维欧氏空间内的三个互不相交的球 S_1,S_2,S_3. 求与这三个球 $S_i(i=1,2,3)$ 中的每一个都相交的所有的球的球心的轨迹.

27. 设 $n\geqslant 3$ 是正整数,且

$$\omega=\cos\frac{2\pi}{n}+\mathrm{i}\sin\frac{2\pi}{n}$$

是常见的 n 次本原单位根. 证明:对任何复数 a 和正实数 r,和式

$$\sum_{k=1}^{n}\frac{|a-r\omega^k|^2}{|a|^2+r^2}$$

是整数. 这样得到的方程的几何意义是什么?

28. 设 $\triangle ABC$ 是等边三角形, M 是 $\triangle ABC$ 内不在任何中线上的点, A', B', C' 分别是直线 AM, BM, CM 与边 $[BC]$, $[CA]$, $[AB]$ 的交点. 设 A'', B'', C'' 分别是 $\triangle ABC$ 的边 $[BC]$, $[CA]$, $[AB]$ 的中点. 证明: $A'A''$, $B'B''$, $C'C''$ 是一个(可能是退化的)三角形的边长.

29. 设 ABC 是三角形, M_0 是 $\triangle ABC$ 所在平面内一点. 一只跳蚤在 M_0 处出发沿着线段 $[M_0A]$ 向 A 跳动, 在中途 $[M_0A]$ 的中点 M_1 处停下. 然后沿着线段 $[M_1B]$ 向 B 跳动, 又在中途($[M_1B]$ 的中点 M_2 处)停下. 然后用同样的方式向 C 跳动(直至到达 $[M_2C]$ 的中点 M_3), 之后再向 A, B, C 跳动, 等等. 证明: 存在三个确定的点 A', B', C', 使跳蚤在跳动过程中任意无穷接近其中每一个点. 再证明: $\triangle A'B'C'$ 的面积是 $\triangle ABC$ 的面积的 $\frac{1}{7}$.

30. 设 D-ABC 是底面为等边 $\triangle ABC$ 的三棱锥. 设 S 是边长分别等于 DA, DB, DC 的三角形的面积. 如果 R 是三棱锥的外接球的半径, V 是三棱锥的体积, 证明: $V \leqslant \frac{1}{2}RS$.

31. 设 $a = BC$, $b = AC$, $c = AB$ 是 $\triangle ABC$ 的边长.

(a) 如果 $a^4 = b^4 + c^4$, 证明: $A > \frac{2\pi}{5}$, 这里 A 是 $\angle BAC$ 的弧度.

(b) 是否存在与 $n \geqslant 3$ 无关的实数 α 和 β, 使 $\frac{\pi}{3} < \alpha < \beta < \frac{\pi}{2}$, 且使 $\triangle ABC$ 的边 a, b, c 满足 $a^n = b^n + c^n$, 然后推出 $\alpha \leqslant A \leqslant \beta$?

32. 设 a_1, a_2, a_3, a_4, a_5, a_6 是正实数. 证明: 当且仅当

$$a_1 - a_4 = a_5 - a_2 = a_3 - a_6$$

时, 存在一个所有的角的大小都相等, 边长是 a_1, a_2, a_3, a_4, a_5, a_6(以这一顺序)的凸六边形.

33. 设 P 是四面体 $ABCD$ 的一个内点, A_1, B_1, C_1, D_1 分别是 P 在平面 (BCD), (ACD), (ABD) 和 (ABC) 上的投影, 假定这些投影都在该四面体的相应的面的内部. 证明

$$\frac{S_A}{PA_1} + \frac{S_B}{PB_1} + \frac{S_C}{PC_1} + \frac{S_D}{PD_1} \geqslant \frac{S}{r}$$

这里 S_X 表示顶点 X 所对的面的面积, 而 S 和 r 分别是四面体 $ABCD$ 的总面积和内切球的半径. 等式能否成立?

34. 设 S-$ABCD$ 是顶点为 S 的四棱锥, 底面是对角线正交的四边形, 假定 S 在棱锥的底 (ABC) 所在的平面上的投影是底面对角线的交点 O. 证明: O 在棱锥的侧面 (SAB),

(SBC),(SCD) 和(SDA) 所在的平面上的投影是圆内接四边形的顶点.

35. 设 $ABCD$ 是四面体,设 A' 是平面(BCD) 内的点,但不在该四面体的任何棱上. 证明:在平面(ACD),(ABD) 和(ABC) 内分别存在点 B',C',D',但不在四面体的任何棱上,使平面$(B'C'D')$,$(A'C'D')$,$(A'B'D)$ 和$(A'B'C')$ 分别包含点 A,B,C,D.

36. 设 D,E,F 是 $\triangle ABC'$ 的内切圆分别与边$[BC]$,$[AC]$,$[AB]$ 的切点. 经过点 E 且与 AB 平行的直线交 FD 于 Q,经过点 D 且与 AB 平行的直线交 EF 于 T. 证明:CF,DE 和 TQ 共点.

37. 设 A,B 和 C 是在边长为 1 的正六边形的内部或边界上的三点. 证明:$\min\{AB, AC, BC\} \leqslant \sqrt{3}$,并求使等式 $\min\{AB, AC, BC\} = \sqrt{3}$ 成立的一切 $\triangle ABC$(A,B,C 在六边形内).

38. (a) 设 ABC 是三角形. 在以 AB 为界的半平面内,画不包含 C 的射线$[AX$,$[BY$,使 $\angle XAB$ 和 $\angle YBA$ 的大小都是 $\frac{\pi}{6}$. 设 C' 是 AX 和 BY 的交点. 类似地定义 A',B'. 证明:分别以 A',B',C' 为圆心,$A'B$,$B'C$,$C'A$ 为半径的三个圆相交于点 Q.

(b) 如果点 A,B,C 独立地扫过以 Q 为圆心,r 为半径的圆,求由(a) 中对这样得到 $\triangle ABC$ 的定义的点 Q 的轨迹.

39. 设 $ABCDE$ 是圆内接五边形,且 $\triangle ABC$ 和 $\triangle ADE$ 有相等的内切圆,$\triangle ABD$ 和 $\triangle ACE$ 的内切圆相等. 证明:$AB = AE$ 和 $BC = DE$.

40. 设 $ABCD$ 是一个凸四边形. 已知直径为$[AB]$ 和$[CD]$ 的两个圆外切,直径为$[AD]$ 和$[BC]$ 的两个圆也外切. 证明:$ABCD$ 是菱形.

41. 设 $A_1\cdots A_n$ 是圆$\mathcal{C}$的外切凸多边形,k 是给定的正实数. 对一切 $i=1,2,\cdots,n$,设 C_i 是$\mathcal{C}$与边 A_iA_{i+1} 的切点,设 $a_i = A_iA_{i+1}$($A_{n+1} = A_1$). 求:该多边形所在的平面内满足关系

$$\sum_{i=1}^{n} a_i MC_i^2 = k$$

的点 M 的轨迹.

42. 在四面体中,我们考虑三对对棱的每一对的公垂线. 如果这三条直线两两垂直,证明:该四面体的每一条棱的长等于对棱的长.

43. 考虑相交于点 O 的两条直线 d_1 和 d_2. 对于 d_1 和 d_2 所在的平面内的一点 P,设 P_1 和 P_2 分别是 P 在 d_1 和 d_2 上的(垂直的)投影. 求使 $PP_1 + PP_2 + OP_1 + OP_2$ 等于正的固定常数 k 的点 P 的轨迹.

44. 设 S 是平面内被一个单位正方形界定的闭区域(闭的含义是包括正方形的边

界).

(a) 证明:不管我们在 S 中如何选择四点,其中必存在相距至多是一个单位的两点.

(b) 求 S 中的所有四点组,使其中任何两点至少相距一个单位.

45. 设 ABC 是三角形,点 A',B',C' 分别在直线 BC,CA,AB 上,且不同于 A,B,C. 设 M 是圆 ABA' 和圆 $A'B'C'$ 的第二个交点,设 N 是圆 ABB' 和圆 $A'B'C'$ 的第二个交点(我们用 XYZ 表示 $\triangle XYZ$ 的外接圆). 类似地定义点 P,Q 和 R,S.

(a) 证明:三线组(AB,$A'M$,$B'N$),(BC,$B'P$,$C'Q$),(AC,$C'R$,$A'S$) 中的每一组或者三线共点,或者三线平行. 如果三线共点,那么我们分别用 C_1,A_1,B_1 表示它们的交点.

(b) 在(a) 中考虑的三线组共点的情况下,证明:点 A_1,B_1,C_1 共线.

46. 设 $A_1A_2A_3A_4$ 是一个四面体,它的四条高共点于 H,设 d 是不经过四面体的任何顶点的直线. 过 H 且垂直于平面(d,A_i) 的直线与包含 A_i 对的面的平面相交于点 A'_i. 证明:A'_1,A'_2,A'_3,A'_4 共线.

47. 确定角为

$$m(\angle DAC)=40^\circ, m(\angle ABD)=10^\circ$$

$$m(\angle BCA)=80^\circ, m(\angle CDB)=50^\circ$$

的凸四边形 $ABCD$ 的各个角的大小.

48. 设 A',B',C' 分别是 $\triangle ABC$ 的内切圆与边$[BC]$,$[CA]$,$[AB]$ 的切点. 证明:从 $\triangle A'B'C'$ 的各边的中点到 $\triangle ABC$ 的对边的垂线共点.

49. 设 $\triangle ABC$ 是中心为 O 的等边三角形. 对于 $\triangle ABC$ 内的点 X,设 $f(X)$ 是由 X 在 $\triangle ABC$ 的边上的投影确定的三角形的面积. 证明:如果 P 和 Q 在 $\triangle ABC$ 内,并且 $P\in(OQ)$,那么 $f(P)>f(Q)$.

50. 设 $ABCD$ 是凸四边形,设 E 是对角线的交点. 如果 $\triangle EAB$,$\triangle EBC$,$\triangle ECD$,$\triangle EDA$ 的内切圆半径相等,证明:$ABCD$ 是菱形.

51. 设 $ABCD$ 是圆内接四边形,AB 和 CD 不平行. 等腰 $\triangle ABM$ 和等腰 $\triangle CDN$ 作在四边形的外部,且

$$m(\angle MAB)=m(\angle MBA)=a, m(\angle NCD)=m(\angle NDC)=b$$

设 I 是 AC 和 BD 的交点. 证明:当且仅当 $a+b=m(\angle AIB)$ 时,点 M,N,I 共线.

第 4 章　代数问题的解答

1. 设 $a_1, a_2, \cdots, a_n$ 是实数，满足 $a_k \geqslant \frac{1}{2}(k=1,2,\cdots,n)$ 和 $a_{n+1}=a_1$. 求

$$S_n(a_1, a_2, \cdots, a_n)=\sum_{k=1}^{n} a_k(1-a_{k+1})$$

的最大值.

解　设 $a_k=\frac{1}{2}+b_k, b_k \geqslant 0$. 那么

$$\begin{aligned} S_n(a_1, a_2, \cdots, a_n) &= \sum_{k=1}^{n}\left(\frac{1}{2}+b_k\right)\left(\frac{1}{2}-b_{k+1}\right) \\ &= \frac{n}{4}+\frac{1}{2}\sum_{k=1}^{n}(b_k-b_{k+1})-\sum_{k=1}^{n} b_k b_{k+1} \\ &= \frac{n}{4}-\sum_{k=1}^{n} b_k b_{k+1} \end{aligned}$$

因为 $b_k \geqslant 0$，显然 $S_n \leqslant \frac{n}{4}$，并且这个值可以取到，例如，当所有的 b_k 都是 0，即所有的 a_k 都等于 $\frac{1}{2}$ 时.

评注与插叙　(1) 显然(如上所述)，对于每一个 $k=1,2,\cdots,n$，所有的 a_k 都等于 $\frac{1}{2}$ 时，S_n 可以取到最大值 $\frac{n}{4}$，但是稍作思考还要证明这个条件对于 S_n 取到最大值并不是必要的. 也就是说，为此(这不是必要的)，对于每一个 $k=1,2,\cdots,n$，在 a_k 和 a_{k+1} 中只要至少有一个等于 $\frac{1}{2}$ 即可. 例如，对于每一个实数 a 和 b，有

$$S_5\left(\frac{1}{2}, a, \frac{1}{2}, b, \frac{1}{2}\right)=\frac{5}{4}$$

于是存在无穷多个 n 数组 $(a_1, \cdots, a_n)$，使 S_n 取得最大值.

(2) 我们有

$$S_{n+1}=S_n+\frac{1}{4}+\frac{(2a_1-1)(2a_n-1)}{4}-\left(a_{n+1}-\frac{1}{2}\right)(a_1+a_n-1)$$

最后一个乘积前是负号，这使我们试图用归纳法解决该题的想法落空了，这是因为无论

如何我们不能将归纳法和 S_{n+1} 与 S_n 的差一起使用.

(3) 从根本上说,我们有解决本题的等式

$$S_n(a_1,a_2,\cdots,a_n)=\frac{n}{4}-\sum_{k=1}^{n}\left(a_k-\frac{1}{2}\right)\left(a_{k+1}-\frac{1}{2}\right)$$

于是,我们只要根据当 x 和 y 都是大于或等于 $\frac{1}{2}$ 的实数时,有

$$\left(x-\frac{1}{2}\right)\left(y-\frac{1}{2}\right)\geqslant 0$$

这个简单的事实.(当 $x\leqslant\frac{1}{2}$ 和 $y\leqslant\frac{1}{2}$ 时同样成立.所以当 $a_1,\cdots,a_n$ 在区间 $\left(-\infty,\frac{1}{2}\right]$ 上取值时,S_n 的最大值也是 $\frac{n}{4}$.)

现在,如果给出三个正实数 x,y 和 z,那么其中必存在两个数,它们都大于或等于 $\frac{1}{2}$,或者都小于或等于 $\frac{1}{2}$.如果这两个数是 x 和 y,那么得到

$$\left(x-\frac{1}{2}\right)\left(y-\frac{1}{2}\right)z\geqslant 0\Leftrightarrow 4xyz+z\geqslant 2xz+2yz$$

如果不等式 $1\geqslant z+2xy$ 也成立,那么将这两个不等式相加,对于满足 $z+2xy\leqslant 1$ 的正数 x,y 和 z,我们得到

$$4xyz+1\geqslant 2xy+2xz+2yz$$

现在自然要问,我们是否能够找到使这一不等式有趣的数.回答是肯定的:如果 $\triangle ABC$ 是任意三角形,并且

$$x=\sin\frac{A}{2},y=\sin\frac{B}{2},z=\sin\frac{C}{2}$$

那么 x,y,z 都是正数,并且 $z+2xy\leqslant 1$(也有 $y+2xz\leqslant 1$,$x+2yz\leqslant 1$).

事实上,我们可以看出 $x^2+y^2+z^2+2xyz=1$(为证明这一点,我们将 $z=\sqrt{1-x^2}\cdot\sqrt{1-y^2}-xy$ 移项后平方;由此能推出三角公式吗?),于是

$$(1-z)(1+z)=x^2+y^2+2xyz\geqslant 2xy+2xyz=2xy(1+z)$$

除以 $1+z$ 就推出所求的不等式.于是对于表示三角形的角的大小的任意的 A,B,C,我们有不等式

$$4\sin\frac{A}{2}\sin\frac{B}{2}\sin\frac{C}{2}+1\geqslant 2\sin\frac{A}{2}\sin\frac{B}{2}+2\sin\frac{A}{2}\sin\frac{C}{2}+2\sin\frac{B}{2}\sin\frac{C}{2}$$

(4) 像上面那样证明,如果 $x=\sin\frac{A}{2}$,$y=\sin\frac{B}{2}$ 和 $z=\sin\frac{C}{2}$ 是一个三角形的内角的一

半的正弦，x 和 y 是这三个数在 $\frac{1}{2}$ 的同一侧的两个数(即都大于或等于 $\frac{1}{2}$ 或都小于或等于 $\frac{1}{2}$)，那么不等式

$$4xz+4yz\leqslant 2z+1$$

成立.

为了做到这一点，我们利用 $z=\sqrt{(1-x^2)(1-y^2)}-xy$，然后移项后平方，就会明白下面你需要做的工作. 注意到因为 $2xy+z\leqslant 1$，上面的不等式表明熟知的

$$xy+xz+yz\leqslant \frac{3}{4}$$

(5) 不等式 $xy+xz+yz\leqslant \frac{3}{4}$ 也可由 $x+y+z\leqslant \frac{3}{2}$，利用

$$3(xy+xz+yz)\leqslant (x+y+z)^2\leqslant \frac{9}{4}$$

推得.

证明 $x+y+z\leqslant \frac{3}{2}$，将它转化为

$$\sqrt{(1-x^2)(1-y^2)}\leqslant \frac{3}{2}-x-y+xy$$

然后两边平方，必得

$$(x+y-1)^2+(1-2x-2y)\left(xy-\frac{2x+2y-1}{4}\right)\geqslant 0$$

考虑到这两种情况取决于 $x+y$ 至多是 $\frac{1}{2}$，或至少是 $\frac{1}{2}$. 当然，这并不是证明这一不等式的常用方法，即对正弦函数使用 Jensen 不等式的直接结果，但是我们还是认为这是一个有趣的证明.

2. 考虑实数集

$$A=\{a_1,a_2,\cdots\},B=\{b_1,b_2,\cdots\}$$

其中 $a_1=b_1$，并且对于任何正整数 n，有 $b_{n+1}=b_n(1-a_{n+1})+(1-b_n)a_{n+1}$. 证明：当且仅当 $\frac{1}{2}\in B$ 时，$\frac{1}{2}\in A$.

证明 因为 $a_1=b_1$，如果其中有一个是 $\frac{1}{2}$，那么另一个也是 $\frac{1}{2}$. 所以在这种情况下，问题成立. 现在假定 a_1 和 b_1 都不是 $\frac{1}{2}$. 如果 $\frac{1}{2}\in A$，那么对某个 $k\geqslant 2$，我们有 $a_k=\frac{1}{2}$，

于是

$$b_k=b_{k-1}(1-a_k)+(1-b_{k-1})a_k=\frac{1}{2}(1-a_k)+\frac{1}{2}a_k=\frac{1}{2}$$

以及$\frac{1}{2}\in B$. 如果$\frac{1}{2}\in B$,譬如说 $b_k=\frac{1}{2}$(对某个 $k\geqslant 2$),那么

$$\frac{1}{2}=b_k=b_{k-1}(1-a_k)+(1-b_{k-1})a_k=a_k+b_{k-1}-2a_kb_{k-1}$$

得到

$$a_k+b_{k-1}-2a_kb_{k-1}-\frac{1}{2}=0$$

即

$$2\left(\frac{1}{2}-a_k\right)\left(b_{k-1}-\frac{1}{2}\right)=0$$

现在,显然我们必须选择最小的k,使$b_k=\frac{1}{2}$(因为$b_1\neq\frac{1}{2}$,所以$k>1$),因此我们有$b_{k-1}-\frac{1}{2}\neq 0$,这表明必有$\frac{1}{2}-a_k=0$,即$a_k=\frac{1}{2}$和$\frac{1}{2}\in A$.

要注意,与上一个问题一样,这个(十分简单的)恒等式

$$\frac{1}{4}-\frac{1}{2}a-\frac{1}{2}b+ab=\left(\frac{1}{2}-a\right)\left(\frac{1}{2}-b\right)$$

对于解本题是很重要的.

3. 确定一切函数 $f:\mathbf{Q}\to\mathbf{Q}$,对于每一对 $x,y\in\mathbf{Q}$,满足方程

$$f(x+y)+f(x-y)=2(f(x)+f(y)+1)$$

解　设 $g(t)=f(t)+1$. 将给定的函数方程的两边加 2,得到

$$g(x+y)+g(x-y)=2g(x)+2g(y)$$

将 $x=y=0$ 代入上式,得到 $2g(0)=4g(0)$,于是 $g(0)=0$. 又因为

$$2g(x)+2g(y)=g(x+y)+g(x-y)=g(x-y)+g(x+y)=2g(x)+2g(-y)$$

我们推得 $g(y)=g(-y)$,所以 g 是偶函数.

现在对(任意的,但暂时确定的)$x\in\mathbf{Q}$ 以及任意的 $k\in\mathbf{Z}$,设 $a_k=g(kx)$. 将 $y=kx$ 代入后得到

$$g((k+1)x)+g((k-1)x)=2g(x)+2g(kx)$$

即

$$a_{k+1}+a_{k-1}=2a_k+2a_1$$

因为 $a_0=0$，当 $k=1$ 时，$a_2=4a_1$，于是当 $k=2$[①] 时，$a_3=9a_1$，对 $k>0$ 归纳，所以 $a_k=k^2a_1$（只要利用恒等式 $(k+1)^2+(k-1)^2=2k^2+2$ 进行归纳步骤就可得到），因为 g 是偶函数，所以当 $k<0$ 时，$a_k=k^2a_1$ 也成立. 于是考虑 $x=\frac{1}{k}$，当 $k\in\mathbf{Z}\backslash\{0\}$ 时，有

$$g(1)=k^2g\left(\frac{1}{k}\right)$$

所以

$$g\left(\frac{1}{k}\right)=\frac{g(1)}{k^2}$$

于是对 $l\in\mathbf{Z}$，我们有

$$g\left(\frac{l}{k}\right)=l^2g\left(\frac{l}{k}\right)=\left(\frac{l}{k}\right)^2g(1)$$

设 $g(1)=c$，我们看到 $g(x)=cx^2$，由于恒等式

$$(x+y)^2+(x-y)^2=2(x^2+y^2)$$

该函数显然满足条件.

因为 $f(t)=g(t)-1$，所以对某个 $c\in\mathbf{Q}$，本题的一切解形如 $f(t)=ct^2-1$.

评注和问题 （1）显然，这个有趣的函数方程是 g 满足的方程. g 有有理数值但并不重要. 同样我们可以证明对于任何 $x,y\in\mathbf{Q}$，都满足

$$g(x+y)+g(x-y)=2[g(x)+g(y)]$$

的函数 $g:\mathbf{Q}\to\mathbf{R}$（或者甚至于复数），对于某个 $c\in\mathbf{R}$，都是 $g(t)=ct^2$ 的形式（或者如果 g 是复数值，那么 c 是复数）.

（2）此外，如果 $h:\mathbf{R}\to\mathbf{R}$ 满足同样的函数方程

$$h(x+y)+h(x-y)=2[h(x)+h(y)],x,y\in\mathbf{R}$$

那么对于某个确定的实数 c 和任何 $t\in\mathbf{Q}$，我们有 $h(t)=ct^2$. 如果 h 满足某个附加条件，如连续性，那么推出对于任何 $t\in\mathbf{R}$，有 $h(t)=ct^2$. 事实上，对于任何实数，存在一个有理数列 $\{t_n\}_{n\geqslant 1}$，有 $\lim\limits_{n\to\infty}t_n=t$. 因为 t_n 是有理数，对于每一个 $n\geqslant 1$，我们有 $h(t_n)=ct_n^2$，因此再利用 h 的连续性，我们有

$$h(t)=\lim_{n\to\infty}h(t_n)=\lim_{n\to\infty}ct_n^2=ct^2$$

实际上，这种推理是众所周知的. 例如，我们可以类似地证明，如果一个函数 $f:\mathbf{R}\to\mathbf{R}$ 对于一切 $x,y\in\mathbf{R}$ 满足

① 原文“$k=3$”，有误. — 译者注

$$f(x+y)=f(x)+f(y)$$

(这是著名的Cauchy函数方程),那么对于任何有理数 t 以及某个(确定的,与 t 无关的)实数 c,有 $f(t)=ct$. 如果 f 是单调函数,或者是连续函数,那么对于一切 $t\in\mathbf{R}$,有 $f(t)=ct$. 但是在 1974 年,甚至在一次数学奥林匹克中这可能是一个相当困难的问题.

(3) 证明任何连续函数 $f:\mathbf{R}\to\mathbf{R}$,对一切 $x,y,z\in\mathbf{R}$ 满足

$$f(x+y+z)+f(x)+f(y)+f(z)=f(x+y)+f(x+z)+f(y+z)$$

由公式 $f(t)=at^2+bt$ 给出,其中一切 $t\in\mathbf{R}$(a,b 是固定的实数). 首先证明 f 由对 $t\in\mathbf{Q}$ 的这样一个公式给出,然后利用连续性推广到对任何实数 t 成立.

4. 求方程组

$$(x_1+x_2+x_3)x_4=(x_1+x_2+x_4)x_3=(x_1+x_3+x_4)x_2=(x_2+x_3+x_4)x_1=a$$

的复数解,这里 a 是给定的复数.

解　我们直接解一般的情况,即给定复数 a,对于每一个 $1\leqslant i\leqslant n$,我们来求 $x_1,\cdots,x_n\in\mathbf{C}(n\geqslant 3)$,使

$$x_i\Big(\sum_{j\neq i}x_j\Big)=a$$

(第 i 个方程中的和式取遍所有的下标 $j\in\{1,2,\cdots,n\}$,i 除外.)

于是,对一个给定的解,当 $S=x_1+\cdots+x_n$ 时,方程组是

$$x_i(S-x_i)=a\Leftrightarrow x_i^2-Sx_i+a=0,i=1,2,\cdots,n$$

这表明任何解的分量只能取两个值,即方程 $t^2-St+a=0$ 的根. 设这两个根是 x 和 y. 显然我们有 $x+y=S$,可以考虑对于某个 $k\in\{0,1,\cdots,n\}$,k 个 x_i 等于 x,另 $n-k$ 个等于 y. 于是

$$kx+(n-k)y=S=x+y\Leftrightarrow(k-1)x+(n-k-1)y=0$$

原方程组变为

$$x(S-x)=xy=a$$

或者

$$y(S-y)=yx=a$$

这也是韦达定理的第二个等式.

注意到存在对称性. 如果我们交换 x 和 y 的位置,并用 $n-k$ 代替 k,我们就得到同样的解.

首先假定 $k=1$(由对称性,它也包括 $k=n-1$ 的情况). 于是我们有 $(n-2)y=0$. 因为 $n\geqslant 3$,我们推得 $y=0$,必有 $a=0$. 反之,如果 $a=y=0$,那么无论 x 取什么值,$xy=a$ 和 $(n-$

2) $y=0$ 都成立. 于是当 $a=0$ 时出现 $k=1$(或 $k=n-1$) 的唯一解,因此除一个 x_i 以外全部等于 0,最后一个可以任意取值.

现在假定 $k\neq 1$,且 $k\neq n-1$. 此时方程

$$(k-1)x+(n-k-1)y=0$$

中的两个系数都非零,推出对某个 t,我们可以写成 $x=(n-k-1)t$ 和 $y=-(k-1)t$. 于是另一个方程为

$$xy=-(k-1)(n-k-1)t^2=a$$

所以我们求得

$$t=\pm\sqrt{\frac{-a}{(k-1)(n-k-1)}}$$

因此

$$x=\pm\sqrt{-\frac{n-k-1}{k-1}a},y=\mp\sqrt{-\frac{k-1}{n-k-1}a}$$

于是给定的方程组的解是有 k 个分量等于这个 x,$n-k$ 个分量等于有相应符号的这个 y 的 n 元数组. 注意到,如果 $a=0$(只有对 $a=0$),我们得到 $x=y$,在这种情况下,我们只得到上面这个解的特殊情况,其中一个任意变量也可以取 0.

例如,在 TST(奥数队选拔测试) 问题中给定 $n=4$ 的情况下,当 $a\neq 0$ 时,我们有解

$$x_1=x_2=x_3=x_4=\pm\sqrt{\frac{a}{3}}$$

和

$$x_1=x_2=\pm\sqrt{-a},x_3=x_4=\mp\sqrt{-a}$$

以及它们的一切排列. 解

$$x_1=b,x_2=x_3=x_4=0$$

以及它们的一切排列(对于任何 $b\in\mathbf{C}$) 在 $a=0$ 的情况下出现. 当 $n=3$ 时,如果 $a\neq 0$,我们只有解

$$x_1=x_2=x_3=\pm\sqrt{\frac{a}{2}}$$

在 $a=0$ 的情况下,解是 $(b,0,0)$ 及其排列.

评注与问题 (1) 我们也可以得到以下事实:将方程组写成

$$S-x_i=\frac{a}{x_i}$$

的形式以后,一个解的分量至多有两个不同的值.

如果将方程 i 减去方程 j，那么我们得到

$$(x_j - x_i)\left(1 - \frac{a}{x_i x_j}\right) = 0$$

于是，对于任何 $i \neq j$，我们有 $x_i = x_j$ 或 $x_i x_j = a$. 正如我们已经见到的，这一方法只有在 $a \neq 0$，以及每一个 x_i 都非零的情况下有效. 对每一个 x_i，它也提供了两个值 x 和 y，这两个值与 $xy = a$ 有关(这是两个根为 x 和 y 的方程 $t^2 - St + a = 0$ 的韦达定理之一；当我们用第一个关系时，我们考虑另一个关系，即 $x + y = S$).

(2) 对于给定的复数 a, b, c，解方程组

$$(x_1 + x_2)x_3 = a, (x_1 + x_3)x_2 = b, (x_2 + x_3)x_1 = c$$

注意到我们首先可以求出

$$x_1 x_2 = \frac{b + c - a}{2},\ x_1 x_3 = \frac{a + c - b}{2},\ x_2 x_3 = \frac{a + b - c}{2}$$

那么就明白下面要做什么.

但是，对于一个超过三个未知数的类似的方程组，求一般的解似乎并不容易.

(3) 解方程组

$$x_i = \sum_{j \neq i} \frac{1}{x_j}, 1 \leqslant i \leqslant n$$

首先注意到一个解的分量至多有两个值. 这也是由 Mircea Becheanu 为一次罗马尼亚的 TST 提供的.

5. 确定实数 x_1, x_2, x_3, x_4，使

$$\begin{aligned} \max\{x_1, x_2 + x_3 + x_4\} &= \max\{x_2, x_1 + x_3 + x_4\} = \max\{x_3, x_1 + x_2 + x_4\} \\ &= \max\{x_4, x_1 + x_2 + x_3\} = 1 \end{aligned}$$

然后提出并解 n 个数的类似的问题.

解　我们来解一般的问题，即求实数 $x_1, \cdots, x_n (n \geqslant 3)$，对于任何 $1 \leqslant i \leqslant n$，有

$$\max\left\{x_i, \sum_{j \neq i} x_j\right\} = 1$$

如果设一组解的各个分量的和 $S = x_1 + \cdots + x_n$，那么对于任何 $1 \leqslant i \leqslant n$，有

$$\max\{x_i, S - x_i\} = 1$$

因此对于任何 $1 \leqslant i \leqslant n$ 或者 $x_i = 1$ 或者 $S - x_i = 1 \Leftrightarrow x_i = S - 1$，这就是说(如上面的问题那样)，满足给定方程组的一个 n 元实数组的分量中至多存在两个可能的值.

我们不可能有所有数都等于 1 的情况，因为当 $n \geqslant 3$ 时，$\max\{1, n - 1\} = n - 1 > 1$.

如果我们有 $x_1 = \cdots = x_n = S - 1$，那么条件 $x_1 + \cdots + x_n = S$ 给出 $n(S - 1) = S$，因此

$$S=\frac{n}{n-1}, x_1=\cdots=x_n=\frac{1}{n-1}$$

容易验证这是一组解.

余下来要考虑的是对于某个 $k\in\{1,2,\cdots,n-1\}$, k 个数等于 $S-1$, $n-k$ 个数等于 1. 此时我们有

$$k(S-1)+(n-k)=S$$

即 $(k-1)S=2k-n$. 推出这种情况下 $k=1$ 是不可能的,并且

$$S=\frac{2k-n}{k-1}$$

由此

$$x_1=\cdots=x_k=\frac{k+1-n}{k-1}, x_{k+1}=\cdots=x_n=1$$

或者,一般地, $x_1,\cdots,x_n$ 中的 k 个数等于 $\frac{k+1-n}{k-1}$,其余 $n-k$ 个数等于 1.(容易验证这些确实是解.)

例如,在给定 $n=4$ 的情况下,我们有四数组的解

$$\left(\frac{1}{3},\frac{1}{3},\frac{1}{3},\frac{1}{3}\right),(-1,-1,1,1),(0,0,0,1)$$

以及它们的一切排列.

6. 如果 a,b,c 是周长为 6 的三角形的边长, A,B,C 是用弧度制表示的内角的大小,证明

$$2\pi\leqslant aA+bB+cC<3\pi$$

证明 因为三角形的每一条边都小于另两条边的和,例如,我们有

$$a<b+c\Rightarrow a<\frac{a+b+c}{2}=3$$

可以得到 $a,b,c<3$,所以

$$aA+bB+cC<3(A+B+C)=3\pi$$

这就证明了右边的不等式(事实上永远是严格的).

对于左边的不等式,注意到三角形的角的大小顺序和边的大小顺序相同:如果 $a\geqslant b\geqslant c$,那么 $A\geqslant B\geqslant C$. 于是,由 Chebyshev 不等式,可得

$$aA+bB+cC\geqslant\frac{(a+b+c)(A+B+C)}{3}=\frac{6\pi}{3}=2\pi$$

这就证明了左边的不等式.

评注　Chebyshev 不等式叙述如下：对于任何实数 $a_1 \geqslant \cdots \geqslant a_n$ 和 $b_1 \geqslant \cdots \geqslant b_n$，我们有

$$n\sum_{k=1}^{n} a_k b_k \geqslant \left(\sum_{k=1}^{n} a_k\right)\left(\sum_{k=1}^{n} b_k\right)$$

（当 $a_1 \geqslant \cdots \geqslant a_n$ 和 $b_1 \leqslant \cdots \leqslant b_n$ 时，不等式的方向改变.）一般地，对于两个顺序相同的实数列 $a_1,\cdots,a_n$ 和 $b_1,\cdots,b_n$，也就是说，如果对一切 $i,j \in \{1,2,\cdots,n\}$，有 $(a_i-a_j)(b_i-b_j) \geqslant 0$，那么该不等式成立（如果对一切 $i,j \in \{1,2,\cdots,n\}$，有 $(a_i-a_j)(b_i-b_j) \leqslant 0$，那么该不等式的方向改变）. 证明恰好依赖于这些不等式，即 Chebyshev 不等式，由

$$\sum_{i=1}^{n}\sum_{j=1}^{n}(a_i-a_j)(b_i-b_j) \geqslant 0$$

展开所有乘积后整理各项就可得到. 关于不等式有趣的问题是等号成立的情况，这并不像其他不等式那样明显. 我们可以假定 $a_1 \geqslant \cdots \geqslant a_n$ 和 $b_1 \geqslant \cdots \geqslant b_n$，否则我们总可将下标适当重新排列后得到这种情况. 因为在等式成立的情况下，我们必有

$$\sum_{i=1}^{n}\sum_{j=1}^{n}(a_i-a_j)(b_i-b_j)=0 \Leftrightarrow \sum_{1\leqslant i<j\leqslant n}^{n}(a_i-a_j)(b_i-b_j)=0$$

当所有的数皆为 0 时，非负数的和只能为 0，此时我们能推断出，对 $1 \leqslant i,j \leqslant n$，必有

$$(a_i-a_j)(b_i-b_j)=0$$

特别地，我们需要有 $(a_1-a_n)(b_1-b_n)=0$，也就是说，无论是 $a_1=a_n$ 还是 $b_1=b_n$ 都可得到 $a_1=\cdots=a_n$ 或 $b_1=\cdots=b_n$. 于是，当且仅当数列 $a_1,\cdots,a_n$ 和 $b_1,\cdots,b_n$ 中（至少有）一个是常数列时，Chebyshev 不等式中的等式成立（验证一下“当”的部分！）. 特别是当且仅当 $\triangle ABC$ 是边长为 2 的等边三角形时，问题中的不等式的左边等式成立. 另一个有趣的事实是当且仅当对任何实数 $x_1,\cdots,x_n$，有

$$n\sum_{k=1}^{n} x_k f(x_k) \geqslant \left(\sum_{k=1}^{n} x_k\right)\left(\sum_{k=1}^{n} f(x_k)\right)$$

此时实函数 f 是增函数（于是 Chebyshev 不等式提供了判断增函数的某种方法）. 对于减函数，反向不等式成立.

7. 设 n 是大于 1 的整数，$a>1$ 是无理数. 证明

$$\sqrt[n]{a+\sqrt{a^2-1}}+\sqrt[n]{a-\sqrt{a^2-1}}$$

也是无理数.

证明　一个重要的观察是

$$(a+\sqrt{a^2-1})(a-\sqrt{a^2-1})=1$$

所以，如果我们设

$$x=\sqrt[n]{a+\sqrt{a^2-1}}$$

那么

$$\sqrt[n]{a+\sqrt{a^2-1}}+\sqrt[n]{a-\sqrt{a^2-1}}=x+\frac{1}{x}$$

我们知道,存在一个多项式 $p_n\in\mathbf{Z}[X]$,使

$$p_n\left(t+\frac{1}{t}\right)=t^n+\frac{1}{t^n}$$

事实上,多项式 p_k 可由归纳法得到,即取 $p_0=2,p_1=X$,以及当 $k\geqslant 2$ 时,$p_k=p_{k-1}X-p_{k-2}$,以上是因为我们有恒等式

$$t^k+\frac{1}{t^k}=\left(t+\frac{1}{t}\right)\left(t^{k-1}+\frac{1}{t^{k-1}}\right)-\left(t^{k-2}+\frac{1}{t^{k-2}}\right)$$

如果 $x+\frac{1}{x}$ 是有理数,那么 $x^n+\frac{1}{x^n}=p_n(x)$ 也是有理数.

但是如果

$$x^n+\frac{1}{x^n}=a+\sqrt{a^2-1}+a-\sqrt{a^2-1}=2a$$

是有理数,那么 a 也是有理数,这与假定矛盾,证毕.

评注与问题 (1) 如果 $x+\frac{1}{x}$ 是有理数,那么 $x^n+\frac{1}{x^n}$(对于非零实数 x 和非负整数 n)也是有理数,针对这一事实有下面的推广,这在许多问题中有用.也就是说,如果两个实数 x 和 y 的和 $S=x+y$ 与积 $P=xy$ 都是有理数,那么对每一个非负整数 n,它们的幂的和 $S_n=x^n+y^n$ 也是有理数.事实上,$S_0=2,S_1=S\in\mathbf{Q}$,并且对每一个 $k\geqslant 2$,有

$$S_k=SS_{k-1}-PS_{k-2}$$

(验证这一等式!).对 n 归纳推出结论.

显然,这比我们在解本题时用到的结果更为一般,因为如果 $P=1$(正如在本题的特殊情况中),那么 P 肯定是一个有理数.此外,可以看出,数 S_k 的递推关系推广了上述恒等式

$$t^k+\frac{1}{t^k}=\left(t+\frac{1}{t}\right)\left(t^{k-1}+\frac{1}{t^{k-1}}\right)-\left(t^{k-2}+\frac{1}{t^{k-2}}\right)$$

进一步,如果 x 和 y 非零,那么 $S,P\in\mathbf{Q}$ 这一事实表明对负整数 n,$S_n\in\mathbf{Q}$ 仍然成立.此外,它也能使用以下形式:如果 S 和 P 是整数,那么对任何非负整数 n,S_n 也是整数(这不能推广到负整数,除非 $P=0$ 或 $P=-1$).这可以用以下方法证明:如果 a,b,c 是整数,且$\sqrt{c}$ 不是整数,那么对任何整数 $n\geqslant 0$,都有

$$x_n=(a+b\sqrt{c})^n+(a-b\sqrt{c})^n$$

是整数. 此外, 数 x_n 满足递推关系

$$x_n - 2ax_{n-1} + (a^2 - b^2c)x_{n-2} = 0, n \geqslant 2$$

例如, 对整数 $n \geqslant 0$, $(1+\sqrt{2})^n + (1-\sqrt{2})^n$, $(7+\sqrt{5})^n + (7-\sqrt{5})^n$ 都是整数.

(2) 例如, 观察到 $x_n = (2+\sqrt{3})^n + (2-\sqrt{3})^n$ 是整数, 且 $0 < (2-\sqrt{3})^n < 1$. 于是对非负整数 n, $(2+\sqrt{3})^n$ 的整数部分是 $x_n - 1$. 推出当 n 分别是偶数或奇数时, $(2+\sqrt{3})^n$ 的整数部分模 4 同余于 1 或 3. 还可以证明

$$\lim_{n\to\infty}\{(2+\sqrt{3})^n\} = 1$$

这里 $\{t\}$ 表示实数 t 的分数部分.

(3) 证明: 对于任何正整数 a 和 n, 存在正整数 b, 使

$$(a+\sqrt{a^2-1})^n = b + \sqrt{b^2-1}$$

首先注意到, 如果这样一个 b 存在, 那么 b 只能写成

$$\begin{aligned} b &= \frac{1}{2}(b+\sqrt{b^2-1}+b-\sqrt{b^2-1}) \\ &= \frac{1}{2}\left(b+\sqrt{b^2-1}+\frac{1}{b+\sqrt{b^2-1}}\right) \\ &= \frac{1}{2}\left((a+\sqrt{a^2-1})^n+\frac{1}{(a+\sqrt{a^2-1})^n}\right) \\ &= \frac{1}{2}((a+\sqrt{a^2-1})^n+(a-\sqrt{a^2-1})^n) \end{aligned}$$

余下来只需要证明这个数是整数(显然是正数).

8. 设 a, b, c, d 是非负实数, 且

$$a \leqslant 1, a+b \leqslant 5, a+b+c \leqslant 14, a+b+c+d \leqslant 30$$

证明: $\sqrt{a}+\sqrt{b}+\sqrt{c}+\sqrt{d} \leqslant 10$.

第一种证法　这一方法依赖于 Karamata 不等式, 也就是说, 依赖于下面熟知的定理:

定理　设 $a_1, \cdots, a_n$ 和 $b_1, \cdots, b_n$ 取自实数轴上的区间 I, 且 $a_1 \leqslant \cdots \leqslant a_n$ 和 $b_1 \leqslant \cdots \leqslant b_n$, 对一切 $1 \leqslant k \leqslant n-1$, 有

$$\sum_{i=1}^{k} a_i \leqslant \sum_{i=1}^{k} b_i$$

和

$$\sum_{i=1}^{n} a_i = \sum_{i=1}^{n} b_i$$

设 f 是定义在区间 I 上的凸函数. 此时,我们有

$$f(a_1)+\cdots+f(a_n)\geqslant f(b_1)+\cdots+f(b_n)$$

当 f 是凹函数时,不等式

$$f(a_1)+\cdots+f(a_n)\leqslant f(b_1)+\cdots+f(b_n)$$

成立.

证明过程可以在诸多不等式或数学分析的书籍中(也可在维基百科网站上)找到,所以我们在此不给出证明. 但是我们将证明定理的有关(差不多是直接的,但很少被重视的)推论.

推论 设 $f:I\to\mathbf{R}$ 是定义在区间 I 上的凹的增函数,$a_1,\cdots,a_n$ 和 $b_1,\cdots,b_n\in I$,且 $b_1\leqslant\cdots\leqslant b_n$,以及对一切 $1\leqslant k\leqslant n$,有

$$\sum_{i=1}^{k}a_i\leqslant\sum_{i=1}^{k}b_i$$

那么

$$f(a_1)+\cdots+f(a_n)\leqslant f(b_1)+\cdots+f(b_n)$$

推论的证明 设 $a_{i_1}\leqslant\cdots\leqslant a_{i_n}$ 是 $a_1,\cdots,a_n$ 的递增的顺序(这里 $i_1,\cdots,i_n$ 是 $1,2,\cdots,n$ 的一个排列). 显然,对每一个 $1\leqslant k\leqslant n$,$a_{i_1}+\cdots+a_{i_k}$ 是取自 $a_1,\cdots,a_n$ 的 k 个(下标不同的)数的一切和中最小的和. 于是对一切 $1\leqslant k\leqslant n$,有

$$a_{i_1}+\cdots+a_{i_k}\leqslant a_1+\cdots+a_k\leqslant b_1+\cdots+b_k$$

此外,我们可以将 a_{i_k} 增加到一个值 a'_{i_n},满足

$$a_{i_1}+\cdots+a_{i_{n-1}}+a'_{i_n}=b_1+\cdots+b_{n-1}+b_n$$

(这里有一个细节是 a'_{i_n} 可能不在区间 I 内,但是,我们可以将 f 扩大一个超越 I 的常数.)现在我们看到将 Karamata 不等式用于数列 $a_{i_1},\cdots,a_{i_{n-1}},a'_{i_n}$ 和 $b_1,\cdots,b_{n-1},b_n$,导致所求的不等式

$$\begin{aligned}f(a_1)+\cdots+f(a_{n-1})+f(a_n)&=f(a_{i_1})+\cdots+f(a_{i_{n-1}})+f(a_{i_n})\\&\leqslant f(a_{i_1})+\cdots+f(a_{i_{n-1}})+f(a'_{i_n})\\&\leqslant f(b_1)+\cdots+f(b_{n-1})+f(b_n)\end{aligned}$$

(第一个不等式由 f 的单调性推出,第二个不等式,正如我们所说的,是对 n 数组 $(a_{i_1},\cdots,a_{i_{n-1}},a'_{i_n})$ 和 $(b_1,\cdots,b_{n-1},b_n)$ 的 Karamata 不等式).

对于本题而言,取 $f(x)=\sqrt{x}\ (x\geqslant 0)$,$a_1=a,a_2=b,a_3=c,a_4=d$,对于 $k\in\{1,2,3,4\}$,$b_k=k^2$. 满足推论的假定,因此推出所求的结论

$$\sqrt{a}+\sqrt{b}+\sqrt{c}+\sqrt{d}=f(a_1)+f(a_2)+f(a_3)+f(a_4)$$

$$\leqslant f(b_1)+f(b_2)+f(b_3)+f(b_4)=10$$

在推论的假定下，证明不等式

$$a_1a_2\cdots a_n\leqslant b_1b_2\cdots b_n$$

也成立！另外，我们有

$$\frac{1}{2^{a_1}}+\cdots+\frac{1}{2^{a_n}}\geqslant\frac{1}{2^{b_1}}+\cdots+\frac{1}{2^{b_n}}$$

第二种证法　我们再一次从根本上证明推论的结果，但是只是在函数 $f(x)=\sqrt{x}$ $(x\geqslant 0)$ 的情况下. 我们证明对于非负的 $a_1,\cdots,a_n$ 和 $b_1,\cdots,b_n$，且 $b_1\leqslant\cdots\leqslant b_n$，以及

$$\sum_{i=1}^{k}a_i\leqslant\sum_{i=1}^{k}b_i,1\leqslant k\leqslant n$$

有

$$\sqrt{a_1}+\cdots+\sqrt{a_n}\leqslant\sqrt{b_1}+\cdots+\sqrt{b_n}$$

假定 $b_1>0$(事实上是问题的非零的特殊情况，我们只需要处理在两个数列中除去 $a_1=b_1=0$ 后的一般情况). 于是设

$$c_1=\frac{1}{\sqrt{b_1}}-\frac{1}{\sqrt{b_2}},\cdots,c_{n-1}=\frac{1}{\sqrt{b_{n-1}}}-\frac{1}{\sqrt{b_n}},c_n=\frac{1}{\sqrt{b_n}}$$

条件 $b_1\leqslant\cdots\leqslant b_n$ 确保 $c_1,\cdots,c_n$ 非负.

将不等式 $a_1+\cdots+a_k\leqslant b_1+\cdots+b_k$ 乘以 c_k 后取 $k=1,2,\cdots,n$ 得到的不等式相加，利用 Abel 恒等式，得到

$$\frac{a_1}{\sqrt{b_1}}+\cdots+\frac{a_n}{\sqrt{b_n}}\leqslant\sqrt{b_1}+\cdots+\sqrt{b_n}$$

因此，利用 Cauchy-Schwarz 不等式，可得

$$(\sqrt{a_1}+\cdots+\sqrt{a_n})^2\leqslant\left(\frac{a_1}{\sqrt{b_1}}+\cdots+\frac{a_n}{\sqrt{b_n}}\right)(\sqrt{b_1}+\cdots+\sqrt{b_n})$$
$$\leqslant(\sqrt{b_1}+\cdots+\sqrt{b_n})^2$$

由此推出所求的不等式.

回忆一下，Abel 恒等式是对(实数或复数)$x_1,\cdots,x_n$ 和 $y_1,\cdots,y_n,y_{n+1}=0$，有

$$\sum_{k=1}^{n}\left(\sum_{i=1}^{k}x_i\right)(y_k-y_{k+1})=\sum_{i=1}^{n}x_iy_i$$

直接计算容易验证.(观察到左边展开后，将 x_i 乘以 $\sum_{k=i}^{n}(y_k-y_{k+1})=y_i$.)

我们先对 $x_i=a_i$ 和 $y_i=\frac{1}{\sqrt{b_i}}$ 使用，然后对 $x_i=b_i$ 和 $y_i=\frac{1}{\sqrt{b_i}}$ 使用 Abel 恒等

式$(1 \leqslant i \leqslant n)$.

9. 证明:任何实系数多项式函数可写成两个递增的(实)多项式函数的差.

证明 设(P)是两个递增的(实的;因为我们都明白这一点,所以下面不再提实的了)多项式函数的差的一个多项式函数性质. 显然,如果f和g都具有性质(P),那么对于任何非零实数a和b,多项式$af+bg$也具有性质(P). 例如,如果$f=u-v$,u和v是增函数,当$a>0$时,我们也有$af=(au)-(av)$,au和av是增函数;当$a<0$时,$af=(-av)-(-au)$,$-av$和$-au$是增函数. 证明具有性质(P)的两个函数的和具有性质(P)的过程与其类似. 此外,用同样的方法(或用归纳法)可以证明,如果$f_1,\cdots,f_k$都具有性质(P),那么对于非零实数$a_1,\cdots,a_k$,$a_1f_1+\cdots+a_kf_k$具有性质(P).

于是,为了解决本题,只要解决幂多项式函数x^n,$x \in \mathbf{R}$,$n \in \mathbf{N}$就够了,因为任何多项式都是这样的函数的线性组合.

对于奇数n,这是显然的,例如$n=2m+1$,此时我们有

$$x^{2m+1}=(x^{2m+1}+x)-x$$

对于常数函数1也可写成

$$1=(x+1)-x$$

对于偶数$n=2m$,$m \geqslant 1$,我们有

$$x^{2m}=(x^{2m+1}+x^{2m}+x^{2m-1})-(x^{2m+1}+x^{2m-1})$$

函数$x \mapsto x^{2m+1}+x^{2m}+x^{2m-1}$是增函数,因为它的导数是

$$x^{2m-2}((2m+1)x^2+2mx+2m-1) \geqslant 0, \forall x \in \mathbf{R}$$

该二次三项式的判别式$4(1-3m^2)<0$. 函数$x \mapsto x^{2m+1}+x^{2m}+x^{2m-1}$显然(严格)递增,问题得以解决.

评注与问题 (1) 细心的读者会注意到,实际上我们证明了任何多项式函数是两个严格递增的多项式函数的差. 严格递增的多项式函数必须是奇次多项式函数,在∞和$-\infty$处(以某一顺序)的极限是∞和$-\infty$,于是(由连续性)这是满射(当然是单射). 于是,推出任何多项式函数都能表示为两个双射函数的差(在这种情况下,只能是多项式). 说明任何实函数都能表示为两个单射函数的差的一般性定理是存在的 —— 但是这样的一个结果已经超出本书的目的. 不过提一下是值得的. 证明正弦函数是两个单射(甚至是双射)函数的差. 一般地说,导数有界的可微实函数可表示为两个单射函数的差.

(2) 本题也是以下性质(Q)的一个结果:任何多项式函数可以写成两个正定的多项式函数的差. 事实上,设f是任意一个多项式函数,f'表示它的导数(它也是多项式函数). 由性质(Q)我们有$f'=g-h$,这里g和h是多项式函数,对于一切$x \in \mathbf{R}$,$g(x)>0$,

$h(x)>0$. 我们分别考虑 g 和 h 的反导数 G 和 H（当然，G 和 H 是严格递增的多项式函数），并且 $f'=G'-H'$ 成立，这表明 $f-G+H$ 的导数为零，因此它是常数. 于是，对于某个实数 c，我们有 $f-G+H=c$，因此 $f=(G+c)-H$ 能表示为两个递增的多项式的差.

现在证明上面的多项式函数的性质(Q)，首先对于幂函数，观察到如果这对于幂函数成立，那么对于一切多项式函数成立. 然后证明任何多项式函数也能表示为两个凸函数的差.

10. 考虑一个整系数多项式 P 以及某些不同的整数 $a_1,\cdots,a_n$. 证明：如果存在集合 $\{1,2,\cdots,n\}$ 的一个排列 σ，使 $P(a_k)=a_{\sigma(k)}$，$k=1,2,\cdots,n$，那么 $\sigma\circ\sigma$ 不变.

证明　先引入一个引理.

引理　对一切整数对 a 和 b，我们有 $a-b\mid P(a)-P(b)$.

引理的证明　因为 b 是方程 $P(x)-P(b)=0$ 的一个解，所以存在整系数多项式 Q，使 $P(x)-P(b)=(x-b)Q(x)$. 于是 $P(a)-P(b)=(a-b)Q(a)$，这就是要求的.

也许一个更为直接的论断就是注意到 $P(a)-P(b)$ 是差 $a^k-b^k(k=1,2,\cdots,\deg P)$ 的整系数(P 的系数) 的线性组合. 但是，任何这样的差都能被 $a-b$ 整除，这是因为

$$a^k-b^k=(a-b)\Big(\sum_{j=0}^{k-1}a^{k-1-j}b^j\Big)$$

对于这一问题，不失一般性，现在假定 $a_1<\cdots<a_n$，将引理用于 a_1 和 a_n，我们得到 $a_n-a_1\mid P(a_n)-P(a_1)$，又因为 $P(a_1)=a_{\sigma(1)}$ 和 $P(a_n)=a_{\sigma(n)}$ 不同，我们推出特别有 $|a_{\sigma(n)}-a_{\sigma(1)}|\geqslant a_n-a_1$. 但是对于任何 k 和 $j\in\{1,2,\cdots,n\}$，我们有 $|a_j-a_k|\leqslant a_n-a_1$，当且仅当 j 和 k 以某个顺序是 1 和 n 时等式成立.

如果 $P(a_1)=a_1$，$P(a_n)=a_n$，那么对于任何 $2\leqslant k\leqslant n-1$，引理表明

$$a_k-a_1\mid P(a_k)-P(a_1)=a_{\sigma(k)}-a_1$$

以及

$$a_n-a_k\mid P(a_n)-P(a_k)=a_n-a_{\sigma(k)}$$

又因为像上面那样的这些差非零，所以 $a_k-a_1\leqslant a_{\sigma(k)}-a_1$，因此 $\sigma(k)\geqslant k$，以及 $a_n-a_k\leqslant a_n-a_{\sigma(k)}$，因此 $\sigma(k)\leqslant k$. 于是对一切 k 和 σ，$\sigma(k)=k$ 是恒等排列，它必满足 $\sigma\circ\sigma$ 不变.

如果 $P(a_1)=a_n$ 和 $P(a_n)=a_1$，那么对任何 $2\leqslant k\leqslant n-1$，引理表明

$$a_k-a_1\mid P(a_1)-P(a_k)=a_n-a_{\sigma(k)}$$

以及

$$a_n-a_k\mid P(a_k)-P(a_n)=a_{\sigma(k)}-a_1$$

差又是非零的，所以 $a_k-a_1\leqslant a_n-a_{\sigma(k)}$，因此 $a_k+a_{\sigma(k)}\leqslant a_1+a_n$，以及 $a_n-a_k\leqslant a_{\sigma(k)}-a_1$，

因此 $a_k+a_{\sigma(k)}\geqslant a_1+a_n$. 于是对一切 k,有 $a_k+a_{\sigma(k)}=a_1+a_n$. 推出 $a_{\sigma(1)},\cdots,a_{\sigma(n)}$ 是原来各数的递减的顺序,于是 $\sigma(k)=n+1-k$,对一切 k,有 $a_k+a_{n+1-k}=a_1+a_n$. 于是,显然对于每一个 k,有

$$\sigma(\sigma(k))=n+1-(n+1-k)=k$$

所以 $\sigma\circ\sigma$ 不变.

评注与插叙 (1) 这个证明对一切集合 $a_1<\cdots<a_n$ 给出了一个完整的描述,对此,存在这样的一个多项式 P,以及不是恒定的 σ,也就是说,对一切 k,必定存在某个整数 S,有 $a_k+a_{n+1-k}=S$. 于是这样一个多项式就是 $P(X)=S-X$,但是这并不是唯一的可能. 更一般地说,对于任何整系数多项式 Q,可以取

$$P(X)=S-X+Q(X)\prod_{i=1}^{n}(X-a_i)$$

反之,这是唯一可能的多项式.

对于这个不变的 σ,a_i 的任何集合都是可能的,而且这个可能的多项式就是

$$P(X)=X+Q(X)\prod_{i=1}^{n}(X-a_i)$$

注意到 a_i 是整数这一事实对于这一证明是十分重要的.

例如,对于 $P=X^2$,有

$$z=\cos\frac{2\pi}{7}+\mathrm{i}\sin\frac{2\pi}{7}$$

以及 $a_1=z,a_2=z^2,a_3=z^4$(它们各不相同),我们有 $P(a_1)=a_2,P(a_2)=a_3,P(a_3)=a_1$. 于是,如果我们放弃 a_k 是整数这一条件,那么结论未必依然成立.

(2) 这一引理在许多关于整系数多项式的问题中十分有用. 这里我们只给出一个例子:证明如果 f 是整系数多项式,a 和 b 是整数,并且对于每一个整数 n,$f(n)$ 能被 a 或 b 整除,那么对于任何 n,$f(n)$ 能被 a 整除,或者对于任何 n,$f(n)$ 能被 b 整除.(请仔细阅读这一命题!)

当 a 和 b 互质时,利用这一引理可直接推出这一结果. 在这种情况下,假定结论不成立,也就是说,存在整数 n_a 和 n_b,使 $f(n_a)$ 不能被 a 整除,$f(n_b)$ 不能被 b 整除. 根据中国剩余定理,存在整数 n,使 $n\equiv n_a\pmod a$ 和 $n\equiv n_b\pmod b$,于是 $n-n_a$ 能被 a 整除,$n-n_b$ 能被 b 整除. 根据这一引理,$f(n)-f(n_a)$ 能被 $n-n_a$ 整除,因此能被 a 整除,这表明 $f(n)$ 不能被 a 整除(因为 a 不整除 $f(n_a)$). 类似地,$f(n)$ 不能被 b 整除,这与假定矛盾.

如果 a 是 b 的一个因子,或者 b 是 a 的一个因子,显然也能推出这一结论.

我们归纳出在 a 和 b 的质因数分解式中出现的质数的个数的问题. 根据对上面的观

察推出恰好存在一个这样的因子这一基本情况，因为在这种情况下，a 和 b 中的一个整除另一个.

进一步假定 a 和 b 的质因数分解式至少包含两个质因数. 我们也可以假定其中任何一个都不能整除另一个. 这就意味着存在两个（不同的）质数 p 和 q，使 $v_p(a) > v_p(b)$ 和 $v_q(b) > v_q(a)$，这里 $v_p(x)$ 表示整数 x 的质因数分解式中质数 p 的指数.

因为 $p^{v_p(a)}$ 和 $q^{v_q(b)}$ 互质，其中至少有一个整除任何 $f(n)$，我们刚证明过这种特殊情况，我们推得或者对于任何 n，$p^{v_p(a)}$ 整除 $f(n)$，或者对于任何 n，$q^{v_q(b)}$ 整除 $f(n)$.

不失一般性，假定是第一种情况.

现在设 $a = p^{v_p(a)}a'$，$b = p^{v_p(b)}b'$，这里 a' 和 b' 是整数. 任何 $f(n)$ 至少能被 a' 和 b' 中的一个整除，在 a' 和 b' 的质因数分解式中都不再存在质数 p. 推出根据这一归纳假定，或者对于任何 n，a' 能整除任何 $f(n)$，或者对于任何 n，b' 能整除任何 $f(n)$. 因为 a' 和 b' 都与 $p^{v_p(a)}$（它整除任何 $f(n)$）互质，推出或者对任何 n，$a = p^{v_p(a)}a'$ 整除 $f(n)$，或者 $b = p^{v_p(b)}b'$ 整除 $f(n)$（别忘了 $v_p(b) < v_p(a)$），于是问题得解.

现在尝试解决一般的情况：如果 $a_1, \cdots, a_k$ 是整数，且对于任何整数 n，$f(n)$ 能被 $a_1, \cdots, a_k$ 中的一个整除，那么在 $a_1, \cdots, a_k$ 中存在一个，对于任何整数 n，它能整除 $f(n)$.

11. 设 a, b, c 是整数，$a > 0$，给定的方程 $ax^2 + bx + c = 0$ 在 $(0,1)$ 中有两个不同的零点，证明：$a \geqslant 5$.

证明　设 $f(x) = ax^2 + bx + c$. 因为 f 的零点在区间 $(0,1)$ 中，所以我们必有 $f(0) > 0$ 和 $f(1) > 0$，于是 $c > 0$ 和 $a + b + c > 0$. 因为方程 $f(x) = 0$ 有两个不同的实数解，我们推得 $b^2 > 4ac$，所以 $b^2 \geqslant 4ac + 1$（因为 a, b, c 都是整数）. 这两个解的乘积是 $\frac{c}{a} \in (0,1)$，所以 $0 < c < a$，这表明 $1 \leqslant c \leqslant a - 1$. 两个解的和是 $-\frac{b}{a}$，因此 $b < 0$. 推得 $a + c > -b$，所以 $a + c - 1 \geqslant -b > 0$. 两边平方后，得到

$$(a+c)^2 - 2(a+c) + 1 \geqslant b^2 \geqslant 4ac + 1$$

于是

$$(a+c)^2 - 2(a+c) \geqslant 4ac$$

$$(a-c)^2 \geqslant 2(a+c)$$

因为 $(a-1)^2 \geqslant (a-c)^2$，$2(a+c) \geqslant 2(a+1)$，得到 $(a-1)^2 \geqslant 2(a+1)$，这表明 $a \geqslant 5$，因为 $a = 1, 2, 3, 4$ 都不满足这一不等式.

注意到方程 $5x^2 - 5x + 1 = 0$ 在区间 $(0,1)$ 中有两个解 $\frac{5 \pm \sqrt{5}}{10}$.

12. 证明：对任何 $x_k \in [1,2]$，$k=1,2,\cdots,n$，有

$$\left(\sum_{k=1}^{n} x_k\right)\left(\sum_{k=1}^{n} \frac{1}{x_k}\right)^2 \leqslant n^3$$

证明 对任何 $k=1,2,\cdots,n$，因为 $x_k \in [1,2]$，所以不等式

$$(x_k-1)(x_k-2) \leqslant 0 \Leftrightarrow x_k^2+2 \leqslant 3x_k \Leftrightarrow x_k+\frac{2}{x_k} \leqslant 3$$

成立. 于是将这 n 个不等式相加，得到

$$\sum_{k=1}^{n} x_k + 2\sum_{k=1}^{n} \frac{1}{x_k} \leqslant 3n$$

最后，对三个正实数利用算术 — 几何平均不等式得到

$$\left(\sum_{k=1}^{n} x_k\right)\left(\sum_{k=1}^{n} \frac{1}{x_k}\right)^2 \leqslant \left(\frac{\sum_{k=1}^{n} x_k + 2\sum_{k=1}^{n} \frac{1}{x_k}}{3}\right)^3 \leqslant n^3$$

这就是要证明的.

评注与问题 (1) 当且仅当 $x_1=x_2=\cdots=x_n=1$ 时，这一不等式中的等式成立. 事实上，在等式成立的情况下，所有不等式 $(x_k-1)(x_k-2) \leqslant 0$ 都必须变为等式，于是对于每一个 k，$x_k \in \{1,2\}$. 在我们所用到的算术 — 几何平均不等式中也需要等式成立，这表明我们需要有

$$\sum_{k=1}^{n} x_k = \sum_{k=1}^{n} \frac{1}{x_k}$$

如果在 n 个数中有 s 个数等于 1，其余 $n-s$ 个数等于 2（对于某个 $0 \leqslant s \leqslant n$），这就给出

$$s+2(n-s)=s+\frac{n-s}{2}$$

这表明 $n-s=0$，$s=n$；也就是说，所有这 n 个数都等于 1. 这种情况是显然的，我们的确有等式.

(2) 在解题中我们用到的想法对于一个熟悉 Schweitzer 不等式(1914) 的解题者是熟知的：对任何正实数 $m \leqslant M$ 以及对于任何 $x_k \in [m,M]$，$k=1,2,\cdots,n$，不等式

$$\left(\sum_{k=1}^{n} x_k\right)\left(\sum_{k=1}^{n} \frac{1}{x_k}\right) \leqslant \frac{(m+M)^2}{4mM} n^2$$

成立. 事实上，对每一个 $k=1,2,\cdots,n$，我们有

$$(x_k-m)(x_k-M) \leqslant 0 \Leftrightarrow m+M \geqslant x_k+\frac{mM}{x_k}$$

由此得

$$n(m+M) \geqslant \sum_{k=1}^{n} x_k + mM \sum_{k=1}^{n} \frac{1}{x_k}$$

由算术－几何平均不等式,这一次对两个正数,我们有

$$\sum_{k=1}^{n} x_k + mM \sum_{k=1}^{n} \frac{1}{x_k} \geqslant 2\sqrt{mM\left(\sum_{k=1}^{n} x_k\right)\left(\sum_{k=1}^{n} \frac{1}{x_k}\right)}$$

因此,推出不等式

$$n(m+M) \geqslant 2\sqrt{mM\left(\sum_{k=1}^{n} x_k\right)\left(\sum_{k=1}^{n} \frac{1}{x_k}\right)}$$

这直接表明是 Schweitzer 不等式.

(3) 用同样的思路,我们有 Kantorovich 不等式(1948),即当 $\alpha_k \geqslant 0, 0 < m \leqslant x_k \leqslant M, k=1,2,\cdots,n$ 时,有

$$\left(\sum_{k=1}^{n} \alpha_k x_k\right)\left(\sum_{k=1}^{n} \frac{\alpha_k}{x_k}\right) \leqslant \frac{(m+M)^2}{4mM}\left(\sum_{k=1}^{n} a_k\right)^2$$

还有,Pólya-Szegö 不等式(1925)表述如下:当 $0 < m_1 \leqslant a_k \leqslant M_1, 0 < m_2 \leqslant b_k \leqslant M_2, k=1,2,\cdots,n$ 时,有

$$\left(\sum_{k=1}^{n} a_k^2\right)\left(\sum_{k=1}^{n} b_k^2\right) \leqslant \frac{1}{4}\left(\sqrt{\frac{m_1 m_2}{M_1 M_2}} + \sqrt{\frac{M_1 M_2}{m_1 m_2}}\right)^2\left(\sum_{k=1}^{n} a_k b_k\right)^2$$

请证明这些不等式,并研究等式成立的情况.

(4) 最后,这里有一个在 $n=3$ 的情况下 Schweitzer 不等式的改进版.也就是说,除

$$(x+y+z)\left(\frac{1}{x}+\frac{1}{y}+\frac{1}{z}\right) \leqslant \frac{9(a+b)^2}{4ab}$$

以外,实际上我们可以证明,对任何 $x,y,z \in [a,b], 0 < a \leqslant b$,有

$$(x+y+z)\left(\frac{1}{x}+\frac{1}{y}+\frac{1}{z}\right) \leqslant \frac{(2a+b)(a+2b)}{ab}$$

为了这一目标,我们证明如果 z 在 x 和 y 之间(即 $z \in [x,y]$,或 $z \in [y,x]$),不失一般性,我们可以假定这一点,那么

$$(x+y+z)\left(\frac{1}{x}+\frac{1}{y}+\frac{1}{z}\right) \leqslant \frac{(2x+y)(x+2y)}{xy} \leqslant \frac{(2a+b)(a+2b)}{ab}$$

第二个不等式等价于 $(ay-bx)(by-ax) \leqslant 0$,这是成立的,因为假定 $a \leqslant x \leqslant b$ 和 $a \leqslant y \leqslant b$.

容易看出

$$\frac{(2a+b)(a+2b)}{ab} \leqslant \frac{9(a+b)^2}{4ab} \Leftrightarrow (a-b)^2 \geqslant 0$$

因此,这一不等式改进了 Schweitzer 不等式.此外,除了对平凡情况,即当 $a=b=x=y=z$ 时,Schweitzer 不等式实际上是严格的,但是当 x,y,z 中有两个等于 a,另一个等于 b,或者当 x,y,z 中有两个等于b,另一个等于 a时,改进版的Schweitzer不等式中的等式成立.请证明所有这些事实,也可以试着给出 Kantorovich 不等式或 Pólya-Szegö 不等式中的等式何时成立.

13.考虑三次实多项式 P,Q,R,对每一个实数 x,都有

$$P(x)\leqslant Q(x)\leqslant R(x)$$

以及对某个实数 a,有

$$P(a)=Q(a)=R(a)$$

证明:存在 $\lambda\in[0,1]$,使 $Q=(1-\lambda)P+\lambda R$.证明:对于四次多项式同样的结果不成立.

证明 差 $Q-P$ 必定是次数至多是3的多项式,并且只取非负实数值.因为每一个奇数次多项式都取负实数值,所以 $Q-P$ 不能是三次的,于是它的次数至多是2.下面,$Q-P$ 有一个根 a,所以它能被 $X-a$ 整除.此时它必能被 $(X-a)^2$ 整除,否则它在通过 a 时将改变符号.因为 $Q-P$ 的次数至多是2,我们推得对某个 $u\geqslant 0$,有

$$Q-P=u(X-a)^2$$

类似地,对某个 $v\geqslant 0$,有

$$R-P=v(X-a)^2$$

并且因为对一切实数 x,$Q(x)\leqslant R(x)$,所以推得 $u\leqslant v$.

于是我们有

$$R-P=\frac{v}{u}(Q-P)$$

即

$$Q=\left(1-\frac{u}{v}\right)P+\frac{u}{v}R$$

所以 $\lambda=\frac{u}{v}$ 就扮演了这个角色,除非 $v=0$.但是,在这种情况下我们有 $R=P$,因此 $P=Q=R$,任何 λ 有效.

有一个反例不仅适用于四次多项式,而且适用于次数 $n\geqslant 4$ 的多项式.这个反例是

$$P=X^n,Q=X^n+(X-a)^2,R=X^n+(X-a)^2+(X-a)^4$$

显然

$$P(x)\leqslant Q(x)\leqslant R(x),\forall x\in\mathbf{R}$$

和

$$P(a)=Q(a)=R(a)$$

但是如果 $Q=(1-\lambda)P+\lambda R$，那么

$$(1-\lambda)(Q-P)=\lambda(R-Q)$$

所以

$$(1-\lambda)(X-a)^2=\lambda(X-a)^4$$

显然这不可能.

评注与问题　(1) 还要注意到该命题对于次数至多是 3 的多项式仍然成立，证明相同. 例如，如果 $P=X^2+2X+1, R=2X^2+2$，那么具有性质 $Q(1)=4$ 以及对于任何 $x\in\mathbf{R}$，有 $P(x)\leqslant Q(x)\leqslant R(x)$ 的多项式 Q，对某个 $\lambda\in[0,1]$ 可表示为 $Q=(1-\lambda)P+\lambda R$. 我们给出这一特殊的例子是因为这是罗马尼亚九年级数学奥林匹克中的一个问题，由 Laurenţiu Panaitopol 在 1978 年提出. 在这种特殊的情况下，我们也可以看一下相应这三个二次多项式(为什么 Q 也是二次多项式？) 的抛物线，并观察它们必定相切于坐标为 $(1,4)$ 的点.

(2) 问题 C:682 取自 *Gazeta Matematică B* 4/1987，由 I. Savu 提出，命题如下：如果 P,Q,R 是实多项式，且对于一切 $x\in\mathbf{R}$，有 $P(x)\leqslant Q(x)\leqslant R(x)$，并且方程 $P(x)=R(x)$ 的所有根都是实数，那么存在实数 λ，使 $Q=(1-\lambda)P+\lambda R$. 请证明这一事实！

14. 证明：存在一个函数 $f:\mathbf{N}^*\to\mathbf{N}^*$，对任何 $n\in\mathbf{N}^*$，有 $f(f(n))=n^2$.

证明　定义 $f(1)=1$. 因为存在无穷多个(但是可数个) 不是完全平方数的自然数，我们可以将这些数排列成 $x_1,y_1,x_2,y_2,\cdots$. 现在对于任何 $i,k\in\mathbf{N}, i\geqslant 1$ 定义

$$f(x_i^{2^k})=y_i^{2^k}, f(y_i^{2^k})=x_i^{2^{k+1}}$$

因为每一个自然数 $n\geqslant 2$ 可唯一写成 $x_i^{2^k}$ 或 $y_i^{2^k}$ 的形式，我们看到 $f(f(n))$ 或者是

$$f(f(x_i^{2^k}))=f(y_i^{2^k})=x_i^{2^{k+1}}=(x_i^{2^k})^2 (\text{对 } n=x_i^{2^k})$$

或者是

$$f(f(y_i^{2^k}))=f(x_i^{2^{k+1}})=y_i^{2^{k+1}}=(y_i^{2^k})^2 (\text{对 } n=y_i^{2^k})$$

这两种情况都有 $f(f(n))=n^2$，这就是所求的.

15. 求一个二次多项式 $P\in\mathbf{R}[X]$，对于任何 $x\in[-1,1]$，有

$$\left|P(x)+\frac{1}{x-4}\right|\leqslant 0.01$$

是否存在具有这一性质的一次多项式？

解　对于一个光滑(或无穷多次可微) 的函数 $f:I\to\mathbf{R}$，I 是实数轴上的一个开区间，对于某个 $x_0\in I$，我们可以考虑 f 在 x_0 处的 Taylor 级数

$$T(x)=\sum_{k=0}^{\infty}\frac{f^{(k)}(x_0)}{k!}(x-x_0)^k$$

这里 $f^{(k)}$ 表示 f 的 k 阶导数($f^{(0)}=f$).在某种条件下(这里我们并不坚持这一点),Taylor 级数在 x_0 的某个邻域内收敛于函数 $f(x)$,也就是说,如果

$$T_n(x)=\sum_{k=0}^{n}\frac{f^{(k)}(x_0)}{k!}(x-x_0)^k$$

那么对于 $x\in J$,$J\subseteq I$ 是包含 x_0 的一个区间,有

$$\lim_{n\to\infty}T_n(x)=f(x)$$

当然,多项式 $T_n(x)$($T(x)$ 的部分和)是 f 在 x_0 处的 Taylor 多项式.于是,在收敛的情况下,对 $x\in J$,我们有

$$f(x)=T(x)=\sum_{k=0}^{\infty}\frac{f^{(k)}(x_0)}{k!}(x-x_0)^k$$

我们期望 $T_n(x)$ 在 x_0 的某个邻域内的值足够接近于 $f(x)$.当 $x_0=0$ 时,上面的 f 的 Taylor 展开式称为 Maclaurin 展开式,下面也许是我们最熟知的这样一个展开式

$$\frac{1}{1-x}=\sum_{k=0}^{\infty}x^k=1+x+x^2+\cdots$$

这一公式对于任何 $x\in(-1,1)$ 成立.

(为了得到这一公式,我们可利用 $f(x)=\dfrac{1}{1-x}$ 的各阶导数

$$f^{(k)}(x)=\frac{k!}{(1-x)^{k+1}}$$

以及上面的公式;导数的表达式可用归纳法证明.)

如果在这里我们用 $\dfrac{x}{4}$ 代替 x,进行一些初等代数运算后,得到当 $x\in(-4,4)$ 时,有

$$\frac{1}{4-x}=\sum_{k=0}^{\infty}4^{-1-k}x^k$$

因此我们有理由假定差

$$\frac{1}{4}+\frac{x}{16}+\frac{x^2}{64}-\frac{1}{4-x}=\frac{1}{4}+\frac{x}{16}+\frac{x^2}{64}+\frac{1}{x-4}$$

很小.可是有多小呢?对于 $|x|<1$,我们有

$$\left|\frac{1}{4}+\frac{x}{16}+\frac{x^2}{64}+\frac{1}{x-4}\right|=\left|\frac{x^3}{64(x-4)}\right|\leqslant\frac{1}{64\cdot 3}<\frac{1}{100}=0.01$$

因为对于这样的 x,我们有 $|x^3|\leqslant 1$,$3\leqslant|x-4|(\leqslant 5)$.于是,对于任何 $x\in[-1,1]$,如果取 $P=\dfrac{1}{4}+\dfrac{X}{16}+\dfrac{X^2}{64}$,我们有

$$\left|P(x)+\frac{1}{x-4}\right|<0.01$$

这就是所要求的.

遗憾的是对于相应的一次多项式,即

$$Q=\frac{1}{4}+\frac{X}{16}$$

当 $x\in[-1,1]$ 时,我们只有

$$\left|Q(x)+\frac{1}{x-4}\right|=\left|\frac{x^2}{16(x-4)}\right|\leqslant\frac{1}{48}$$

(当 $x=1$ 时等式成立),于是同样的方法不能回答本题的第二个问题.

但是,这并不能阻止我们试图寻找具有所需性质的一次多项式.于是,我们寻找实数 a 和 b,对于 $x\in[-1,1]$,有 $h(x)\leqslant 0.01$,这里

$$h(x)=ax+b+\frac{1}{x-4}$$

因为 h 的导数是

$$h'(x)=a-\frac{1}{(x-4)^2}$$

如果在$\frac{1}{25}$ 和$\frac{1}{9}$ 之间选取 a,我们恰有 h 的一个驻点,即有

$$h'(x)=0\Leftrightarrow x=4-\frac{1}{\sqrt{a}}$$

这一点就在区间$(-1,1)$内.因为h'在$4-\frac{1}{\sqrt{a}}$的左边为正,右边为负,所以这一点是h取最大值的点.现在考虑 $a=\frac{1}{15}$,这样我们就有

$$h(1)=h(-1)=b-\frac{4}{15}$$

从上面对 h 的分析,在区间$[-1,1]$ 的端点的这两个相等的值表示 h 的最小值,而驻点的值

$$h\left(4-\frac{1}{\sqrt{a}}\right)=4a-2\sqrt{a}+b=\frac{4-2\sqrt{15}}{15}+b$$

是 h 的最大值,所以,为了对一切 $x\in[-1,1]$,有 $|h(x)|\leqslant 0.01$,我们需要

$$-0.01\leqslant b-\frac{4}{15}\leqslant\frac{4-2\sqrt{15}}{15}+b\leqslant 0.01$$

由中间的不等式可推出$\sqrt{15}\leqslant 4$,这对任何b都成立(这完全正常,因为它也可以从对 h 的

分析推出). 另两个不等式可重新排列为

$$\frac{4}{15}-\frac{1}{100}\leqslant b\leqslant\frac{1}{100}-\frac{4-2\sqrt{15}}{15}$$

于是可以看到当且仅当

$$\frac{4}{15}-\frac{1}{100}<\frac{1}{100}-\frac{4-2\sqrt{15}}{15}$$

时,我们可以根据需要选取 b 的值. 但是这等价于 $77<20\sqrt{15}\Leftrightarrow 5\ 929<6\ 000$,问题得到肯定的解决:$a=\frac{1}{15}$,$b$ 满足上面的不等式的一次多项式 $aX+b$ 存在,对每一个 $x\in[-1,1]$,有

$$\left|ax+b+\frac{1}{x-4}\right|\leqslant 0.01$$

评注 我们选取 $a=\frac{1}{15}$ 是为了避免当 $h(1)$ 和 $h(-1)$ 的值不同时出现的复杂性——对于任何其他选择,其中之一是 h 的最小值. 此外,有兴趣的读者可以验证一下,如果 $a\leqslant\frac{1}{25}$ 或 $a\geqslant\frac{1}{9}$,那么不存在满足给定不等式的线性多项式 $aX+b$. 在这两种情况下,h 是单调的(当 $a\leqslant\frac{1}{25}$ 时,h 递减,当 $a\geqslant\frac{1}{9}$ 时,h 递增),于是,$h(1)$ 和 $h(-1)$ 是 h 的极值,如果所求的多项式存在,那么它们的差的绝对值小于 0.02. 可惜这并不会发生.

16. 设 $n\geqslant 2$ 是整数. 计算

$$\max_{1\leqslant k\leqslant n}\ \max_{n_1+\cdots+n_k=n}\binom{n_1}{2}\cdots\binom{n_k}{2}$$

第一种解法 我们首先证明如果 x 和 y 是正整数,且 $y-x\geqslant 2$,那么

$$\binom{x}{2}\binom{y}{2}<\binom{x+1}{2}\binom{y-1}{2}$$

事实上

$$\begin{aligned}\binom{x+1}{2}\binom{y-1}{2}-\binom{x}{2}\binom{y}{2}&=\frac{x(x+1)(y-1)(y-2)-x(x-1)(y-1)y}{4}\\&=\frac{x(y-1)((x+1)(y-2)-(x-1)y)}{4}\\&=\frac{x(y-1)(y-x-1)}{2}>0\end{aligned}$$

现在我们来考虑使乘积 $\binom{n_1}{2}\cdots\binom{n_k}{2}$ 最大的 $n_1,\cdots,n_k$. 前面的观察表明对一切 i,j, $|n_i-n_j|\leqslant 1$. 事实上,否则我们将有某个 n_i 和 n_j,且 $n_j-n_i\geqslant 2$,用 n_i+1 和 n_j-1 分别代替 n_i 和 n_j 将使表达式增加到最大值,这与 $n_1,\cdots,n_k$ 的选择矛盾. 于是存在一个 m,使 $n_1,\cdots,n_k\in\{m-1,m\}$.

我们断言 $m\leqslant 7$. 事实上,当 $x\geqslant 8$ 时,我们有

$$3(x-3)(x-4)-x(x-1)=2x^2-20x+36=2(x-8)(x-2)+4>0$$

因此

$$\binom{x}{2}<3\binom{x-3}{2}=\binom{3}{2}\binom{x-3}{2}$$

所以,如果某个 $n_i\geqslant 8$,那么用 n_i-3 代替 n_i,二项式系数的乘积将增加 3,这就违反了最大性条件.

当 $n\leqslant 7$ 时,容易看出最大值是 $\binom{n}{2}$.

现在假定 $n\geqslant 8$. 由 $n_i\leqslant 7$,可得到 $k\geqslant 2$(在最大的乘积中必定至少存在两个因子).

接下去,对于任何 x,有

$$\binom{2}{2}\binom{x}{2}<\binom{x+2}{2}$$

这表明在集合 $\{n_1,\cdots,n_k\}$ 中不存在等于 2 的数,因为如果有某个 $n_i=2$,我们可以用 $n_i+n_j=2+n_j$ 代替 n_i 和另外某个 n_j(这是存在的,因为 $k\geqslant 2$),于是乘积增加.

如果存在一个数 n_i 等于 3,那么 $m\leqslant 4$. 因为 $n>3$,所以存在 n_j, $j\neq i$,于是

$$\binom{3}{2}\binom{n_j}{2}<\binom{n_j+3}{2}$$

因为 $n_j\leqslant 4$,这与 $\binom{n_1}{2}\cdots\binom{n_k}{2}$ 的最大性矛盾. 于是,在数 $n_1,\cdots,n_k$ 中没有一个等于 3.

现在注意到不等式

$$\binom{6}{2}\binom{7}{2}=315<360=\binom{4}{2}\binom{4}{2}\binom{5}{2}$$

以及

$$\binom{7}{2}\binom{7}{2}=441<660=\binom{4}{2}\binom{5}{2}\binom{5}{2}$$

这表明数列 $n_1,\cdots,n_k$ 既不包含两个等于 7 的数，也不包含一个 6 和一个 7. 因此，$m(n_1,\cdots,n_k$ 的最大值）不能是 7，故根据所有这些观察的结果，它只能是 5 或 6.

现在注意到

$$\binom{6}{2}\binom{6}{2}\binom{6}{2}=15^3=3\ 375<3\ 600=\binom{4}{2}\binom{4}{2}\binom{5}{2}\binom{5}{2}$$

这表明在数列 $n_1,\cdots,n_k$ 中不可能存在多于两个数等于 6.

类似地

$$\binom{4}{2}\binom{4}{2}\binom{4}{2}=216<225=\binom{6}{2}\binom{6}{2}$$

表明在该数列中不可能存在多于两个数等于 4.

现在是得出结论的时候了. 我们看 n 模 5，因为在 $n_1,\cdots,n_k$ 中有许多数必等于 5.

如果 $n=5l$（这里 $l\geqslant 2$，尽管当 $l=1$ 时公式也成立，但是我们假定 $n\geqslant 8$），于是所有的 n_i 都是 5. 事实上，如果对于某个 i，$n_i=6$，那么 $m=6$，此时因为 $5\mid n$，所以使 $n_i=6$ 的 i 的个数必是 5 的倍数，因此至少是 5，这与在最大的数列中 6 不能出现多于两次的结论矛盾. 类似地，对于某个 i，$n_i=4$ 将意味着在该数列中 4 至少出现 5 次，这不可能. 于是，取得最大值的所有的数都是 5，最大值是

$$\underbrace{\binom{5}{2}\cdots\binom{5}{2}}_{l\text{个}}=10^l$$

假定 $n=5l+1$（这里 $l\geqslant 2$；但是在 $l=1$ 的情况下，我们得到的公式也成立）. 如果 $m=5$，那么在 $s\equiv 4\pmod 5$ 的数列中 4 将出现 s 次，这不可能，因为我们已经证明 $0\leqslant s\leqslant 2$. 于是我们不可能有 $m=5$. 余下的是 $m=6$，此时在 $t\equiv 1\pmod 5$ 的数列中 6 应该出现 t 次，因为 $0\leqslant t\leqslant 2$. 我们推得 $t=1$，也就是说，$l-1$ 个数是 5，一个数是 6，最大值是

$$\underbrace{\binom{5}{2}\cdots\binom{5}{2}}_{l-1\text{个}}\binom{6}{2}=15\cdot 10^{l-1}$$

如果 $n=5l+2(l\geqslant 2)$，我们用极为相同的方法得到 $l-2$ 个数等于 5，2 个数等于 6，所以最大值是 $225\cdot 10^{l-2}$.

如果 $n=5l+3(l\geqslant 1)$，$m=6$ 的情况是不可能的，因为此时我们将有太多的数等于 6（6 的个数必须模 5 余 3）. 还有，等于 4 的数的个数必须模 5 余 2，我们推得 $l-1$ 个数等于 5，2 个数等于 4，所以最大值是 $36\cdot 10^{l-1}$.

最后，当 $n=5l+4(l\geqslant 1)$ 时，我们类似地证明 l 个数等于 5，1 个数等于 4，所以最大值

是 $6 \cdot 10^{l}$.

第二种解法　设 $n_1, \cdots, n_k$ 是当 $n = n_1 + \cdots + n_k$ 时得到最大值的数列. 我们将首先推导对 n_i 的可能的值的一些限制.

显然我们不可能有任何 $n_i \leqslant 1$,因为这将使乘积为零. 由不等式

$$\binom{2}{2}\binom{x}{2} < \binom{x+2}{2}$$

它对 $x \geqslant 1$ 成立,我们看到如果任何 n_i 等于 2,那么实际上 $k=1$,因此 $n=2$. 由对 $x \geqslant 8$ 成立的不等式

$$\binom{3}{2}\binom{x-3}{2} > \binom{x}{2}$$

(上述不等式可改写为 $x^2 - 10x + 18 \geqslant 0$,它对 $x \leqslant 5-\sqrt{7}$ 或 $x \geqslant 5+\sqrt{7}$ 成立;我们对 $x \geqslant 8$ 的情况感兴趣),我们不能有大于 7 的任何 n_i.

由不等式组

$$\binom{3}{2}^2 = 9 < 15 = \binom{6}{2}, \binom{3}{2}\binom{4}{2} = 18 < 21 = \binom{7}{2}$$

$$\binom{3}{2}\binom{5}{2} = 30 < 36 = \binom{4}{2}^2, \binom{3}{2}\binom{6}{2} = 45 < 60 = \binom{4}{2}\binom{5}{2}$$

$$\binom{3}{2}\binom{7}{2} = 63 < 100 = \binom{5}{2}^2$$

我们看到,不能有 $n_i = 3$,除非 $k=1$ 和 $n=3$.

由不等式组

$$\binom{4}{2}\binom{7}{2} = 126 < 150 = \binom{5}{2}\binom{6}{2}, \binom{5}{2}\binom{7}{2} = 210 < 225 = \binom{6}{2}^2$$

$$\binom{6}{2}\binom{7}{2} = 315 < 360 = \binom{4}{2}^2\binom{5}{2}, \binom{7}{2}^2 = 441 < 600 = \binom{4}{2}\binom{5}{2}^2$$

我们看到,不能有 $n_i = 7$,除非 $k=1$ 和 $n=7$.

于是,除了 n 的几个小的值,所有的 n_i 是 4,5 或 6.

从不等式

$$\binom{4}{2}\binom{6}{2} = 90 < 100 = \binom{5}{2}^2$$

我们看到,不可能既有 4,也有 6. 由不等式

$$\binom{4}{2}^3=216<225=\binom{6}{2}^2,\binom{6}{2}^3=3\ 375<3\ 600=\binom{4}{2}^2\binom{5}{2}^2$$

我们看到,不能有 3 个或更多的 4 或 6.

于是任何取得最大值的具有固定的和的 n_i 的集合或者当 $n=2,3,4,5,6,7$ 时是单个的数,或者具有以下五种形式之一:两个 4 和若干个 5,一个 4 和若干个 5,一些 5,一个 6 和若干个 5,或两个 6 和若干个 5. 上面这五种情况包括了不同可能的模 5 的同余类,因此对于每一个 $n\geqslant 8$,恰存在其中的一种是可能的. 容易验证对于每一个 $n\leqslant 7$,只有单个的数是可能的. 于是最大的乘积是:

当 $n\leqslant 7$ 时,$\binom{n}{2}$.

当 $n\geqslant 8$ 且 $n\equiv 3\pmod 5$ 时,$6^2\cdot 10^{\frac{n-8}{5}}$.

当 $n\geqslant 8$ 且 $n\equiv 4\pmod 5$ 时,$6\cdot 10^{\frac{n-4}{5}}$.

当 $n\geqslant 8$ 且 $n\equiv 0\pmod 5$ 时,$10^{\frac{n}{5}}$.

当 $n\geqslant 8$ 且 $n\equiv 1\pmod 5$ 时,$15\cdot 10^{\frac{n-6}{5}}$.

当 $n\geqslant 8$ 且 $n\equiv 2\pmod 5$ 时,$15^2\cdot 10^{\frac{n-12}{5}}$.

评注与问题 (1) 有一个熟知的类似的问题,求

$$\max_{1\leqslant k\leqslant n}\ \max_{n_1+\cdots+n_k=n} n_1\cdots n_k$$

即和是给定的正整数 n 的任意个正整数的乘积的最大值. 这一问题与前面的问题相同. 我们有以下不等式:首先,对于任何整数 $x,y,y-x\geqslant 2$,有

$$xy<(x+1)(y-1)$$

因此一个最大乘积的各个因子 $n_1,\cdots,n_k$ 必定尽可能互相接近,更确切地说,它们只可能取两个连续的值. 于是,当整数 $x\geqslant 5$ 时,有

$$x<2(x-2)$$

因此最大乘积的所有因子至多是4. 因为 $2\cdot 2\cdot 2<3\cdot 3$,所以最大乘积中至多可以出现两个 2. 并且,因为 $4\cdot 4<2\cdot 3\cdot 3$,所以在最大乘积中我们不可能有多于一个因子 4.

于是,如果 $n=3l$,这个最大乘积是 3^l(它的所有因子必是 3). 当 $n=3l+1$ 时,这个最大乘积是 $4\cdot 3^{l-1}$(它的 $l-1$ 个因子是 3 和一个因子是 4,或两个因子是 2). 最后,当 $n=3l+2$ 时,这个最大乘积是 $2\cdot 3^l$(它的 l 个因子是 3 和一个因子是 2). 我们邀请读者完成这一证明的细节.

(2) 我们也可以问:对于正整数 n 和 k,求 $\max\limits_{n_1+\cdots+n_k=n} n_1\cdots n_k$. 也就是说,在这个问题中乘

积的 k 个因子也是固定的. 在这种情况下,我们还注意到,为了使乘积取到最大值,它的因子必须至多相差 1,因此在这个最大的乘积中,譬如说,对于某个 m,我们有 a 个因子等于 $m-1$,$k-a$ 个因子等于 m. 因为这些因子的和必须等于 n,所以 $a(m-1)+(k-a)m=n$. 推得最大值是 $q^{k-r}(q+1)^r$,这里 q 和 r 是 n 除以 k 的商和余数.

17. 设 n 是正整数. 求一切多项式 $P\in\mathbf{R}[X]$,使得对一切 $x\in\mathbf{R}$,有

$$P\left(x+\frac{1}{n}\right)+P\left(x-\frac{1}{n}\right)=2P(x)$$

解　设 $a=\frac{1}{n}$,以及 $Q(x)=P(x+a)-P(x)$. 条件(现在是对每一个 $x\in\mathbf{R}$,有 $P(x+a)+P(x-a)=2P(x)$)意味着

$$Q(x)=Q(x-a)$$

容易用归纳法得到对一切 $k\in\mathbf{N}$,有

$$Q(x)=Q(x-ka)$$

但是,当且仅当一个多项式是常数时,这个多项式可以无穷多次取同一个值,这表明存在 $c\in\mathbf{R}$,使 $Q(x)=c$,$\forall x\in\mathbf{R}$. 于是

$$P(x+a)-P(x)=c,\forall x\in\mathbf{R}$$

如果我们设 $R(x)=P(x)-\frac{c}{a}x$,上面一个条件可转变为

$$R(x)=R(x+a),\forall x\in\mathbf{R}$$

所以,鉴于上面相同的理由,$R(x)$ 必须是常数多项式,于是 P 必须是线性的(对某个实数 m 和 n,形如 $mX+n$). 显然所有的线性多项式都满足本题所述的条件,因此它们都是解.

评注与问题　显然,a 是一个正整数的倒数这一事实在解本题时并不是主要的.(现在,有人能够说出为什么差不多五十年后比较喜欢 a 的这个特殊值吗?)于是,这一真正的命题应该是:证明对于每一个 $x\in\mathbf{R}$,线性多项式是满足

$$P(x+a)+P(x-a)=2P(x)$$

的仅有的多项式 P,这里 a 是给定的非零实数.

现在,如果 $a\in\mathbf{R}^*$ 和 $f:\mathbf{R}\to\mathbf{R}$ 是一个函数,对任意 $x\in\mathbf{R}$,有

$$f(x+a)+f(x-a)=2f(x)$$

根本推不出 f 必由公式 $f(x)=mx+n$ 给出(m 和 n 是确定的数). 实际上,可以证明存在不可数个这样的函数 f,对任意实数 x 和 y,有 $f(x+y)+f(x-y)=2f(x)$.

然而,我们邀请读者证明:如果 $f:\mathbf{R}\to\mathbf{R}$ 是一个连续函数,对任意实数 x 和 y,满足

$$f(x+y)+f(x-y)=2f(x)$$

那么存在 $m,n\in\mathbf{R}$，对任何 $x\in\mathbf{R}$，有 $f(x)=mx+n$. 过程像本章中的问题3，首先证明这样的公式对 $x\in\mathbf{Q}$ 成立，然后用连续性将公式推广到对一切 $x\in\mathbf{R}$.

18. 对实数 x，设 (x)（这是一个特别安排的记号）是最接近 x 的整数，也就是说，当且仅当 p 是满足

$$p-\frac{1}{2}\leqslant x<p+\frac{1}{2}$$

的唯一整数时，我们有 $(x)=p$. 例如，对任何整数 k，有 $(k)=k$，$(2.3)=2$，$(-2.5)=-2$. 求多项式 P，对一切 $n\in\mathbf{N}^*$，有

$$\sum_{k=1}^{n^2}(\sqrt{k})=P(n)$$

解 我们将证明 $P=\frac{1}{3}X(2X^2+1)$ 成立，也就是说，我们有

$$\sum_{k=1}^{n^2}(\sqrt{k})=\frac{n(2n^2+1)}{3},\ \forall n\in\mathbf{N}^*$$

实际上我们将首先对任意正整数 m，计算 $\sum\limits_{k=1}^{m}(\sqrt{k})$，然后取特殊情况 $m=n^2$，于是求得答案.

注意到（对正整数 k）$\sqrt{k}$ 是无理数，或者是整数，于是当且仅当

$$j-\frac{1}{2}<\sqrt{k}<j+\frac{1}{2}\Leftrightarrow j^2-j+\frac{1}{4}<k<j^2+j+\frac{1}{4}$$

时（左边的不等式没有等号），我们有 $(\sqrt{k})=j$（对于一个给定的正整数 j），于是对于 $(\sqrt{k})=j$ 的整数 k 恰好是区间 $\left(j^2-j+\frac{1}{4},j^2+j+\frac{1}{4}\right)$ 中的那些整数，也就是说，数

$$j^2-j+1,j^2-j+2,\cdots,j^2+j$$

所以，恰存在 $2j$ 个正整数 k，有 $(\sqrt{k})=j$.

现在，三角形数的两倍，即 j^2+j 能用来将正整数分割为形如

$$\{j^2-j+1,j^2-j+2,\cdots,j^2+j\},j=1,2,\cdots$$

的集合（注意 $(j-1)^2+(j-1)=j^2-j$），因此对于给定的正整数 m，我们恰能找出一个正整数 q，使 $q^2-q+1\leqslant m\leqslant q^2+q$. 于是，我们可以将 $\{1,2,\cdots,m\}$ 表示为

$$\left(\bigcup_{j=1}^{q-1}\{j^2-j+1,j^2-j+2,\cdots,j^2+j\}\right)\cup\{q^2-q+1,q^2-q+2,\cdots,m\}$$

这个并的最后一个（单独的）集合有 $m-q^2+q$ 个元素（对于这一集合的每一个元素 k，都有 $(\sqrt{k})=q$）.

于是,如果我们使用熟知的公式

$$\sum_{j=1}^{q-1} j^2 = \frac{q(q-1)(2q-1)}{6}$$

并进行一些代数运算,我们就得到

$$\sum_{k=1}^{m} (\sqrt{k}) = \sum_{j=1}^{q-1} 2j \cdot j + (m - q^2 + q)q = mq - \frac{q(q^2-1)}{3}$$

现在对于我们的问题,我们有 $m = n^2$,因此满足

$$q^2 - q + 1 \leqslant m \leqslant q^2 + q$$

的数 q 显然有 $q = n$,因此,根据上面的公式,我们有

$$\sum_{k=1}^{n^2} (\sqrt{k}) = n^2 \cdot n - \frac{n(n^2-1)}{3} = \frac{n(2n^2+1)}{3}$$

这就是所求的.

评注与问题　因为

$$(x) - \frac{1}{2} \leqslant x < x + \frac{1}{2} \Leftrightarrow (x) \leqslant x + \frac{1}{2} < (x) + 1$$

(x) 是整数,实际上,对于任何实数 x,我们有

$$(x) = \left\lfloor x + \frac{1}{2} \right\rfloor$$

这里$\lfloor t \rfloor$ 表示 t 的地板函数(t 的整数部分),即$\lfloor t \rfloor \leqslant t < \lfloor t \rfloor + 1$. 所以,对与地板函数类似的恒等式成立这一事实不足为奇. 例如,与我们的问题十分接近的是以下这样的恒等式

$$\sum_{k=1}^{m} \lfloor \sqrt{k} \rfloor = (m+1)\lfloor \sqrt{m} \rfloor - \frac{\lfloor \sqrt{m} \rfloor(\lfloor \sqrt{m} \rfloor + 1)(\lfloor 2\sqrt{m} \rfloor + 1)}{6}$$

这里我们邀请有兴趣的读者证明一下. 我们还有

$$\sum_{k=1}^{m} \lfloor \sqrt[3]{k} \rfloor = (m+1)\lfloor \sqrt[3]{m} \rfloor - \frac{\lfloor \sqrt[3]{m} \rfloor^2 (\lfloor \sqrt[3]{m} \rfloor + 1)^2}{4}$$

19. 设 a,b,c 和λ 是实数,且 $a^2+b^2+c^2=1$,$\lambda > 0$,$\lambda \neq 1$. 证明:如果 $x,y,z \in \mathbf{R}$ 以及 $x - \lambda y = a$,$y - \lambda z = b$,$z - \lambda x = c$,那么

$$x^2 + y^2 + z^2 \leqslant \frac{1}{(\lambda - 1)^2}$$

第一种证法　在 $\mathbf{R}^3$ 中考虑向量

$$\boldsymbol{u} = (x,y,z), \boldsymbol{v} = (y,z,x), \boldsymbol{w} = (a,b,c)$$

根据假定,我们有 $\boldsymbol{w} = \boldsymbol{u} - \lambda \boldsymbol{v}$,因此由三角形不等式

$$\| \boldsymbol{w} \| \geqslant | \lambda \| \boldsymbol{v} \| - \| \boldsymbol{u} \| |$$

因为 $\|\boldsymbol{w}\|=1$ 以及 $\|\boldsymbol{u}\|=\|\boldsymbol{v}\|=\sqrt{x^2+y^2+z^2}$，上面的不等式变为

$$1 \geqslant |\lambda-1| \sqrt{x^2+y^2+z^2}$$

平方后，它等价于所求的

$$x^2+y^2+z^2 \leqslant \frac{1}{(\lambda-1)^2}$$

第二种证法 我们可以在用 a,b,c 表示 x,y,z 这个意义下，直接的证明也是可能的，然后利用一个简单的不等式得到这个结果. 例如，将给出的第二个等式乘以 λ，第三个等式乘以 λ^2，再将第一个等式与变动后的第二个和第三个等式相加，这是为了得到

$$(1-\lambda^3)x=a+\lambda b+\lambda^2 c$$

那么接着类似的有

$$(1-\lambda^3)y=b+\lambda c+\lambda^2 a$$

和

$$(1-\lambda^3)z=c+\lambda a+\lambda^2 b$$

于是利用一般计算，我们可得到

$$\begin{aligned}&(1-\lambda^3)^2(x^2+y^2+z^2)\\ =&(1+\lambda^2+\lambda^4)(a^2+b^2+c^2)+2(\lambda+\lambda^2+\lambda^3)(ab+ac+bc)\end{aligned}$$

现在，我们所用的一个简单（和熟知）的不等式是

$$ab+ac+bc \leqslant a^2+b^2+c^2 \Leftrightarrow 0 \leqslant (a-b)^2+(a-c)^2+(b-c)^2$$

（也是 Cauchy-Schwarz 不等式的一个结论）. 因为我们给出

$$\lambda>0$$

以及

$$1+\lambda+\lambda^2=\frac{3}{4}+\left(\frac{1}{2}+\lambda\right)^2$$

恒正，我们也有 $\lambda+\lambda^2+\lambda^3=\lambda(1+\lambda+\lambda^2)>0$，我们得到

$$\begin{aligned}(1-\lambda^3)^2(x^2+y^2+z^2) &\leqslant (1+\lambda^2+\lambda^4)(a^2+b^2+c^2)+2(\lambda+\lambda^2+\lambda^3)(a^2+b^2+c^2)\\ &=(1+\lambda+\lambda^2)^2(a^2+b^2+c^2)=(1+\lambda+\lambda^2)^2\end{aligned}$$

所以，我们得到

$$(1-\lambda)^2(1+\lambda+\lambda^2)^2(x^2+y^2+z^2) \leqslant (1+\lambda+\lambda^2)^2$$

由此推出结论.

20. 设 M 是所有双射 $\varphi:\mathbf{N}\to\mathbf{N}$ 的集合. 证明：不存在双射 $F:\mathbf{N}\to M$.

第一种证法 假定存在双射 $F:\mathbf{N}\to M$. 我们将构造一个双射 $f:\mathbf{N}\to\mathbf{N}$，对任何 $m\in$

$\mathbf{N}$，有 $f \neq F(m)$，这与假定 M 是双射矛盾.

我们对 m 归纳定义 $f(2m), f(2m+1)$. 定义 $f(0)=0, f(1)$ 是 $N\backslash\{f(0)\}$ 中使 $f(1) \neq F(0)(1)$ 的任意数.

现在假定我们已经定义了 $f(0), f(1), \cdots, f(2m-2), f(2m-1)$，再定义 $f(2m)$ 和 $f(2m+1)$. 如果 $m \in \{f(0), f(1), \cdots, f(2m-1)\}$，那么设 $f(2m)$ 是 $\mathbf{N}\backslash\{f(0), f(1), \cdots, f(2m-1)\}$ 中的任意数，否则定义 $f(2m)=m$.

接下来，将 $f(2m+1)$ 定义为 $\mathbf{N}\backslash\{f(0), f(1), \cdots, f(2m-1)\}$ 中不等于 $F(m)(2m+1)$ 的任意数.

由上面的结构十分清楚，f 是单射. 此外，对于任何 $m \in \mathbf{N}, m \in \{f(0), f(1), \cdots, f(2m)\}$，于是 f 是满射，所以 f 是双射. 但是因为 $f(2m+1) \neq F(m)(2m+1)$，所以我们推出对于任何 $m \in \mathbf{N}, f \neq F(m)$，这与假设 F 是双射矛盾.

第二种证法　我们证明 M 是不可数的. 我们知道，$\mathbf{N}$ 的子集的集合是不可数的，因此 $\mathbf{N}$ 的至少有两个元素的子集的集合也是不可数的. 现在只要指出 $\mathbf{N}$ 的至少有两个元素的所有子集的集合 T 到 M 的一个单射就足够了. 为此，我们将每一个这样的 T 的子集与一个函数 $f_X \in M$ 相联系，它的不动点的集合恰是 $\mathbf{N}\backslash X$.

如果 $X=\{x_1, x_2, \cdots, x_k\}(k \geqslant 2)$ 是有限的，那么对 $y \in \mathbf{N}\backslash X$ 定义

$$f_X(x_1)=x_2, f_X(x_2)=x_3, \cdots, f_X(x_k)=x_1 \text{ 和 } f_X(y)=y$$

如果 $X=\{x_1, x_2, \cdots\}$ 是无限的，那么对 $k=1,2,\cdots$ 定义

$$f_X(x_{2k})=x_{2k-1}, f_X(x_{2k-1})=x_{2k}$$

以及再对 $y \in \mathbf{N}\backslash X$ 定义 $f_X(y)=y$. 显然，每一个 f_X 是 $\mathbf{N}$ 到 $\mathbf{N}$ 的一个双射，还有，映射 $X \mapsto f_X$ 是单射，因为如果两个函数 f_X 和 f_Y 相等，那么它们的不动点的集合也必须相等，因此 X 和 Y 在 $\mathbf{N}$ 中的补集相等，得到 $X=Y$. 于是 f_X 将 T 单射地映射到 M，因此 M 与 T 同样是不可数的.

评注　(1) 实际上，M 恰好有连续基. 因为我们已经证明 M 至少有连续基(因为 $\mathbf{N}$ 的所有子集的集合恰好有连续基)，只需要构建一个从 M 到 $\mathbf{R}$ 的单射. 实际上，对于每一个 $f \in M$ 定义数

$$v(x)=\sum_{i=0}^{\infty} \frac{1}{3^{f(1)+f(2)+\cdots+f(i)+i}}$$

这是一个很好的定义，因为下标是级数 $\sum\limits_{i=0}^{\infty} \frac{1}{3^i}$(这是 3 的不同的负的幂的和，所有的这样的幂的和都收敛) 的子级数. 我们只需证明 v 是单射. 事实上，假定 $f \neq g$，并且设 k 是使

$f(x) \neq g(x)$ 的最小的数，譬如说，$f(k) < g(k)$. 设

$$a = f(1) + \cdots + f(k) + k, b = g(1) + \cdots + g(k) + k$$

因为 $f(1) + \cdots + f(k-1) = g(1) + \cdots + g(k-1)$，我们有 $a < b$. 此时

$$\begin{aligned} v(f) - v(g) &= \sum_{i=k}^{\infty}\left(\frac{1}{3^{a+f(k+1)+\cdots+f(i)+i-k}}\right) - \sum_{i=k}^{\infty}\left(\frac{1}{3^{b+g(k+1)+\cdots+g(i)+i-k}}\right) \\ &\geqslant \frac{1}{3^a} - \sum_{i=k}^{\infty}\left(\frac{1}{3^{b+g(k+1)+\cdots+g(i)+i-k}}\right) \\ &\geqslant \frac{1}{3^a} - \left(\frac{1}{3^b} + \frac{1}{3^{b+1}} + \cdots\right) \\ &= \frac{1}{3^a} - \frac{1}{2 \cdot 3^{b-1}} \\ &= \frac{2 \cdot 3^{b-1} - 3^a}{2 \cdot 3^{a+b-1}} > 0 \end{aligned}$$

于是 $v(f) \neq v(g)$. 这就证明了 v 是单射，得到所需的结论，即 M 至多有连续基，这样就结束了证明. 最后，注意到同样的证明可以用于证明 **N** 到 **N** 的所有函数的集合都至多有连续基(我们不用函数的双射). 实际上，这个集合也有连续基(因为它有定义在 **N** 上并在 $\{0,1\}$ 中取值的函数的作为一个子集的集合；但是这个子集等势于 **N** 的所有子集的集合，由于它用映射将它的特征函数联系到每个子集，所以它也有连续基).

(2) 在集合论中，如果存在一个双射函数 $f: A \to B$，那么集合 A 和 B 称为有相同的基或等势的. 例如，$A = \{4,5,8\}$，$B = \{1,2,3\}$ 通过(例如)由 $f(4) = 1$，$f(5) = 2$，$f(8) = 3$ 定义的双射而等势. 两个集合 $\{a_1, \cdots, a_n\}$ 和 $\{b_1, \cdots, b_n\}$ 也是等势的. 从根本上说，等势是元素个数相同的同义词，但是，一般的定义也用于无穷集. 例如，集合 A = 非负整数的集合 **N**，等势于全体偶自然数集合

$$B = \{0, 2, \cdots\} = \{2k \mid k \in \mathbf{N}\}$$

是用由 $f(k) = 2k$(对每一个 $k \in \mathbf{N}$) 给出的双射函数得到的. 一个与 **N** 等势的集合称为可数的(当一个无穷集和集合 **N** 之间不存在双射时，这个无穷集称为不可数的). 例如，偶数集、奇数集、整数集 **Z** 和有理数集 **Q** 都是可数的.

正如 Cantor 首次用对角线过程证明的那样实数集 **R** 是不可数的. 与 **R** 等势任何集合都有连续基，或连续势. 我们提到的复数集，**R** 的非退化区间，上面所说的 **N** 的一切子集的集合，$\mathbf{N} \to \mathbf{N}$ 的双射函数的集合是具有连续基的另一些例子.

(3) 这里没有就这一内容更为详尽讨论的篇幅了，但是为了完整性，我们证明 **N** 到 $\{0,1\}$ 的函数的集合 $\mathscr{F}$ 具有连续基.

设$\mathscr{F}_0$是$\mathscr{F}$中无穷多次取0值的一切函数的集合.对于任何$f\in\mathscr{F}_0$,我们可以将它的值转化为二进制表达式

$$b(f)=\sum_{k=0}^{\infty}f(k)2^{-k}\in[0,2)$$

任何$x\in[0,2)$有二进制表达式$x=f_0.f_1f_2\cdots$(一切$f_i\in\{0,1\}$),并且因为表达式不能都是1,这就超出了某一点,所以在这个表达式中必存在无穷多个0.

于是映射$b:\mathscr{F}_0\to[0,2)$是一个双射,$\mathscr{F}_0$有连续基.$\mathscr{F}\backslash\mathscr{F}_0$的元素通常只是有限多次呈现0值的函数.这些函数有一个对$\mathbf{N}$的有限多个子集的双射(将一个函数映射到值等于0处的集合).这是一个很好的练习(可以试试证明它),它与一切子集的集合不同,$\mathbf{N}$的有限个子集的集合是可数的.于是$\mathscr{F}$是一个具有连续基的集合与一个可数集的并,因此它具有连续基.

21.考虑展开式

$$(1+X+X^2)^n=a_0^{(n)}+a_1^{(n)}X+\cdots+a_{2n}^{(n)}X^{2n}$$

证明:(a)$a_0^{(n)}\leqslant a_1^{(n)}\leqslant\cdots\leqslant a_n^{(n)}$和$a_n^{(n)}\geqslant a_{n+1}^{(n)}\geqslant\cdots\geqslant a_{2n}^{(n)}$.

(b)四个和

$$S_j^n=\sum_{k\geqslant 0}a_{4k+j}^{(n)},j=0,1,2,3$$

中的三个和相等,第四个和与这三个相等的和相差1.

(每个和都取遍所有非负下标k也满足$4k+j\leqslant 2n$.)

证明　(a)设

$$f(X)=1+X+X^2,g_n(X)=(1+X+X^2)^n$$

我们有

$$f(X)=X^2f\left(\frac{1}{X}\right)$$

因此

$$g_n(X)=X^{2n}g_n\left(\frac{1}{X}\right)$$

比较系数,得到

$$a_0^{(n)}=a_{2n}^{(n)},a_1^{(n)}=a_{2n-1}^{(n)},\cdots,a_{n-1}^{(n)}=a_{n+1}^{(n)}$$

于是只要证明$a_0^{(n)}\leqslant a_1^{(n)}\leqslant\cdots\leqslant a_n^{(n)}$,不等式$a_n^{(n)}\geqslant a_{n+1}^{(n)}\geqslant\cdots\geqslant a_{2n}^{(n)}$就自然推出了.

我们对n归纳证明这一论断.基本情况是显然成立的(因为我们有$a_0^{(1)}=a_1^{(1)}=a_2^{(1)}=1$).

于是,我们假定不等式 $a_0^{(n)} \leqslant a_1^{(n)} \leqslant \cdots \leqslant a_n^{(n)}$ 成立,再证明

$$a_0^{(n+1)} \leqslant a_1^{(n+1)} \leqslant \cdots \leqslant a_n^{(n+1)} \leqslant a_{n+1}^{(n+1)}$$

比较等式

$$(1+X+X^2)g_n(X)=g_{n+1}(X)$$

中的系数,如果我们考虑对 $j=-2,-1,2n+1,2n+2$,有 $a_j^{(n)}=0$,那么就得到对 $j=0,1,\cdots,2n+2$,有 $a_j^{(n+1)}=a_{j-2}^{(n)}+a_{j-1}^{(n)}+a_j^{(n)}$.于是

$$a_j^{(n+1)} \leqslant a_{j+1}^{(n+1)} \Leftrightarrow a_{j-2}^{(n)}+a_{j-1}^{(n)}+a_j^{(n)} \leqslant a_{j-1}^{(n)}+a_j^{(n)}+a_{j+1}^{(n)} \Leftrightarrow a_{j-2}^{(n)} \leqslant a_{j+1}^{(n)}$$

我们必须对 $j=0,1,\cdots,n$ 证明这些不等式.

当 $j+1 \leqslant n$ 时,由归纳假定,这些不等式肯定都成立,因为 $a_{j-2}^{(n)} \leqslant a_{j-1}^{(n)} \leqslant a_j^{(n)} \leqslant a_{j+1}^{(n)}$(当出现负下标时,包括 $j=0,1$;但是在这种情况下我们利用 $g_n(X)$ 的所有系数显然都非负这一事实).接下来只需要证明 $j=n$ 的情况,也就是说,证明不等式 $a_{n-2}^{(n)} \leqslant a_{n+1}^{(n)}$.但是,正如我们所见,$a_{n+1}^{(n)}=a_{n-1}^{(n)}$,因此这一不等式实际上就是 $a_{n-2}^{(n)} \leqslant a_{n-1}^{(n)}$,再由归纳假定推出.

(b) 如果我们用 $1,-1,\mathrm{i}$(虚数单位)和 $-\mathrm{i}$ 代入等式

$$(1+X+X^2)^n=a_0^{(n)}+a_1^{(n)}X+\cdots+a_{2n}^{(n)}X^{2n}$$

中的未知数 X,分别得到

$$S_0^{(n)}+S_1^{(n)}+S_2^{(n)}+S_3^{(n)}=3^n, S_0^{(n)}-S_1^{(n)}+S_2^{(n)}-S_3^{(n)}=1$$

$$S_0^{(n)}+\mathrm{i}S_1^{(n)}-S_2^{(n)}-\mathrm{i}S_3^{(n)}=\mathrm{i}^n, S_0^{(n)}-\mathrm{i}S_1^{(n)}-S_2^{(n)}+\mathrm{i}S_3^{(n)}=(-\mathrm{i})^n$$

推出

$$S_0^{(n)}+S_2^{(n)}=\frac{3^n+1}{2}, S_1^{(n)}+S_3^{(n)}=\frac{3^n-1}{2}$$

$$S_0^{(n)}-S_2^{(n)}=\frac{\mathrm{i}^n+(-\mathrm{i})^n}{2}, S_1^{(n)}-S_3^{(n)}=\frac{\mathrm{i}^n-(-\mathrm{i})^n}{2\mathrm{i}}$$

这些等式恰好对每一个和 $S_j^{(n)}$,$j=0,1,2,3$,得到公式.例如,当 $n=4m$(4 的倍数)时,我们有 $\mathrm{i}^n=(-\mathrm{i})^n=1$,得到

$$S_1^{(n)}=S_2^{(n)}=S_3^{(n)}=\frac{3^n-1}{4}, S_0^{(n)}=\frac{3^n+3}{4}$$

当 $n=4m+1$ 时,我们有 $\mathrm{i}^n=\mathrm{i}$,$(-\mathrm{i})^n=-\mathrm{i}$,以及

$$S_0^{(n)}=S_1^{(n)}=S_2^{(n)}=\frac{3^n+1}{4}, S_3^{(n)}=\frac{3^n-3}{4}$$

当 $n=4m+2$ 时,我们得到

$$S_0^{(n)}=S_1^{(n)}=S_3^{(n)}=\frac{3^n-1}{4}, S_2^{(n)}=\frac{3^n+3}{4}$$

当 $n=4m+3$ 时，我们得到

$$S_0^{(n)}=S_2^{(n)}=S_3^{(n)}=\frac{3^n+1}{4},S_1^{(n)}=\frac{3^n-3}{4}$$

评注(与问题)　如果我们设

$$T_j^{(n)}=\sum_{k\geqslant 0}a_{3k+j}^{(n)},j=0,1,2$$

我们可以证明 $T_0^{(n)}=T_1^{(n)}=T_2^{(n)}=3^{n-1}$. 我们也邀请读者求出 Ioan Tomescu 的书 *Problems in Combinatorics and Graph Theory* 中的系数 $a_k^{(n)}$ 的更多的恒等式.

22. 设 $n\geqslant 2$ 是整数，a 是正实数. 求

$$\max_{0\leqslant a_1,\cdots,a_n\leqslant n}\sum_{k=1}^{n}(a-a_1)\cdots(a-a_{k-1})a_k(a-a_{k+1})\cdots(a-a_n)$$

第一种解法　由问题的陈述可知，表达式

$$S_n=S_n(a_1,a_2,\cdots,a_n)=\sum_{k=1}^{n}a_k\prod_{1\leqslant j\leqslant n,j\neq k}(a-a_j)$$

对于每一个变量 a_i 都是线性的. 显然定义在闭区间上的线性函数在区间的端点达到最值. 于是，从任何 $a_1,\cdots,a_n$ 出发，我们用 0 或 a 代替 a_1，该表达式的值不会减小，那么用 0 或 a 代替 a_2 使表达式最大，依此类推. 于是，为了计算 $S_n(a_1,\cdots,a_n)$ 的最大值，只需要考虑 $a_i\in\{0,a\}$.

在这种情况下，每一个因子 $a-a_j,a_k$ 将是 0 或 a，所以每一个乘积

$$(a-a_1)\cdots(a-a_{k-1})a_k(a-a_{k+1})\cdots(a-a_n)$$

的每一个因子将是 0，除非对某个 $1\leqslant j\leqslant n,a_j=a$，当除了一个是 a^n，所有的乘积为 0 时，我们有 $a_1=\cdots=a_{j-1}=a_{j+1}=\cdots=a_n=0$. 因此当 $a_1,a_2,\cdots,a_n$ 中一个是 a，其余都是 0 时，得到和的最大值是 a^n.

第二种解法　容易验证以下恒等式

$$S_n=a^n+(a-a_n)(S_{n-1}-a^{n-1})+a_n((a-a_1)\cdots(a-a_{n-1})-a^{n-1})$$

这里 $S_{n-1}=S_{n-1}(a_1,a_2,\cdots,a_{n-1})$. 所以，如果当 $a_1,a_2,\cdots,a_{n-1}\in[0,a]$ 时，我们有 $S_{n-1}\leqslant a^{n-1}$，那么我们还得到 $S_n\leqslant a^n$，因为 $a_n\geqslant 0,a-a_n\geqslant 0$，以及 $(a-a_1)\cdots(a-a_{n-1})\leqslant a^{n-1}$，每一个 $a-a_i$ 属于 $[0,a]$. 如果当 $n=2$ 时，我们证明了不等式，那么我们可以用归纳法证明对于任何 $a_1,\cdots,a_n\in[0,a]$，有 $S_n(a_1,a_2,\cdots,a_n)\leqslant a^n$. 事实上，当 $a_1,a_2\in[0,a]$ 时，因为 $(a-a_1)(a-a_2)\geqslant 0$ 以及 $a_1a_2\geqslant 0$，所以

$$S_2(a_1,a_2)=a(a_1+a_2)-2a_1a_2=a^2-(a-a_1)(a-a_2)-a_1a_2\leqslant a^2$$

于是，由递推，我们得到对 $a_1,a_2,\cdots,a_n\in[0,a]$，有 $S_n(a_1,a_2,\cdots,a_n)\leqslant a^n$. 如第一种解法

那样，我们观察到当 $a_1, a_2, \cdots, a_n$ 中的 $n-1$ 个数等于 0，一个数等于 a 时，证明了所求的最大值是 a^n.

23. 设 p 是奇质数，n 是偶自然数. 设 $P(X)=X^{p-1}+X^{p-2}+\cdots+X+1$. 证明：多项式

$$-1+\prod_{k=0}^{n-1} P(X^{p^k})$$

能被 X^2+1 整除.

证明 注意到

$$P(X)=\frac{X^p-1}{X-1}$$

于是

$$\prod_{k=0}^{n-1} P(X^{p^k})=\prod_{k=0}^{n-1} \frac{X^{p^{k+1}}-1}{X^{p^k}-1}=\frac{X^{p^n}-1}{X-1}$$

所以

$$-1+\prod_{k=0}^{n-1} P(X^{p^k})=\frac{X^{p^n}-X}{X-1}=\frac{X(X^{p^n-1}-1)}{X-1}$$

因为 p 是奇数，所以 $p^2 \equiv 1 \pmod 4$，因为 n 是偶数，所以 $p^n \equiv 1 \pmod 4$，于是 $4 \mid p^n-1$，所以 $X^4-1 \mid X^{p^n-1}-1$. 因为 $X^2+1 \mid X^4-1$，X^2+1 与分母 $X-1$ 互质，所以这表明问题的结论成立.

显然，p 是质数这一条件是不必要的，只需 p 是正奇数即可.

24. (a) 求一切函数 $f: \mathbf{R} \to \mathbf{R}$ 满足恒等式

$$f(x)+f(\lfloor x \rfloor)f(\{x\})=x, \forall x \in \mathbf{R}$$

通常我们用$\lfloor x \rfloor$ 和$\{x\}$ 分别表示实数 x 的整数部分和分数部分.

(b) 对于在(a)中找到的每一个函数 f，求一切 $k \in \mathbf{R}$，方程 $f(x)+mx+k=0$ 对任何 $m \in \mathbf{R}$ 都有解.

解 (a) 记$\lfloor x \rfloor$ 是满足

$$\lfloor x \rfloor \leqslant x < \lfloor x \rfloor + 1$$

的唯一整数，而$\{x\}=x-\lfloor x \rfloor$. 将 $x=0$ 代入 f 的方程中，得到 $f(0)+f^2(0)=0$，由此 $f(0)=0$ 或 $f(0)=-1$. 如果 $f(0)=-1$，那么对于$0<x<1$，我们得到 $f(x)-f(x)=x$，这不可能，于是我们必有 $f(0)=0$. 接下来，如果 x 是整数，那么得到

$$f(x)+f(x)f(0)=x$$

因此 $f(x)=x$. 对于$0<x<1$，我们也得到 $f(x)+f(0)f(x)=x$，因此对任何实数 x，有

$$f(\{x\})=x, f(\lfloor x \rfloor)=\lfloor x \rfloor$$

于是对每一个 x,有

$$f(x)=x-f(\lfloor x\rfloor)f(\{x\})=x-\lfloor x\rfloor\{x\}$$

显然这一函数满足问题的条件.

(b) 我们将证明当且仅当 $k\geqslant 0$ 时,给定的方程对任何 $m\in\mathbf{R}$ 有解. 假定 $f(x)+mx+k=0$,设 $a=\lfloor x\rfloor\in\mathbf{Z}$,$b=\{x\}\in[0,1)$. 那么

$$a+b-ab+m(a+b)+k=0$$

如果我们设 $t=m+1$,那么有等价的

$$ab-t(a+b)-k=0$$

对于任何 $m\in\mathbf{R}$,我们需要求 $k\in\mathbf{R}$,使该方程(至少)有一组解 $(a,b)\in\mathbf{Z}\times[0,1)$. 注意到该方程给出

$$a=\frac{k+bt}{b-t},b=\frac{k+at}{a-t}$$

(当然,其中分母不等于 0).

如果 $k\geqslant 0$,我们断言对于任何 m,方程有一个解. 事实上,对于 $0\leqslant t<1$,我们可以选择足够大的 a,使 $b=\frac{t^2+k}{a-t}+t$ 在 $[0,1)$ 中. 特别是,我们选取任何整数 a,使

$$a>\frac{k+t}{1-t}$$

当 $t<0$ 时,我们有 $-t$,$1-t$ 和 t^2-t 为正,因此

$$\frac{k}{-t}-\frac{t+k}{1-t}=\frac{t^2+k}{t^2-t}>0\Leftrightarrow\frac{k}{-t}>\frac{t+k}{1-t}$$

此外,如果 $t>-k$,我们有

$$\frac{k}{-t}-\frac{t+k}{1-t}=\frac{t^2+k}{t^2-t}>1$$

于是存在整数 a,使

$$\frac{t+k}{1-t}<a\leqslant\frac{k}{-t}$$

另外,如果 $t<-k$,当 $a=0$ 时,我们有

$$\frac{t+k}{1-t}<a\leqslant\frac{k}{-t}$$

所以,在这两种情况下,我们都有上述不等式,于是选取

$$b=\frac{k+at}{a-t}$$

它介于 0 和 1 之间,因此我们的方程有解. 注意到当 $t>-k$ 时,我们(为证明 $0<b<1$)需

要使用 $a>t$,这是由

$$a>\frac{t+k}{1-t}>t$$

推得的,这里第二个不等式等价于 $t^2>-k$,于是由 $t^2>t>-k$ 推得结果.

当 $t=-k$ 时,我们有解 $a=1,b=0$(于是对原方程有 $x=1$).

最后,当 $t>1$ 时,我们也能在从 $\frac{t+k}{1-t}$ 到 $\frac{k}{-t}$ 的范围内求出一个整数 a,因为差 $\frac{k}{-t}-\frac{t+k}{1-t}=\frac{t^2+k}{t^2-t}$ 大于 1(现在我们不需要考虑次要的情况;在这种情况下,还要注意到 $a<t$). 于是满足方程的 $b=\frac{k+at}{a-t}$ 又在 0 和 1 之间,这就是所求的,于是当 $k\geqslant 0$ 时,方程总有一个解. 现在我们证明当 $k<0$ 时,方程没有解. 为此,只需要给出一个 t,使区间 $\left[\frac{k}{-t},\frac{t+k}{1-t}\right)$(或 $\left(\frac{t+k}{1-t},\frac{k}{-t}\right]$)不包含整数. 如果 $k\geqslant -1$,那么取 $t<0$,使 $t^2>-k$ 得到

$$-1\leqslant\frac{t+k}{1-t}<\frac{k}{-t}<0$$

证毕. 如果 $k<-1$,我们考虑 $t=1-k$,所以

$$\frac{t+k}{1-t}=\frac{1}{k},\frac{k}{-t}=\frac{k}{1-k}$$

这两个数都在区间 $(-1,0)$ 内.

结果 k 的一切可能的值是所断言的非负实数.

25. 证明:16 个连续整数的任何集合都能分割成两个集合 U 和 V,每个集合都有 8 个元素,且对 $k=1,2,3$,满足

$$\sum_{u\in U}u^k=\sum_{v\in V}v^k$$

证明 我们将对 n 用归纳法证明以下更一般的命题:任何 2^n 个连续整数的集合都能分割成两个集合 U 和 V,每个集合都有 2^{n-1} 个元素,且对 $k=1,2,\cdots,n-1$,有

$$\sum_{u\in U}u^k=\sum_{v\in V}v^k$$

更确切地说,我们将证明 $\{0,1,\cdots,2^n-1\}$ 能够分割成两个包含 2^{n-1} 个元素的集合 A 和 B,对任何 $x\in\mathbf{Z},k=1,2,\cdots,n-1$,有

$$\sum_{a\in A}(x+a)^k=\sum_{b\in B}(x+b)^k$$

(2^n 个连续整数是 $x,x+1,\cdots,x+2^n-1$.)

基本情况 $n=1$ 是显然成立的,因为我们可以考虑 $A=\{0\},B=\{1\}$.

假定我们已经证明了当 $n=m$ 时命题成立，现在我们来证明 $n=m+1$ 的情况. 比方说 $\{0,1,\cdots,2^m-1\}$ 被分割成所要求的两个集合 A 和 B. 此时 $A, A+2^m, B, B+2^m$ 分割 $\{0,1,\cdots,2^{m+1}-1\}$（这里的 $t+s$ 我们指的是集合 $\{t+s \mid s\in S\}$）. 我们断言 $A\cup(B+2^m)$ 和 $B\cup(A+2^m)$ 满足我们所需的条件.

为此，我们必须证明等式

$$\sum_{a\in A}(x+a)^k+\sum_{b\in B}(x+b+2^m)^k=\sum_{b\in B}(x+b)^k+\sum_{a\in A}(x+a+2^m)^k$$

对 $k=1,2,\cdots,m$ 成立.

由归纳假定推得当 $k\leqslant m-1$ 时的一些等式，根据这一点，对这样的 k，我们有

$$\sum_{a\in A}(x+a)^k=\sum_{b\in B}(x+b)^k$$

以及

$$\sum_{a\in A}(x+2^m+a)^k=\sum_{b\in B}(x+2^m+b)^k$$

接下来要证明的是当 $k=m$ 时的恒等式，它可改写成

$$\sum_{a\in A}(x+a)^m-\sum_{b\in B}(x+b)^m=\sum_{a\in A}(x+a+2^m)^m-\sum_{b\in B}(x+b+2^m)^m$$

即

$$f(x)=f(x+2^m)$$

这里

$$f(t)=\sum_{a\in A}(t+a)^m-\sum_{b\in B}(t+b)^m$$

事实上 f 的导数是

$$f'(t)=m\Big(\sum_{a\in A}(t+a)^{m-1}-\sum_{b\in B}(t+b)^{m-1}\Big)$$

根据归纳假定，这一多项式恒等于 0，于是 f 是常数多项式，推得等式 $f(x)=f(x+2^m)$，证毕.

评注 (1) 实际上，用二项公式展开 $(t+a)^m$ 和 $(t+b)^m$，我们可以看到 f 也是一个常数. 我们将得到

$$f(t)=\sum_{j=0}^{m}\binom{m}{j}\Big(\sum_{a\in A}a^j-\sum_{b\in B}b^j\Big)t^{m-j}$$

这里所有包含 $t^{m-j}(j=1,2,\cdots,m-1)$ 的项，根据归纳假定都抵消了；t^m 的系数（由 $j=0$ 得到的）也是

$$\sum_{a\in A}1-\sum_{b\in B}1=0$$

因此,留下的是

$$f(t)=\sum_{a\in A}a^{m}-\sum_{b\in B}b^{m}$$

这证明 f 与 t 无关.

(2) 从我们所作的结构可以容易看出有偶数个数的集合 A 和 B 由 $\{0,1,\cdots,2^{n}-1\}$ 中的数组成,它们的二进制展开式中分别是偶数个数和奇数个数. 于是,我们注意到恒等式

$$\sum_{a\in A}(x+a)^{k}=\sum_{b\in B}(x+b)^{k},1\leqslant k\leqslant n-1$$

可写成

$$\sum_{a_i\in\{0,1\}}(-1)^{a_0+a_1+\cdots+a_{n-1}}(x+a_0+2a_1+\cdots+2^{n-1}a_{n-1})^{k}=0$$

也可以解决本题,这里的和式取遍 $a_0,a_1,\cdots,a_{n-1}\in\{0,1\}$ 的一切可能的选择.

用乘法公式展开每一项,我们求出左边的和等于形如

$$(-1)^{a_0+a_1+\cdots+a_{n-1}}\frac{k!}{r!\ r_0!\ r_1!\ \cdots r_{n-1}!}x^{r}\prod_{i=0}^{n-1}(2^{i}a_i)^{r_i}$$

的所有项的和,其中 $r,r_0,r_1,\cdots,r_{n-1}$ 是非负整数,且

$$r+r_0+r_1+\cdots+r_{n-1}=k$$

于是,这个和等于

$$k!\sum_{r=0}^{k}\frac{x^{r}}{r!}\sum_{a_0=0}^{1}\sum_{a_1=0}^{1}\cdots\sum_{a_{n-1}=0}^{1}\prod_{i=0}^{n-1}\frac{1}{r_i!}(-1)^{a_i}(2^{i}a_i)^{r_i}$$

$$=k!\sum_{r=0}^{k}\frac{x^{r}}{r!}\prod_{i=0}^{n-1}\frac{1}{r_i!}\left(\sum_{a_i=0}^{1}(-1)^{a_i}(2^{i}a_i)^{r_i}\right)=0$$

因为在每一个乘积中存在一个等于零的和. 事实上,我们有 $r_0+r_1+\cdots+r_{n-1}=k-r\leqslant k<n$,因此对于 $r,r_0,r_1,\cdots,r_{n-1}$ 的每一个选择(至少有一个)r_i 必须是 0. 但是,如果 $r_i=0$,我们有

$$\sum_{a_i=0}^{1}(-1)^{a_i}(2^{i}a_i)^{r_i}=\sum_{a_i=0}^{1}(-1)^{a_i}=1+(-1)=0$$

证毕.

(3) 如果原题的集合是 $M=\{x,x+1,\cdots,x+15\}$,那么所求的分割由

$$U=\{x,x+3,x+5,x+6,x+9,x+10,x+12,x+15\}$$

以及

$$V=\{x+1,x+2,x+4,x+7,x+8,x+11,x+13,x+14\}$$

完成. 为直接解决这一特殊情况,我们可以从观察出发,如果对任何数 x,多项式 P 的次数是 d,那么对于任何数 s,$P(x+s)-P(x)$ 的次数是 $d-1$. 于是,对于 $P(x)=x^{3}$,我们有

$$Q(x)=P(x+1)-P(x)=3x^2+3x+1$$

的次数是2,那么

$$Q(x+2)-Q(x)=12x+18$$

的次数是2,于是我们得到等式

$$(x+3)^3-(x+2)^3-(x+1)^3+x^3=12x+18$$

用同样的方法计算我们最后得到

$$(x+15)^3-(x+14)^3-(x+13)^3+(x+12)^3-(x+11)^3+(x+10)^3+$$
$$(x+9)^3-(x+8)^3-(x+7)^3+(x+6)^3+(x+5)^3-$$
$$(x+4)^3+(x+3)^3-(x+2)^3-(x+1)^3+x^3=0$$

如果指数3用一个较小的数(2或1)代替,显然同样的运算将导致最后又是0的结果,问题得到解决.对证明的进一步仔细研究便可得上面的一般化结论.

(4) 实际上,在这里我们有一个所谓Prouhet-Tarry-Escott问题的例子,它告诉我们去寻找整数 $x_1,x_2,\cdots,x_s$ 和 $y_1,y_2,\cdots,y_s$,对 $j=1,2,\cdots,k$,有

$$x_1^j+x_2^j+\cdots+x_s^j=y_1^j+y_2^j+\cdots+y_s^j$$

这里的 $x_1,\cdots,x_s$ 不需要不同,对于 $y_1,\cdots,y_s$ 也是如此,但是多重集 $\{x_1,\cdots,x_s\}$ 和 $\{y_1,\cdots,y_s\}$ 不相交,理由很简单.已经证明了只是当 $s\geqslant k+1$ 时这是可能的,对 $s=k+1$ 的解知道的不多(这样的解称为理想的).集合 $\{0,5,6,16,17,22\}$ 和 $\{1,2,10,12,20,21\}$ 就是一个这样的例子,但是关于这一问题没有更多的空间深入了解更多的细节.我们只是提一下这一事实:Prouhet首先(在1851年)发现上面呈现的关于 2^n 个连续整数分割成我们看到过的集合 $x+A$ 和 $x+B$ 的解.当然,Prouhet的解远不是理想的,但是这是这种类型的问题的第一个一般性的例子,虽然Prouhet并没有提供证明,而这一证明是D. H. Lehmer首先给出的.

(5) 这一问题可以被进一步推广到 p^n 个连续整数(设这些整数是 $x,x+1,\cdots,x+p^n-1$),它能分割成每一个的大小都是 p^{n-1} 的 p 个子集,且它们的元素的 j 次幂的和相等,$j=1,2,\cdots,n-1$.我们将 $\{0,1,\cdots,p^{n-1}\}$ 的子集 S_j 如特殊情况 $p=2$ 那样定义,即在 S_j 中我们在 $\{0,1,\cdots,p^{n-1}\}$ 中取一些数,它们的 p 进制的数字的和模 p 同余 $j(j=0,1,\cdots,p-1)$.于是能够证明(与 $p=2$ 时类似的方法),当 $j=1,2,\cdots,n-1$ 时,有

$$\sum_{s_0\in S_0}(x+s_0)^j=\sum_{s_1\in S_1}(x+s_1)^j=\cdots=\sum_{s_{p-1}\in S_{p-1}}(x+s_{p-1})^j$$

26. 考虑多项式 $P=\alpha X^3-\dfrac{1}{6}X,\alpha\in\mathbf{R}$.

(a) 求出所有使 $P(n)\in\mathbf{Z}(n\in\mathbf{Z})$ 的 α.

(b) 对无理数 α 以及任何 $0 \leqslant u < v \leqslant 1$，证明：存在 $n \in \mathbf{N}$，使

$$u < \{P(n)\} < v$$

解 (a) 因为 $P(1) = \alpha - \frac{1}{6}$ 必须是整数，所以必存在整数 k，使 $\alpha = k + \frac{1}{6}$. 反之，如果 $\alpha = k + \frac{1}{6} (k \in \mathbf{Z})$，那么对于整数 n，有

$$P(n) = kn^3 + \frac{n^3 - n}{6} \in \mathbf{Z}$$

因为 $n^3 - n = n(n-1)(n+1)$ 能被 6 整除，这是由于 $n, n-1, n+1$ 这三个数中至少有一个能被 2 整除且必有一个能被 3 整除.

评注 对任何整数 n，如果多项式 $f(n)$ 的值都是整数，那么多项式 f 被称为整值多项式. 众所周知，对于 d 次多项式，当且仅当存在整数 $a_0, a_1, \cdots, a_d$，使

$$f = \sum_{k=0}^{d} a_k \frac{X(X-1)\cdots(X-k+1)}{k!}$$

以及当且仅当对 n 的 $d+1$ 个连续整数，$f(n)$ 的值都是整数时，f 是整值多项式.

在我们的问题中，当且仅当 $\alpha = k + \frac{1}{6}$ 时，多项式 P 是整值多项式，在这种情况下

$$P = kX^3 + \frac{1}{6}(X^3 - X)$$

也可以表示为

$$P = kX + (6k+1)\frac{X(X-1)}{2} + (6k+1)\frac{X(X-1)(X-2)}{6}$$

(以定理给出的形式). 为了得到形如

$$P = a_0 + a_1 X + a_2 \frac{X(X-1)}{2} + a_3 \frac{X(X-1)(X-2)}{6}$$

的表达式，我们只需要在 X 处代入四个连续的整数(0,1,2,3 是最方便的选择)，然后解线性方程组. 例如，当 X 处用 0 代入时推出 $a_0 = 0$.

(b) 换句话说，我们必须证明集合 $\{\{P(n)\} \mid n \in \mathbf{N}\}$ 在区间 $[0,1]$ 内稠密. 只要证明对于无理数 α，集合 $\{\{n^3\alpha\} \mid n \in \mathbf{N}\}$ 在区间 $[0,1]$ 内稠密就够了. 事实上，如果这已经证明，那么对于 216α（对于无理数 α，216α 也是无理数）也成立，即集合 $\{\{216n^3\alpha\} \mid n \in \mathbf{N}\}$ 也在闭区间 $[0,1]$ 内稠密. 但是我们有

$$\{P(6n)\} = \{216n^3\alpha - n\} = \{216n^3\alpha\}$$

因此集合 $\{\{P(6n)\} \mid n \in \mathbf{N}\} = \{\{216n^3\alpha\} \mid n \in \mathbf{N}\}$ 也在区间 $[0,1]$ 内稠密. 但是，这是 $\{\{P(n)\} \mid n \in \mathbf{N}\}$ 的一个子集，推出也在区间 $[0,1]$ 内稠密.

首先我们证明给定一个正实数 ε，存在一个正整数 n，使 $\{n^3\alpha\}<\varepsilon$，或者 $\{n^3\alpha\}>1-\varepsilon$.

考虑正整数 M，使 $\frac{1}{M}<\frac{\varepsilon}{144}$. 将正整数分割成 M 个集合 $S_0,S_1,\cdots,S_{M-1}$，这里

$$S_i=\left\{n \mid \{n^3\alpha\}\in\left[\frac{i}{M},\frac{i+1}{M}\right)\right\},0\leqslant i\leqslant M-1$$

由 Van der Waerden 定理，这些集合中的一个包含一个等差数列 $x,x+t,x+2t,x+3t$（x 和 t 是正整数）.

推出对某个 $0\leqslant i\leqslant M-1$，$\{x^3\alpha\}$，$\{(x+t)^3\alpha\}$，$\{(x+2t)^3\alpha\}$ 在同一个集合 $\left[\frac{i}{M},\frac{i+1}{M}\right)$ 内. 于是，这些分数部分中的任何两个之差的绝对值小于 $\frac{1}{M}$. 于是

$$\begin{aligned}
&|\{(x+3t)^3\alpha\}-3\{(x+2t)^3\alpha\}+3\{(x+t)^3\alpha\}-\{x^3\alpha\}|\\
=&|\{(x+3t)^3\alpha\}-\{(x+2t)^3\alpha\}-2(\{(x+2t)^3\alpha\}-\{(x+t)^3\alpha\})+\\
&\{(x+t)^3\alpha\}-\{x^3\alpha\}|\\
\leqslant&|\{(x+3t)^3\alpha\}-\{(x+2t)^3\alpha\}|+2|\{(x+2t)^3\alpha\}-\{(x+t)^3\alpha\}|+\\
&|\{(x+t)^3\alpha\}-\{x^3\alpha\}|<\frac{4}{M}<\frac{\varepsilon}{36}
\end{aligned}$$

但是我们有

$$\begin{aligned}
&36(\{(x+3t)^3\alpha\}-3\{(x+2t)^3\alpha\}+3\{(x+t)^3\alpha\}-\{x^3\alpha\})\\
=&36((x+3t)^3\alpha-3(x+2t)^3\alpha+3(x+t)^3\alpha-x^3\alpha)-36m\\
=&216t^3\alpha-36m
\end{aligned}$$

其中

$$m=\lfloor(x+3t)^3\alpha\rfloor-3\lfloor(x+2t)^3\alpha\rfloor+3\lfloor(x+t)^3\alpha\rfloor-\lfloor x^3\alpha\rfloor$$

是整数. 推得

$$|216t^3\alpha-36m|<\varepsilon$$

这表明 $\{(6t)^3\alpha\}$ 与整数 $36m$ 的距离小于 ε，因此

$$\{(6t)^3\alpha\}<\varepsilon$$

或者

$$\{(6t)^3\alpha\}>1-\varepsilon$$

（当然，只有当 $\varepsilon<1$ 时有意义，否则探讨止步；但我们要求 ε 很小）.

现在我们证明，给定正数 $\varepsilon<1$，我们能够找到正整数 n，使 $\{n^3\alpha\}<\varepsilon$. 事实上，如果不是这样，那么对于任何 $\varepsilon'\leqslant\varepsilon$，我们能够找到（根据我们刚才证明的）某个正整数 k（与 ε'

有关),使

$$\{k^3\alpha\} > 1-\varepsilon'$$

因为

$$[0,1)=\bigcup_{j=1}^{\infty}\left[1-\frac{1}{j^3},1-\frac{1}{(j+1)^3}\right)$$

这意味着,对于任何足够大的正整数 j,我们可以找出某个正整数 k(与 j 有关),使

$$1-\frac{1}{j^3}\leqslant\{k^3\alpha\}<1-\frac{1}{(j+1)^3}$$

于是我们选取一个足够大的正整数 N,和一个正整数 k,使

$$1-\frac{1}{N^3}\leqslant\{k^3\alpha\}<1-\frac{1}{(N+1)^3}$$

它也满足

$$1-\left(\frac{N}{N+1}\right)^3<\varepsilon$$

也就是说,这当然是可能的,因为

$$\lim_{N\to\infty}\left(1-\left(\frac{N}{N+1}\right)^3\right)=0$$

因为

$$N^3-1\leqslant N^3\{k^3\alpha\}<N^3$$

我们推得

$$\begin{aligned}\{N^3\{k^3\alpha\}\}&=N^3\{k^3\alpha\}-(N^3-1)\\&<N^3\left(1-\frac{N}{(N+1)^3}\right)-N^3+1\\&\leqslant 1-\left(\frac{N}{N+1}\right)^3\\&<\varepsilon\end{aligned}$$

但是,对整数 s 和实数 z,我们有

$$\{s\{z\}\}=\{sz-s\lfloor z\rfloor\}=\{sz\}$$

因此,事实上,我们有$\{N^3\{k^3\alpha\}\}=\{N^3k^3\alpha\}$,这表明实际上我们得到

$$\{(Nk)^3\alpha\}<\varepsilon$$

于是,假定我们不能找到正整数 n,使$\{n^3\alpha\}<\varepsilon$ 导致与同一个假定的一个矛盾. 所以,无论如何,对于 $\varepsilon>0$,我们能够找到正整数 n,使$\{n^3\alpha\}<\varepsilon$.

现在我们结束证明.

任意取一个区间(u,v),$0\leqslant u<v\leqslant 1$.选取一个正整数 p,使

$$\{p^3\alpha\}<(\sqrt[3]{v}-\sqrt[3]{u})^3\Leftrightarrow\sqrt[3]{\frac{v}{\{p^3\alpha\}}}-\sqrt[3]{\frac{u}{\{p^3\alpha\}}}>1$$

请注意,这只是我们使用 α 证明的一部分.也就是说,我们需要知道$\{p^3\alpha\}$非零,以便将不等式化到第二种形式.的确会这样,因为 α 是无理数,所以对于整数 p,$p^3\alpha$ 不可能是整数.

上面的不等式证明了存在整数 q,使

$$\sqrt[3]{\frac{u}{\{p^3\alpha\}}}<q<\sqrt[3]{\frac{v}{\{p^3\alpha\}}}\Leftrightarrow u<q^3\{p^3\alpha\}<v$$

也就是说,最后,对于 $n=pq$,我们有 $u<\{n^3\alpha\}<v$,证毕.

评注　上述证明可能容易适合于证明给出正整数 d 和实无理数 α,数 $n^d\alpha$ 的分数部分的集合在区间$[0,1]$内稠密,$n=1,2,\cdots$.($d=1$ 的情况几乎是广为人知的,被称为 Kronecker 致密定理.)这是著名的 Weyl 定理的特殊情况,Weyl 定理是说:数 $P(n)$($n=1,2,\cdots$)的分数部分集合在区间$[0,1]$内稠密,其中 P 是除常数项之外具有至少一个无理系数的非常数多项式.实际上,Weyl 定理包含更多的内容,也就是说,数列$\{P(n)\}_{n\geqslant 1}$关于模 1(在提及的条件下)是等距分布的,但是作更深入的研究并不是我们在这里的目标,我们只是试图引起对这方面不熟悉的读者的兴趣.

27. 设 $x_1,\cdots,x_n$ 是非负实数. 证明:存在 $a_1,\cdots,a_n\in\{-1,1\}$,使

$$a_1x_1^2+\cdots+a_nx_n^2\geqslant(a_1x_1+\cdots+a_nx_n)^2$$

证明　我们证明当任何 $y_1\geqslant\cdots\geqslant y_n\geqslant 0$ 时,有

$$\sum_{k=1}^{n}(-1)^{k-1}y_k^2\geqslant\left(\sum_{k=1}^{n}(-1)^{k-1}y_k\right)^2$$

(于是,为了选取所需的 $a_1,\cdots,a_n$,我们首先将给出的数按递减的顺序重新排列,例如$x_{i_1}\geqslant x_{i_2}\geqslant\cdots\geqslant x_{i_n}\geqslant 0$,那么选取 $a_{i_j}=(-1)^{j-1}$.)

对 n 归纳证明.

当 $n=1$ 时,不需证明,当 $n=2$ 时,有

$$y_1^2-y_2^2-(y_1-y_2)^2=2y_2(y_1-y_2)\geqslant 0$$

现在假定当 $n=m$ 时,不等式成立,因此对 $t_1\geqslant\cdots\geqslant t_m\geqslant 0$,我们有

$$\sum_{k=1}^{m}(-1)^{k-1}t_k^2\geqslant\left(\sum_{k=1}^{m}(-1)^{k-1}t_k\right)^2$$

让我们来证明当 $n=m+2$ 时,命题成立.也就是说,我们要证明当 $y_1\geqslant\cdots\geqslant y_{m+2}\geqslant 0$ 时,有

$$\sum_{k=1}^{m+2}(-1)^{k-1}y_k^2 \geqslant \left(\sum_{k=1}^{m+2}(-1)^{k-1}y_k\right)^2$$

它等价于

$$y_1^2 - y_2^2 + \sum_{k=3}^{m+2}(-1)^{k-1}y_k^2$$

$$\geqslant (y_1-y_2)^2 + 2(y_1-y_2)\left(\sum_{k=3}^{m+2}(-1)^{k-1}y_k\right) + \left(\sum_{k=3}^{m+2}(-1)^{k-1}y_k\right)^2$$

最后,等价于

$$2(y_1-y_2)\left(\sum_{i=2}^{m+2}(-1)^{i}y_i\right) + \sum_{k=3}^{m+2}(-1)^{k-1}y_k^2 \geqslant \left(\sum_{k=3}^{m+2}(-1)^{k-1}y_k\right)^2$$

但这是成立的,因为根据条件 $y_1 \geqslant \cdots \geqslant y_{m+2} \geqslant 0$,$2(y_1-y_2)\left(\sum_{i=2}^{m+2}(-1)^{i}y_i\right)$ 非负,而

$$\sum_{k=3}^{m+2}(-1)^{k-1}y_k^2 \geqslant \left(\sum_{k=3}^{m+2}(-1)^{k-1}y_k\right)^2$$

由归纳假定推得.因为该不等式对 $n \in \{1,2\}$ 成立,如果该不等式对 $n=m$ 成立,那么该不等式对 $n=m+2$ 也成立,那么对所说的任何 n 必须成立,证明到此结束.

28. 求区间[4,40]内的一切实数三数组 x,y,z 满足

$$x+y+z=62,\ xyz=2\ 880$$

解 设 $f(t)=(t-x)(t-y)(t-z)$,因此 f 在区间[4,40]内有三个实数根.我们还有

$$f(t)=t^3-62t^2+Qt-2\ 880$$

其中 $Q=xy+yz+zx$.因为 f 是三次多项式,且实根都在区间[4,40]内,我们必有

$$f(4)=(4-x)(4-y)(4-z)\leqslant 0$$

和

$$f(40)=(40-x)(40-y)(40-z)\geqslant 0$$

但是

$$f(4)=64-62\times 4^2+4Q-2\ 880=4(Q-952)$$

所以 $Q\leqslant 952$.还有

$$f(40)=64\ 000-62\times 1\ 600+40Q-2\ 880=40(Q-952)$$

因此 $Q\geqslant 952$.我们推得 $Q=952$,于是

$$f(t)=t^3-62t^2+952t-2\ 880=(t-4)(t-18)(t-40)$$

于是满足方程的一切三数组是(4,18,40)及其排列.

评注　(1) 当我们试图解这一方程时，需要注意到给定的方程可改写为

$$x+y+z=4+18+40, xyz=4\times 18\times 40$$

于是假定 x,y,z 以某个顺序与 4,18,40 相同是有道理的，并设法证明这一事实. 因为牵涉到对称的和 $S=x+y+z$ 与 $P=xyz$，自然考虑三次函数 f，它由

$$f(t)=(t-x)(t-y)(t-z)=t^3-St^2+Qt-P=t^3-62t^2+Qt-2\,880$$

给出，其中 $Q=xy+yz+zx$. 上述解的另一种说法也要考虑

$$g(t)=(t-4)(t-18)(t-40)=t^3-62t^2+952t-2\,880$$

以及差

$$f(t)-g(t)=(Q-952)t$$

因为

$$0\geqslant f(4)=f(4)-g(4)=4(Q-952)$$

以及

$$0\leqslant f(40)=f(40)-g(40)=40(Q-952)$$

我们得到 $Q=952$，等等.

(2) 我们可以用完全类似的方法证明，如果 $0<a\leqslant b\leqslant c$ 以及 $x,y,z\in[a,c]$ 满足

$$x+y+z=a+b+c, xyz=abc$$

那么 (x,y,z) 是 (a,b,c) 的一个排列(或 x,y,z 以某个顺序与 a,b,c 重合). 观察到如果 $a\leqslant 0$，那么不再保持结果成立. 例如，我们有 $0,1,2\in[0,3]$ 以及 $0+1+2=0+0+3$，$0\cdot 1\cdot 2=0\cdot 0\cdot 3$，显然 0,1,2 并不表示 0,0,3 的一个排列. 求负 a 的一个例子.

(3) 我们也鼓励读者研究

$$x+y+z=a+b+c, xy+yz+zx=ab+bc+ca$$

是否表示 $\{x,y,z\}=\{a,b,c\}$(如多重集) 以及在什么条件下成立.

或者说，同时有 $x+y+z=a+b+c$ 和 $x^3+y^3+z^3=a^3+b^3+c^3$ 是否表示 $\{x,y,z\}=\{a,b,c\}$? 许多类似的问题可以问并等待回答.

29. 设 A 是有限的实数集，再设 $f:A\to A$ 是一个函数，且对一切不同的 $x,y\in A$，有 $|f(x)-f(y)|<|x-y|$. 证明：f 不是 A 到 A 上的映射，以及 f 恰有一个不动点.

解　选取不同的 $a,b\in A$，使差 $|a-b|$ 最小. 此时因为 $|f(a)-f(b)|<|a-b|$，由于 $|a-b|$ 最小，我们必有 $f(a)=f(b)$($f(a)$ 和 $f(b)$ 也是 A 的元素). 这表明 f 不是一对一的函数，因此 f 不是 A 到 A 上的映射(因为 A 是有限集).

下面我们证明 f 有一个(且只有一个)不动点. 事实上，取 $c\in A$，且 $|c-f(c)|$ 最小. 那么

$$|f(c)-f(f(c))|<|c-f(c)|$$

由于 $|c-f(c)|$ 最小,我们推得 $f(f(c))=f(c)$,这意味着 $f(c)$ 是 f 的不动点.

最后,f 不能多于一个不动点.因为如果 $f(u)=u$,$f(v)=v$,那么 $|f(u)-f(v)|<|u-v|$ 不能成立,这与假定矛盾.

请注意这样的函数是存在的.例如,取 $a\in A$,对一切 $x\in A$,由 $f(x)=a$ 定义的函数具有问题中所述的性质.你能找到其他一些例子吗?

30.设 $f:\mathbf{R}\to\mathbf{R}$ 是一个函数,且对一切 $x\in\mathbf{R}$,有

$$f(f(x))=\frac{x^9}{(x^2+1)(x^6+x^4+2x^2+1)}$$

证明:f 恰有一个不动点.

证明 如果 t 是 f 的一个不动点,那么 $f(t)=t$ 和 $f(f(t))=f(t)=t$,所以

$$t=\frac{t^9}{(t^2+1)(t^6+t^4+2t^2+1)}$$

则 $t=0$,或者

$$t^8=(t^2+1)(t^6+t^4+2t^2+1)$$

这是不可能的,因为对任何 t,右边显然大于左边.于是 f 至多有一个不动点,而且这个不动点(如果存在)必定是0.事实上,0的确是 f 的不动点:根据假定,我们有 $f(f(0))=0$.于是如果 $f(0)=c$,那么

$$f(f(c))=f(f(f(0)))=f(0)=c$$

我们看到 $f\circ f$ 的唯一的不动点就是0,因此 $f(0)=c=0$,这证明了0是 f 的不动点.

评注 如果一个函数 $f:\mathbf{R}\to\mathbf{R}$ 具有 $f\circ f$ 有唯一的不动点 a 这个性质,那么 $f\circ f$ 也有唯一的不动点 a.如果对于某个正整数 n,我们用 n 次迭代 $f\circ f\circ\cdots\circ f$(其中 f 出现 n 次)代替 $f\circ f$,那么这一性质同样成立.证明与我们的问题中的 $a=0$(和 $n=2$)的特殊情况相同,我们邀请读者完成对一般情况的证明.还要注意到 f 可以定义在任意集合 M 上,并在 M 中取值;对 M 而言,这个集合是实数集并不重要(在给定的问题中这只是用来证明 $f\circ f$ 是以0作为它的唯一的不动点).

31.设 a,b,c 是一个三角形的三边长.如果实数 x,y,z 满足 $ax+by+cz=0$,证明:$xy+xz+yz\leqslant 0$.

第一种证法 由于 x,y,z 中至少有两数的乘积非负;不失一般性,我们可以考虑 x,y 是这两个数.此时

$$z=-\frac{ax+by}{c}$$

所以

$$xy+yz+xz=xy-\frac{(ax+by)(x+y)}{c}=\frac{cxy-(ax+by)(x+y)}{c}$$
$$\leqslant\frac{(a+b)xy-(ax+by)(x+y)}{c}$$
$$=-\frac{ax^2+by^2}{c}\leqslant 0$$

这是因为 $xy\geqslant 0, 0<c<a+b$.

第二种证法　因为 $c>0$,不等式 $xy+xz+yz\leqslant 0$ 等价于

$$c(xy+xz+yz)\leqslant 0\Leftrightarrow cxy-(ax+by)(x+y)\leqslant 0$$
$$\Leftrightarrow ax^2+(a+b-c)xy+by^2\geqslant 0$$

对于二次函数

$$f(t)=at^2+(a+b-c)t+b$$

我们有首项系数 $a>0$,判别式

$$\Delta=(a+b-c)^2-4ab=a^2+b^2+c^2-2ab-2ac-2bc$$
$$=a(a-b-c)+b(b-a-c)+c(c-a-b)<0$$

这是因为 a,b 和 c 是三角形的边长. 推出对于任何实数 t, $f(t)>0$;这里将 $t=\frac{x}{y}$ 代入,然后乘以 y^2 得到当 $y\neq 0$ 时所要求的不等式. 对于 $y=0$,不等式($ax^2\geqslant 0$) 显然成立.

评注　(1) 从两种证法中我们看到当且仅当 x,y,z 中有两个是 0 时,等式成立,这表明(根据已知条件) 三个都等于 0. 所以当且仅当 $x=y=z=0$ 时, $xy+xz+yz=0$.

(2) 类似地,我们可以证明 $a^2x+b^2y+c^2z=0$(a,b 和 c 是三角形的边长, x,y,z 是实数) 意味着

$$xy+xz+yz\leqslant 0$$

$a^3x+b^3y+c^3z=0$ 是否意味着 $xy+xz+yz\leqslant 0$ 成立呢?

32. 证明:在集合 $\{1,2,\cdots,1\ 022\}$ 中取的任意 19 个不同的整数中,能够找到不同的三个数 a,b,c,有 $a<b+c<4a$. 如果用 n 代替 1 022,求最小可能的 m 代替 19,使结果仍然成立.

证明　假定这些数是 $a_1<\cdots<a_{19}$. 我们断言,存在 $i\in\{2,3,\cdots,18\}$,使 $a_{i+1}<3a_i$. 事实上,假定对任何 $i\in\{2,3,\cdots,18\}$,有 $a_{i+1}\geqslant 3a_i$. 这表明 $a_{19}\geqslant 3^{17}a_2\geqslant 2\times 3^{17}$,但是 $2\cdot 3^{17}$ 比 1 022 大得多,矛盾.

现在设 $i\in\{2,3,\cdots,18\}$,且 $a_{i+1}<3a_i$,再设 $a=a_i, b=a_{i-1}, c=a_{i+1}$. 因为 $c>a$,显然,

我们有 $a < b + c$,因为 $b < a, c < 3a$,我们也有 $b + c < 4a$,这就是要求的.

对于一般情况,我们假定这些数是 $1 \leqslant a_1 < \cdots < a_r \leqslant n$,其中没有三数组满足 $a < b + c < 4a$. 此时,因为 $a_2 > a_1$,我们有 $a_2 \geqslant a_1 + 1$. 又因为三数组 $(a,b,c) = (a_k, a_1, a_{k+1})$ 显然满足 $a = a_k < a_1 + a_{k+1} = b + c$,当 $k \geqslant 2$ 时,我们必有 $a_1 + a_{k+1} \geqslant 4a_k$. 于是我们找到 $a_3 \geqslant 4a_2 - a_1 \geqslant 3a_1 + 4, a_4 \geqslant 4a_3 - a_1 \geqslant 11a_1 + 16$,迭代后,我们得到

$$a_k \geqslant \frac{2 \cdot 4^{k-2} + 1}{3} a_1 + 4^{k-2},\ 2 \leqslant k \leqslant r$$

特别地,因为 $a_1 \geqslant 1$,我们找到

$$\frac{5 \cdot 4^{r-2} + 1}{3} \leqslant a_r \leqslant n$$

整理后得到

$$r \leqslant 2 + \left\lfloor \log_4 \frac{3n-1}{5} \right\rfloor$$

这证明了

$$m = 3 + \left\lfloor \log_4 \frac{3n-1}{5} \right\rfloor$$

足以保证具有所要求的性质的三数组存在.

反之,设 $a_1 = 1$ 以及

$$a_k = \frac{5 \cdot 4^{k-2} + 1}{3}, 2 \leqslant k \leqslant 2 + \left\lfloor \log_4 \frac{3n-1}{5} \right\rfloor$$

恰好给出

$$2 + \left\lfloor \log_4 \frac{3n-1}{5} \right\rfloor$$

是 $1, 2, \cdots, n$ 中的数. 假定在 $a < b + c < 4a$ 中存在不同的数的某个三数组 a, b, c. 因为对于一切 k,有 $a_k \geqslant 2a_{k-1}$,在 b 或 c 中有一个必是这三个数中最大的. 不失一般性,设这个数是 $c = a_k, k \geqslant 3$. 那么 $a \leqslant a_{k-1}$ 和 $b \geqslant 1$,所以我们有 $b + c \geqslant a_k + 1 = 4a_{k-1} \geqslant 4a$,矛盾. 于是不存在这样的三数组.

最后,可能的最小的 m 是 $m = 3 + \left\lfloor \log_4 \frac{3n-1}{5} \right\rfloor$,特别地,对于 $n = 1\,022$,可能的最小的 m 是 $m = 7$.

33. 设 A 是非空集合,$h: A \times A \to A$ 是一个函数. 证明以下两个命题等价:

(i) 存在一个双射 $f: A \to A$,对任何 $x, y \in A$,有 $h(x, y) = f(x)$ 或者对任何 $x, y \in A$,有 $h(x, y) = f(y)$.

(ii) 对任何两个双射 $s:A\to A,t:A\to A$，定义为 $h_{s,t}(a)=h(s(a),t(a))$，函数 $h_{s,t}:A\to A$ 是一个双射.

第一种证法　我们直接看到(i) 意味着(ii)，因为两个双射函数的复合也是一个双射. 事实上，如果对任何 $x,y\in A$，有 $h(x,y)=f(x)$(f 是一个双射)，那么对一切 $a\in A$，有

$$h_{s,t}(a)=h(s(a),t(a))=f(s(a))=(f\circ s)(a)$$

并且 $h_{s,t}=f\circ s$ 是一个双射. 类似地，如果对 A 中的一切 x,y，有 $h(x,y)=f(y)$，那么 $h_{s,t}=f\circ t$ 是一个双射.

现在我们来证明(ii) 意味着(i)；所以假定对任何两个双射 $s:A\to A,t:A\to A$，定义为

$$h_{s,t}(a)=h(s(a),t(a))$$

的函数 $h_{s,t}:A\to A$ 是一个双射.

首先注意到如果 $x_1\neq x_2,y_1\neq y_2$，那么 $h(x_1,y_1)\neq h(x_2,y_2)$. 因为存在双射 $s,t:A\to A$，使

$$s(x_1)=x_1,s(x_2)=x_2,t(x_1)=y_1,t(x_2)=y_2$$

因此 $h(x_1,y_1)=h_{s,t}(x_1)\neq h_{s,t}(x_2)=h(x_2,y_2)$. 换句话说，我们可说 $h(x_1,y_1)=h(x_2,y_2)$ 意味着 $x_1=x_2$ 或 $y_1=y_2$.

接着，我们证明 $h(x,y)$ 与 x 无关，或者与 y 无关. 假定对某个 $x_1,x_2,y\in A$，$h(x_1,y)\neq h(x_2,y)$(即 h 与 x 有关). 对于任何 $x\in A$，我们可以选择 $x'\in A$，使 $h(x',y)\neq h(x,y)$(x_1,x_2 中的一个有效). 当然，我们有 $x\neq x'$.

考虑任意的 $z,w\in A$，使 $z\neq y$ 和 $w\neq x'$，并定义两个双射 $s,t:A\to A$，使

$$s(x')=x',s(w)=x$$

和

$$t(x')=y,t(w)=z$$

因为 $h_{s,t}$ 是双射(更确切地说是满射). 存在 $u\in A$，使 $h_{s,t}(u)=h(x,y)$，或

$$h(s(u),t(u))=h(x,y)$$

正如我们所见，这表明 $s(u)=x$，或 $t(u)=y$. 但是 $t(u)=y$ 意味着 $u=x'$(由 t 的单射)，因此

$$h(x,y)=h(s(x'),t(x'))=h(x',y)$$

这不成立. 所以唯一的可能是仍有 $s(u)=x$，由 s 的单射得到 $u=w$. 于是我们有

$$h(x,y)=h(s(w),t(w))=h(x,z)$$

我们来总结一下:我们考虑任意的 $x \in A$,我们证明了存在 $x', y \in A$,使 $h(x,y) \neq h(x',y)$,那么我们得到,对于任何 $z \in A, z \neq y$,我们有 $h(x,y) = h(x,z)$. 显然,这意味着 h 与第二个变量无关,这就是我们要证明的.

于是,这一假定表明 h 与 x 无关,或者与 y 无关. 例如,假定 h 与第一个变量无关,那么存在一个函数 $f: A \to A$,对一切 $x, y \in A$,有 $h(x,y) = f(y)$. 因为对于每一个 x, $f(x) = h(x,x) = h_{s,t}(x)$(其中 $s = t = 1_A$,这里 1_A 是 A 的恒等映射,即任何 $x \in A$, x 映射到 x),由双射 s 和 t,推出 f 也是双射,证毕.

第二种证法 简单涉及在第一种证法中的证明. 我们只以一种不同的方法证明(ii)意味着(i).

设 $u, v \in A, u \neq v$. 函数 $h_{1_A, 1_A}$(任何 $x \in A$ 到 $h(x,x)$ 的映射)是双射,对于 $s = 1_A$, $h_{s,t}$ 也是双射,且 t 定义为

$$t(x) = \begin{cases} x, x \in A \setminus \{u, v\} \\ v, x = u \\ u, x = v \end{cases}$$

对于 s 和 t 的这一选择,我们有

$$h_{s,t}(x) = \begin{cases} h(x,x), x \in A \setminus \{u, v\} \\ h(u,v), x = u \\ h(v,u), x = v \end{cases}$$

这导致对于任何 $u, v \in A$,有结论

$$\{h(u,u), h(v,v)\} = \{h(u,v), h(v,u)\}$$

当 $u \neq v$ 时,我们也有 $h(u,u) \neq h(v,v)$ 和 $h(u,v) \neq h(v,u)$. 于是,对于任何不同的 $u, v \in A$,我们或者有

$$h(u,u) = h(u,v), h(v,v) = h(v,u)$$

或者有

$$h(u,u) = h(v,u), h(v,v) = h(u,v)$$

如果 $|A| = 2$,那么已经完成,所以假定 $|A| \geqslant 3$. 如果对每一个 $x, y \in A$,我们有

$$h(x,y) = h(x,x)$$

那么函数 h 不依赖于第二个变量,我们已经完成. 否则,必存在 u, v,对此等式的第二个集合成立,我们将分别用 a 和 b 表示这样的 u 和 v. 所以,我们可以假定对某个 $a, b \in A$,我们有 $h(a,a) = h(b,a)$ 和 $h(b,b) = h(a,b)$.

设 $c \in A, c \neq a, c \neq b$. 对于 s,由

$$s(x)=\begin{cases}x, x\in A\setminus\{a,b,c\}\\ c, x=a\\ a, x=b\\ b, x=c\end{cases}$$

给出(这是双射) 以及 $t=1_A$,我们已将函数 $h_{s,t}$ 定义为

$$h_{s,t}(x)=\begin{cases}h(x,x), x\in A\setminus\{a,b,c\}\\ h(c,a), x=a\\ h(a,b), x=b\\ h(b,c), x=c\end{cases}$$

它必是双射. 如果我们记得映射 $x\mapsto h(x,x)$ 也是双射,那么推出集合的等式

$$\{h(a,a),h(b,b),h(c,c)\}=\{h(a,b),h(b,c),h(c,a)\}$$

因为 $h(b,b)=h(a,b)$,我们仍然有

$$\{h(a,a),h(c,c)\}=\{h(b,c),h(c,a)\}$$

但是 $h(a,a)\neq h(b,c)$(见第一种证法,在那里我们证明了无论 $y_1\neq y_2$ 还是 $x_2\neq y_2$,我们都有 $h(x_1,y_1)\neq h(x_2,y_2)$),因此我们有

$$h(a,a)=h(c,a), h(c,c)=h(b,c)$$

因为 $\{h(b,b),h(c,c)\}=\{h(b,c),h(c,b)\}$,我们处于

$$h(c,c)=h(b,c), h(b,b)=h(c,b)$$

的情况. 重复上面的用 (c,b) 代替 (a,b) 的理由,我们发现对于某个任意的 $d\in A\setminus\{b,c\}$(代替 c),有

$$h(c,c)=h(d,c)$$

所以(一想到证明实际上) 我们最后得到对于任何 $x,y\in A$,有

$$h(x,y)=h(y,y)$$

于是,我们看到对任何 $x,y\in A$,有 $h(x,y)=h(x,x)$,或者对任何 $x,y\in A$,有 $h(x,y)=h(y,y)$. 因为函数 $x\mapsto h(x,x)$ 是双射,我们就得到所要求的结论.

评注　设 A 是任意一个非空集合,$h:A\times A\rightarrow A$ 是任何一个单射函数.(所以 $h(x_1,y_1)=h(x_2,y_2)$ 表明 $x_1=x_2,y_1=y_2$.) 于是,对任何单射函数 $s,t:A\rightarrow A$,(由问题的命题定义的) 函数 $h_{s,t}$ 也是单射函数.

事实上,$h_{s,t}(u_1)=h_{s,t}(u_2)$ 意味着 $h(s(u_1),t(u_1))=h(s(u_2),t(u_2))$,得到 $s(u_1)=s(u_2)$ 和 $t(u_1)=t(u_2)$(由于 h 的单射),于是推出 $u_1=u_2$(s 或 t 的单射). 如果我们选取 h 实际上与两个变量有关,这证明了如果我们用"单射"代替"双射",那么问题的命题不再

成立.

当然,(i)⇒(ii) 这个含义不再成立(另一个含义对于单射或满射函数仍然成立,其证明与双射函数相同).

问题在于:h 可以是单射,并与变量之一无关吗?答案是肯定的,例如,取 A 是 $\mathbf{N}$ 即非负整数(自然数)集.设 $h:\mathbf{N}\times\mathbf{N}\to\mathbf{N}$ 定义为对每一个 $(x,y)\in\mathbf{N}\times\mathbf{N}$,有 $h(x,y)=2^x(2y+1)$.众所周知 h 是单射(用分解的唯一性证明这一事实),显然 h 与两个变量 x 和 y 有关(例如,对一切 x 和 y,使 $2^x(2y+1)=f(x)$ 将得到 $2\cdot 1=f(1)=2\cdot 3$,矛盾).于是问题的命题只对单射的函数不成立.

如果用"满射"代替"双射",命题也变得不成立.为弄清这一点,考虑以下例子:设 $A=\mathbf{N}$,h 定义为

$$h(x,y)=\begin{cases}\dfrac{x}{2}, & \text{如果 } x \text{ 是偶数}\\ y, & \text{如果 } x \text{ 是奇数}\end{cases}$$

显然,h 与 x 或 y 有关(但是需要证明,所以请证明!),对于每个满射函数 $s,t:\mathbf{N}\to\mathbf{N}$,我们有 $h_{s,t}$ 也是满射.事实上,如果我们只知道 s 取得一切偶数值,我们可以证明 $h_{s,t}$ 就是满射.如果真是这样,那么设 $z\in\mathbf{N}$ 是任意的,设 $u\in\mathbf{N}$,使 $s(u)=2z$.此时我们有

$$h_{s,t}(u)=h(s(u),t(u))=h(2z,t(u))=z$$

于是 t 取得一切自然数值.

我们邀请读者寻找另一些函数 h,能用来证明问题的命题(只)对单射,或者满射的函数并不保持成立.当然,在任何这样的例子中,集合 A 必是无限集(请读者思考原因).

34.设 P 是实多项式,且对每一个实数 t,有 $P(\sin t)=P(\cos t)$.证明:存在实多项式 T,有

$$P(X)=T(X^4-X^2)$$

第一种证法 因为

$$P(\sin t)=P(\cos t)=P(\cos(-t))=P(\sin(-t))=P(-\sin t)$$

我们推得对一切(于是对无穷多个)$u\in[-1,1]$,有 $P(u)=P(-u)$,因此 $P(X)=P(-X)$ 为多项式.写成

$$P=\sum_{k=0}^{n}c_kX^k$$

我们有

$$P(X)=P(-X)\Leftrightarrow\sum_{k=0}^{n}c_kX^k=\sum_{k=0}^{n}(-1)^kc_kX^k$$

因此对于奇数 k，$c_k=-c_k$，所以 $c_k=0$. 所以在 P 中只出现 X 的偶数次幂，这表明对某个 $Q\in\mathbf{R}[X]$，有 $P(X)=Q(X^2)$. 于是，根据假定，我们得到对每一个实数 t，有

$$Q(\sin^2 t)=Q(\cos^2 t)=Q(1-\sin^2 t)$$

这表明对无穷多个 x，有 $Q(x)=Q(1-x)$，所以 $Q(X)=Q(1-X)$ 是多项式. 如果我们设

$$R(X)=Q\left(\frac{1}{2}+X\right)\Leftrightarrow Q(X)=R\left(X-\frac{1}{2}\right)$$

那么我们得到 $R(X)=R(-X)$，因此，像上面那样，对某个实多项式 S，有 $R(X)=S(X^2)$.

现在，如果定义 $T(X)=S\left(X+\frac{1}{4}\right)$，我们有

$$P(X)=Q(X^2)=R\left(X^2-\frac{1}{2}\right)=S\left(\left(X^2-\frac{1}{2}\right)^2\right)$$

$$=S\left(X^4-X^2+\frac{1}{4}\right)=T(X^4-X^2)$$

注意到显然任何这样的多项式对任何 $t\in\mathbf{R}$ 满足条件

$$\sin^4 t-\sin^2 t=-\sin^2 t\cos^2 t=\cos^4 t-\cos^2 t$$

第二种证法　像第一种证法那样，我们发现 P 只包含未知数的偶数次幂. 我们对 P 的次数进行归纳. 如果 P 的次数是 0，那么 P 是常数多项式（满足假定），我们可以取 $T=P$. 现在假定问题的命题对次数小于 k 的一切多项式成立，考虑次数为 k 的 P，对一切 $t\in\mathbf{R}$，有 $P(\sin t)=P(\cos t)$. 由欧几里得除法得，对于某个次数小于 a 的多项式 U，和某个 a，b，c，$d\in\mathbf{R}$，我们有

$$P(X)=(X^4-X^2)U(X)+aX^3+bX^2+cX+d$$

为了求出 X 的系数，我们看到必定有 $c=0$（因为 P 是偶多项式，以及 $(X^4-X^2)U(X)$ 不包含 X 这一项）. 于是，$P(\sin t)=P(\cos t)$ 变为

$$(\sin^4 t-\sin^2 t)U(\sin t)+a\sin^3 t+b\sin^2 t$$

$$=(\cos^4 t-\cos^2 t)U(\cos t)+a\cos^3 t+b\cos^2 t$$

当 $t=0$ 和 $t=\pi$ 时分别得到

$$a+b=0,\ -a+b=0$$

于是 $a=b=c=0$，以及

$$P(X)=(X^4-X^2)U(X)+d$$

这表明对每一个 $t\in\mathbf{R}$，有

$$(\sin^4 t-\sin^2 t)U(\sin t)=(\cos^4 t-\cos^2 t)U(\cos t)$$

我们可以除以

$$\sin^4 t - \sin^2 t = -\sin^2 t\cos^2 t = \cos^4 t - \cos^2 t$$

(它不等于 0,除非 t 是 $\frac{\pi}{2}$ 的整数倍),求得对一切 $t \neq \frac{m\pi}{2}$(m 是整数),有

$$U(\sin t) = U(\cos t)$$

由连续性,实际上对一切 $t \in \mathbf{R}$ 我们有 $U(\sin t) = U(\cos t)$,由归纳假定确保存在实多项式 V,使 $U(X) = V(X^4 - X^2)$. 于是,对于 $T(X) = XV(X) + d$,我们有

$$\begin{aligned} P(X) &= (X^4 - X^2)U(X) + d = (X^4 - X^2)V(X^4 - X^2) + d \\ &= T(X^4 - X^2) \end{aligned}$$

这就是所求的. 归纳法证明完成.

我们邀请感兴趣的读者(用类似的方法)证明当且仅当存在多项式 Q,使

$$P(X) = X^2 + \left(X^2 - \frac{1}{2}\right)Q(X^4 - X^2)$$

时,实多项式 P 对每一个 $t \in \mathbf{R}$ 满足 $P(\sin t) + P(\cos t) = 1$.

这是最近由 V. Pop 在罗马尼亚杂志 *Gazeta matematică A*(issue3－4/2016) 上提出的一个问题.

35. 如果 $x_1, \cdots, x_n \in \mathbf{R}, a \in \left[0, \frac{\pi}{2}\right]$ 以及 $\sum_{k=1}^{n} \sin x_k \geqslant n\sin a$,那么证明

$$\sum_{k=1}^{n} \sin(x_k - a) \geqslant 0$$

证明 根据 Cauchy-Schwarz 不等式,我们有

$$\begin{aligned} \left(\sum_{k=1}^{n} \sin x_k\right)^2 + \left(\sum_{k=1}^{n} \cos x_k\right)^2 &\leqslant n\sum_{k=1}^{n} \sin^2 x_k + n\sum_{k=1}^{n} \cos^2 x_k \\ &= n\sum_{k=1}^{n} (\sin^2 x_k + \cos^2 x_k) = n^2 \end{aligned}$$

或

$$\left(\sum_{k=1}^{n} \sin x_k\right)^2 + \left(\sum_{k=1}^{n} \cos x_k\right)^2 \leqslant (n\sin a)^2 + (n\cos a)^2$$

$$\Leftrightarrow \left(\sum_{k=1}^{n} \cos x_k\right)^2 - (n\cos a)^2 \leqslant (n\sin a)^2 - \left(\sum_{k=1}^{n} \sin x_k\right)^2$$

因为 $a \in \left[0, \frac{\pi}{2}\right]$,我们有 $n\sin a \geqslant 0$,由已知条件,不等式可以平方,于是我们有

$$\left(\sum_{k=1}^{n} \sin x_k\right)^2 \geqslant (n\sin a)^2$$

这表明

$$(n\sin a)^2-\left(\sum_{k=1}^{n}\sin x_k\right)^2\leqslant 0$$

此时上面得到的不等式表明

$$\left(\sum_{k=1}^{n}\cos x_k\right)^2-(n\cos a)^2\leqslant 0\Leftrightarrow\sum_{k=1}^{n}\cos x_k\leqslant n\cos a$$

得到(因为 $a\in\left[0,\frac{\pi}{2}\right]$,所以 $\sin a\geqslant 0$,也有 $\cos a\geqslant 0$)

$$\cos a\sum_{k=1}^{n}\sin x_k\geqslant n\sin a\cos a\geqslant\sin a\sum_{k=1}^{n}\cos x_k$$

这里我们恰好有所求的不等式

$$\sum_{k=1}^{n}(\sin x_k\cos a-\cos x_k\sin a)\geqslant 0\Leftrightarrow\sum_{k=1}^{n}\sin(x_k-a)\geqslant 0$$

证毕.

36. 设 p 是奇质数,$f\in\mathbf{Q}[X]$ 是有理数域上的 p 次不可约多项式,$x_1,\cdots,x_n$ 是 f 的复数根. 证明:对于任何次数小于 p 的有理系数的非常数多项式 g,数 $g(x_1)$,$g(x_2)$,$\cdots$,$g(x_p)$ 两两不同.

第一种证法　我们证明以下更一般的命题:

命题　如果 $f\in\mathbf{Q}[X]$ 是 $\mathbf{Q}[X]$ 中的一个 n 次不可约多项式,$x_1,\cdots,x_n$ 是 f 的复数根,$g\in\mathbf{Q}[X]$ 是次数小于 p 的非常数多项式,那么数 $g(x_1),\cdots,g(x_n)$ 可以分割成同样大小 l 的 $k(>1)$ 组,每一组中的数都相等,且这 k 组的公共的数互不相同. 当然,我们有 $kl=n$. 更为特殊的是在重新排列下标后,我们有

$$g(x_1)=\cdots=g(x_l)=a_1,g(x_{l+1})=\cdots=g(x_{2l})=a_2,\cdots$$

直到 $g(x_{(k-1)l+1})=\cdots=g(x_n)=a_k$,上面的 $a_1,a_2,\cdots,a_k$ 各不相同.

命题的证明　我们考虑多项式

$$u=(X-g(x_1))\cdots(X-g(x_n))$$

它的系数是 $x_1,\cdots,x_n$ 的对称多项式(如 $-(g(x_1)+\cdots+g(x_n))$ 或 $\sum\limits_{1\leqslant i<j\leqslant n}g(x_i)g(x_j)$,等等)的值. 因为在 n 个未知数中基本对称多项式对 $x_1,\cdots,x_n$(是 f 的系数,对符号取模)的值是有理数,由对称多项式的基本定理(指的是具有一个环中的系数的对称多项式可以表示为基本对称多项式的多项式,其系数也在同一个环中)我们推得 u 的系数也是有理数. 于是,多项式

$$v(X)=u(g(X))=(g(X)-g(x_1))\cdots(g(X)-g(x_n))$$

也有有理系数. 显然,每一个 x_i 是 v 的根,因为 $x_1,\cdots,x_n$ 是不可约多项式 f 的根,所以 v

必能被 f 整除. 此外,因为 g 不是常数,v 也是非常数多项式(特别是非零). 于是,根据系数在域 $\mathbf{Q}$ 中的多项式在环 $\mathbf{Q}[X]$ 中的分解唯一性定理,我们有 $v=f^r w(r\geqslant 1)$ 以及对于任何 $1\leqslant i\leqslant n, w(x_i)\neq 0$. 这表明因子 $(X-x_i)^r$ 整除 v,以及对于任何 $1\leqslant i\leqslant n,(X-x_i)^{r+1}$ 不整除 v(因为多项式 v 的根 x_i 的重数恰好是 r).

现在假定(在某种可能的重列下标后)我们有

$$g(x_1)=\cdots=g(x_m)=a$$

这里 a 不同于任何其他的值 $g(x_{m+1}),\cdots,g(x_n)$. 于是我们有

$$v(X)=(g(X)-g(x_1))^m(g(X)-g(x_{m+1}))\cdots(g(X)-g(x_n))$$

且没有因子 $g(X)-g(x_j)(m+1\leqslant j\leqslant n)$ 有根 x_1. 推出多项式 v 的根 x_1 的重数是 ms,这里是 $g(X)-g(x_1)$ 的 x_1 的重数. 因为同样的重数是 r,我们得到 $ms=r$. 但是,注意到多项式 $g(x)-g(x_i)$ 的根 x_i 的重数与下标 i 无关,因为任何两个这样的多项式 $g(X)-g(x_i)$ 和 $g(X)-g(x_j)$ 有同样的导数(多项式的根的重数等于该多项式的使这个根不等于零的导数的最小阶数;于是,$g(X)-g(x_i)$ 的根 x_i 的重数等于 g' 的一个因子的 f 的重数加 1). 于是,如果我们进一步考虑 $g(x_1),\cdots,g(x_n)$ 中的等值的其他一组,例如,$g(x_{m+1})=\cdots=g(x_{m+q})=b$,这里 b 不同于 $g(x_{m+q+1}),\cdots,g(x_n)$ 中的任何数(当然也不同于 a),用同样的方法,我们将得到 $qs=r$,用两种方法表示 v 的根 x_{m+1} 的重数. 于是 $q=m$,显然我们可以对 $g(x_1),\cdots,g(x_n)$ 中等值的另一组继续这样进行下去,找到形成那一组的 x_i 的个数与 m 和 q 相同(我们用 l 表示这个数;即 $l=m=q=\cdots$),等等,直到我们用完所有的 $g(x_i)$. 于是 $g(x_1),\cdots,g(x_n)$ 分成相等的数的同样大小(大小为 l)的组. 组数 k 不能是 1,因为在这种情况下,我们将有 $g(x_1)=\cdots=g(x_n)=a$,因为 $na=g(x_1)+\cdots+g(x_n)$ 是有理数,a 也将是有理数. 但此时(例如)x_1 将是有理系数的次数小于 $n=\deg(f)$ 的多项式 $g(X)-a$ 的根. 但这是不可能的,因为 f 不可约,也是(可能关联到)x_1 的最小多项式(和它的任何根),于是没有非零的有理系数的次数小于 n 的多项式以 x_1 为一个根.

对于给定的竞赛题,当 $n=p$ 是质数时,我们必有 $kl=p,k>1$,这表明 $k=p\ (l=1)$,也就是说,所有 $g(x_1),\cdots,g(x_p)$ 的值互不相同,这就是所求的.

第二种证法 我们也证明在上面的命题中所叙述的一般的结果,根据以下的引理:

引理 如果 $x_1,\cdots,x_n$ 是($\mathbf{Q}$ 上的)不可约多项式 $f\in\mathbf{Q}[X]$ 的根,$g\in\mathbf{Q}[X]$ 是任何有理系数多项式,那么数 $g(x_1),\cdots,g(x_n)$ 有同一个最小多项式.

引理的证明 注意到($\mathbf{Q}$ 上的)不可约多项式 f 是(在整除性上关联到)它的任何根的最小多项式. 假定对某个 $1\leqslant i\leqslant n, h\in\mathbf{Q}[X]$ 是 $g(x_i)$ 的最小多项式,因此我们有

$$h(g(x_i))=0$$

等价地，我们可以说 x_i 是多项式 $h(g(X))$ 的一个根，因此它必须能被 x_i 的（可能关联到）最小多项式 f 整除. 这就证明了 f 的任何一个根也是 $h(g(X))$ 的根，也就是说，对任何（其他）下标 $1 \leqslant j \leqslant n$，有

$$h(g(x_j)) = 0$$

换句话说，$g(x_j)$ 也是 $g(x_i)$ 的最小多项式的一个根，这表明 $g(x_j)$ 的最小多项式是 $g(x_i)$ 的最小多项式的一个因子. 因为同样的理由，显然下标 i 和 j 可以交换，我们推得反之也成立（也就是说，$g(x_i)$ 的最小多项式是 $g(x_j)$ 的最小多项式的一个因子），于是对于 $i, j \in \{1, 2, \cdots, n\}$，$g(x_i)$ 和 $g(x_j)$ 是同一个最小多项式，这就是我们要证明的.

现在让我们来看命题的第二个证明. 像第一个证明那样，我们发现多项式

$$u = (X - g(x_1))(X - g(x_2)) \cdots (X - g(x_n))$$

的系数是有理数. 我们考虑任何 $g(x_i)$ 的最小多项式 h，它必须是 u 的一个因子，这是因为对于每一个 $1 \leqslant i \leqslant n$，$u(g(x_i)) = 0$. 但是，因为 u 的每一个根都有同样的最小多项式 h，推出 u 的唯一的不可约因子是 h（如果出现另一个不可约因子，它将是 u 的某个根的最小多项式），因此对于某个正整数 l，u 的分解式是 $u = h^l$. 于是 u 的根分成 $k = \frac{n}{l}$ 组，每一组是 l 个相等的元素，这就是所求的.

为了更清晰（但并不是很必要的）的分析，我们首先可以注意到 h 是一些因子 $X - g(x_i)$ 的乘积，如

$$h = (X - g(x_{i_1})) \cdots (X - g(x_{i_k}))$$

当然，$g(x_{i_1}), \cdots, g(x_{i_k})$ 两两不同. 此时（如果 $x_{i_1}, \cdots, x_{i_k}$ 不是 $x_1, \cdots, x_n$ 的全部），考虑某个 $j_1 \in \{1, 2, \cdots, n\} \setminus \{i_1, \cdots, i_k\}$ 以及 h 又是它的最小多项式. 这一次，h 作为 g 的新的因子，必须以

$$\{g(x_{i_1}), \cdots, g(x_{i_k})\} = \{g(x_{j_1}), \cdots, g(x_{j_k})\}$$

且 $g(x_{j_1}), \cdots, g(x_{j_k})$ 互不相同这样的方式取因子 $X - g(x_j)$ 中的某一些，这里 $j \in \{1, \cdots, n\} \setminus \{i_1, \cdots, i_k\}$，例如

$$h = (X - g(x_{j_1})) \cdots (X - g(x_{j_k}))$$

换句话说，$g(x_{j_1}), \cdots, g(x_{j_k})$ 以某个顺序与 $g(x_{i_1}), \cdots, g(x_{i_k})$ 相同. 这个过程可以不断继续，直至我们用尽 u 的一切因子 $X - g(x_i)$，显然这个过程必将结束. 我们得到数 $g(x_i)$ 分割成 l 个大小为 k $(kl = n)$ 的相同的集合（非多重集！），使得 $kl = n$，这种推出命题的结论的方法稍有不同. 第二种证法结束.

评注 (1) 如果 g 的次数未必小于 f 的次数时，命题仍然成立，唯一要修正之处是我

们不再推出 $k>1$(换句话说,所有的数 $g(x_1),\cdots,g(x_n)$ 都相等是可能的,但是只是在某种特殊情况下).事实上,由欧几里得除法,我们有 $g=fc+r$,这里的 c 和 r 是有理多项式,r 的次数小于 f 的次数.因为 $g(x_i)=f(x_i)c(x_i)+r(x_i)$,按照命题的原来的说法,$r$ 的次数小于 f 的次数,我们得到的结论是:如果 g 除以 f 的余数 r 是常数,那么

$$g(x_1)=\cdots=g(x_n)$$

(我们有 $k=1$);否则,值 $g(x_1),\cdots,g(x_n)$ 分成 $k>1$ 个相等的数的同样大小的组.还要注意到 $p=2$ 无须避免——在这种情况下结果也保持成立(但是,不是很有趣的是因为它是由 f 的根各不相同这一事实直接推出).

这是该问题的最一般的形式(至少我们知道的是这样的),它由 I. Savu 于 1987 年作为问题 O:502 在 *Gazeta matematică B* 上提出的(问题的原文在 1983 年的一次竞赛中给出).

(2) 一个基本的解(正如最初所说的那样)只是在 $p=3$ 的情况下适合的.此时 g 的次数至多是 2.如果次数是 1,那么没有证明的必要,因为根 x_1,x_2,x_3 各不相同(因为 $a\neq 0$,所以 ax_1+b,ax_2+b,ax_3+b 也是如此).

当 $g=aX^2+bX+c(a\neq 0)$ 时,如果 $x_1=x_2$,或 $x_1+x_2=-\dfrac{b}{a}$,我们有 $g(x_1)=g(x_2)$.因为第一种可能已经排除,如果假定 $g(x_1)=g(x_2)$,我们得到

$$x_1+x_2=-\frac{b}{a}\in\mathbf{Q}$$

那么

$$x_3=(x_1+x_2+x_3)-(x_1+x_2)\in\mathbf{Q}$$

于是,如果我们假定 $g(x_1)=g(x_2)$,那么 x_3 将是有理数,f 将不再是不可约的(有因子 $X-x_3$),这是一个矛盾.

实际上这一证明也不完全是初等的,它又用到了不可约多项式的性质,但是,对于初学者来说,这一节也是容易理解的,当然,不可约多项式的概念不可避免,因为它就出现在问题的命题中.

(3) 设 α 是一个复数.α 在 $\mathbf{Q}$ 上的未知数的最高次的系数是 1 的最小多项式 $h\in\mathbf{Q}[X]$,且 $h(\alpha)=0$,h 是在被 α 除以后的非零多项式中次数最小的(当这样的多项式存在时;在这种情况下,α 被称为有理数域上的代数数或简称代数数).如果 h 是 α 的最小多项式,那么任何 $a\in\mathbf{Q}^*$ 具有与 h 同样的性质,不包括(当 $a\neq 1$ 时)首项是 1 的多项式的性质(ah 称为在整除性上与 h 相关).例如,任何有理数 α 在 $\mathbf{Q}$ 上是代数数,具有最小多项式

$X-\alpha \in \mathbf{Q}[X]$. 数 $\alpha=1+\sqrt{2}$ 也是代数数，有最小多项式 X^2-2X-1（为什么？），$\alpha=\sqrt[3]{2}$ 有最小多项式 X^3-2. 现在我们（分别由 Lindemann 和 Hermite）都知道，数 π 和 e 在 $\mathbf{Q}$ 上是超越数，也就是说，不是代数数（它们不是有理系数的非零多项式的根），从根本上说，存在比代数数“多得多”的超越数（Cantor 语）. 但是，在这里深入研究这一内容并不是我们的目的.

通过使用多项式的欧几里得除法和多项式的导数（当然还有定义），很容易证明最小多项式的以下性质.

(i) 一个代数数的最小多项式在 $\mathbf{Q}$ 上是不可约的（$\mathbf{Q}[X]$ 的一个多项式在 $\mathbf{Q}$ 上，或在 $\mathbf{Q}[X]$ 内不可约 —— 如果它不能表示为 $\mathbf{Q}[X]$ 中的两个多项式的乘积，且这两个多项式的次数至少等于 1）.

(ii) 一个代数数 α 的最小多项式的根不是有理数，除非 α 是有理数的情况，它的最小多项式是 $X-\alpha$.

(iii) 如果 h 是 α 的最小多项式，对于某个 $p \in \mathbf{Q}[X]$，有 $p(\alpha)=0$，那么 h 是 p 的一个因子. 此外，如果 α 是 p 的 k 重根，那么 h^k 整除 p.

(iv) 如果 $h(\alpha)=0$，$h \in \mathbf{Q}[X]$，h 不可约，那么 h 与 α 的最小多项式有关联（特别地，如果 h 是首项系数为 1 的多项式，且 $h(\alpha)=0$，那么 h 恰是 α 的最小多项式）.

(v) α 的最小多项式的根都是单重根，因此各不相同. 很难说，一个（在 $\mathbf{Q}[X]$ 内的）不可约多项式不能有重根.

我们鼓励读者去证明这些论断，或者在任何一本高等代数的入门教材（例如 Herstein 或 Lang 的书籍，这也是为理解本题的上面的第一种证法，或者为理解下面的提出者的解答而推荐的）中寻找这些内容. 在首次提出这一问题时，一个初等的解法只是在 $p=3$ 的情况下的为人所知（当然，在 $p=2$ 的情况下也是如此，但是如果 $p=2$，那么 g 只能是非常数的一次多项式，问题只是从 f 的根各不相同这一事实推得，而这我们在上面已经提到过了）.

(4) 问题的提供者的原来的解答使用了域论（的一些基础知识），在将这一问题提供给竞赛之前，他向国际数学奥林匹克（扩大的）罗马尼亚队的学生讲了这一课题. 也就是说，在这个解答（我们说成第三种证法）中，多项式

$$u=(X-g(x_1))\cdots(X-g(x_n))$$

也得到考虑. 观察域套

$$\mathbf{Q} \subseteq \mathbf{Q}(g(x_i)) \subseteq \mathbf{Q}(x_i)$$

并写成扩大次数的乘法公式

$$n=[\mathbf{Q}(x_i):\mathbf{Q}]=[\mathbf{Q}(x_i):\mathbf{Q}(g(x_i))][\mathbf{Q}(g(x_i)):\mathbf{Q}]$$

我们发现 $g(x_i)$ 在 $\mathbf{Q}$ 上(像在$[\mathbf{Q}(g(x_i)):\mathbf{Q}]$上一样)的最小多项式是 n 的一个因子.(我们只利用第二种证法中的最小多项式的性质也得到这一结论.)

此外,我们回到问题的原来的命题. 在 $n=p$(质数)的情况下我们只有这个次数等于1(此时 $g(x_i)$ 是有理数,但这不可能,正如我们已经看到,因为 x_i 将是有理多项式 $g(X)-g(x_i)$ 的根,它的次数小于 x_i 的最小多项式的次数),或者等于 p. 于是,譬如 $g(x_1)$ 的最小多项式的次数是 p,且是

$$u=(X-g(x_1))\cdots(X-g(x_p))$$

的一个因子,u 的次数也是 p(且是有理系数). 推出 u 是 $g(x_1)$(和任何 $g(x_i)$)在 $\mathbf{Q}$ 上的最小多项式,于是它是不可约多项式,它的根 $g(x_1),\cdots,g(x_p)$ 各不相同,这就是需要的.

(5) 在第二种证法中,我们得到等式 $n=kl$,其中 n 是 f 的次数,k 是在 $g(x_1),\cdots,g(x_n)$ 中的不同的值的个数,l 是在 $g(x_1),\cdots,g(x_n)$ 中的相同值的最大可能个数. 还有,k 表示 $g(x_i)$ 的任何一个最小多项式的次数,也就是说,$\mathbf{Q}(g(x_i))$ 在 $\mathbf{Q}$ 上扩张的次数. 记得乘法公式

$$n=[\mathbf{Q}(x_i):\mathbf{Q}]=[\mathbf{Q}(x_i):\mathbf{Q}(g(x_i))][\mathbf{Q}(g(x_i)):\mathbf{Q}]$$

我们找到

$$l=\frac{n}{k}=[\mathbf{Q}(x_i):\mathbf{Q}(g(x_i))]$$

另外,从第一种证法中我们也有 $ls=r$,这里 s 是作为 $g(X)-g(x_i)$ 的一个根的任何 x_i 的重数(或者等价地说,$s=t+1$,t 是 g 的导数 g' 的一个因子的 f 的重数),r 是

$$(g(X)-g(x_1))\cdots(g(X)-g(x_n))$$

的因子 f 的重数.

于是,我们得到

$$[\mathbf{Q}(x_i):\mathbf{Q}(g(x_i))]=l=\frac{r}{s}=\frac{r}{t+1}$$

(6) 该命题可以用来计算 Ramanujan 和——这是某阶本原单位根的等幂的和. 更为特别地,我们考虑正整数 q 和 m,设 $x_1,\cdots,x_n$(有 $n=\varphi(q)$,这里 φ 是欧拉函数)是 q 次分圆多项式 Φ_q 的根,也就是 q 次本原单位根.

我们设

$$c_q(m)=x_1^m+\cdots+x_n^m=\sum_{1\leqslant j\leqslant q,(j,q)=1}\left(\cos\frac{2j\pi}{q}+\mathrm{i}\sin\frac{2j\pi}{q}\right)^m$$

所谓的 Ramanujan 和,证明等式

$$c_q(m)=\frac{\varphi(q)}{\varphi\left(\frac{q}{(m,q)}\right)}\mu\left(\frac{q}{(m,q)}\right)$$

成立. 这里 μ 是对正整数的常用的 Möbius 函数，定义为 $\mu(1)=1$，当 n 是 k 个不同的质因数的乘积时，$\mu(n)=(-1)^k$，在任何其他情况时，$\mu(n)=0$. 等式

$$c_q(1)=x_1+\cdots+x_n=\mu(q)$$

是熟悉的(只要 m 和 q 互质，就得到 $c_q(m)=\mu(q)$) 被一般化，我们在证明中将用到它. 也要注意，对于$(m,q)=q$(即当 m 能被 q 整除时，特别对 $m=0$)，我们有 $c_q(m)=\varphi(q)$，于是 Ramanujan 和也推广了欧拉函数.

由在命题的第二种证法之前的引理，知所有的 $x_1^m,\cdots,x_n^m$ 都有同一个最小多项式. 实际上，大家知道，这个最小多项式是阶为 $\frac{q}{(m,q)}$ 的分圆多项式(作为非零复数的乘积群的任何元素 $x_1,\cdots,x_n$ 的阶都恰好是 q；那么任何 $x_1^m,\cdots,x_n^m$ 的阶都是 $\frac{q}{(m,q)}$，等等). 命题告诉我们数 $x_1^m,\cdots,x_n^m$ 能分割成 k 组，每一组中都有 l 个相等的元素，其中

$$k=\varphi\left(\frac{q}{(m,q)}\right)$$

是任何 $x_1^m,\cdots,x_n^m$ 的最小多项式的次数，由前面的评注(实际上，这由该命题的证明推出). 此外

$$l=\frac{n}{k}=\frac{\varphi(q)}{\varphi\left(\frac{q}{(m,q)}\right)}$$

于是，和 $c_q(m)$ 实际上等于 $x_1^m,\cdots,x_n^m$ 中的(个数最大的) 不同的值的和的 t 倍，它恰好是阶为 $\frac{q}{(m,q)}$ 的本原单位根，这些根的和是 $\mu\left(\frac{q}{(m,q)}\right)$，推出所断言的公式，证毕.

37. 设 $f_1,\cdots,f_n:\mathbf{R}\to\mathbf{R}$ 是 $n(n\geqslant 2)$ 个函数. 证明：存在数 $a_1,\cdots,a_n\in[0,1]$，使

$$\left|a_1\cdots a_n-\sum_{i=1}^{n}f_i(a_i)\right|\geqslant\frac{1}{2^n}$$

第一种证法　我们证明，实际上我们可以找到具有所要求的性质的 $a_1,\cdots,a_n\in\{0,1\}$. 例如，当 $n=2$ 时，我们有

$$(1-f_1(1)-f_2(1))-(-f_1(1)-f_1(0))-$$
$$(-f_1(0)-f_2(1))+(-f_1(0)-f_2(0))=1$$

得到 $a_1a_2-f_1(a_1)-f_2(a_2)$(对 $a_1,a_2\in\{0,1\}$ 的四种可能的选择) 中至少有一个的绝对值至少是$\frac{1}{4}$. 事实上，如果我们有一个形如 $\pm u_1\pm\cdots\pm u_k=1$(对于正负号的某个选择) 的

等式,那么至少有一个 u_i 的绝对值大于或等于$\frac{1}{k}$,因为这是根据一般的三角形不等式

$$|u_1|+\cdots+|u_k|\geqslant|\pm u_1\pm\cdots\pm u_k|=1$$

在一般情况下,我们基本上有如 $n=2$ 时同样的证明. 也就是说,我们用恒等式

$$\sum_{a_1,\cdots,a_n\in\{0,1\}}\varepsilon(a_1,\cdots,a_n)\left(a_1\cdots a_n-\sum_{i=1}^{n}f_i(a_i)\right)=1$$

由此推得和式(个数是 2^n)中至少有一项的绝对值大于或等于$\frac{1}{2^n}$,这就是所求的. 和式取遍 $a_1,a_2,\cdots,a_n\in\{0,1\}$ 的所有 2^n 种选择,$\varepsilon(a_1,\cdots,a_n)$ 等于 1 或者 -1,就像在 $a_1,\cdots,a_n$ 中 0 的个数分别是奇数或偶数. 恒等式成立是因为

$$\sum_{a_1,\cdots,a_n\in\{0,1\}}\varepsilon(a_1,\cdots,a_n)a_1\cdots a_n=1$$

以及对任何有 $n\geqslant2$ 个元素的有限集 X(空集的元素的和是 0),有

$$\sum_{S\subseteq X}(-1)^{n-|S|}\sum_{s\in S}s=0$$

这必须用于 $X=\{f_1(0),\cdots,f_n(0)\}$ 和 $X=\{f_1(1),\cdots,f_n(1)\}$.

对于有 n 个元素的集合 $X=\{x_1,\cdots,x_n\}$ 的恒等式

$$\sum_{S\subseteq X}(-1)^{n-|S|}\sum_{s\in S}s=0$$

已经证明,例如,观察到任何 x_i 的系数是

$$\sum_{j=0}^{n-1}(-1)^j\binom{n-1}{j}=0$$

于是所有的项都抵消. 也可以用归纳法,至于一个有 n 个元素的集合 X 以及 $1\leqslant m\leqslant n-1$ 的更一般的恒等式

$$\sum_{S\subseteq X}(-1)^{n-|S|}\left(\sum_{s\in S}s\right)^m=0$$

也成立.

第二种证法 我们将证明更强的命题,即我们永远可以选取 $a_1,\cdots,a_n\in[0,1]$,使

$$\left|a_1a_2\cdots a_n-\sum_{i=1}^{n}f_i(a_i)\right|\geqslant\frac{n-1}{2n}$$

因为当 $n\geqslant2$ 时,$\frac{n-1}{2n}\geqslant\frac{1}{2^n}$,所以这表明所述的问题. 假定不是这样,即对一切 $a_1,a_2,\cdots,a_n\in[0,1]$,有

$$\left|a_1a_2\cdots a_n-\sum_{i=1}^{n}f_i(a_i)\right|<\frac{n-1}{2n}$$

取 $a_1=a_2=\cdots=a_n=0$，我们得到

$$\left|\sum_{i=1}^{n} f_i(0)\right|<\frac{n-1}{2n}$$

取（对某个 $i\in\{1,2,\cdots,n\}$）$a_i=0$，对所有其他下标 k，取 $a_k=1$，我们得到

$$\left|f_i(0)+\sum_{k\neq i} f_k(1)\right|<\frac{n-1}{2n}$$

最后，设 $a_1=\cdots=a_n=1$，我们得到

$$\left|1-\sum_{i=1}^{n} f_i(1)\right|<\frac{n-1}{2n}$$

于是

$$\begin{aligned}n-1&=(n-1)\left(1-\sum_{i=1}^{n} f_i(1)\right)+\sum_{i=1}^{n}\left(f_i(0)+\sum_{k\neq i} f_k(1)\right)-\sum_{i=1}^{n} f_i(0)\\&<\frac{(n-1)^2}{2n}+\frac{n(n-1)}{2n}+\frac{n-1}{2n}=n-1\end{aligned}$$

矛盾.

界 $\frac{n-1}{2n}$ 是一个确界，因为当

$$f_i(x)=\frac{2x+n-1}{2n^2}$$

时取到. 在这种情况下

$$a_1a_2\cdots a_n-\sum_{i=1}^{n}\frac{2a_i+n-1}{2n^2}$$

对于每一个 a_i 是线性的，因此当每一个 a_i 是 0 或 1 时，得到最大值和最小值. 利用这一点，容易验证最大值和最小值是 $\pm\frac{n-1}{2n}$.

38. 求一切数对 $(p,q)\in\mathbf{R}\times\mathbf{R}$，使不等式

$$\left|\sqrt{1-x^2}-px-q\right|\leqslant\frac{\sqrt{2}-1}{2}$$

对一切 $x\in[0,1]$ 成立.

解　假定 (p,q) 这样的数对.

我们有 $|p+q|\leqslant\frac{\sqrt{2}-1}{2}$（当 $x=1$ 时）以及 $|1-q|\leqslant\frac{\sqrt{2}-1}{2}$（当 $x=0$ 时），因此

$$|p+1|=|(p+q)+(1-q)|\leqslant|p+q|+|1-q|\leqslant\sqrt{2}-1$$

得到 $p\leqslant\sqrt{2}-2$，因此 p 必是负数.

注意到我们可以用以下形式表示已知条件

$$q-\frac{\sqrt{2}-1}{2}\leqslant\sqrt{1-x^2}-px\leqslant q+\frac{\sqrt{2}-1}{2},\forall x\in[0,1]$$

于是,如果我们定义函数 f 为

$$f(x)=\sqrt{1-x^2}-px,x\in[0,1]$$

那么我们实际上必有

$$q-\frac{\sqrt{2}-1}{2}\leqslant\min_{x\in[0,1]}f(x)\leqslant\max_{x\in[0,1]}f(x)\leqslant q+\frac{\sqrt{2}-1}{2}$$

函数 f 可微,对一切 $x\in[0,1)$,有导数

$$f'(x)=\frac{-x}{\sqrt{1-x^2}}-p$$

(当然在整个区间$[0,1]$上连续;这就确保在这个区间上肯定有最大值和最小值的原因).

当 $x_0=\frac{-p}{\sqrt{p^2+1}}\in(0,1)$ 时,这个导数是0,这是 f 的唯一的驻点.根据 $x<x_0$ 或 $x>x_0$,导数分别为正或为负.于是 f 从0到 x_0 递增,从 x_0 到1递减,在 x_0 处有最大值,最大值是

$$\max_{x\in[0,1]}f(x)=f(x_0)=\sqrt{p^2+1}$$

另外,f 的最小值在区间$[0,1]$的一个(或两个)端点处取到,即

$$\min_{x\in[0,1]}f(x)=\min\{f(0),f(1)\}=\min\{1,-p\}$$

现在我们区分三种情况:

(i) 当 $p<-1$ 时,f 的最小值是1.我们需要有

$$q-\frac{\sqrt{2}-1}{2}\leqslant 1\leqslant\sqrt{p^2+1}\leqslant q+\frac{\sqrt{2}-1}{2}$$

因为 $a\leqslant c\leqslant d\leqslant b$ 表明 $d-c\leqslant b-a$,上面的不等式得到

$$\sqrt{p^2+1}-1\leqslant\sqrt{2}-1$$

这表明$\sqrt{p^2+1}\leqslant\sqrt{2}$,因为 $p<-1$,所以这不可能(这表示 $p^2>1$).

(ii) 如果 $p>-1$,f 的最小值是 $-p$,现在我们有

$$q-\frac{\sqrt{2}-1}{2}\leqslant -p\leqslant\sqrt{p^2+1}\leqslant q+\frac{\sqrt{2}-1}{2}$$

得到$\sqrt{p^2+1}+p\leqslant\sqrt{2}-1$.于是可写成

$$\sqrt{p^2+1}\leqslant\sqrt{2}-1-p$$

平方后得到

$$p^2+1\leqslant 3-2\sqrt{2}-2(\sqrt{2}-1)p+p^2$$

或

$$2(\sqrt{2}-1)p\leqslant -2(\sqrt{2}-1)$$

最后得到 $p\leqslant -1$，这不正确.

(iii) 因为这两种情况都导致矛盾，余下的只有 $p=-1$. 现在 f 的最小值是 $1=-p$，最大值是 $\sqrt{2}$，所以我们必有

$$q-\frac{\sqrt{2}-1}{2}\leqslant 1\leqslant \sqrt{2}\leqslant q+\frac{\sqrt{2}-1}{2}\Rightarrow \frac{\sqrt{2}+1}{2}\leqslant q\leqslant \frac{\sqrt{2}+1}{2}$$

于是我们恰有一种可能，即

$$p=-1,q=\frac{\sqrt{2}+1}{2}$$

如果仔细观察上面的证明我们就会看到，实际上当 $p=-1$ 时，f 的最小值和最大值分别是 1 和 $\sqrt{2}$，不等式

$$\frac{\sqrt{2}+1}{2}-\frac{\sqrt{2}-1}{2}\leqslant 1\leqslant f(x)\leqslant \sqrt{2}\leqslant \frac{\sqrt{2}+1}{2}+\frac{\sqrt{2}-1}{2}$$

对一切 $x\in[0,1]$ 成立，这就是所求的. 或者，我们对一切 $x\in[0,1]$，适当的平方验证

$$1\leqslant f(x)\leqslant \sqrt{2}\Leftrightarrow 1\leqslant \sqrt{1-x^2}+x\leqslant \sqrt{2}$$

左边的不等式等价于 $x(1-x)\geqslant 0$，右边的不等式等价于 $(x\sqrt{2}-1)^2\geqslant 0$. 无论如何，$p=-1,q=\dfrac{\sqrt{2}+1}{2}$ 满足所需的条件，表明这确实是本题的一组解，如前面的所证是唯一的一组解.

评注　(1) 用同样的方法，我们可以证明以下更一般的命题：

设 a 和 b 是两个实数，且 $a<b$，设 $f:[a,b]\to\mathbf{R}$ 是在 $[a,b]$ 上的连续函数，且在 (a,b) 上有二阶导数 f''，对每一个 $x\in(a,b)$，有 $f''(x)<0$. 设 c 是 (a,b) 上唯一使

$$f'(c)=\frac{f(b)-f(a)}{b-a}$$

的点，设

$$A=\frac{(c-b)f(a)+(a-c)f(b)+(b-a)f(c)}{2(b-a)}$$

那么恰好存在一对实数 (p,q)，对每一个 $x\in[a,b]$，有性质

$$|f(x)-(px+q)|\leqslant A$$

在本题的情况下，我们有 $f(x)=\sqrt{1-x^2}$，$x\in[0,1]$ $(a=0,b=1)$ 是一个连续函数，

其导数是

$$f'(x)=\frac{-x}{\sqrt{1-x^2}},\forall x\in[0,1)$$

二阶导数

$$f''(x)=\frac{-1}{(1-x^2)\sqrt{1-x^2}},\forall x\in[0,1)$$

实际上是负的.点 c 的存在由拉格朗日中值定理确保,$c=\frac{1}{\sqrt{2}}$,$A=\frac{\sqrt{2}-1}{2}$ 可以直接计算验证.我们邀请读者用在解原题时的同样的理由来证明一般性的命题.

(2)具有所要求的性质的实数对 (p,q) 的唯一存在也有一个几何解释(我们还要提到一般情况).即不等式 $|f(x)-(px+q)|\leqslant A$ 等价于

$$f(x)-A\leqslant px+q\leqslant f(x)+A,\forall x\in[a,b]$$

于是函数 $w(x)=px+q$ 的图像(一条线段)必位于由 $u(x)=f(x)-A$ 和 $v(x)=f(x)+A$ 的图像,和竖直的直线 $x=a$ 和 $x=b$ 所限定的闭区域内.因为联结 v 的图像的两个端点(即坐标为 $(a,f(a)+A)$ 和 $(b,f(b)+A)$)的直线有方程

$$y=\frac{f(b)-f(a)}{b-a}x+\frac{bf(a)-af(b)}{b-a}+A$$

我们直接看到,它与 u 的图像在点 $(c,f(c))$ 处的切线重合,它的方程是

$$y=f'(c)x+f(c)-cf'(c)-A$$

我们保持上面的记号,即 c 是拉格朗日中值定理中(对函数 f)的点,容易验证等式

$$f(c)-cf'(c)-A=\frac{bf(a)-af(b)}{b-a}+A$$

因为 f 是严格的凹函数(二阶导数为负),u 和 v 也是如此,显然(在几何上说)只能选择

$$p=\frac{f(b)-f(a)}{b-a}=f'(c),q=\frac{bf(a)-af(b)}{b-a}+A$$

这是为了对每一个 $x\in[a,b]$,有

$$f(x)-A\leqslant px+q\leqslant f(x)+A\Leftrightarrow|f(x)-(px+q)|\leqslant A$$

也就是说,w 的图像只是在 u 和 v 的图像之间滑动的唯一的线段.

当然,可以证明对于凸函数的一个类似的性质.

39.求一切正整数 $n\geqslant 2$,不管如何选择实数 $a_1,a_2,\cdots,a_n(a_n\neq 0)$,方程

$$a_nx^2-2\sqrt{a_1^2+\cdots+a_n^2}x+a_1+\cdots+a_{n-1}=0$$

都有实数根.

解　所求的正整数是 2,3,4 和 5.

该方程的判别式必须非负,于是对于一切 $a_1,a_2,\cdots,a_n(a_n\neq 0)$,有

$$a_1^2+\cdots+a_n^2-(a_1+\cdots+a_{n-1})a_n\geqslant 0$$

如果我们设 $a_1=\cdots=a_{n-1}=1,a_n=x$,那么对一切 $x\neq 0$,但是由于连续性,实际上是对一切 x 得到

$$(x^2+n-1)-(n-1)x\geqslant 0\Leftrightarrow x^2-(n-1)x+n-1\geqslant 0$$

于是这个二次函数的判别式必非正,即

$$(n-1)^2-4(n-1)\leqslant 0$$

因此$(n-1)(n-5)\leqslant 0$,可得到 $n\leqslant 5$. 反之,假定 $n\leqslant 5$,设

$$a=\frac{a_1+\cdots+a_{n-1}}{n-1}$$

于是,由 Cauchy-Schwarz 不等式,得

$$a_1^2+\cdots+a_{n-1}^2\geqslant(n-1)a^2$$

所以

$$a_1^2+\cdots+a_n^2-(a_1+\cdots+a_{n-1})a_n\geqslant(n-1)a^2+a_n^2-(n-1)aa_n$$

现在二次函数

$$f(x)=x^2-(n-1)ax+(n-1)a^2$$

的首项系数为正,判别式

$$a^2(n-1)(n-5)\leqslant 0$$

于是,对于每一个实数 x,$f(x)\geqslant 0$. 于是上面的不等式与 $f(a_n)\geqslant 0$ 相结合,得出了一个预期的结论,即方程与问题陈述的判别式对于 $a_1,a_2,\cdots,a_n$ 都是非负的,当 $n\leqslant 5$ 时,表明 n 的允许值为 2,3,4 和 5.

40. 设 f 是实多项式,且对一切 $x\in\mathbf{R}$,有 $f(x)>0$. 证明:存在多项式 g,使 fg 是各项系数都为正的多项式.

分析　我们从一些简单的观察开始(第一次观察). 首先,只要证明我们能找到 $p\in\mathbf{R}[X]$,使 fp 是除了常数项的各项系数非负的多项式,当然,首项系数(严格)为正. 实际上,假定我们有

$$fp=\sum_{k=0}^{n}a_kX^k$$

其中 $a_0>0,a_n>0$,所有其他的 $a_i\geqslant 0$. 我们考虑所有系数为正的多项式

$$q=\sum_{k=0}^{n}b_kX^k$$

(例如,$q=\sum_{k=0}^{n} X^k$). 我们断言 $f(pq)=(fp)q$ 的所有系数为正. 事实上,如果我们考虑对 $i \geqslant n+1, a_i=0$ 和 $b_i=0$,我们有

$$fpq=\sum_{j=0}^{2n} c_j X^j$$

其中

$$c_j=\sum_{i=0}^{j} a_i b_{j-i}, 0 \leqslant j \leqslant 2n$$

所以,肯定有 $c_j \geqslant 0$,因为它是非负项的和. 现在对 $j \leqslant n$,我们确实有

$$c_j=\sum_{i=0}^{j} a_i b_{j-i}$$

以及出现在和中的正项 $a_0 b_j$,因此 $c_j>0$. 当 $n+1 \leqslant j \leqslant 2n$ 时,我们有

$$c_j=\sum_{i=j-n}^{n} a_i b_{j-i}$$

正项 $a_n b_{j-n}$ 出现在和中,于是在这种情况下也有 $c_j>0$. 因此 f 乘以多项式 pq 就给出一个正项的多项式,这就是所求的.

第二次观察是我们要证明的性质(以及明显较弱的形式)是乘法,在这一意义下,只要它对每一个因子成立,它就对一个乘积成立. 这是因为,如果对两个正多项式 f_1 和 f_2,我们已经求得 g_1 和 g_2,使 $f_1 g_1$ 和 $f_2 g_2$ 都有正(非负)系数,那么对于正多项式 $f_1 f_2$,我们可以找到 $g_1 g_2$,使乘积 $(f_1 f_2)(g_1 g_2)=(f_1 g_1)(f_2 g_2)$ 也有正(分别是非负)系数. 用同样的方法我们看到,如果多项式 $f_1, \cdots, f_s$ 中的每一个都有问题中陈述的性质,那么它们的乘积也有这一性质.

这说明只要证明这一性质对 f 的各个因子成立,那么对 f 也成立. 现在我们可以着手解题了.

第一种证法 我们证明较弱(根据上面的第一次观察,只是似乎较弱)的性质,如果对于多项式 $f \in \mathbf{R}[X]$,对每一个实数 x,我们有 $f(x)>0$,那么存在 $g(x) \in \mathbf{R}[X]$,使 fg 的所有系数都非负. 我们都知道,如果对一切实数 x,有 $f(x)>0$,那么 f 在 $\mathbf{R}[X]$ 中的分解式的所有因子都是判别式为负的二次三项式. (一般地说,$\mathbf{R}[X]$ 中的分解式包含一次多项式或者判别式为负的二次三项式,不必是两种形式的因子都有. 但是任何一次因子都得到 f 的一个实根,但是,它对一切 x 都必须为正.) 按照上面的第二次观察,只要证明该性质只对这样的三项式成立,即形如 $X^2 \pm aX+b$ 的多项式成立,其中实数 $a \geqslant 0$,b 满足 $a^2<4b$. 但是,对于 $X^2+aX+b(a>0$,以及必须有 $b>0)$:对于这样的多项式,我们只要

取 $g=1$，正如我们所希望的，乘积 fg 的系数非负. 所以接下来要考虑的是 $f=X^2-aX+b$，其中 $a>0$，$a^2<4b$（推出 $b>0$）.

我们看等式

$$(X^2+b-aX)\left(\sum_{k=0}^{2n-1}(X^2+b)^{2n-1-k}(aX)^k\right)=(X^2+b)^n-(aX)^{2n}$$

这里，我们用二项公式展开后，看到右边的多项式非负，也许除了 X^{2n} 的系数，它就是

$$\binom{2n}{n}b^n-a^{2n}=a^{2n}\left(\binom{2n}{n}c^n-1\right)$$

这里

$$c=\frac{b}{a^2}>\frac{1}{4}$$

现在对于

$$x_n=\binom{2n}{n}c^n, n\in\mathbf{N}^*$$

简单的计算给出

$$\frac{x_{n+1}}{x_n}=\frac{2(2n+1)}{n+1}b$$

因此，我们有

$$\lim_{n\to\infty}\frac{x_{n+1}}{x_n}=4b>1$$

这表明 $\lim\limits_{n\to\infty}x_n=\infty$（借助比的检测法），于是 x_n 可以取到和我们想要的值一样大. 特别地，存在 n 使 $x_n>1$，得到在上面考虑的乘积中的 X^{2n} 的系数为正. 这表明，对于

$$g=\sum_{k=0}^{2n-1}(X^2+b)^{2n-1-k}(aX)^k$$

选取 n 使 $x_n>1$，乘积 fg 的所有的系数为非负，这就是我们要证明的.

第二种证法　只要证明问题的命题对 $a>0$，$a^2<4b$ 的多项式 X^2-aX+b 成立. 这样的多项式有两个复（非实数）共轭根，设这两个根是

$$r(\cos t\pm \mathrm{i}\sin t)$$

其中 $r>0$，$t\in(0,\pi)$. 我们有

$$(X-r(\cos t+\mathrm{i}\sin t))(X-r(\cos t-\mathrm{i}\sin t))=X^2-aX+b$$

于是 $2r\cos t=a>0$，表明 $t\in\left(0,\frac{\pi}{2}\right)\cup\left(\frac{3\pi}{2},2\pi\right)$. 但是，当 $t\in\left(\frac{3\pi}{2},2\pi\right)$ 时，$2\pi-t$ 在

$\left(0,\frac{\pi}{2}\right)$中,给出同样的根,因为

$$\cos(2\pi-t)\pm \mathrm{i}\sin(2\pi-t)=\cos t\mp \mathrm{i}\sin t$$

于是只要证明形如

$$(X-z)(X-\overline{z})$$

的多项式的结果,这里 $z=r(\cos t+\mathrm{i}\sin t)$($\overline{z}=r(\cos t-\mathrm{i}\sin t)$ 是 z 的共轭复数),$t\in\left(0,\frac{\pi}{2}\right)$.

我们利用同样的公式

$$(a-b)\left(\sum_{k=0}^{n-1}a^{n-1-k}b^{k}\right)=a^{n}-b^{n}$$

和设法用多项式

$$g=\left(\sum_{k=0}^{n-1}z^{k}X^{n-1-k}\right)\left(\sum_{k=0}^{n-1}\overline{z}^{k}X^{n-1-k}\right)$$

乘以 f,为了得到

$$fg=(X^{n}-z^{n})(X^{n}-\overline{z}^{n})=X^{2n}-(2r^{n}\cos nt)X^{n}+r^{2n}$$

(因为 $z^{n}=r^{n}(\cos nt+\mathrm{i}\sin nt)$ 和 $\overline{z}^{n}=r^{n}(\cos nt-\mathrm{i}\sin nt)$). 所以,如果我们选择 n,使 $\cos nt<0$,那么多项式 fg 的所有系数非负,我们将问题归结如下:给定 $t\in\left(0,\frac{\pi}{2}\right)$,证明存在正整数 n,使 $\cos nt$ 为负. 事实上 ,我们有

$$0<t<\frac{\pi}{2}$$

因此我们可以求出正整数 n,使

$$(n-1)t\leqslant\frac{\pi}{2}<nt$$

(更精确地说,我们有 $n=1+\left\lfloor\frac{\pi}{2t}\right\rfloor$,这里 $\lfloor x\rfloor$ 表示 x 的整数部分). 但此时

$$nt=(n-1)t+t<\frac{\pi}{2}+\frac{\pi}{2}=\pi$$

又因为 $nt\in\left(\frac{\pi}{2},\pi\right)$,我们有 $\cos nt<0$,这就是所求的. 第二种证法到此结束.

评注与插叙 (1) 实际上对于正的实多项式 f,我们总能找到一个正的实多项式 g(于是,对于每一个实数 x,也有 $g(x)>0$),因此 fg 的所有系数为正. 虽然这是本题的原来的命题,我们还是提出这个(又似乎只是) 较弱的形式,为了避免在证明的每一个阶段

说我们乘这个多项式也有对一切实数都只取正值这一性质. 读者可以直接看出只要证明我们能够找出 p,对于一切 $x \in \mathbf{R}$,使 $p(x)>0$ 以及 fp 的系数非负(但是它确实有正的常数项和首项). 如果是这样的话,由于 fp 也是正多项式,因此它是偶次的,正如我们在开始证明时那样,为了得到只有严格的正的系数,我们可以(例如) 乘以

$$\sum_{j=0}^{2n} X^j$$

此外,这是一个正多项式. 然而,我们看到为了得到正的系数,我们乘以 X^2-aX+b 的所有多项式也有正值(至少在第二种证法中).

(2) 这一问题简短地列入 1976 年国际与数学奥林匹克中(虽然在形式上略有不同).

(3) 我们可以利用这一结果解决这样一些问题:证明存在非单调的函数 $h:\mathbf{R}\to\mathbf{R}$,对一切 $x\in\mathbf{R}$,有 $4h(h(x))-5h(x)+2x=0$. 为了弄清这一点,我们再设 $h^{[k]}=h\circ\cdots\circ h$ 表示函数 $h:\mathbf{R}\to\mathbf{R}$ 的第 k 次迭代,且 $h^{[0]}=1_{\mathbf{R}}$,即 $\mathbf{R}$ 的恒等函数. 假定 h 满足函数方程

$$\sum_{k=0}^{n} a_k h^{[k]}(x)=0,\ \forall\, x\in\mathbf{R}$$

我们称这个方程附属于相应的多项式

$$P=\sum_{k=0}^{n} a_k X^k$$

(a_k 是实数). 我们邀请读者验证:如果 h 满足附属于多项式 P 的函数方程,那么对于任何多项式 Q,它也满足附属于多项式 PQ 的函数方程. 在我们的情况下,我们有 $P=4X^2-5X+2$ 是一个正函数(对于每一个实数 x,有 $P(x)>0$). 根据问题的结果,我们可以找到一个(正) 多项式 Q,使

$$PQ=\sum_{k=0}^{m} c_k X^k$$

的所有的系数 c_k 严格为正.

假定一个单调函数 $h:\mathbf{R}\to\mathbf{R}$ 满足

$$4h(h(x))-5h(x)+2x=0,\ \forall\, x\in\mathbf{R}$$

它也可表示为以下形式

$$h=\frac{1}{5}(4h^{[2]}+2h^{[0]})$$

这表明 h 必严格递增(如果 h 单调,那么所有的迭代 $h^{[2k]}(k\in\mathbf{N})$ 递增,$h^{[0]}=1_{\mathbf{R}}$ 严格递增). 但是 h 必须满足附属于正系数多项式 PQ 的函数方程

$$\sum_{k=0}^{m} c_k h^{[k]}(x)=0,\ \forall\, x\in\mathbf{R}$$

这显然不可能,因为左边的严格递增函数不可能等于常数函数0.这样得到的矛盾证明存在具有给定性质的非单调的函数 h.

有时这样的问题要求我们证明不存在连续函数 h,使

$$4h(h(x))-5h(x)+2x=0,\forall x\in\mathbf{R}$$

这是由我们刚证明的结论推出的,因为如果这样的函数存在,那么它必须是单射的(为什么?).作为连续的单射的函数 h 必须是(严格)单调的,我们证明了这样的单调函数并不存在.

一般地,证明如果 P 是没有实根的实函数,那么不存在满足附属于 P 的函数方程的单调函数(为了证明这个一般的结果,我们必须再稍微观察一下).特别地,不存在满足这一方程的连续函数.

(4)最后,假定 P 有实数根 r.证明定义为对一切 $x\in\mathbf{R}$,$h(x)=rx$ 的函数 h 满足这一附属于 P 的函数方程.但是,不要相信如果 P 有实根 $r_1,\cdots,r_s$,那么 $h_j(x)=r_jx$ $(1\leqslant j\leqslant s)$ 是满足它的附属于函数方程的仅有的单调(甚至连续)函数!甚至在像

$$h(h(x))-3h(x)+2x=0,\quad\forall x\in\mathbf{R}$$

这样一个简单的情况(附属于 $P=X^2-3X+2=(X-1)(X-2)$ 的函数方程),即使我们只考虑连续函数 h,存在比(几乎)明显的 $h_1(x)=x$ 和 $h_2(x)=2x$ 多得多的解.例如,定义为 $h(x)=2x+a$ $(a\in\mathbf{R})$ 的任何函数都是一个解.还有对于任何实数 a

$$h(x)=\begin{cases}x,x\leqslant a\\2x-a,x>a\end{cases}$$

是连续函数.你能找出所有的解吗?

我们也鼓励读者证明函数方程

$$h(h(x))-2h(x)+x=0,\forall x\in\mathbf{R}$$

的所有的连续解 $h:\mathbf{R}\to\mathbf{R}$ 都由对某个 $a\in\mathbf{R}$,$h(x)=x+a$ 定义.

41.设 a 和 b 是两个整数.求 $\mathbf{Z}[X]$ 的一切多项式 f,对一切 $x\in\mathbf{N}$,有

$$xf(x-b)=(x-a)f(x)$$

解 当 $a=0$ 和 $b=0$ 时,每一个多项式 $f\in\mathbf{Z}[X]$ 满足这一条件.当 $a=0$ 和 $b\neq0$ 时,我们只有常数多项式为解,然而当 $a\neq0$ 和 $b=0$ 时,唯一的解是 $f=0$.恒等于0的多项式也是当 a 和 b 都是非零整数或对于 $m\in\mathbf{N}^*$,$a\neq mb$ 时的唯一解.最后,如果 a 和 b 都非零,但存在 $k\in\mathbf{N}^*$,使 $a=kb$,解是形如

$$f(X)=cX(X-b)\cdots(X-(k-1)b)$$

的多项式,这里 c 是整数.容易(在很多情况下是显然的)看出所有这一些确实都是解.我

们进一步证明所有这些断言.

显然 $Xf(X-b)=(X-a)f(X)$ 是多项式,因为给定的等式对无穷多个 x 的值都成立.如果 $b=0$,我们得到

$$Xf(X)=(X-a)f(X)$$

我们看到当 $a=0$ 时,每一个 f 满足这一条件,否则 $a\neq 0$,只有 $f=0$ 满足.

如果 $a=0$,我们得到 $Xf(X-b)=Xf(X)$.当 $b=0$ 时,每一个 f 满足这一条件,否则我们得到

$$f(X)=f(X-b)$$

这表明对于每一个整数 n,有

$$f(X)=f(X+nb)$$

这表明 f 是常数.(如果它的次数至少是 1,那么必有有限多个复数根;但是如果 α 是这样的根,那么 $\alpha+nb$ 将也是这样的根,因此 f 将有无穷多个根.)

现在假定 a 和 b 是两个非零整数.条件

$$Xf(X-b)=(X-a)f(X)$$

表明 $X\mid f(X)$,所以对于某个多项式 $g\in\mathbf{Z}[X]$,有 $f(X)=Xg(X)$.

此时我们得到

$$X(X-b)g(X-b)=X(X-a)g(X)$$

因此

$$(X-b)g(X-b)=(X-a)g(X)$$

如果 $a=b$,我们得到 $g(X-b)=g(X)$,所以 $g(X)$ 是常数多项式(例如是 c),这意味着 $f(X)=cX$.

否则 $X-b\mid g(X)$,所以 $g(X)=(X-b)h(X)$,$h\in\mathbf{Z}[X]$,导致

$$(X-2b)h(X-b)=(X-a)h(X)$$

而

$$f(X)=X(X-b)h(X)$$

如果 $a=2b$,这一过程到此结束,因为我们有 $h(X-b)=h(X)$,于是 $h=c$ 是常数,并且 $f(X)=cX(X-b)$.否则我们可以继续如此进行下去直至出现一个多项式 $s\in\mathbf{Z}[X]$,满足

$$(X-kb)s(X-b)=(X-a)s(X)$$

以及

$$f(X)=X(X-b)\cdots(X-(k-1)b)s(X)$$

如果 $a=kb$，$s(X-b)=s(X)$，那么 $s(X)=c$ 必是常数，我们余下的是

$$f(X)=cX(X-b)\cdots(X-(k-1)b)$$

(事实上，它满足问题的要求).

另外，如果 a 不等于 b 的任何倍数 $mb(m\in\mathbf{N}^*)$，这一过程不会停止，得到 f 的无穷多个根(即 $0,b,2b,\cdots$)，这表明 $f=0$. 证毕.

42. 对于整数 $n\geqslant 2$，设

$$P_n(X)=2^{n-1}(X^n+1)-(X+1)^n$$

证明：(a) $P_n(X)$ 的所有的根都有同一个绝对值.

(b) 对于任何 $n\geqslant 1$，我们有

$$\frac{P_{2n}(X)}{X^n}=Q_n\left(X+\frac{1}{X}\right)$$

其中 Q_n 是 n 次多项式，它的根都是实根，且都在区间 $[-2,2]$ 中.

证明　(a) P_n 的导数是

$$P'_n(X)=n(2^{n-1}X^{n-1}-(X+1)^{n-1})$$

因此 $P_n(1)=P'_n(1)=0$，1 是 P_n 的二重根. 所以，我们必须证明 P_n 有 $n-2$ 个以上的绝对值是 1 的根. 因为

$$1+\cos\alpha+\mathrm{i}\sin\alpha=2\cos\frac{\alpha}{2}\left(\cos\frac{\alpha}{2}+\mathrm{i}\sin\frac{\alpha}{2}\right)$$

我们直接看到

$$P_n(\cos t+\mathrm{i}\sin t)=2^n\left(\cos\frac{nt}{2}+\mathrm{i}\sin\frac{nt}{2}\right)\left(\cos\frac{nt}{2}-\cos^n\frac{t}{2}\right)$$

现在，对于连续函数

$$f_n(t)=\cos\frac{nt}{2}-\cos^n\frac{t}{2},t\in\mathbf{R}$$

我们有

$$f_n\left(\frac{2k\pi}{n}\right)=\cos k\pi-\cos^n\frac{k\pi}{n}=(-1)^k-\cos^n\frac{k\pi}{n}$$

所以这个值的符号(对 $k=1,2,\cdots,n-1$)是正负相间(随 k 的奇偶性，$(-1)^k$ 依次是 -1 和 1，$\cos^n\frac{k\pi}{n}$ 严格在 -1 和 1 之间). 于是，在每一个区间

$$\left(\frac{2k\pi}{n},\frac{2(k+1)\pi}{n}\right),1\leqslant k\leqslant n-2$$

内，存在 f_n 的一个根 t_k，得到 P_n 的形如 $\cos t_k+\mathrm{i}\sin t_k$(于是绝对值是 1)的 $n-2$ 个根，

这里

$$t_k \in \left(\frac{2k\pi}{n}, \frac{2(k+1)\pi}{n}\right), 1 \leqslant k \leqslant n-2$$

（根 $\cos t_k + \mathrm{i}\sin t_k$ 显然各不相同，且不等于 1）. 所以，P_n 有 n 个绝对值是 1 的根（其中两个等于 1），这就是我们要证明的.

（b）我们有

$$\frac{P_{2n}(X)}{X^n} = \frac{2^{2n-1}(X^{2n}+1)-(X+1)^{2n}}{X^n}$$

$$= 2^{2n-1}\left(X^n + \frac{1}{X^n}\right) - \left(X + \frac{1}{X} + 2\right)^n$$

但是我们知道对某个首项系数为 1 的 n 次多项式 R_n，有

$$X^n + \frac{1}{X^n} = R_n\left(X + \frac{1}{X}\right)$$

（这我们在以前看到过；它是依靠递推关系

$$X^n + \frac{1}{X^n} = \left(X + \frac{1}{X}\right)\left(X^{n-1} + \frac{1}{X^{n-1}}\right) - \left(X^{n-2} + \frac{1}{X^{n-2}}\right)$$

证明的. 例如，我们有 $R_1(X) = X, R_2(X) = X^2 - 2, R_3(X) = X^3 - 3X$.）

于是，对于

$$Q_n(X) = 2^{2n-1}R_n(X) - (X+2)^n$$

（它是 n 次，X^n 的系数是 $2^{2n-1}-1$），我们得到

$$\frac{P_{2n}(X)}{X^n} = Q_n\left(X + \frac{1}{X}\right)$$

这就是需要的. 现在，对于 P_{2n} 的每一个形如 $\cos t + \mathrm{i}\sin t (t \in [0, 2\pi))$ 的根，我们有

$$Q_n(2\cos t) = Q_n\left(\cos t + \mathrm{i}\sin t + \frac{1}{\cos t + \mathrm{i}\sin t}\right)$$

$$= \frac{P_{2n}(\cos t + \mathrm{i}\sin t)}{(\cos t + \mathrm{i}\sin t)^n} = 0$$

因此 P_{2n} 的每一个根对多项式 Q_n 得到一个形如 $2\cos t$ 的根. 实际上，共轭根 $\cos t \pm \mathrm{i}\sin t$ 产生同一个根 $2\cos t$，没有其他重复的可能，因为肯定存在 n 个根 $\cos t + \mathrm{i}\sin t (t \in [0, \pi))$（其中之一是数 1，相应于 $t = 0$，而另外 $n-1$ 个根是 $\cos t + \mathrm{i}\sin t$，幅角位于形如 $\left(\frac{k\pi}{n}, \frac{(k+1)\pi}{n}\right) (k = 1, 2, \cdots, n-1)$ 的各个不相邻的区间内）. 于是，Q_n 恰有 n 个相应于的 $t \in [0, \pi)$ 的形如 $2\cos t$ 的各不相同的值的根，当然，这些根是实数，并属于区间 $[-2, 2]$. 现在我们完成了证明.

注意,实际上所有的根都属于$(-2,2)$,除了根 2(相应于 $t=0$ 和 P_{2n} 的根 1).也要注意,虽然 1 是 P_{2n} 的双重根,但它对 Q_n 只能产生等于 2 的单重根.2 是 Q_n 的单重根这一事实也能利用 Q_n 的定义的方程中的导数来证明.

评注与插叙 (1)或者说,我们可以(严格)利用代数方法证明 P_n 的每一个根的绝对值是 1.即设 x 是这样一个根,所以我们有 $2^{n-1}(x^n+1)=(x+1)^n$,设 $r=|x|$ 是 x 的绝对值.在上面的等式中取复数的共轭,我们得到

$$2^{n-1}(\overline{x}^n+1)=(\overline{x}+1)^n$$

由于 $x\overline{x}=r^2$,这就转化为

$$2^{n-1}(r^{2n}+x^n)=(r^2+x)^n$$

现在,将上面的等式减去原等式,我们得到

$$2^{n-1}(r^{2n}-1)=(r^2+x)^n-(x+1)^n$$

或

$$2^{n-1}(r^2-1)\left(\sum_{j=0}^{n-1}r^{2j}\right)=(r^2-1)\left(\sum_{j=0}^{n-1}(r^2+x)^{n-1-j}(x+1)^j\right)$$

因此我们推得 $r^2-1=0$,或

$$2^{n-1}\left(\sum_{j=0}^{n-1}r^{2j}\right)=\sum_{j=0}^{n-1}(r^2+x)^{n-1-j}(x+1)^j$$

第一种情况推出 $r=1$(因为 $r>0$)我们证完了.否则,取绝对值并利用一般的三角形不等式,我们得到

$$\begin{aligned}2^{n-1}\left(\sum_{j=0}^{n-1}r^{2j}\right)&=2^{n-1}\left|\sum_{j=0}^{n-1}r^{2j}\right|\\&=\left|\sum_{j=0}^{n-1}(r^2+x)^{n-1-j}(x+1)^j\right|\\&\leqslant\sum_{j=0}^{n-1}(r^2+r)^{n-1-j}(r+1)^j\\&=(r+1)^{n-1}\sum_{j=0}^{n-1}r^j\end{aligned}$$

但是我们有(通过直接计算可以很容易验证)

$$(r+1)\left(\sum_{j=0}^{n-1}r^{2j}\right)=(r^n+1)\left(\sum_{j=0}^{n-1}r^j\right)=\sum_{k=0}^{2n-1}r^k$$

于是上面得到的关于 r 的不等式变为

$$2^{n-1}(r^n+1)\leqslant(r+1)^n\Leftrightarrow\frac{r^n+1}{2}\leqslant\left(\frac{r+1}{2}\right)^n$$

但是,对(严格的)凸函数的 $x\mapsto x^n, x>0$ 的 Jensen 不等式给我们相反的不等式

$$\frac{r^n+1}{2}\geqslant\left(\frac{r+1}{2}\right)^n$$

因此,我们必有 Jensen 不等式中的等式(用于数 r 和 1)

$$\frac{r^n+1}{2}=\left(\frac{r+1}{2}\right)^n$$

实际上,$r=1$ 是唯一的可能. 于是在两种情况下,都推出 $r=1$,P_n 的所有的根的绝对值都等于 1.

(2) 所有的根的绝对值都等于 1 的多项式这一常见的例子是多项式 X^n-1(n 是正整数) 以及分圆多项式 $\Phi_n(x)$,它是多项式 X^n-1 的因子.(注意所有这些多项式的系数都是整数) 更确切地说,$\Phi_n(x)$ 是所有因子 $X-\zeta$ 的积,这里 ζ 是 n 次本原单位根

$$\Phi_n(X)=\prod_{1\leqslant k\leqslant n,(k,n)=1}\left(X-\left(\cos\frac{2k\pi}{n}+\mathrm{i}\sin\frac{2k\pi}{n}\right)\right)$$

当然,$\Phi_n(x)$ 是 X^n-1 的一个因子,容易推出等式

$$\prod_{d\mid n}\Phi_d(x)=X^n-1$$

可以用来递推计算 $\Phi_n(x)$. 于是我们求得

$$\Phi_1(x)=X-1,\Phi_2(x)=X+1$$

$$\Phi_3(x)=X^2+X+1,\Phi_4(x)=X^2+1$$

等等. 也能证明 $\Phi_n(x)$ 是不可约的,于是它是其任何一个根的最小多项式(特别是 $\cos\frac{2\pi}{n}+\mathrm{i}\sin\frac{2\pi}{n}$ 的最小多项式).

另一个根的绝对值都等于 1 的(复系数) 多项式的有趣的例子是

$$S(X)=X^n+wX^{n-1}+\overline{w}X+1$$

这里 $n\geqslant 3$ 是整数,w 是绝对值 $|w|\leqslant 1$ 的复数. 对 $w=a+b\mathrm{i}$,我们可以计算

$$S(\cos t+\mathrm{i}\sin t)=2\left(\cos\frac{nt}{2}+\mathrm{i}\sin\frac{nt}{2}\right)\cdot$$
$$\left(\cos\frac{nt}{2}+a\cos\frac{(n-2)t}{2}-b\sin\frac{(n-2)t}{2}\right)$$

于是,如果我们设

$$h(t)=\cos\frac{nt}{2}+a\cos\frac{(n-2)t}{2}-b\sin\frac{(n-2)t}{2}$$

用 θ 表示$[0,2\pi)$ 中的数,使

$$\cos\theta=\frac{a}{\sqrt{a^2+b^2}},\sin\theta=\frac{b}{\sqrt{a^2+b^2}}$$

我们有

$$\frac{1}{\sqrt{a^2+b^2}}h(t)=\frac{1}{\sqrt{a^2+b^2}}\cos\frac{nt}{2}+\cos\left(\frac{nt}{2}-t+\theta\right)$$

现在我们邀请读者证明，当 $|w|<1$（也就是说，当 $a^2+b^2<1$ 时）时，$h(t)$ 在任何区间 $\left(\frac{2k\pi}{n},\frac{2(k+1)\pi}{n}\right)$，$k=0,1,\cdots,n-1$ 的两端改变符号，于是它在这些区间的每一个中有一个零点. 当然，h 的这些零点为多项式 S 生成的 n 个绝对值等于 1 的不同的根. 当我们能够证明 S 至少有 $n-2$ 个绝对值等于 1 的根时，我们也邀请感兴趣的读者看看，当 $|w|=1$ 时会发生什么，然后研究 $|w|>1$ 的情况.

(3) 最后，我们提一下（并邀请读者寻找一个证明）这个美妙的结果，说如果首项为 1 的整系数多项式的所有的根的绝对值至少等于 1，那么这些根等于 0，或者是单位根.

43. 求一切实函数对 $f,g:\mathbf{R}\to\mathbf{R}$，对一切 $x,y\in\mathbf{R}$，有

$$f(x)-f(y)=(x-y)(g(x)+g(y))$$

解　简单（甚至是普通）的恒等式

$$(f(x)-f(y))+(f(y)-f(z))+(f(z)-f(x))=0$$

有

$$(x-y)(g(x)+g(y))+(y-z)(g(y)+g(z))+(z-x)(g(z)+g(x))=0$$

或对一切实数 x,y,z，有

$$(z-y)g(x)+(x-z)g(y)+(y-x)g(z)=0$$

如果我们取 $y=1,z=0$，那么得到

$$-g(x)+xg(1)+(1-x)g(0)=0$$

因此对每一个 $x\in\mathbf{R}$，有

$$g(x)=(g(1)-g(0))x+g(0)$$

于是，对 $a=g(1)-g(0)$ 和 $b=g(0)$，我们有对任何实数 x，$g(x)=ax+b$. 于是我们得到

$$f(x)-f(y)=(x-y)(a(x+y)+2b)$$

当 $y=0$ 时，得到

$$f(x)-f(0)=x(ax+2b)$$

所以

$$f(x)=ax^2+2bx+c$$

其中 $c=f(0)$. 对于任何实数 a,b,c，直接验证定义为对于一切 $x\in\mathbf{R}$，有

$$f(x)=ax^2+2bx+c,g(x)=ax+b$$

的函数 f,g 满足问题的命题.

评注 或者说,方程

$$(z-y)g(x)+(x-z)g(y)+(y-x)g(z)=0$$

可以写成以下形式

$$\begin{vmatrix} x & g(x) & 1 \\ y & g(y) & 1 \\ z & g(z) & 1 \end{vmatrix}=0$$

并表示对于一切 $x,y,z\in\mathbf{R}$,坐标为$(x,g(x))$,$(y,g(y))$ 和$(z,g(z))$ 的点共线这一事实.换句话说,g 的图像上的任何三点共线,也就是说,这个图像必是一条直线,于是存在 $a,b\in\mathbf{R}$,对于每一个 $x\in\mathbf{R}$,有 $g(x)=ax+b$.

44.证明:不存在正整数列$\{a_n\}_{n\geqslant1}$,对一切 $n\geqslant2$,有

$$a_{n-1}\leqslant(a_{n+1}-a_n)^2\leqslant a_n$$

证明 由给定的不等式推得对于一切 $n\geqslant2$,有 $a_{n-1}\leqslant a_n$,即$\{a_n\}_{n\geqslant1}$ 递增.因为 a_{n-1} 是正整数,$a_{n+1}-a_n$ 不可能是0,于是该数列至少从第二项开始严格递增.无论如何,$a_{n+1}-a_n$ 非负,所以我们可以将已知条件改写成

$$\sqrt{a_{n-1}}\leqslant a_{n+1}-a_n\leqslant\sqrt{a_n}$$

于是我们有

$$2\sqrt{a_n}(\sqrt{a_{n+1}}-\sqrt{a_n})\leqslant(\sqrt{a_{n+1}}+\sqrt{a_n})(\sqrt{a_{n+1}}-\sqrt{a_n})\leqslant\sqrt{a_n}$$

得到

$$\sqrt{a_{n+1}}-\sqrt{a_n}\leqslant\frac{1}{2}$$

类似地,有

$$\sqrt{a_n}-\sqrt{a_{n-1}}\leqslant\frac{1}{2}$$

这两个不等式的等号不能同时成立(事实上,当 $n\geqslant3$ 时,它们都是严格递增的).所以,将这两个不等式相加,得到严格的不等式

$$\sqrt{a_{n+1}}-\sqrt{a_{n-1}}<1$$

这表明区间$[\sqrt{a_{n-1}},\sqrt{a_{n+1}}]$ 可至多包含一个整数.但是,该区间必包含整数 $a_{n+1}-a_n$ 和 $a_{n+2}-a_{n+1}$,只有当

$$a_{n+1}-a_n=a_{n+2}-a_{n+1}$$

时这才有可能.于是$\{a_n\}_{n\geqslant1}$ 是等差数列,或者至少$\{a_n\}_{n\geqslant2}$ 是等差数列.此时至少对一切

$n\geqslant 2$，我们有 $a_n=a+nd$，这里 a 和 d 是某个整数（d 是等差数列的公差）. 现在由已知条件不等式变为对一切 $n\geqslant 2$，有 $a_n\leqslant d^2\leqslant a_{n+1}$，这对严格递增的正整数列是不可能的（它不能有上界）. 这样得到的矛盾证明给定的性质不可能存在，这就是要证明的.

45. 设 $f:\mathbf{N}^*\to\mathbf{N}^*$ 是满射，$g:\mathbf{N}^*\to\mathbf{N}^*$ 是单射，且对一切 $n\in\mathbf{N}^*$，$f(n)\geqslant g(n)$ 成立. 证明：$f=g$.

第一种证法 因为 g 在 $\mathbf{N}^*$ 中取值，假定取一个最小值，因为 g 是单射，所以这个值恰好在一个 $k\in\mathbf{N}^*$ 处取到；于是，存在唯一的正整数 k，使 $g(k)$ 是 g 的最小值，即对一切 $n\in\mathbf{N}$，有 $g(n)\geqslant g(k)$. 因此，对一切 $n\in\mathbf{N}$，有 $g(n)\geqslant g(k)$. 因为 f 必是满射，所以它必取到1这个值，因此，我们必有 $g(k)=1$. 当 $n\neq k$ 时，我们还有 $f(n)\geqslant g(n)>g(k)=1$，这证明了 $f(k)=1=g(k)$.

如果现在我们在 $\mathbf{N}-\{k\}$ 中取 m，使 $g(m)$ 是最小值，类似地，我们推得 $f(m)=g(m)=2$. 假定我们找到 $n_1,\cdots,n_p$，对 $j=1,2,\cdots,p$，有 $f(n_j)=g(n_j)=j$，我们考虑唯一的 $n_{p+1}\in\mathbf{N}^*$，使 $g(n_{p+1})$ 是在所有 $g(n)$ 中最小的值，其中 $n\in\mathbf{N}^*\setminus\{n_1,\cdots,n_p\}$. 推得对一切 $n\in\mathbf{N}^*\setminus\{n_1,\cdots,n_p\}$，有 $f(n)\geqslant g(n_{p+1})\geqslant p+1$，因此，由于 f 是满射，我们必有 $g(n_{p+1})=p+1$（否则，f 将不取值 $p+1$）.

由于 g 是单射，我们推得对一切 $n\in\mathbf{N}^*\setminus\{n_1,\cdots,n_{p+1}\}$，有 $f(n)\geqslant g(n)\geqslant p+2$，所以必定推出 $f(n_{p+1})=p+1$，这意味着 $f(n_{p+1})=g(n_{p+1})$.

由这一推导，我们得到对任何 $y\in\mathbf{N}^*$，当 $f(x)=y$ 时，就有 $f(x)=g(x)$. 所以，如果我们考虑某个 $n\in\mathbf{N}^*$，存在 $q\in\mathbf{N}^*$，有 $f(q)=g(n)$，对于这个 q 我们有 $f(q)=g(q)$. 这表明 $g(q)=g(n)$，因此 $q=n$，并且对于任意 $n\in\mathbf{N}^*$，我们得到 $f(n)=g(n)$，这就是所求的.

第二种证法 对于一切 $n\in\mathbf{N}^*$，我们有

$$n\geqslant|\{k:g(k)\leqslant n\}|\geqslant|\{k:f(k)\leqslant n\}|\geqslant n$$

第一个不等式成立是因为 g 是单射，因此对于每一个 $m\leqslant n$，至多存在一个 k 有 $g(k)=m$. 第二个不等式成立是因为 $f(n)\geqslant g(n)$，所以第二个集合中的任何 k 也在第一个集合中. 注意到如果 $f(m)>g(m)$，那么第二个不等式对 $n=g(m)$ 是严格的，因为 m 将在第一个集合中，但不在第二个集合中. 第三个不等式成立是因为 f 是满射，因此对于每一个 $m\leqslant n$，至少存在一个 k 有 $f(k)=m$. 因为这个不等式链的两端相等，所以我们必有整个不等式链的等式都成立，正如我们已经说过这表明对一切 n，有 $f(n)=g(n)$.

46. 设 a,b,x,y,z 是正实数. 证明

$$\frac{x}{ay+bz}+\frac{y}{az+bx}+\frac{z}{ax+by}\geqslant\frac{3}{a+b}$$

证明　我们可以写为

$$\frac{x}{ay+bz}+\frac{y}{az+bx}+\frac{z}{ax+by}=\frac{x^2}{axy+bzx}+\frac{y^2}{ayz+bxy}+\frac{z^2}{azx+byz}$$

由 Cauchy-Schwarz 不等式,我们有

$$\left(\frac{x^2}{axy+bzx}+\frac{y^2}{ayz+bxy}+\frac{z^2}{azx+byz}\right)\cdot$$
$$((axy+bzx)+(ayz+bxy)+(azx+byz))\geqslant(x+y+z)^2$$

因此

$$(a+b)(xy+yz+zx)\left(\frac{x^2}{axy+bzx}+\frac{y^2}{ayz+bxy}+\frac{z^2}{azx+byz}\right)\geqslant(x+y+z)^2$$

于是我们有(更强的)不等式

$$\frac{x}{ay+bz}+\frac{y}{az+bx}+\frac{z}{ax+by}\geqslant\frac{(x+y+z)^2}{(a+b)(xy+yz+zx)}$$

与熟知的不等式

$$\frac{(x+y+z)^2}{(xy+yz+zx)}\geqslant 3\Leftrightarrow(x+y+z)^2\geqslant 3(xy+yz+zx)$$
$$\Leftrightarrow(x-y)^2+(y-z)^2+(z-x)^2\geqslant 0$$

结合,就导致这个所需的结果.

47. 设 $n\geqslant 2$ 是正整数. 对正整数 $p\geqslant n$ 求一切可能的值,使方程组

$$\sum_{j=1}^{k}x_j^k=n,k=1,2,\cdots,n-1,p$$

(在 $\mathbf{C}^n$ 内)有唯一的(和明显的)解 $x_1=\cdots=x_n=1$.

解　所求的数是 $n,n+1,\cdots,2n-1$.

设 $S_k=x_1^k+\cdots+x_n^k,k=1,2,\cdots$,再设

$$\sigma_k=\sum_{1\leqslant j_1<\cdots<j_k\leqslant n}x_{j_1}\cdots x_{j_k}$$

是 $x_1,\cdots,x_n$ 的基本对称多项式的和,其中 $1\leqslant k\leqslant n$.

于是,σ_k 是取自于 $x_1,\cdots,x_n$ 的 k 个不同的因子的所有 $\binom{n}{k}$ 个乘积的和,对任何 x(或多项式恒等式),如果我们考虑 $\sigma_0=1$,有

$$\prod_{j=1}^{n}(x-x_j)=\sum_{k=0}^{n}(-1)^k\sigma_k x^{n-k}$$

对计算用基本对称和表示的幂的和 S_k 十分重要且有用的是牛顿公式:对 $k=1,2,\cdots,n$,有

$$S_k-\sigma_1S_{k-1}+\cdots+(-1)^{k-1}\sigma_{k-1}S_1+(-1)^kk\sigma_k=0$$

这些公式不仅仅可以计算幂的和，还可以用来弄清以下事实：如果 $y_1,\cdots,y_n$ 是另一些复数，我们用

$$T_k=y_1^k+\cdots+y_n^k,\tau_k=\sum_{1\leqslant j_1<\cdots<j_k\leqslant n}y_{j_1}\cdots y_{j_k}$$

分别表示相应的幂的和以及基本对称多项式的和，如果对 $1\leqslant k\leqslant q$（有某个 $q\leqslant n$）我们有 $S_k=T_k$，那么对每一个 $1\leqslant k\leqslant q$ 都有 $\sigma_k=\tau_k$. 我们邀请读者对 k 归纳并用牛顿公式证明这一简单的事实.

在我们的情况下，我们考虑 $y_1=\cdots=y_n=1$，注意到由所给的方程组的前 $n-1$ 个方程可知对 $k=1,2,\cdots,n-1$，我们有 $S_k=n=T_k$，于是，对 $1\leqslant k\leqslant n-1$，我们得到 $\sigma_k=\tau_k$，因此对 $k=1,2,\cdots,n-1$，多项式

$$(x-x_1)\cdots(x-x_n)$$

和

$$(x-y_1)\cdots(x-y_n)=(x-1)^n$$

x^k 的系数相等（显然对 $k=n$ 也成立）. 推出它们相差一个常数，因此实际上对某个复数 c，我们有

$$(x-x_1)\cdots(x-x_n)=(x-1)^n-c$$

这表明 $x_1,\cdots,x_n$ 以某个顺序与 $(x-1)^n-c$ 的根重合，也就是说，它们是

$$1+a\omega^{j-1},1\leqslant j\leqslant n$$

如果我们固定 c 的某个 n 次根 a（a 是满足 $a^n=c$ 的一个复数），并用

$$\omega=\cos\frac{2\pi}{n}+\mathrm{i}\sin\frac{2\pi}{n}$$

表示 n 次基本本原单位根.

现在，对于任何正整数 p，我们可以计算

$$\begin{aligned}\sum_{j=1}^n x_j^p&=\sum_{j=1}^n(1+a\omega^{j-1})^p\\&=\sum_{j=1}^n\sum_{l=0}^p\binom{p}{l}a^l(\omega^{j-1})^l\\&=\sum_{l=0}^p\binom{p}{l}a^l\sum_{j=1}^n(\omega^{j-1})^l\end{aligned}$$

众所周知（我们邀请读者证明这一事实），不管 l 是不是 n 的倍数，上面的和式中的 n 次单位根的指数 l 的幂的和，要么等于 n，要么等于 0. 于是，最后我们得到

$$\sum_{j=1}^{n} x_j^p = n \sum_{0 \leqslant l \leqslant p, l \mid n} \binom{p}{l} a^l = n + n\binom{p}{n} a^n + n\binom{p}{2n} a^{2n} + \cdots$$

这里的和式以项 $\binom{p}{sl} a^{sl}$ 结束,这一项对应于非负整数 s,对于这个 s,有 $sl \leqslant n < (s+1)l$.

问题要求这些正整数 $p \geqslant n$,使等式

$$\sum_{j=1}^{n} x_j^p = n$$

即

$$\binom{p}{n} a^n + \binom{p}{2n} a^{2n} + \cdots = 0$$

这意味着 $a=0$(表明给定的方程组的唯一解是 $x_1 = \cdots = x_n = 1$). 对 $n \leqslant p \leqslant 2n-1$,上面的等式显然在

$$\binom{p}{n} a^n = 0$$

时出现.

另外,如果 $p \geqslant 2n$,等式的左边将多于一项,导致多项式方程(a 是未知数) 确保有不同于 $a=0$ 的解.

(例如,当 $2n \leqslant p \leqslant 3n-1$ 时方程变为

$$\binom{p}{n} a^n + \binom{p}{2n} a^{2n} = 0$$

除 $a=0$ 以外还有多于 n 个复数解.)

我们得出结论,使给定的方程组有唯一的解 $x_1 = \cdots = x_n = 1$ 的正整数 $p \geqslant n$ 属于集合 $\{n, n+1, \cdots, 2n-1\}$,我们一开始就是这样断言的.

评注与插叙　正如上面所说,我们可以证明,如果

$$\omega = \cos\frac{2\pi}{n} + \mathrm{i}\sin\frac{2\pi}{n}$$

那么对于任何整数 $n \geqslant 1$ 和 $r \geqslant 0$,以及任何复数 z 和 a,有

$$\sum_{j=1}^{n} (1 + a\omega^{j-1})^r = \sum_{l=0}^{r} \binom{r}{l} a^l z^{r-1} \sum_{j=1}^{n} (\omega^{j-1})^l$$

于是,对于 $r < n$,我们有

$$\sum_{j=1}^{n} (z + a\omega^{j-1})^r = nz^n$$

这直接得到对任何次数小于 n 的复数多项式和任何复数 z 和 a 有

$$f(z)=\frac{1}{n}\sum_{j=1}^{n}f(z+a\omega^{j-1})$$

我们可以使用上述方程对复数多项式证明最小模原理.这一定理是说,如果 f 是这样的多项式,那么 $f(w)$ 在单位圆(即 $|w|\leqslant 1$) 内的最大值在这个圆的边界上取到.(事实上对于更大一类函数——解析函数和更大一类范围不是单位圆的区域也是有效的,但是在这里我们将不再讨论这些更复杂的内容,就达到最大值这一事实本身而言,是数学分析中的一个很深的结果,但是这样一些事实并不代表本书的目的.)事实上,假定 f 的次数是 $n-1$,$|f(w)|$ 在单位圆内的点 z 处达到最大值(因此对于每一个复数 w,$|w|\leqslant 1$,我们有 $|z|<1$ 和 $|f(w)|\leqslant|f(z)|$).

如果 $z=r(\cos\alpha+\mathrm{i}\sin\alpha)$,其中 $r=|z|<1$,我们可以选择

$$a=(1-r)(\cos\alpha+\mathrm{i}\sin\alpha)$$

我们有 $z+a=\cos\alpha+\mathrm{i}\sin\alpha$,因此 $|z+a|=1$.

现在我们断言对于任何实数 β,有

$$|z+a(\cos\beta+\mathrm{i}\sin\beta)|\leqslant 1$$

事实上,对于 $\gamma=\alpha+\beta$,有

$$z+a(\cos\beta+\mathrm{i}\sin\beta)=(r\cos\alpha+(1-r)\cos\gamma)+\mathrm{i}(\sin\alpha+(1-r)\sin\gamma)$$

于是 $z+a(\cos\beta+\mathrm{i}\sin\beta)$ 的绝对值(的平方)是

$$(r\cos\alpha+(1-r)\cos\gamma)^2+(r\sin\alpha+(1-r)\sin\gamma)^2$$
$$=r^2+(1-r)^2+2r(1-r)\cos(\gamma-\alpha)\leqslant r^2+(1-r)^2+2r(1-r)=1$$

或者,恰好注意到我们有(由三角形不等式)

$$|z+a(\cos\beta+\mathrm{i}\sin\beta)|\leqslant|z|+|a(\cos\beta+\mathrm{i}\sin\beta)|=r+1-r=1$$

特别是,无论如何总得到对任何 $1\leqslant j\leqslant n$,有

$$|z+a\omega^{j-1}|\leqslant 1$$

也就是说,每一个 $z+a\omega^{j-1}$ 位于(闭)单位圆内.根据假定,此时对于任何 $1\leqslant j\leqslant n$,我们有

$$|f(z+a\omega^{j-1})|\leqslant|f(z)|$$

于是,利用上面的公式和一般的三角形不等式,我们得到

$$|f(z)|=\frac{1}{n}\left|\sum_{j=1}^{n}f(z+a\omega^{j-1})\right|\leqslant\frac{1}{n}\sum_{j=1}^{n}|f(z+a\omega^{j-1})|$$
$$\leqslant\frac{1}{n}\sum_{j=1}^{n}|f(z)|=|f(z)|$$

这表明上面所有的不等式实际上都是等式. 特别地，对于任何 $1\leqslant j\leqslant n$，我们必有

$$|f(z+a\omega^{j-1})|=|f(z)|$$

因此 $|f(z+a)|=|f(z)|$. 但是，$z+a$ 在单位圆的边界上，所以我们在这一边界上得到一点，在这一点上 f 的模达到最大值，证毕.

48. 证明：如果 n 是正偶数，$a_0,a_1,\cdots,a_n$ 是正实数，且成公差 $d\in[-2a_n,a_0]$ 的等差数列，那么对于一切 $x\in\mathbf{R}$，有

$$a_0+a_1x+\cdots+a_nx^n>0$$

证明　当 $x=1$ 时，不等式显然成立，所以下面我们进一步假定 $x\neq 1$. 众所周知，对任何实数 $x\neq 1$，有

$$1+x+\cdots+x^n=\frac{x^{n+1}-1}{x-1}$$

以及

$$x+2x^2+\cdots+nx^n=\frac{nx^{n+2}-(n+1)x^{n+1}+x}{(x-1)^2}$$

因此我们有(因为对于任何 $0\leqslant k\leqslant n$，有 $a_k=a_0+kd$)

$$\begin{aligned}a_0+a_1x+\cdots+a_nx^n&=a_0(1+x+\cdots+x^n)+d(x+2x^2+\cdots+nx^n)\\&=a_0\cdot\frac{x^{n+1}-1}{x-1}+d\cdot\frac{nx^{n+2}-(n+1)x^{n+1}+x}{(x-1)^2}\\&=\frac{(a_0+nd)x^{n+2}-(a_0+(n+1)d)x^{n+1}+(d-a_0)x+a_0}{(x-1)^2}\end{aligned}$$

于是我们留下的是证明对于每一个实数 $x\neq 1$，有

$$(a_0+nd)x^{n+2}-(a_0+(n+1)d)x^{n+1}+(d-a_0)x+a_0>0$$

下面我们进一步区分两种情况.

(i) 首先，设 $d\geqslant 0$. 我们有

$$\begin{aligned}&(a_0+nd)x^{n+2}-(a_0+(n+1)d)x^{n+1}+(d-a_0)x+a_0\\=&a_0(x^{n+2}-x^{n+1}-x+1)+d(nx^{n+2}-(n+1)x^{n+1}+x)\end{aligned}$$

和的第一项为正，是 $a_0(x^{n+1}-1)(x-1)$. (因为 $n+1$ 是奇数，对于任何 $x\neq 1$ 差 $x^{n+1}-1$ 与 $x-1$ 都是为正，或者都是为负.) 于是，如果表达式

$$nx^{n+2}-(n+1)x^{n+1}+x$$

非负，我们就完成了. 否则(如果为负)，因为 $d\leqslant a_0$，我们推得

$$\begin{aligned}&a_0(x^{n+2}-x^{n+1}-x+1)+d(nx^{n+2}-(n+1)x^{n+1}+x)\\\geqslant&a_0(x^{n+2}-x^{n+1}-x+1)+a_0(nx^{n+2}-(n+1)x^{n+1}+x)\end{aligned}$$

$$=a_0((n+1)x^{n+2}-(n+2)x^{n+1}+1)$$

现在，对于 $x\geqslant 0$，由对于数 $x^{n+2},x^{n+2},\cdots,x^{n+2}$（$n+1$ 个 x^{n+2}）和 1 用算术和几何平均不等式，我们有$(n+1)x^{n+2}+1>(n+2)x^{n+1}$.（除了 $x=1$，这些数不都相等.）但是我们还有当 $x<0$ 时，$(n+1)x^{n+2}-(n+2)x^{n+1}+1>0$. 这是因为 n 是偶数（且正），因此 x^{n+2} 和 $-x^{n+1}$ 都是正数. 于是，我们总得到

$$a_0(x^{n+2}-x^{n+1}-x+1)+d(nx^{n+2}-(n+1)x^{n+1}+x)$$
$$\geqslant a_0((n+1)x^{n+2}-(n+2)x^{n+1}+1)>0$$

在 $d\geqslant 0$ 的情况下证毕.

(ii) 第二，让我们考虑 $d<0$，即 $d=-c(c>0)$. 我们有 $d\geqslant -2a_n$，于是 $c\leqslant 2a_n=2(a_0-nc)$，得到 $a_0\geqslant\frac{2n+1}{2}c$.

现在

$$(a_0+nd)x^{n+2}-(a_0+(n+1)d)x^{n+1}+(d-a_0)x+a_0$$
$$=a_0(x^{n+2}-x^{n+1}-x+1)+d(x^{n+2}-(n+1)x^{n+1}+x)$$
$$=a_0(x^{n+2}-x^{n+1}-x+1)-c(nx^{n+2}-(n+1)x^{n+1}+x)$$

因为 $x^{n+2}-x^{n+1}-x+1=(x^{n+1}-1)(x-1)>0$ 和 $a_0\geqslant\frac{2n+1}{2}c$，我们得到

$$(a_0+nd)x^{n+2}-(a_0+(n+1)d)x^{n+1}+(d-a_0)x+a_0$$
$$\geqslant\frac{2n+1}{2}c(x^{n+2}-x^{n+1}-x+1)-c(nx^{n+2}-(n+1)x^{n+1}+x)$$
$$=\frac{c}{2}(x^{n+2}+x^{n+1}-(2n+3)x+(2n+1))$$

当 $x\geqslant 0$ 时，最后一个表达式大于 0 是因为再用算术和几何平均不等式. 事实上，我们有

$$x^{n+2}+x^{n+1}+1+\cdots+1>(2n+3)x$$

其中等于 1 的项数是 $2n+1$（只有当 $x=1$ 时所有的数都相等）. 当 $x<0$ 时，设 $x=-y$ $(y>0)$. 此时我们有

$$x^{n+2}+x^{n+1}-(2n+3)x+(2n+1)$$
$$=y^{n+2}-y^{n+1}+y+(2n+2)y+(2n+1)>0$$

因为

$$(2n+2)y+(2n+1)>0$$

或者 $y^{n+2}-y^{n+1}=y^{n+1}(y-1)\geqslant 0$，或者 $-y^{n+1}+y=y(1-y^n)>0$（取决于 $y\geqslant 1$，还是 $y<1$）. 于是，在任何情况下，当 $d<0$ 时，我们有

$$(a_0+nd)x^{n+2}-(a_0+(n+1)d)x^{n+1}+(d-a_0)x+a_0$$

$$\geqslant \frac{c}{2}(x^{n+2}+x^{n+1}-(2n+3)x+(2n+1))>0$$

现在证毕.

49. 数列$\{x_n\}_{n\geqslant 0}$对一切$n\in\mathbf{N}$满足关系式

$$\sqrt{x_{n+2}+2}\leqslant x_n\leqslant 2$$

则$x_{1\,986}$的值是什么?

解　设$\{a_n\}_{n\geqslant 0}$定义为$a_0=0$和对一切$n\geqslant 0$,有

$$a_{n+1}=\sqrt{2+a_n}$$

(换句话说,对每一个$n\geqslant 1$,有

$$a_n=\sqrt{2+\sqrt{2+\cdots+\sqrt{2}}}$$

其中嵌套根号的个数是n.)我们知道$\{a_n\}_{n\geqslant 0}$的所有的项都在区间$[0,2]$内,且递增收敛于2.事实上,显然$a_n\geqslant 0$,如果$a_n\leqslant 2$,那么

$$a_{n+1}=\sqrt{2+a_n}\leqslant\sqrt{2+2}=2$$

因此对一切n,有

$$a_{n+1}-a_n=\sqrt{2+a_n}-a_n=\frac{(1+a_n)(2-a_n)}{\sqrt{2+a_n}+a_n}\geqslant 0$$

于是数列递增.由上所述,作为递增且有界的数列$\{a_n\}_{n\geqslant 0}$收敛于一个有限的极限a,它满足

$$a=\lim_{n\to\infty}a_{n+1}=\lim_{n\to\infty}\sqrt{2+a_n}=\sqrt{2+a}$$

因为$a\geqslant 0$,我们得到$a=2$.

现在我们来解决这一问题.观察到给定的条件表明对于每一个$n\geqslant 0$,$x_n\geqslant 0=a_0$.对k进行简单的归纳,我们证明对于一切非负整数n和k,有$x_n\geqslant a_k$.事实上,我们已经见到当$k=0$时这是成立的,以及如果对给定的k(和每一个n),我们假定$x_n\geqslant a_k$,那么对每一个n,根据假定和数a_n的定义,我们也有

$$x_n\geqslant\sqrt{2+x_{n+2}}\geqslant\sqrt{2+a_k}=a_{k+1}$$

所以,对于任何$n,k\geqslant 0$,我们有$a_k\leqslant x_n\leqslant 2$.于是,对于一个任意的(但暂时确定的)$n$,让$k$趋向于$\infty$,再利用夹逼定理,我们得到$x_n=2$.

所以,从根本上说,如果数列$\{x_n\}_{n\geqslant 0}$满足问题的命题的条件,那么对每一个n,$x_n=2$.反之,所有的项都等于2的常数列显然满足条件.于是对于$x_{1\,986}$,唯一可能的值就是2.

评注 (1) 在注意到对一切 n，有 $0 \leqslant a_n \leqslant 2$(实际上对任何 $a_0 \in [0,2]$ 成立)，我们也可以证明 $\lim\limits_{n\to\infty} a_n = 2$ 如下.

对一切 n，我们有

$$2 - a_{n+1} = \frac{2 - a_n}{2 + a_{n+1}} \leqslant \frac{2 - a_n}{2}$$

因此，利用迭代，我们得到对一切 n，有

$$0 \leqslant 2 - a_n \leqslant \frac{2 - a_0}{2^n}$$

由此，由逼夹定理推出结论.

最后，注意到对一切 $n \geqslant 1$，有 $a_n = 2\cos(2^{-n-1}\pi)$. 这不只是又给出数列 $\{a_n\}_{n\geqslant 0}$ 的极限，而且也使我们可以计算

$$\lim_{n\to\infty} 2^{2n}(2 - a_n)$$

我们也邀请读者求这个极限.

(2) 如果我们给出 $\{x_n\}_{n\geqslant 0}$ 对某个固定的非负整数 j 和任何非负整数 n，满足

$$\sqrt{2 + x_{n+j}} \leqslant x_n \leqslant 2$$

那么对一切 $n \geqslant 1$，像上面那样恰好推出 $x_n = 2$. 还有，要求出 $x_{1\,986}$ 的值显然记得这一问题是在哪一年提出的.

50. 确定一切双射且单调的函数 $f:\mathbf{R} \to \mathbf{R}$，对一切 $x \in \mathbf{R}$，有

$$f(x) + f^{-1}(x) = 2x$$

(显然 f^{-1} 表示 f 的反函数).

解 所要求的函数 f 定义为对于一切实数 x，$f(x) = x + c$，这里 c 是一个固定(但任意)的实数.

因为如果 f 单调，那么 f^{-1} 是同类的单调，我们看到 f 必是严格递增的(因为 $f + f^{-1}$ 的和等于严格递增的函数 $x \mapsto 2x$). 用 $f^{[0]}$ 表示(以前我们就是这样表示的，例如，见本章问题 40 的解答)$\mathbf{R}$ 的恒等函数(它将任何实数 x 映射到 x)，对任何正整数 n，设

$$f^{[n]} = f \circ \cdots \circ f$$

其中 f 出现 n 次，再设

$$f^{[-n]} = f^{-1} \circ \cdots \circ f^{-1}$$

其中 f^{-1} 出现 n 次. 用 $f(x)$ 重复代入给定方程中的 x，然后(再重复)用 $f^{-1}(x)$ 代入，我们发现对于每一个整数 n 和任何实数 x，有

$$f^{[n]}(x) = x + (f(x) - x)n$$

因为 f 在 $\mathbf{R}$ 上严格递增，所以任何迭代 $f^{[n]}$，$n\in\mathbf{Z}$ 也严格递增；因此，对整数 n 和对任意 $x,y\in\mathbf{R}$，有 $x<y$，我们有 $f^{[n]}(x)<f^{[n]}(y)$，即

$$x+(f(x)-x)n<y+(f(y)-y)n$$

导致当 $n>0$ 时，有

$$\frac{x}{n}+f(x)-x<\frac{y}{n}+f(y)-y$$

当 $n<0$ 时，有

$$\frac{x}{n}+f(x)-x>\frac{y}{n}+f(y)-y$$

在第一个关系式中取 $n\to\infty$ 时的极限，我们得到 $f(x)-x\leqslant f(y)-y$，类似地，在第二个关系式中取 $n\to-\infty$ 时的极限，我们得到 $f(x)-x\geqslant f(y)-y$. 于是实际上对任意 $x,y\in\mathbf{R}$，$x<y$，我们有 $f(x)-x=f(y)-y$，这表明函数 $x\mapsto f(x)-x$ 是常数函数，即存在 $c\in\mathbf{R}$，对任何实数 x，有 $f(x)=x+c$. 任何形如 $x\mapsto x+c$ 的函数都满足问题的命题中的条件，我们得出结论，正如我们一开始就说的那样，这些函数是仅有的解，证毕.

评注　你可能已注意到，在解决这一问题时，我们确实回答了留在本章中的问题 40 的评注的末尾的挑战. 事实上，如果一个函数 f 连续，并对一切 $x\in\mathbf{R}$ 满足条件 $f(f(x))-2f(x)+x=0$，那么 f 是单射(因此严格单调，因此严格递增)，也是满射(请证明！)，因此是可逆的. 将 x 代替 $f^{-1}(x)$，我们看到对任何实数 x，f 也满足函数方程 $f(x)+f^{-1}(x)=2x$，于是我们在我们符合刚解决的问题 50 的条件. 在这一问题的命题中连续性必须避免，因为它不属于国际数学奥林匹克大纲(虽然取极限也不是它的一部分，可能考虑到对学生比较容易，当然，这样的事情也比较容易处理).

第 5 章　数论与组合问题的解答

5.1　数　论

1. 求一个整系数多项式 P，对任何正整数 n，$P(n)+4^n$ 都能被 27 整除.

解　考虑展开式

$$\begin{aligned}4^n=(3+1)^n&=\sum_{k=0}^{n}\binom{n}{k}\cdot 3^k\\&=1+3\binom{n}{1}+3^2\binom{n}{2}+3^3\binom{n}{3}+\cdots+3^n\binom{n}{n}\\&\equiv 1+3n+9\cdot\frac{n^2-n}{2}\\&=\frac{9n^2-3n+2}{2}\ (\mathrm{mod}\ 3^3)\end{aligned}$$

我们推得

$$4^n\equiv\frac{9n^2-3n+2}{2}\ (\mathrm{mod}\ 27)$$

并且因为 $28\equiv 1\ (\mathrm{mod}\ 27)$，所以对任何正整数 n，我们还有

$$4^n\equiv 28\cdot\frac{9n^2-3n+2}{2}=14(9n^2-3n+2)\ (\mathrm{mod}\ 27)$$

于是

$$P=-14(9X^2-3X+2)$$

满足所需的条件.

评注　(1) 我们可以用类似的方法处理一个更一般的情况. 即设 $a\geqslant 3$ 是正整数，p 是 $a-1$ 的一个质因数，以及 $s\in\{1,2,\cdots,p\}$. 那么我们可以找到一个整系数多项式 P，对每一个正整数 n，有

$$a^n+P(n)\equiv 0\ (\mathrm{mod}\ p^s)$$

再从二项公式

$$a^n=(1+pq)^n=\sum_{k=0}^{n}\binom{n}{k}(pq)^k\equiv\sum_{k=0}^{s-1}\binom{n}{k}(pq)^k \pmod{p^s}$$

开始(q 满足 $a-1=pq$),由此我们看到对一切 n

$$Q=-\sum_{k=0}^{s-1}(pq)^k\frac{X(X-1)\cdots(X-k+1)}{k!}$$

满足 $Q(n)+a^n\equiv 0 \pmod{p^s}$,然而 $Q(n)$ 是有理系数,可能没有整系数.于是我们取 $P=lQ$,这里选取 l,使 $l(s-1)!\equiv 1 \pmod{p^s}$,这是可能的,因为 $s-1<p$,所以 $(s-1)!$ 与 p 互质,这表明它在整数环中模 p^s 有逆元.

(2) 我们可以将该问题看作一个内插法问题,因为我们在寻找具有给定的模 27 的值的一个多项式 P.似乎我们需要在节点的一个无限集上插入,但是想到出现的不是这个情况.实际上,对任何多项式和任何整数 n,我们有

$$P(n+27)\equiv P(n) \pmod{27}$$

对任何非负整数 n,也有

$$4^{n+9}\equiv 4^n \pmod{27}$$

(由欧拉定理,$4^9=2^{18}=2^{\varphi(27)}\equiv 1 \pmod{27}$).于是对任何多项式 P 和任何非负整数 n,有

$$P(n+27)+4^{n+27}\equiv P(n)+4^n \pmod{27}$$

因此只要构造一个多项式 P,对 $n\in\{0,1,\cdots,53\}$,有 $P(n)=-4^n$.遗憾的是我们不能使用拉格朗日内插法公式,然后缩减模 27,因为内插法将给我们

$$P=\sum_{k=0}^{26}\prod_{0\leqslant j\leqslant 26,j\neq k}\frac{X-j}{k-j}\cdot(-4^k)$$

以及分母与 27 不互质.所以,这似乎是不能给出本题的解答的那种方法.

2.证明:当且仅当 $n=4$ 时,方程

$$x_1^2+\cdots+x_n^2-\frac{(x_1+\cdots+x_n)^2}{n}=1$$

有整数解.

证明　假定整数 $x_1,\cdots,x_n$ 表示原方程的一组解,为不失一般性,我们可以假定 $x_1\leqslant\cdots\leqslant x_n$.

原方程等价于

$$n\left(\sum_{k=1}^{n}x_k^2\right)-\left(\sum_{k=1}^{n}x_k\right)^2=n$$

它可以容易改写为

$$\sum_{1\leqslant i<j\leqslant n}(x_j-x_i)^2=n$$

因为它不等于0,不是所有的 x_i 都相等,所以对于某个 $1\leqslant k\leqslant n-1$,我们有 $x_k<x_{k+1}$. 于是上面的和式中至少有 $k(n-k)$ 项 $(x_j-x_i)^2$ 非零(这些项对应于 $i\leqslant k$ 和 $k+1\leqslant j$),如果它们都非零,它们将至少是1. 于是推出不等式

$$n=\sum_{1\leqslant i<j\leqslant n}(x_j-x_i)^2\geqslant k(n-k)$$

当 $k\neq 1$ 时,上式可转化为

$$n\leqslant k+1+\frac{1}{k-1}$$

这表明如果 $k>2$(因为 n 和 k 都是整数,所以当 $k>2$ 时,$\frac{1}{k-1}<1$),那么 $n\leqslant k+1$. 但是我们也知道 $k<n$,于是 $k=1$,或者 $k=n-1$,或者 $k=n-2$.

如果在上述的和式中有 $k=1$,或者 $k=n-1$,那么肯定存在 $n-1$ 个非零项,即当 $k=1$ 时,对 $2\leqslant i\leqslant n$ 有 $(x_i-x_1)^2$,或者当 $k=n-1$ 时,对 $1\leqslant i\leqslant n$ 有 $(x_n-x_i)^2$. 如果这个项中至少有一项大于1,那么它至少是4,和就变为至少是 $n+2>n$. 考虑 $k=1(k=n-1)$ 类似. 于是和式中的所有的项 $(x_i-x_1)^2$ 都等于1,这证明了对一切 $2\leqslant i\leqslant n$,有 $x_i-x_1=1$,以及解是 $x_1,x_1+1,\cdots,x_1+1$($n-1$ 个分量是 x_1+1),所以,所有的差 x_j-x_i 是0,除已经知道对这 $n-1$ 个 $(x_2-x_1,\cdots,x_n-x_1)$ 是1以外. 显然,这并不是解. 于是得到的矛盾证明了 $k=1$,或者 $k=n-1$ 都不可能.

现在只剩下 $k=n-2$,另外,它只是当 $k=2$ 时有可能(见上述内容),于是推出 $n-2=2$. 此外,我们注意到当 $n=4$ 时,我们能够有解 $x_1\leqslant x_2<x_3\leqslant x_4$,因为差 $x_3-x_1,x_3-x_2,x_4-x_1,x_4-x_3$ 至少是1,它们只能都等于1,所以该方程的任何解都是形如 $(a,a,a+1,a+1)$,a 是整数. 事实上,容易验证,在 $n=4$ 的情况下,所有这些四数组都是方程的解. 现在解完整了.

评注与插叙 容易看出,如果我们考虑将 s 作为未知数之一,那么方程

$$(x_1^2+\cdots+x_s^2)(y_1^2+\cdots+y_s^2)-(x_1y_1+\cdots+x_sy_s)^2=t$$

对于任何非负整数 t 有正整数解. 事实上,简单的恒等式

$$(t+q^2)(t+(q+1)^2)-(t+q(q+1))^2=t$$

说明我们可取 $s=t+1,x_1=\cdots=x_t=y_1=\cdots=y_t=1,x_{t+1}=q$ 和 $y_{t+1}=q+1$. 此外,确实存在无穷多个解,因为我们有无穷多种方法可以选择 q. 原来的竞赛题要求证明当且仅当 $n=4$ 时,这个方程的确存在有 $s=t(=n)$ 和 $y_1=\cdots=y_s=1$ 的解.

实际上,我们能够证明更多:即对于任何非负整数 $a,b,c,ab\geqslant c^2$,我们可以找到正整数 $s,a_1,\cdots,a_s$ 和 $b_1,\cdots,b_s$,使

$$a=a_1^2+\cdots+a_s^2, b=b_1^2+\cdots+b_s^2, c=a_1b_1+\cdots+a_sb_s$$

(这是 Cauchy-Schwarz 不等式的一种相反的形式. 显然导致方程

$$(x_1^2+\cdots+x_s^2)(y_1^2+\cdots+y_s^2)-(x_1y_1+\cdots+x_sy_s)^2=t$$

的解，其中 $t=ab-c^2\geqslant 0$.) 当然，证明涉及更多的内容：要用到所谓的无穷递降法. 为了证明这一命题，首先注意到当 $a\geqslant c$ 和 $b\geqslant c$ 时容易找到(如何找？)具有所需性质的 $a_1,\cdots,a_s$ 和 $b_1,\cdots,b_s$. 特别是当任何 a,b 或 c 等于 0 时就会出现. 于是假定存在非负整数 a,b 和 c，$ab\geqslant c^2$，这样的 $a_1,\cdots,a_s$ 和 $b_1,\cdots,b_s$，使

$$a=a_1^2+\cdots+a_s^2, b=b_1^2+\cdots+b_s^2, c=a_1b_1+\cdots+a_sb_s$$

不存在. 选取这样的 a,b,c(最小的 c). 鉴于上面的观察，a 和 b 中至少有一个必须小于 c(实际上 a,b,c 必须是正整数). 假定 $a<c$. 我们有

$$a+b\geqslant 2\sqrt{ab}\geqslant 2c$$

和

$$a(a+b-2c)-(c-a)^2=ab-c^2\geqslant 0$$

但是，$c-a$ 是小于 c 的正整数，因此(由于 c 最小)对于非负整数 $a,a+b-2c$ 和 $c-a$，我们可以找到整数 $s>0$ 和 $a_1,\cdots,a_s$ 和 $c_1,\cdots,c_s$，使

$$a=\sum_{i=1}^{s}a_i^2, a+b-2c=\sum_{i=1}^{s}c_i^2, c-a=\sum_{i=1}^{s}a_ic_i$$

但此时推出等式

$$a=\sum_{i=1}^{s}a_i^2, b=\sum_{i=1}^{s}(a_i+c_i)^2, c=\sum_{i=1}^{s}a_i(a_i+c_i)$$

这些等式与我们所作的假定矛盾.

另一个类似的好问题(1978 年起被列入国际数学奥林匹克竞赛的入围名单)如下：如果 $x>0,y>0,z\geqslant 0$ 是整数，且 $xy=z^2+1$，那么存在非负整数 a,b,c,d，使

$$x=a^2+b^2, y=c^2+d^2, z=ac+bd$$

(以及 $ad-bc=\pm 1$).

3. 设 $n\geqslant k$ 是正整数，p 是质数. 证明：如果 $\binom{n}{k}$ 能被 p^s(对于某个自然数 s)整除，那么 $n\geqslant p^s$.

证明　设 x 和 y 是实数，$x=a+\alpha$，$b+\beta$，这里 $a=\lfloor x\rfloor$，$b=\lfloor y\rfloor$ 分别是 x 和 y 的整数部分，α 和 $\beta\in[0,1)$ 分别是 x 和 y 的分数部分. 我们有 $x+y=(a+b)+(\alpha+\beta)$，因此 $x+y$ 的整数部分是 $a+b$ 或 $a+b+1$(因为 $a+b$ 是整数，并且 $\alpha+\beta\in[0,2)$). 于是对每一个实

数 x 和 y，我们得到

$$0 \leqslant \lfloor x+y \rfloor - \lfloor x \rfloor - \lfloor y \rfloor \leqslant 1$$

我们还有著名的拉格朗日定理，定理说，对于任何质数 p，和任何正整数 m，在 $m!$ 的分解式中，p 的指数是

$$\sum_{j \geqslant 1} \left\lfloor \frac{m}{p^j} \right\rfloor$$

（这个和式中，j 取遍一切正整数，但是实际上是有限的，因为对于满足 $p^j > m$ 这样的 j 的项的分数部分都是 0.）于是在

$$\binom{n}{k} = \frac{n!}{k!\,(n-k)!}$$

的分解式中 p 的指数是

$$\sum_{j \geqslant 1} \left(\left\lfloor \frac{n}{p^j} \right\rfloor - \left\lfloor \frac{k}{p^j} \right\rfloor - \left\lfloor \frac{n-k}{p^j} \right\rfloor \right)$$

根据引理，这个和式中的每一项至少是 1，所以如果 $p^s \left| \binom{n}{k} \right.$，那么和式中至少有 s 项必须非零. 但是对于 $p^j > n$，项

$$\left\lfloor \frac{n}{p^j} \right\rfloor - \left\lfloor \frac{k}{p^j} \right\rfloor - \left\lfloor \frac{n-k}{p^j} \right\rfloor$$

是 0，所以对于非零的 s 项，我们必有 $p^s \leqslant n$，这就是我们要证明的.

4. 证明：每一个正整数的无穷等差数列包含一个无穷的等比数列.

证明 设 a 是这个数列的首项，d 是公差. 那么这个数列由模 d 同余 a 至少等于 a 的所有整数组成. 选取一个模 d 余 1 的数 q，例如 $q=d+1$. 此时对于任何 k，都有 $q^k \equiv 1 \pmod d$，所以等比数列 $\{aq^k\}_{k\geqslant 1}$ 由模 d 同余 a 的项组成，因此，它是原等差数列的一个子数列.

评注 我们也可以证明当且仅当一个等比数列的公比是正整数时，一个由正实数组成的等比数列包含在一个等差数列中. 事实上，数列 $\{aq^k\}_{k\geqslant 0}$ 显然包含在 $\{an\}_{n\geqslant 0}$ 中，只要 q 是正整数.

反之，假定对于等比数列 $\{aq^k\}_{k\geqslant 0}$，存在实数 b 和 d 以及 $0 \leqslant n_0 < n_1 < n_2 < \cdots$，对任何非负整数 k，有 $aq^k = b + n_k d$，那么对一切 k，我们得到

$$n_{k+2} - n_{k+1} = q(n_{k+1} - n_k)$$

这首先证明 q 是有理数. 于是，对于 $q=\dfrac{u}{v}$，这里 u 和 v 是互质的正整数，迭代到上面的方程

得到对一切 k，有

$$(n_{k+1}-n_k)v^k=(n_1-n_0)u^k$$

这直接导致对一切 k，v^k 整除 n_1-n_0，因此 $v=1$，这表明 q 是整数.

5. 求方程

$$3^x+4^y=5^z$$

的非负整数解.

解　我们来证明 (x,y,z) 是 $(0,1,1)$ 或者是 $(2,2,2)$.

首先，如果 $x=0$，那么方程变为 $4^y+1=5^z$. 取模 3，得到

$$5^z=4^y+1\equiv 2 \pmod 3$$

因此 z 是奇数(否则 $5^z=25^{\frac{z}{2}}\equiv 1 \pmod 3$). 于是对某个非负整数 t，有 $z=2t+1$，所以 $4^y+1=5^z=25^t\cdot 5\equiv 5 \pmod 8$. 但是

$$4^y+1\equiv 5 \pmod 8$$

表明 $y\leqslant 1$(否则 4^y 能被 8 整除，并且 $4^y+1\equiv 1 \pmod 8$)，得到解 $x=0$，$y=z=1$.

现在假定 $x\geqslant 1$. 那么也有 $y\geqslant 1$，因为对于 $y=0$ 左边是偶数，而右边是奇数.

于是，考虑对方程模 4，我们看到

$$3^x=5^z-4^y\equiv 1 \pmod 4$$

于是，因为 $3^{2k+1}=9^k\cdot 3\equiv 3 \pmod 4$，所以 x 必是偶数. 我们也得到 z 是偶数，因为

$$5^z=3^x+4^y\equiv 1 \pmod 3$$

而

$$5^{2k+1}=25^k\cdot 5\equiv 2 \pmod 3$$

于是 $x=2u$，$z=2v$，我们得到方程 $(3^u)^2+(2^y)^2=(5^v)^2$. 因为 3^u，2^y，5^v 显然两两互质，这表明 3^u，2^y，5^v 形成一组本原毕达哥拉斯三数组. 因为 3^u 是奇数，我们推得对两个奇偶性不同的正整数 a 和 b，$a>b$，有 $3^u=a^2-b^2$，$2^y=2ab$，$5^v=a^2+b^2$. 因为 $2ab=2^y$，我们推得 $\{a,b\}=\{2^{y-1},1\}$(和 $y>1$). 因为 $a>b$，我们推得 $a=2^{y-1}$，$b=1$. 于是

$$3^u=2^{2(y-1)}-1=(2^{y-1}-1)(2^{y-1}+1)$$

所以 $2^{y-1}-1$ 和 $2^{y-1}+1$ 都必是 3 的幂. 因为它们不能都被 3 整除(因为它的差不能被 3 整除)，我们推出它们中小的一个必等于 1. 所以我们有 $y=2$，给出 $u=1$，于是导致第二组解(最后一组) 是 $x=2$，$y=2$，$z=2$.

评注　一个本原毕达哥拉斯三数组是满足

$$x^2+y^2=z^2$$

的两两互质的正整数三数组 (x,y,z).

证明这一点是直接的，对于两个互质的奇偶性不同的正整数 a 和 b，数

$$x = a^2 - b^2, y = 2ab, z = a^2 + b^2$$

是本原毕达哥拉斯三数组的分量. 为了证明逆向的情况，设 (x, y, z) 是本原毕达哥拉斯三数组. 容易看出，x, y, z 中的任何两个互质(这三个数中任何两个的质因数必须整除第三个，这是由于它们满足的方程)，以及 x 和 y 的奇偶性不同，假定 x 是奇数，我们将方程改写为 $(z-x)(z+x)=y^2$，并注意到 $z-x$ 和 $z+x$ 的最大公约数是 2. 这导致 $z+x=2a^2$，$z-x=2b^2$，这里 a, b 是互质的正整数，且 $a>b$，至此证明自然结束. 当然，有很多其他的证法，因为这一 Diophantine 方程(不定方程)从古代起人们就研究过(解的形式可追溯到欧几里得).

6. 设 $p>2$ 是质数. 证明

$$(-1)^{\lfloor\sqrt{p}\rfloor}\prod_{j=2}^{p-1}\sin\frac{p\pi}{j}>0$$

证明 对于任何正整数 n，我们设 $d(n)$ 是 n 的正约数的个数(例如 $d(1)=1, d(7)=2, d(8)=4$).

众所周知(容易得到)，如果 n 的分解式是 $p_1^{a_1}\cdots p_s^{a_s}$，其中 $p_1, \cdots, p_s$ 是不同的质数，$a_1, \cdots, a_s$ 是正整数，那么我们有

$$d(n)=(a_1+1)\cdots(a_s+1)$$

(例如，$d(2^3\cdot 5^2\cdot 7)=(3+1)(2+1)(1+1)=24$.)

这直接得到了我们的第一个有帮助的结果：

引理 1 对正整数 n，当且仅当 n 是完全平方数时，$d(n)$ 是奇数.

我们需要的第二个结果是：

引理 2 我们有

$$\sum_{j=1}^{n}\left\lfloor\frac{n}{j}\right\rfloor=\sum_{k=1}^{n}d(k)$$

引理 2 的证明 对每一个 $j\in\{1,2,\cdots,n\}$，$\left\lfloor\frac{n}{j}\right\rfloor$ 表示集合 $\{1,2,\cdots,n\}$ 中 j 的倍数的个数，所以从左边的和式中计算出 $\{1,2,\cdots,n\}$ 中使 $a\mid b$ 的数对 (a,b) 的个数. 另外，右边的和显然计算出同样的东西，这两个和相等.

现在我们来解决本题. 当且仅当 x 属于一个区间 $(2m\pi,(2m+1)\pi)$ (m 是整数) 中时，我们有 $\sin x>0$ (当然，当且仅当 x 属于一个区间 $((2m+1)\pi,(2m+2)\pi)$ (m 是整数) 时，$\sin x<0$). 换句话说，对于一个不是 π 的整数倍的实数 x，$\sin x$ 与 $(-1)^{\lfloor\frac{x}{\pi}\rfloor}$ 的符号相

同. 于是,乘积 $\prod_{j=2}^{p-1}\sin\frac{p\pi}{j}$ 与 $(-1)^{\sum_{j=2}^{p-1}\lfloor\frac{p}{j}\rfloor}$ 的符号相同. 由引理 2,我们有

$$p+\sum_{j=2}^{p-1}\left\lfloor\frac{p}{j}\right\rfloor+1=d(1)+\cdots+d(p)$$

因此和式 $\sum_{j=2}^{p-1}\left\lfloor\frac{p}{j}\right\rfloor$ 与 $d(1)+\cdots+d(p)$ 的奇偶性相同($p+1$ 是偶数). 结果,后一个和式的奇偶性(由引理 1)与 $\{1,2,\cdots,n\}$ 中的完全平方数的个数的奇偶性相同,显然,这就是 $\lfloor\sqrt{p}\rfloor$. 于是给定的正弦的乘积的符号与 $(-1)^{\lfloor\sqrt{p}\rfloor}$ 的符号相同,这正是解决本题的另一种方法.

7. 如果 n 是正奇数,证明:$\frac{2\cdot(3n)!}{n!\ (2n)!}$ 能被 $3(3n-1)(3n-2)$ 整除.

证明　我们必须证明

$$\frac{2\cdot(3n)!}{3(3n-1)(3n-2)n!\ (2n)!}=\frac{(3n-3)!}{n!\ (2n-1)!}$$

是整数. 注意到

$$(2n-1)(2n-2)+2n(2n-1)-8n(n-1)=2$$

因此

$$\begin{aligned}\frac{(3n-3)!}{n!\ (2n-1)!}&=\frac{1}{2}(3n-3)!\ \cdot\frac{(2n-1)(2n-2)+2n(2n-1)-8n(n-1)}{n!\ (2n-1)!}\\&=\frac{1}{2}\cdot\frac{(3n-3)!}{n!\ (2n-3)!}+\frac{(3n-3)!}{(n-1)!\ (2n-2)!}-4\cdot\frac{(3n-3)!}{(n-2)!\ (2n-1)!}\\&=\frac{1}{2}\binom{3n-3}{n}+\binom{3n-3}{n-1}-4\binom{3n-3}{n-2}\end{aligned}$$

因为二项式系数是整数,所以如果我们能证明 $\binom{3n-3}{n}$ 是偶数即可. 一般地说,观察到只要 m 是偶数,j 是奇数,那么二项式系数 $\binom{m}{j}$ 是偶数,这就是我们的情况(n 是奇数,$3n-3$ 是偶数). 回想起拉格朗日定理(见本章的问题 3),根据 $\binom{m}{j}$ 的分解式中 2 的指数是

$$\sum_{s\geqslant 1}\left(\left\lfloor\frac{m}{2^s}\right\rfloor-\left\lfloor\frac{j}{2^s}\right\rfloor-\left\lfloor\frac{m-j}{2^s}\right\rfloor\right)$$

因为这个和式中的第一项是 1,其余各项都至少是 0(也见问题 3),推出 2 整除 $\binom{m}{j}$,这就是我们要证明的. 这个和的第一项是

$$\left\lfloor \frac{m}{2} \right\rfloor - \left\lfloor \frac{j}{2} \right\rfloor - \left\lfloor \frac{m-j}{2} \right\rfloor = \frac{m}{2} - \frac{j-1}{2} - \frac{m-j-1}{2} = 1$$

这就是所断言的，因为 m 是偶数，而 j 和 $m-j$ 是奇数. 证明到此结束.

评注 (1) 下面的 Lucas 定理是著名的，也是重要的：设 a 和 b 是正整数，p 是质数. 考虑 a 和 b 的 p 进位制的表达式，即

$$a = \sum_{j=0}^{k} a_j p^j, b = \sum_{j=0}^{k} b_j p^j$$

其中 $a_j, b_j \in \{0, 1, \cdots, p-1\}$ 分别是 a 和 b 的 p 进位制中的数字（如果必要，我们将其中一个表达式的最前面添加若干个 0，使这两个表达式的位数相同）. 于是我们有

$$\binom{a}{b} \equiv \prod_{j=0}^{k} \binom{a_j}{b_j} \pmod p$$

特别地，如果存在 $0 \leqslant j \leqslant k$，使 $a_j < b_j$，那么二项式系数 $\binom{a}{b}$ 能被 p 整除. 为了完整性，我们来看 Lucas 定理的情况.

Lucas 定理的证明 因为当 $0 < i < p$ 时，二项式系数 $\binom{p}{i}$ 能被 p 整除，我们推得

$$(1+x)^p \equiv 1 + x^p \pmod p$$

由此，根据归纳法，对任何正整数 j，推出

$$(1+x)^{p^j} \equiv 1 + x^{p^j} \pmod p$$

于是

$$(1+x)^a = \prod_{j=0}^{k} ((1+x)^{p^j})^{a_j} \equiv \prod_{j=0}^{k} (1+x^{p^j})^{a_j} \pmod p$$

于是 $(1+x)^a$ 中 x^b 的系数是 $\binom{a}{b}$，而在 $\prod_{j=0}^{k} (1+x^{p^j})^{a_j}$ 中的 x^b 的系数是 $\prod_{j=0}^{k} \binom{a_j}{b_j}$（由于一个正整数的 p 进制的唯一性）. 这两个展开式必须相等（也就是同余）模 p，由此推出结果. 对于最后一部分，就记得只要 $c < d$，二项式系数 $\binom{c}{d}$ 就是 0（或者观察到如果 $a_j < b_j$，那么项 $(1+x^{p^j})^{a_j}$ 中的项 $x^{b_j p^j}$ 不存在，于是当展开 $\prod_{j=0}^{k} (1+x^{p^j})^{a_j}$ 时，x^b 不出现）. 现在回到我们的问题. 根据 Lucas 定理，只要 m 是偶数，j 是奇数，$\binom{m}{j}$ 都能被 2 整除，因为在 m 的二进制展开式中末位数字是 0，而 j 的二进制的末位数字是 1 几乎是显然的. 此外，同样的证

明通常可以得到如果 p 整除 m，但是不整除 j，那么 p 整除 $\binom{m}{j}$.

(2) 该题在思路上是同样的，例如：对于正整数 n，证明数

$$\frac{(2n-2)!}{(n-1)!\ n!}$$

是整数. 一般情况是为人熟知的：如果 a 和 b 是互质的正整数，那么二项式系数 $\binom{a}{b}$ 能被 a 整除，或者等价的，只要 m 和 n 是互质的正整数，那么

$$\frac{(m+n-1)!}{m!\ n!}$$

是整数. 请证明这些事实！

8. 设 b_n 是和 $\sum_{k=1}^{n} k^k$ 的末位数. 证明：对任何 $n \in \mathbf{N}$，有 $b_{n+100} = b_n$.

证明　换句话说，我们需要证明对任何正整数 n，有

$$b_{n+100} - b_n = (n+1)^{n+1} + (n+2)^{n+1} + \cdots + (n+100)^{n+1}$$

能被整除 10. 首先，我们看到这一表达式显然永远是 50 个奇数和 50 个偶数的和，因此对于任何 n，它都能被 2 整除. 余下的是证明它也能被 5 整除. 为此我们首先注意到对任何正整数 k，

$$(k+20)^{k+20} \equiv k^k \pmod 5$$

这对 k 是 5 的倍数是显然的(因为两边都是 5 的倍数). 否则根据欧拉定理，$k^4 \equiv 1 \pmod 5$(或者直接检查 k 模 5 的所有可能的余数)，于是

$$(k+20)^{k+20} \equiv k^{k+20} = k^k \cdot (k^4)^5 \equiv k^k \pmod 5$$

这就是所需要的. 这表明对任何正整数 k 和 l，有

$$(k+20l)^{k+20l} \equiv k^k \pmod 5$$

得到

$$\sum_{k=1}^{20} (n+k)^{n+k} \equiv \sum_{k=1}^{20} (n+k+20l)^{n+k+20l} \pmod 5$$

于是我们得到

$$\sum_{k=1}^{100} (n+i)^{n+i} \equiv 5\sum_{k=1}^{20} (n+k)^{n+k} \equiv 0 \pmod 5$$

证明结束.

评注　正如上面的证明所示的那样，k^k 模 10 的余数的数列是周期性的，其周期是

20,不难验证这是最小的周期.因此数列$\{b_n\}_{n\geqslant 1}$的最小周期是20的倍数.(如果$\{b_n\}_{n\geqslant 1}$有周期T,那么$\{b_{n+1}-b_n\}_{n\geqslant 2}$的周期也是$T$,但是$b_{n+1}-b_n=n^n$.)因为我们可以计算

$$\sum_{k=1}^{20} k^k \equiv 4 \pmod{10}$$

我们看到$b_{n+20}\equiv b_n+4 \pmod{10}$,因此数列$\{b_n\}_{n\geqslant 1}$的最小周期是100.

如果c_n是由$\sum\limits_{k=1}^{n} k^k$的末两位数字组成的数(以自然顺序,从左到右),那么我们可以(用以下同样的想法)证明

$$(k+100)^{k+100}\equiv k^k \pmod{100}$$

100是最小的这样的数.因为我们可以计算

$$\sum_{k=1}^{100} k^k \equiv 20 \pmod{100}$$

(注意到即使不计算,这个和也必须是10的倍数,为什么?)我们看到$c_{n+100}\equiv c_n+20 \pmod{100}$,于是对一切正整数$n$,$c_{n+500}=c_n$,500是数列$\{c_n\}_{n\geqslant 1}$的最小周期.

9. 设n是正整数.一个$n\times n$的矩阵$\boldsymbol{M}_n$按以下方式填满0和1:对于每一个$1\leqslant i\leqslant n$和$1\leqslant j\leqslant n$,如果i能整除j,那么在第i行和第j列的交叉处填1,否则填0.对于给定的正整数p,求最大可能的n,对这个n,在$\boldsymbol{M}_n$中恰好存在p列,这p列的每一列中的元素之和是奇数.

解 在第j列中的每一个元素之和是j的约数的个数.众所周知,如果j的质因数分解式是$j=p_1^{a_1}\cdots p_k^{a_k}$,那么它的正约数的个数$d(j)=(a_1+1)\cdots(a_k+1)$.于是,当且仅当所有的因子$(a_1+1),\cdots,(a_k+1)$都是奇数时,$j$的约数的个数是奇数,它等价于$j$是完全平方数.(回忆一下本章的问题6的解答中的引理1).于是$\boldsymbol{M}_n$中元素的和是奇数的列的个数等于集合$\{1,2,\cdots,n\}$中的完全平方数的个数,它就是$\lfloor\sqrt{n}\rfloor$.所以,我们正是寻找满足$\lfloor\sqrt{n}\rfloor=p$的最大的n,它显然是

$$(p+1)^2-1=p^2+2p$$

10. 设m是不能被3整除的整数.证明:存在无穷多个正整数N,使N和$N+1$的各位数字的和都能被m整除.

解 如果一个自然数N满足问题所述的条件,那么显然它的末位数字是9,否则只要$s(N+1)=s(N)+1$,$s(N)$(N的各位数字的和)和$s(N+1)$不能同时被m整除.所以,设$N_{s,t}$是s个数字1随后是t个数字9形成的自然数.此时我们有$s(N_{s,t})=s+9t$和$s(N_{s,t}+1)=s+1$(因为$N_{s,t}+1$由$s-1$个1随后是1个2和t个0).所以我们要用这样一

种方式选择正整数 s 和 t,使

$$s+9t\equiv 0\ (\mathrm{mod}\ m),s+1\equiv 0\ (\mathrm{mod}\ m)$$

这可能有无穷多种方法.事实上,我们给出 n 与 3 互质,因此它与 9 也互质,于是同余式 $9t\equiv 1(\mathrm{mod}\ m)$ 可解,设 u 是该同余式的一个解,设 $s=km+m-1$(对某个整数 k) 使 $s+1\equiv 0(\mathrm{mod}\ m)$.此时我们也有

$$s+9u\equiv s+1\equiv 0\ (\mathrm{mod}\ m)$$

正在就是所求的,于是数

$$N_{km+m-1,u}=\underbrace{1\cdots 1}_{km+m-1\text{个}}\ \underbrace{9\cdots 9}_{u\text{个}}$$

具有使 $s(N_{km+m-1,u})$ 和 $s(N_{km+m-1,u}+1)$ 都能被 m 整除这一性质.当然,对无穷多个 k,我们得到无穷多个具有这一性质的数 —— 更不用提我们用 $u+lm$ 代替 u 得到另一些这样的数,这样的数也满足同余式 $9t\equiv 1\ (\mathrm{mod}\ m)$.例如,对于 $m=5$,数$\underbrace{1\cdots 1}_{5k+4\text{个}}9999$ 就是具有这一性质的数.

最后注意到条件$(m,3)=1$ 对于这一性质的成立是必须的,因为对于每一个整数 n,我们有

$$s(n)\equiv n\ (\mathrm{mod}\ 9)$$

因此对于 $s(n)$ 和 $s(n+1)$ 不可能都能被 3 整除(或者被 3 的任何倍数整除).

11. 考虑一切数 $k\in\mathbf{Z}$,对一切正整数 n,有

$$1\,981\mid 7^n+k\cdot 290^n$$

对具有这一性质的 k,求 $|k|$ 的最小的可能的值.

解　1 981 的质因数分解式是 $1\,981=7\cdot 283$(7 和 283 是质数).因为 290 不能被 7 整除,条件 $1\,981\mid 7^n+k\cdot 290^n$ 意味着 $7\mid k$.下面我们必须有

$$283\mid 7^{282}+k\cdot 290^{282}$$

因为 $290\equiv 7\ (\mathrm{mod}\ 283)$ 这给出

$$283\mid 7^{282}+k\cdot 7^{282}=7^{282}(1+k)$$

所以我们推出 $283\mid k+1$,或 $k\equiv -1\ (\mathrm{mod}\ 283)$.否则,如果 $7\mid k$,以及 $k\equiv -1(\mathrm{mod}\ 283)$,那么 $7\mid 7^n+k\cdot 290^n$,又因为 $290\equiv 7\ (\mathrm{mod}\ 283)$,我们推得

$$7^n+k\cdot 290^n\equiv 7^n+k\cdot 7^n=(k+1)7^n\equiv 0\ (\mathrm{mod}\ 283)$$

于是满足问题条件的数恰是满足 $7\mid k$ 和 $k\equiv -1\ (\mathrm{mod}\ 283)$ 的那些数.所以,这样的数有 $k=7m$ 和 $7m\equiv -1\ (\mathrm{mod}\ 283)$ 的形式.因为

$$7\cdot 202=1\,414\equiv -1\ (\mathrm{mod}\ 283)$$

该同余式的解是数 $m=202+283n$，因此数 k 有形式

$$k=1\ 414+1\ 981n, n\in\mathbf{Z}$$

这些数中绝对值最小的数显然是

$$-567=1\ 414+1\ 981\cdot(-1)$$

12. 对于每一个正整数 x，设 $f(x)$ 是最大正整数 k，对此存在 k 个整数 $1\leqslant a_1<\cdots<a_k\leqslant x$，只要 $1\leqslant i<j\leqslant k$，$a_i+a_j$ 就不能整除 a_ia_j. 证明：

$$f(2^n)\geqslant 2^{n-1}+n$$

证明 设 S 是由 $\{1,2,\cdots,2^n\}$ 中 2 的幂和正奇数形成的集合，有

$$S=\{2^k\mid 1\leqslant k\leqslant n\}\cup\{2l-1\mid 1\leqslant i\leqslant 2^{n-1}\}$$

我们证明 S 具有以下性质：对于 S 中的任何不同的 a 和 b，$a+b$ 不能整除 ab；因为 S 有 $2^{n-1}+n$ 个元素，显然推出所需的不等式.

事实上，如果 a,b 都是奇数，那么 $a+b$ 是偶数，因此它不能整除奇数 ab.

设 $a=2^i,b=2^j(1\leqslant i<j\leqslant n)$.

假定 $a+b=2^i+2^j$ 整除 $ab=2^{i+j}$；那么 $1+2^{j-i}$ 整除 2^j，这是不可能的，因为前者是奇数(因为 $j-i\geqslant 1$)，而且大于 1，后者是 2 的幂，不可能有大于 1 的奇约数.

最后，设 $a=2^k,b=2l-1(1\leqslant k\leqslant n,1\leqslant l\leqslant 2^{n-1})$，假定 $a+b=2^k+2l-1$ 整除 $ab=2^k(2l-1)$. 因为 2^k+2l-1 是奇数，实际上它必须整除 $2l-1$，但是这显然不可能($2^k+2l-1>2l-1$).

评注与插叙 (1) 当 $n=1$ 和 $n=2$ 时，我们有 $f(2^n)=2^{n-1}+n$(容易看出在这两种情况下我们证明所要求的不等式而建立的集合 S 与$\{1,2,3,4,5,7,8\}$ 重合)，在从 1 到 8 的数的整个集合中，我们可以找到数 3 和 6，有 $3+6$ 整除 $3\cdot 6$.

但是，当 $n=4$ 时，问题给出的范围不再是最好的了，因为 14 可以加到 S 中是为了得到

$$T=\{1,2,3,4,5,7,8,9,11,13,14,15,16\}$$

使得对任何 $a,b\in T,a\neq b,a+b$ 不能整除 ab. 所以 $f(2^4)\geqslant 2^3+4+1=13$. 我们能找到更好的范围吗？

(2) 证明：如果整数 a 和 b(不必为正) 能使 $a+b$ 整除 ab，那么存在整数 m,n,p(m,n 互质)，使

$$a=pm(m+n), b=pn(m+n)$$

(从 $a=da_1,b=db_1,d=(a,b)$ 以及 a_1 和 b_1 互质开始.) 或者，换句话说，方程 $xy+yz+zx=0$ 的整数解由 $x=dbc,y=dac,z=dab$ 给出，这里 d,a,b,c 是整数且 $a+b+c=0$ 并且 a,b,c 中的任何两数互质.

13. 对整数 $m=\overline{m_1m_2m_3m_4m_5m_6m_7}(0\leqslant m_i\leqslant 9, m_1\neq 0)$，定义

$$f(m)=\frac{m}{\overline{m_1m_2m_3}+\overline{m_4m_5m_6}+m_7}$$

对取遍自然数 m 的所有 7 个数字，求 $f(m)$ 的最小可能的值(所有的数都写成十进制). 我们将数字是 $a,b,\cdots,l$ 的数为 $\overline{ab\cdots l}$.

解　设 $x=\overline{m_1m_2m_3}, y=\overline{m_4m_5m_6}, z=m_7$，那么

$$f(m)=\frac{10\ 000x+10y+z}{x+y+z}=1+\frac{9\ 999x+9y}{x+y+z}$$

当 $f(m)$ 最小时，显然 z 必须尽可能大，即我们必有 $z=9$. 于是

$$f(m)=1+9+\frac{9\ 990x-81}{x+y+9}$$

又因为 $9\ 990x-81>0$，显然 y 应该尽可能大，所以 $y=999$. 于是我们有

$$f(m)=1+9+\frac{9\ 990x-81}{x+1\ 008}=1+9+9\ 990-\frac{81+9\ 990\cdot 1\ 008}{x+1\ 008}$$

所以 x 应该尽可能小，即 $x=100$. 当 $m=1\ 009\ 999$ 时，得到所求的最小值等于

$$\frac{1\ 009\ 999}{100+999+9}=\frac{1\ 009\ 999}{1\ 108}$$

14. 设 p 是质数，n,a 是两个正整数.

(a) 如果 $a=a_0+a_1p+a_2p^2+\cdots, n=n_0+n_1p+n_2p^2+\cdots$ 分别是 a 和 n 的 p 进制展开式，证明：当且仅当 $n_i<a_i$ 时，对至少有一个 $i\in\mathbf{N}$，使 $\binom{n}{a}$ 能被 p 整除.

(b) 如果 $t\in\mathbf{N}, p^t\leqslant a<p^{t+1}$，那么证明：对于任何 $n\in\mathbf{N}$，有

$$\binom{n+p^{t+1}}{a}\equiv\binom{n}{a}\pmod p$$

证明　(a) 如我们在本章的问题 7 后面的评注中所见，由 Lucas 定理推出命题.

(b) 如果 $x=x_0+x_1p+x_2p^2+\cdots$ 是自然数 x 的 p 进制展开式，它的末位数字是 x_s，那么我们有 $x\geqslant x_sp^s\geqslant p^s$，以及

$$x=\sum_{i=0}^{s}x_ip^i\leqslant\sum_{i=0}^{s}(p-1)p^i=p^{s+1}-1<p^{s+1}$$

所以，如果我们有 $p^t\leqslant a<p^{t+1}$，那么 $a=a_0+a_1p+\cdots+a_tp^t, a_t\neq 0$，也就是说，当 $i>t$ 时，所有的 a_i 等于 0. 然而，$n+p^{t+1}$ 的 p 进制展开式中的数字是 $n_0,n_1,\cdots,n_t$ 保持不变——只有能够不同于 n 的相应的数字的位数高于 t. 换句话说，如果

$$n+p^{t+1}=m_0+m_1p+m_2p^2+\cdots$$

是 $n+p^{t+1}$ 的 p 进制展开式，那么对每一个 $0\leqslant i\leqslant t$，我们有 $m_i=n_i$. 于是，再由 Lucas 定理，知当 $i>t$ 时，$a_i=0$，我们有

$$\binom{n+p^{t+1}}{a}\equiv\prod_{i\geqslant 0}\binom{m_i}{a_i}=\prod_{i=0}^{t}\binom{m_i}{a_i}\prod_{i\geqslant t+1}\binom{m_i}{0}$$

$$=\prod_{i=0}^{t}\binom{n_i}{a_i}\prod_{i\geqslant t+1}\binom{n_i}{0}=\prod_{i\geqslant 0}\binom{n_i}{a_i}$$

$$\equiv\binom{n}{a}\pmod p$$

恰好是我们要证明的.

注意到实际上只有 $a<p^{t+1}$ 对同余式成立是需要的(也就是说，我们只需要知道当 $i>t$ 时，$a_i=0$，而 $a_t\neq 0$ 这一事实是不必要的).

15. 让我们用 $P(n)$ 表示以下命题：存在一些十进制 n 位数，其各位数字之和等于各位数字之积. 证明：对无穷多个 $n\in\mathbf{N}^*$，$P(n)$ 成立，也对无穷多个 $n\in\mathbf{N}^*$，$P(n)$ 不成立.

证明 对于形如 $n=2^m-m$ 的数 n($m\geqslant 1$ 是正整数) 断言 $P(n)$ 成立，因为我们可以考虑有 m 个数字 2 和 2^m-2m 个数字 1 的数 $2\cdots21\cdots1$，对于这个数，各位数字之和与各位数字之积都等于 2^m. 因为数列 $\{2^m-m\}_{m\geqslant 1}$ 严格递增，所以对无穷多个数 n，$P(n)$ 成立.

下面我们证明对足够大的 k，存在一个 n，使 $2^k-k\leqslant n<2^{k+1}-(k+1)$ 以及 $P(n)$ 不成立，这意味着对无穷多个 $n\in\mathbf{N}^*$，$P(n)$ 不成立.

设 k 是正整数，n 是满足 $2^k-k\leqslant n<2^{k+1}-(k+1)$ 的正整数. 设 $a_1,\cdots,a_n$ 是一个数的各位数字，这些数字的和与积相等，即

$$a_1\cdots a_n=a_1+\cdots+a_n$$

这一方程是对称的，所以我们可以假定 $a_1,\cdots,a_p$ 是大于 1 的数字(则 $a_{p+1}=\cdots=a_n=1$). 于是得到

$$n=a_1\cdots a_p-(a_1+\cdots+a_p)+p$$

因为表达式 $a_1\cdots a_p-(a_1+\cdots+a_p)$ 对每一个变量递增(因为这些变量都大于 1)，对于 $a_1,\cdots,a_p\geqslant 2$，它的最小值是当 $a_1=\cdots=a_p=2$ 时得到，于是

$$a_1\cdots a_p-(a_1+\cdots+a_p)\geqslant 2^p-2p$$

于是，$n\geqslant 2^p-p$. 由于已经提到的数列 $\{2^m-m\}_{m\geqslant 1}$ 的单调性，因此

$$2^p-p\leqslant n<2^{k+1}-(k+1)$$

表明 $p\leqslant k$. 现在在 $a_1,\cdots,a_p$ 中，譬如说，对于每一个 $2\leqslant i\leqslant 9$，存在 x_i 个数字等于 i. 我们

有 $x_2+\cdots+x_9=p$，该方程共有 $\begin{pmatrix}p+7\\7\end{pmatrix}$ 个非负整数解（例如，见 Ioan Tomescu 的书 *Problems in Combinatorics and Graph Theory*）. 所以对这些 x_i，至多有

$$\begin{pmatrix}p+7\\7\end{pmatrix}<(p+7)^7\leqslant(k+7)^7$$

种选择，于是对于 $a_1,\cdots,a_p$，最终还是对 $a_1,\cdots,a_p$ 取遍一切可能的选择时，由表达式

$$a_1\cdots a_p-(a_1+\cdots+a_p)+p$$

（它给出 n）生成的值.（注意，我们并没有计算 $a_1,\cdots,a_p$ 的所有选择，当然，有 8^p 种选择，但是只有那些能够对这个对称表达式 $a_1\cdots a_p-(a_1+\cdots+a_p)+p$ 生成不同的值的选择.）

于是，当 $p\in\{1,2,\cdots,k\}$ 时，$n=a_1\cdots a_p-(a_1+\cdots+a_p)+p$ 的值至多是 $k(k+7)^7$，因此它们肯定不能生成所有满足 $2^k-k\leqslant n<2^{k+1}-(k+1)$ 的所有的 n，因为这些 n 的个数是

$$2^{k+1}-(k+1)-(2^k-k)=2^k-1$$

并且如果 k 足够大，那么 2^k-1 大于 $k(k+7)^7$.

综上，可得结论：因为

$$\lim_{k\to\infty}\frac{2^k-1}{k(k+7)^7}=\infty$$

所以存在 k_0，对一切 $k\geqslant k_0$，有 $2^k-1>k(k+7)^7$. 对于任何这样的 k，我们已经看到存在满足 $2^k-k\leqslant n<2^{k+1}-(k+1)$ 的 n，使 $P(n)$ 不成立.

评注　换一种说法，我们可以证明对于足够大的 k，形如

$$n=(2\cdot3\cdot\cdots\cdot9)^k$$

的数，$P(n)$ 不成立. 事实上，对于这样的 n，假定一个 n 位数的 x_i 个数字是 i. 对于 $1\leqslant i\leqslant 9$ 以及这些数字的和等于它们的积，即

$$x_1+2x_2+\cdots+9x_9=2^{x_2}3^{x_3}\cdots9^{x_9}$$

我们也有 $x_1+x_2+\cdots+x_9=n$，因此

$$2^{x_2}3^{x_3}\cdots9^{x_9}=n+x_2+\cdots+8x_9>n=(2\cdot3\cdot\cdots\cdot9)^k$$

这表明对于某个 $2\leqslant i\leqslant 9$，我们有 $x_i>k$. 于是 i^k 整除

$$x_2+\cdots+8x_9=2^{x_2}3^{x_3}\cdots9^{x_9}-n$$

因此

$$8(x_2+\cdots+x_9)\geqslant x_2+\cdots+8x_9>i^k\geqslant 2^k$$

也就是说

$$x_2+\cdots+x_9>2^{k-3}$$

于是我们有

$$9(2\cdot 3\cdot\cdots\cdot 9)^k=9n=9(x_1+\cdots+x_9)\geqslant x_1+2x_2+\cdots+9x_9$$

$$=2^{x_2}3^{x_3}\cdots 9^{x_9}\geqslant 2^{x_2+\cdots+x_9}>2^{2^{k-3}}$$

于是对 $n=(2\cdot 3\cdot\cdots\cdot 9)^k$ 这样一些数，$P(n)$ 不成立，对此

$$2^{2^{k-3}}>9(2\cdot 3\cdot\cdots\cdot 9)^k$$

这些数有无穷多个，实际上阈值以上的所有的 k 都满足这一不等式，因为这一不等式等价于

$$2^{k-3}\ln 2>k\ln(2\cdot 3\cdot\cdots\cdot 9)+\ln 9$$

以及

$$\lim_{k\to\infty}\frac{2^k}{k}=\infty$$

16. 设 p 是奇质数，$m_1,\cdots,m_p$ 是 p 个连续整数，σ 是 $\{1,2,\cdots,p\}$ 的一个排列. 证明：存在 $k,l\in\{1,2,\cdots,p\},k\neq l$，使

$$m_km_{\sigma(k)}\equiv m_lm_{\sigma(l)}\pmod p$$

证明 为推出矛盾，假定问题的结论不成立. 这意味着数 $m_im_{\sigma(i)}(i=1,2,\cdots,p)$ 给出模 p 的所有 p 个不同的余数. 因为 $m_1,\cdots,m_p$ 连续，其中恰存在一个能被 p 整除，设这个数是 m_j. 那么 $m_jm_{\sigma(j)}$ 和 $m_{\sigma^{-1}(j)}m_j$ 都能被 p 整除，我们的假定表明 $\sigma^{-1}(j)=j\Leftrightarrow\sigma(j)=j$. 这意味着数 $m_1,\cdots,m_{j-1},m_{j+1},\cdots,m_p$ 给出所有模 p 的 $p-1$ 个非零余数，对 $m_{\sigma(1)},\cdots,m_{\sigma(j-1)}$，$m_{\sigma(j+1)},\cdots,m_{\sigma(p)}$ 和 $m_1m_{\sigma(1)},\cdots,m_{j-1}m_{\sigma(j-1)},m_{j+1}m_{\sigma(j+1)},\cdots,m_pm_{\sigma(p)}$ 同样成立. 因此由 Wilson 定理，我们得到

$$\prod_{1\leqslant k\leqslant p,k\neq j}m_km_{\sigma(k)}\equiv\prod_{k=1}^{p-1}k=(p-1)!\ \equiv-1\pmod p$$

还有，

$$\prod_{1\leqslant k\leqslant p,k\neq j}m_k\equiv(p-1)!\ \equiv-1\pmod p$$

和

$$\prod_{1\leqslant k\leqslant p,k\neq j}m_{\sigma(k)}\equiv(p-1)!\ \equiv-1\pmod p$$

但是最后三个同余式将导致

$$(-1)^2\equiv-1\pmod p$$

这是不可能的，因为 p 是奇质数. 于是得到的矛盾证明了我们的假定不成立，因此证明了问题的命题的要求.

17. 求一切满足

$$3^x \cdot 2^y + 1 = z^2$$

的非负整数三数组(x,y,z).

解　我们从一个著名的引理开始：

引理　(a) 方程 $3^x - 2^y = 1$ 的非负整数解只有(1,1)和(2,3).

(b) 方程 $3^x - 2^y = -1$ 的非负整数解只有(0,1)和(1,2).

引理的证明　(a) 当 $y=0$ 时无解，而当 $y=1$ 时我们只得到解(1,1). 当 $y \geqslant 2$ 时，我们有 2^y 是 4 的倍数，于是推出 $3^x = 2^y + 1 \equiv 1 \pmod 4$，这表明 x 必是偶数.（对自然数 k，我们有$3^{2k} = (3^2)^k \equiv 1 \pmod 4$，且 $3^{2k+1} = (3^2)^k \cdot 3 \equiv 3 \pmod 4$.）如果设 $x = 2u$，那么该方程可以写成

$$(3^u - 1)(3^u + 1) = 2^y$$

于是 $3^u - 1$ 和 $3^u + 1$ 必须是差为 2 的 2 的幂. 我们很快看到 $3^u - 1 = 2$ 和 $3^u + 1 = 4$ 是仅有的可能，得到 $u = 1$，于是(2,3)是 $y \geqslant 2$ 的唯一解.

(b) 类似地，当 $x = 0$ 时，我们得到解(0,1)，当 $x \geqslant 1$ 时，我们有 $2^y = 3^x + 1 \equiv 1 \pmod 3$，这表明 y 是偶数，设 $y = 2v$. 该方程可以写成$(2^v - 1)(2^v + 1) = 3^x$，$2^v - 1$ 和 $2^v + 1$ 必须是差为 2 的 3 的幂. 只有 $v = 1$ 是可能的，因此 $y = 2$，于是 $x \geqslant 1$ 的唯一解是(1,2).

现在我们来解方程

$$3^x \cdot 2^y + 1 = z^2 \Leftrightarrow 3^x \cdot 2^y = (z+1)(z-1)$$

如果 $y = 0$，那么 $z+1$，$z-1$ 必须是差为 2 的 3 的幂，所以我们得到 $z = 2$，解为$(x,y,z) = (1,0,2)$.

如果 $y > 0$，那么 $z+1$，$z-1$ 必须都是偶数（因为 2 必须整除其中的一个，并且它们的奇偶性相同）. 因为它们是连续偶数，其中恰有一个不能被 4 整除，一个不能被 3 整除. 于是

$$\{z+1, z-1\} = \{3^x \cdot 2^{y-1}, 2\} \text{ 或 } \{z+1, z-1\} = \{2^{y-1}, 2 \cdot 3^x\}$$

是仅有的可能. 在第一种情况下，我们显然有 $z - 1 = 2$，所以 $z + 1 = 4$，给出解(0,3,3).

在第二种情况下，我们有 $|3^x - 2^{y-2}| = 1$，于是 $3^x - 2^{y-2} = 1$ 或 $3^x - 2^{y-2} = -1$. 如果 $3^x - 2^{y-2} = 1$，由引理的(a)部分，我们有 $x = y - 2 = 1$ 或者 $x = 2$，$y - 2 = 3$. 于是得到解(1,3,5)和(2,5,17). 如果 $3^x - 2^{y-2} = -1$，我们使用引理的第二部分，于是，我们有 $x = 0$，$y - 2 = 1$ 或者 $x = 1$，$y - 2 = 2$. 我们得到（最后两组）解(0,3,3)（前面已经得到了）和(1,4,7)，不存在其他可能.

18. 对于正整数 $n \geqslant 2$，设 $h(n)$ 表示 n 的最大质因数.（例如，$h(7)=h(21)=7$，或 $h(32)=2$.）证明：存在无穷多个 n，有

$$h(n) < h(n+1) < h(n+2)$$

证明 选一个奇质数 p，对于任何整数 $k \geqslant 0$，设 $n_k = p^{2^k}+1$. 因为当 $k < l$ 时，我们有

$$n_l = (n_k - 1)^{2^{l-k}} + 1 \equiv 2 \pmod{n_k}$$

所有的数 n_k 都是偶数，我们推得对不同的非负整数 k 和 l，有 $\gcd(n_k, n_l)=2$. 显然，每一个 n_k 还有不同于 2 的其他因子，这些因子必须从 n_k 到 n_l 都不同（因为 $k \neq l$），因此在数 n_k（$k=0,1,\cdots$）的分解式中存在无穷多个质数. 于是，我们可以考虑 j 是使 $h(n_j) > p$ 的最小自然数；我们有 $j > 0$，因为 $h(n_0)=h(p+1)$ 显然小于 p. 注意到 $n_j - 2 = (p-1)n_0 n_1 \cdots n_{j-1}$，因为这意味着

$$p^{2^j} - 1 = (p-1)(p+1)(p^2+1)\cdots(p^{2^{j-1}}+1)$$

对于这一等式右边的每一个因子 x，我们有 $h(x) < p$，因此 $h(n_j - 2) < p$. 还有 $n_j - 1 = p^{2^j}$ 表明 $h(n_j - 1) = p$，于是

$$h(n_j - 2) < h(n_j - 1) < h(n_j)$$

以及数 $n = n_j - 2$ 满足问题的要求. 但是我们得到从任何奇质数 p 开始的这样一个数（这些数并不重叠），我们的证明结束.

评注与插叙 (1) 用类似的方法我们可以证明，例如，存在无穷多个正整数 n，使

$$h(n^2+2) < h(n^2+2n+3)$$

事实上，设 $f(x)=x^2+2$ 和 $g(x)=x^2+x+2$. 我们直接看到

$$(m^2+2)((m+1)^2+2) = (m^2+2)(m^2+2m+3) = (m^2+m+2)^2+2$$

即对于任何数 m，有

$$f(m)f(m+1) = f(g(m))$$

还有，因为对于任何 m，有

$$(2m+3)(m^2+2) - (2m-1)(m^2+2m+3) = 9$$

我们看到 $f(m)$ 和 $f(m+1)$ 的最大公约数必是 9（对整数 m）的一个因子.

迭代上面的恒等式 $f(m)f(m+1)=f(g(m))$，我们得到对任何非负整数 k 和任何 n，有

$$f(m)f(m+1)f(g(m)+1)\cdots f(g^{[k-1]}(m)+1) = f(g^{[k]}(m))$$

我们记 $g^{[k]}(x) = (g \circ \cdots \circ g)(x)$（这里 g 出现 k 次；$g^{[0]}(x)=x$）. 现在设 m 是正整数. 对于非负整数 $i,j,i<j$，上面的等式表明 $f(g^{[i]}(m)+1)$ 是 $f(g^{[j]}(m))$ 的一个约数，因此数

$f(g^{[i]}(m)+1)$ 和 $f(g^{[j]}(m)+1)$ 的任何公约数 d 也整除 $f(g^{[j]}(m))$；于是，d 也是 $f(g^{[j]}(m)+1)$ 和 $f(g^{[j]}(m))$ 的公约数，因此 d 必整除 9. 我们推得整除(严格递增的) 数列

$$f(m+1),f(g(m)+1),f(g^{[2]}(m)+1),\cdots$$

中的至少一项质数的集合是无穷的.

所以，我们设 m 是正整数，$p=h(f(m))$ 是 $f(m)$ 的最大质因数. 设 l 是这样的非负整数：数

$$f(m+1),f(g(m)+1),f(g^{[2]}(m)+1),\cdots,f(g^{[l-1]}(m)+1)$$

的所有质因数至多有一个等于 p，而 $f(g^{[l]}(m)+1)$ 至少有一个质因数大于 p.(这样的 l 的存在是由于上面关于整除

$$f(m+1),f(g(m)+1),f(g^{[2]}(m)+1),\cdots$$

中的至少一个的质数集合的无穷多的评注.)

对于 $l=0$，这实际上意味着 $f(m+1)$ 至少有一个质数因子大于 p，也就是说

$$h(f(m+1))>p=h(f(m))\Leftrightarrow h(f(m^2+2m+3))>h(m^2+2)$$

对于 $l\geqslant 1$，我们有

$$\begin{aligned}&h(f(g^{[l]}(m)+1))>p\\&=h(f(m)f(m+1)f(g(m)+1)f(g^{[2]}(m)+1)f(g^{[l-1]}(m)+1))\\&=h(f(g^{[l]}(m)))\end{aligned}$$

于是对 $n=g^{[l]}(m)>m$，有

$$h(f(n+1))>h(f(n))\Leftrightarrow h(n^2+2n+3)>h(n^2+2)$$

因为对于任何正整数 m，存在 $n\geqslant m$，使 $P(n^2+2n+3)>P(n^2+2)$，我们可以找出无穷多个具有这一性质的 n，于是证明结束.

你是否能够(用同样的思想) 证明存在无穷多个 n，使 $h(n^2+2)>h(n^2+2n+3)$？

(2) 以下方法对无穷多个 n 证明

$$h(n^2+2)<h(n^2+2n+3)$$

也有效. 如果问题的命题不成立，那么我们将只有对有限多个正整数 n，有 $h(n^2+2)<h((n+1)^2+2)$，因此从某个 n_0 开始的所有的 n，反向的不等式将成立. 这就导致 $(h(n^2+2))_{n\geqslant 1}$ 必将是常数这一结论，因此存在某个正整数 n_1，存在一个质数 p，对一切 $n\geqslant n_1$，有 $h(n^2+2)=p$. 但此时对一切 $n\geqslant n_1$，p 整除 n^2+2，于是对一切 $n\geqslant n_1$，p 整除 $2n+1=((n+1)^2+2)-(n^2+2)$，这显然不可能.

换一种说法，为了推出数列 $(h(n^2+2))_{n\geqslant 1}$ 不是有界的，因此不可能必将递减，我们将可以利用存在无穷多个质数整除形如 $n^2+2,n\in\mathbf{N}$ 的数这一事实. 存在无穷多个质数

整除 n^2+2 这一事实可用反证法推出. 假定只有 $p_1,\cdots,p_k$ 具有这一性质,那么数

$$(2p_1\cdots p_k)^2+2=2(2p_1^2\cdots p_k^2+1)$$

必有一个奇质约数,它不能是 $p_1,\cdots,p_k$ 中的任何一个,这是一个矛盾.

19. 求满足关系式

$$(x+y)^2+3x+y+1=z^2$$

的一切非负整数的三数组 (x,y,z).

解 显然 $z>x+y$. 如果 $z\geqslant x+y+2$,那么

$$z^2\geqslant(x+y)^2+4x+4y+4>(x+y)^2+3x+y+1$$

在这种情况下方程无解. 于是 $x+y<z<x+y+2$,这只有当 $z=x+y+1$ 时才有可能. 我们得到

$$(x+y)^2+3x+y+1=(x+y+1)^2=(x+y)^2+2(x+y)+1$$

得到 $x=y$,因此 $z=2x+1$. 于是一切解由三数组 $(n,n,2n+1)$ 给出,其中 $n\in\mathbf{N}$.

20. (a) 求一切满足

$$p^2-q^2=2^k$$

的质数 p,q 和非负整数 k.

(b) 如果 $n\geqslant 3$ 是整数,k 是非负整数,证明:不存在质数 p,q 满足方程

$$p^n-q^n=2^k$$

解 (a) p 和 q 显然不等,因为 $p^2-q^2>1$,所以 k 不是 0,p,q 必须都是奇数. 如果 $q\neq 3$,那么因为 $p>q$,p 和 q 都不是 3 的倍数,因此 $p^2\equiv q^2\equiv 1\pmod 3$. 但是这表明 $3\mid p^2-q^2$,这是一个矛盾. 于是我们有 $q=3$. 但是,由 $(p-3)(p+3)=p^2-3^2=2^k$,我们看到 $p-3=2^r$,$p+3=2^s$ 都是 2 的幂. 推出 $2^r(2^{s-r}-1)=2^s-2^r=6$,这给出 $r=1$ 和 $s-r=2$. 于是唯一的可能是 $p-3=2$ 和 $p+3=8$,给出 $p=5$. 唯一的解是 $(p,q,k)=(5,3,4)$.

(b) 与部分(a)相同,如果 $p^n-q^n=2^k$,那么 p 和 q 都是奇数. 如果 $n>1$ 是奇数,那么等式

$$2^k=(p-q)(p^{n-1}+p^{n-2}q+\cdots+q^{n-1})$$

右边的第二个因子是奇数个奇数项的和,因此是奇数. 它也大于 1,所以不可能是等式所要求的 2 的幂.

如果 $m\mid n$,那么 $p^m-q^m\mid p^n-q^n$. 因此对于 n 的每一个因子 m,p^m-q^m 也是 2 的幂. 于是 n 不能有大于 2 的任何奇数因子,换言之,n 是 2 的幂. 此时因为 n 大于 2,所以 n 必须能被 4 整除. 因为 $2\mid n$,我们看到 p^2-q^2 是 2 的幂. 于是部分(a)表明 $p=5$ 和 $q=3$. 但此时因为 4 整除 n,我们必有 $5^4-3^4=544=32\cdot 17$ 是 2 的幂,这不成立. 我们推出无解.

21. 设 m,n 是正整数. 考虑一切非负整数的 m 数组$(k_1,\cdots,k_m)$的集合 A,使 $k_1+\cdots+k_m=n$ 且$\frac{n!}{k_1!\cdots k_m!}$是奇数.

证明:A 的基是 m 的幂.

证明　设

$$n=\sum_{j=0}^{s}n_j2^j$$

是 n 的二进制展开式. 对于问题的陈述中的一个 m 数组$(k_1,\cdots,k_m)$,设

$$k_i=\sum_{j=0}^{s}k_j^{(i)}2^j$$

是 k_i 的二进制展开式$(1\leqslant i\leqslant m)$. 当然,$n_j$ 和 $k_j^{(i)}$ 是二进制数字(0 或 1). 我们可以认为所有二进制展开式的长度都相等,若有必要,可在其中有些数的最前面补上若干个 0. 我们断言,当且仅当对于 $0\leqslant j\leqslant s$,且

$$n_j=\sum_{i=0}^{m}k_j^{(i)}$$

时,$\frac{n!}{k_1!\cdots k_m!}$是奇数(也就是说,我们将 $k_1,\cdots,k_m$ 在二进制中相加时如果没有"进位").

事实上,注意到已经提到的 Legendre 定理,$p!$ 中 2 的幂(对于某个正整数 p)等于$\sum_{j\geqslant 1}\left\lfloor\frac{p}{2^j}\right\rfloor$.

于是$\frac{n!}{k_1!\cdots k_m!}$的分解式中 2 的指数是

$$\sum_{j\geqslant 1}\left(\left\lfloor\frac{n}{2^j}\right\rfloor-\left\lfloor\frac{k_1}{2^j}\right\rfloor-\cdots-\left\lfloor\frac{k_m}{2^j}\right\rfloor\right)$$

利用不等式$\lfloor x+y\rfloor\geqslant\lfloor x\rfloor+\lfloor y\rfloor$ 和容易的归纳,对任何实数 $x_1,\cdots,x_m$,我们得到

$$\lfloor x_1+\cdots+x_m\rfloor\geqslant\lfloor x_1\rfloor+\cdots+\lfloor x_m\rfloor$$

这是根据上面的和中的每一项都非负. 推出当且仅当这些项中的每一项都是 0 时,也就是说,当且仅当对一切 j

$$\left\lfloor\frac{n}{2^j}\right\rfloor=\left\lfloor\frac{k_1}{2^j}\right\rfloor+\cdots+\left\lfloor\frac{k_m}{2^j}\right\rfloor$$

时,$\frac{n!}{k_1!\cdots k_m!}$是奇数. 下面注意到如果 $a=a_0+a_1\cdot 2+\cdots$ 是 a 的二进制展开式,对于任何 $j>0$,我们有

$$a_j=\left\lfloor\frac{a}{2^j}\right\rfloor-2\left\lfloor\frac{a}{2^{j+1}}\right\rfloor$$

因此得到对一切 j，如上所断言的，有

$$n_j=\left\lfloor\frac{n}{2^j}\right\rfloor-2\left\lfloor\frac{n}{2^{j+1}}\right\rfloor=\left(\left\lfloor\frac{k_1}{2^j}\right\rfloor-2\left\lfloor\frac{k_1}{2^{j+1}}\right\rfloor\right)+\cdots+\left(\left\lfloor\frac{k_m}{2^j}\right\rfloor-2\left\lfloor\frac{k_m}{2^{j+1}}\right\rfloor\right)$$
$$=k_j^{(1)}+\cdots+k_j^{(m)}$$

反之，这些等式成立，这意味着对一切 j，有

$$\left\lfloor\frac{n}{2^j}\right\rfloor=\left\lfloor\frac{k_1}{2^j}\right\rfloor+\cdots+\left\lfloor\frac{k_m}{2^j}\right\rfloor$$

所以，当且仅当对一切 $0\leqslant j\leqslant s$

$$n_j=k_j^{(1)}+\cdots+k_j^{(m)}$$

时，多项式系数 $\frac{n!}{k_1!\ \cdots k_m!}$ 是奇数. 如果 $n_j=0$，这意味着 $k_j^{(1)},\cdots,k_j^{(m)}$ 都是0，如果 $n_j=1$，这意味着 $k_j^{(1)},\cdots,k_j^{(m)}$ 中恰有一个是1(其余都是0). 如果 n 的二进制展开式中的一些数的每一个1要求 $k_1,\cdots,k_m$ 中恰好有一个的二进制展开式中的一个1，于是对这个1处的位置有 m 种选择. 所以，如果 b 是 n 的二进制展开式中1的个数，那么使 $k_1+\cdots+k_m=n$ 和 $\frac{n!}{k_1!\ \cdots k_m!}$ 是奇数(A 的元素的个数)的 $k_1,\cdots,k_m$ 的选择的总数是 m^b，即 m 的幂，这就是要求的.

评注 Lucas 定理的一般化对多项式的系数成立. 也就是说，利用解的开始时使用的记号(但是当 p 是质数时，关于 $n,k_1,\cdots,k_m$ 的 p 进位)，我们有

$$\frac{n!}{k_1!\ \cdots k_m!}=\binom{n}{k_1;\cdots;k_m}\equiv\prod_{j=0}^{s}\binom{n_j}{k_j^{(1)};\cdots;k_j^{(m)}}\pmod p$$

如果 p 是质数，当 $k_j^{(1)}+\cdots+k_j^{(m)}\neq n_j$ 时，要注意多项式系数

$$\binom{n_j}{k_j^{(1)};\cdots;k_j^{(m)}}$$

必须理解为0. 这表明当且仅当存在一个 j，有 $k_j^{(1)}+\cdots+k_j^{(m)}>n_j$ 时，多项式系数能被 p 整除. 等价的是当且仅当对每一个 $0\leqslant j\leqslant s$，$k_j^{(1)}+\cdots+k_j^{(m)}=n_j$ 时，$\frac{n!}{k_1!\ \cdots k_m!}$ 不能被 p 整除. 但是，对于任意一个质数 p，我们并没有这些不能被 p 整除的多项式的个数等于 m 的幂，但是相反的是

$$\prod_{j=0}^{s}\binom{n_j+m-1}{m-1}$$

这个乘积的每一个二项式都表示方程 $k_j^{(1)}+\cdots+k_j^{(m)}=n_j$ 的非负整数解的组数(从基本上

说，是方程 $x_1+\cdots+x_m=n_j$ 的解）. 当 $p=2$ 时，每一个 n_j 只可能是0和1，只得到乘积中仅有的因子1和 m，又导致原题的所述的结果.

22. 求方程

$$x^2y+y^2z+z^2x-3xyz=1$$

的一切非负整数解.

解　由轮换对称，我们可以假定 x 是三个数 x,y,z 中最小的一个. 于是对于 $u,v\geqslant 0$ 也是整数，我们有 $y=x+u,z=x+v$ 也是整数. 在进行简单的代数运算后，原方程变为

$$x(u^2-uv+v^2)+u^2v=1$$

我们有

$$4(u^2-uv+v^2)=(2u-v)^2+3v^2\geqslant 0$$

当且仅当 $u=v=0$ 时，等式成立（不只是对整数，甚至对实数 u 和 v）. 因为在我们的方程中 u 和 v 不能都是0，我们有 $u^2-uv+v^2>0$. 方程给出 $x(u^2-uv+v^2)=0$ 和 $u^2v=1$ 或者 $x(u^2-uv+v^2)=1$ 和 $u^2v=0$.

在第一种情况下，推出 $x=0$ 和 $u=v=1$，给出解

$$(x,y,z)=(0,1,1)$$

在第二种情况下，我们有 $x=1,u^2-uv+v^2=1$，以及 $u=0$ 或 $v=0$. 所以，我们得到 $x=1,u=0,v=1$，或者 $x=1,u=1,v=0$，即得到的解是(1,1,2)和(1,2,1).

最后方程的解是(0,1,1)和(1,1,2)以及它们的循环排列(1,0,1)，(1,1,0)和(2,1,1)，(1,2,1).

请用类似的方法（或不同的方法）解方程

$$x^3+y^3+z^3-3xyz=1$$

插叙　由算术和几何平均不等式，对任何非负实数，我们有

$$x^2y+y^2z+z^2x\geqslant 3xyz$$

对于 $u=y-x,v=z-x$，可以用许多方法利用恒等式

$$x^2y+y^2z+z^2x-3xyz=x(u^2-uv+v^2)+u^2v$$

改进上述不等式. 例如，如果我们再考虑 $x=\min\{x,y,z\}$，我们有 $u\geqslant 0$，$v\geqslant 0$，也有 $u^2-uv+v^2\geqslant uv$（因为它等价于 $(u-v)^2\geqslant 0$）. 对于 $x=\min\{x,y,z\}\geqslant 0$，我们得到

$$x^2y+y^2z+z^2x-3xyz=x(u^2-uv+v^2)+u^2v\geqslant xuv$$

或

$$x^2y+y^2z+z^2x-3xyz\geqslant x(y-x)(z-x)$$

只要 $x,y-x,z-x$ 都非负，它表示不等式 $x^2y+y^2z+z^2x\geqslant 3xyz$ 的一个改进版.

用同样的方法(或其他方法)证明对于非负的 x,y,z 有

$$x^3+y^3+z^3-3xyz\geqslant(y-x)^3+(z-x)^3$$

或者对于 $x=\min\{x,y,z,t\}\geqslant 0$,有

$$x^4+y^4+z^4+t^4+2xyzt-x^2y^2-x^2z^2-x^2t^2-y^2z^2-y^2t^2-z^2t^2$$
$$\geqslant x^2((y-x)^2+(z-x)^2+(t-x)^2)+2x(y-x)(z-x)(t-x)$$

23. 设 k 是自然数. 数列 $\{x_n\}_{n\geqslant 0}$ 定义为

$$x_0=0, x_1=1, x_{n+2}=kx_{n+1}+x_n$$

证明:在数 $x_1,\cdots,x_{1\,986}$ 中存在乘积能被 $19\cdot 86$ 整除的两个数.

证明 引入以下引理:

引理 对于任何正整数 m,数列 $\{x_n\}_{n\geqslant 0}$ 是模 m 的周期数列,周期至多是 m^2.

引理的证明 模 m 的余数有 m^2 对,因此在数组 $(x_0,x_1),(x_1,x_2),\cdots,(x_{m^2},x_{m^2+1})$ 中有两对模 m 相同.

设 $0\leqslant i<j\leqslant m^2$ 满足

$$x_i\equiv x_j \pmod m, x_{i+1}\equiv x_{j+1} \pmod m$$

那么

$$x_{i+2}=kx_{i+1}+x_i\equiv kx_{j+1}+x_j=x_{j+2} \pmod m$$

类似地由归纳法,对于任何自然数 r,有

$$x_{i+r}\equiv x_{j+r} \pmod m$$

我们还有

$$x_{i-1}\equiv x_{i+1}-kx_i\equiv x_{j+1}-kx_j=x_{j-1} \pmod m$$

我们用同样的方法往回推导会得到对于任何自然数 $r\leqslant i$,有

$$x_{i-r}\equiv x_{j-r} \pmod m$$

也就是说,对于任何 $n\geqslant 0$,有

$$x_n=x_{n+j-i} \pmod m$$

即该数列是模 m 的周期数列,周期 $j-i\leqslant m^2$.

现在根据引理,该数列是模 19 的周期数列,周期 $t\leqslant 19^2=361$. 因为 $x_0=0$,我们推得 x_{3t} 和 x_{4t} 能被 19 整除. 这些数中必有一个是偶数,因为该数列是模 2 的周期数列,周期是 1,2,3 或 4,所以无论是 x_{4t} 还是 x_{3t} 必模 2 同余 $x_0=0$.

因为 $3t<4t\leqslant 4\cdot 361<1\,986$,所以在数列 $x_1,\cdots,x_{1\,986}$ 中存在一个数 x_l 能被 $2\cdot 19$ 整除($l=3t$ 或 $l=4t$). 再利用引理,数列是模 43 的周期数列,周期 $m\leqslant 43^2<1\,986$. 于是 x_m 能被 43 整除,得到 x_lx_m 能被 $2\cdot 19\cdot 43=19\cdot 86$ 整除. 如果 $l\neq m$,那么我们已经完成,

否则 $x_l=x_m$ 能被 $2\cdot19$ 和 43 整除,因此它们的乘积能被 $2\cdot19\cdot43=19\cdot86$ 整除.在这种情况下,对于任何 $1\leqslant n\leqslant1\,986,n\neq m$,显然 x_mx_n 也能被 $19\cdot86$ 整除.

评注　在看到问题的命题中出现年份时,回忆一下在竞赛中的这一问题的提出时的年份总是很有趣的.但是,在这种情况下,所叙述的结果并不是十分有力的.

请注意,对于一个质数 p,我们可以将模 p 的余数分成若干对等价的类,只要存在模 p 的非零余数 r,使 $c\equiv ra\pmod p$ 和 $d\equiv rb\pmod p$,我们就认为 (a,b) 和 (c,d) 这两对是等价的.显然,每一个等价类(除了只有这一对组成的 $(0,0)$ 类)有 $p-1$ 个元素,因此除了零对这一类还有 $p+1$ 类.因为没有一对 (x_n,x_{n+1}) 可以等于 $(0,0)$ 模 p(因为这将导致 $(x_0,x_1)=(0,0)$ 模 p,但这是不可能的情况),我们看到(与上面同样的理由)数对 (x_n,x_{n+1}) 周期性地进入一个等价类,周期是 $t,t\leqslant p+1$.因为 $(x_0,x_1)=(0,1)$,这导致对任何正整数 $k,x_{kt}\equiv0\pmod p$ 这一结论.于是(又是如上面的解的理由)我们可以找到某个能被 $2\cdot19$ 整除的 $x_l,1\leqslant l\leqslant3\cdot20$,以及某个能被 43 整除的 $x_m,1\leqslant m\leqslant44$,这证明了为了在数列中找出两项乘积能被 $19\cdot86$ 整除的项只需寻找比 1 986 小很多的项.

现在我们可以得到,例如,存在 $1\leqslant n\leqslant3\cdot20\cdot44$,使 x_n 能被 $19\cdot86$ 整除.

24. 设正整数 s,p,q,有 q 整除 s,p 整除 $s-1$,$q>p$,且 $s\leqslant pq$.证明

$$s\leqslant pq-\frac{q(p-1)}{q-p}$$

对于给定的 p,提供一个使等式成立的 s,q 的例子.

证明　设 $s=pq-t$,这里非负整数 $t<pq$.于是 q 整除 $t=pq-s$,p 整除 $t+1=pq-(s-1)$,所以对某个自然数 k,我们有 $t=kq$,使 $p\mid qk+1$.

因为 $p\mid qk+1$,我们也有 $p\mid(q-p)k+1$,以及因为 $(q-p)k+1$ 是正整数,我们推得

$$(q-p)k+1\geqslant p\Leftrightarrow k\geqslant\frac{p-1}{q-p}$$

这表明

$$t=qk\geqslant\frac{q(p-1)}{q-p}\Leftrightarrow s=pq-t\leqslant pq-\frac{q(p-1)}{q-p}$$

这就是要证明的.

为了找出一个使等式成立的 s,q 的例子,我们需要在我们上面用过的不等式 $(q-p)k+1\geqslant p$ 中实现等式.例如,我们可以考虑 $k=1$ 和 $q-p=p-1$,即 $q=2p-1$.在这种情况下,有

$$s=pq-qk=p(2p-1)-(2p-1)=(p-1)(2p-1)$$

可直接验证 $q\mid s,p\mid s-1$,确实有

$$s = pq - \frac{q(p-1)}{q-p}$$

评注与插叙 基本上我们用了这个简单的思想,如果对于整数 a 和 b,我们有 $a < b$,那么 $a \leqslant b-1$(或 $b \geqslant a+1$,这一点是你将需要的).在本题的情况下,我们使用了这样一个事实,即作为正整数的$\frac{(q-p)k+1}{p}$必须至少等于 1.

在用这一思想解本题时,这里是另一个例子.

我们要证明不等式

$$\{n\sqrt{2}\} > \frac{1}{2n\sqrt{2}}$$

对任何正整数 n 成立(这里$\{x\} = x - \lfloor x \rfloor$表示 x 的分数部分).为了做到这一点,我们设 $m = \lfloor n\sqrt{2} \rfloor$ 是 $n\sqrt{2}$ 的整数部分,那么我们有

$$m \leqslant n\sqrt{2} < m+1 \Leftrightarrow m^2 \leqslant 2n^2 < (m+1)^2$$

但是,我们不可能有 $m^2 = 2n^2$(因为$\sqrt{2}$ 是无理数),于是推出 $m^2 \leqslant 2n^2 - 1$.于是

$$8m^2n^2 \leqslant 8n^2(2n^2-1) < (4n^2-1)^2 \Leftrightarrow m < \frac{4n^2-1}{2n\sqrt{2}}$$

它可改写为

$$m < n\sqrt{2} - \frac{1}{2n\sqrt{2}} \Leftrightarrow \{n\sqrt{2}\} = n\sqrt{2} - m > \frac{1}{2n\sqrt{2}}$$

这就是我们要证明的.

为了完整性,注意到$\frac{1}{2\sqrt{2}}$是最佳(指最大)常数 c,对每一个正整数 n,有

$$\{n\sqrt{2}\} > \frac{c}{n}$$

这是因为,如果我们考虑方程 $2x^2 - 1 = y^2$ 的解(n_k, m_k)(因此有 $2n_k^2 - 1 = m_k^2$),我们容易看出$\lfloor n_k\sqrt{2} \rfloor = m_k$,因此,如果 c 具有上面的性质,那么

$$c \leqslant \lim_{k\to\infty} n_k\{n_k\sqrt{2}\} = \lim_{k\to\infty} n_k(n_k\sqrt{2} - \sqrt{2n_k^2-1}) = \frac{1}{2\sqrt{2}}$$

最后,我们来说说方程

$$2x^2 - y^2 = -1$$

的无穷多组解可以用以下方法得到:我们用二项公式将$(1+\sqrt{2})^{2k+1}$展开,可写成

$$(1+\sqrt{2})^{2k+1} = m_k + n_k\sqrt{2}$$

其中 m_k 和 n_k 是自然数. 取共轭,我们也有

$$(1-\sqrt{2})^{2k+1}=m_k-n_k\sqrt{2}$$

因此,将上面两个方程相乘,我们得到

$$-1=(1+\sqrt{2})^{2k+1}(1-\sqrt{2})^{2k+1}=(m_k+n_k\sqrt{2})(m_k-n_k\sqrt{2})=m_k^2-2n_k^2$$

即 $2n_k^2-1=m_k^2$.

25. 求一切整数对 (a,b),使方程

$$(ax-by)^2+(bx-ay)^2=xy$$

有一个非零整数解.

解　该方程可改写为

$$(a^2+b^2)(x^2+y^2)=(4ab+1)xy$$

因此,如果 (x,y) 是它的一组解,我们得到

$$|4ab+1||xy|=(a^2+b^2)(x^2+y^2)$$

将该方程与不等式

$$(|x|-|y|)^2\geqslant 0\Leftrightarrow\frac{x^2+y^2}{2}\geqslant|xy|$$

结合,表明

$$\frac{1}{2}|4ab+1|(x^2+y^2)\geqslant(a^2+b^2)(x^2+y^2)$$

于是(因为 x 和 y 不都是 0,我们有 $x^2+y^2>0$)

$$|4ab+1|\geqslant 2a^2+2b^2$$

于是我们有

$$-4ab-1\geqslant 2a^2+2b^2\Leftrightarrow 2(a+b)^2+1\leqslant 0$$

或者

$$4ab+1\geqslant 2a^2+2b^2\Leftrightarrow 2(a-b)^2\leqslant 1$$

因为第一种情况显然不可能,余下来的是 $2(a-b)^2\leqslant 1$,对于整数 a 和 b,只能是 $a=b$.

我们进一步假定 $a=b=k$,方程可写成

$$2k^2(x-y)^2=xy$$

如果我们设 $s=x-y$,那么我们需要存在整数 x,y,使 $x-y=s$,和 $xy=2k^2s^2$,因此需要二次方程

$$t^2-st-2k^2s^2=0$$

有整数根(x 和 $-y$). 当且仅当方程的判别式是完全平方数时这是可能的,也就是说

$$s^2+8k^2s^2=s^2(8k^2+1)$$

是完全平方数.

注意到 $s=0$ 只导致解 $x=y=0$，因此 $s\neq 0$，这表明 $8k^2+1=l^2$ 是完全平方数. 反之，如果 $8k^2+1=l^2$ 是完全平方数（l 当然是奇数），方程变为

$$\frac{l^2-1}{4}(x-y)^2=xy$$

可求出解

$$x=\frac{l+1}{2},y=\frac{l-1}{2}$$

所以答案是当且仅当 $a=b$ 都等于佩尔方程

$$l^2-8k^2=1$$

的某个解 (l,k) 的第二个分量时，方程

$$(ax-by)^2+(bx-ay)^2=xy$$

有非零整数解. 一般地说，佩尔方程形如 $x^2-dy^2=1$，这里 d 是给定的非完全平方的正整数. 众所周知，它永远有无穷多组非负整数解 (x_n,y_n)，这些解都由

$$x_n+y_n\sqrt{d}=(x_1+y_1\sqrt{d})^n,n\in\mathbf{N}$$

给出. 这里 (x_1,y_1) 表示基本解（最小的正整数分量）. 于是所有的整数解是 $(\pm x_n,\pm y_n)$（正负号的所有组合）.

对于方程 $l^2-8k^2=1$ 最小正整数解是 $(3,1)$，因此所有的解是 $(\pm l_n,\pm k_n)$，这里

$$l_n+2k_n\sqrt{2}=(3+2\sqrt{2})^n,n\in\mathbf{N}$$

由于共轭，我们也有

$$l_n-2k_n\sqrt{2}=(3-2\sqrt{2})^n$$

我们得到

$$k_n=\frac{(3+2\sqrt{2})^n-(3-2\sqrt{2})^n}{4\sqrt{2}}$$

于是所要求的一切数对 (a,b) 是

$$\left(\frac{(3+2\sqrt{2})^n-(3-2\sqrt{2})^n}{4\sqrt{2}},\frac{(3+2\sqrt{2})^n-(3-2\sqrt{2})^n}{4\sqrt{2}}\right)$$

和

$$\left(-\frac{(3+2\sqrt{2})^n-(3-2\sqrt{2})^n}{4\sqrt{2}},-\frac{(3+2\sqrt{2})^n-(3-2\sqrt{2})^n}{4\sqrt{2}}\right)$$

其中 $n\in\mathbf{N}$.

5.2 组　　合

1. 设 $S=\{1,2,\cdots,8\}$，$\mathscr{M}$ 是 S 的 4 个元素的子集的一族，如果 A 和 B 属于 $\mathscr{M}$，且不相同，那么 $A\cap B$ 至多有两个元素. $\mathscr{M}$ 中元素可能的最大个数是多少？

解　我们寻找的最大个数是 14.

为了证明这一事实，注意到，因为 $\mathscr{M}$ 的任何两个不同的子集的交至多包含两个元素，S 的(不同) 元素的每一个三数组至多能属于 $\mathscr{M}$ 的一个成员. 假定 $\mathscr{M}=\{A_1,\cdots,A_k\}$(这里 $A_1,\cdots,A_k$ 是 S 的 4 个元素的不同的子集)，设 $B_1,\cdots,B_l$ 是 S 的所有 3 个元素的子集，有

$$l=\binom{8}{3}=56$$

我们可以将每一个集合 $A_1,\cdots,A_k$ 与它的 4 个含有(不同的)3 个元素的子集(包含在 $B_1,\cdots,B_l$ 中) 相结合. 由于原来的观察，所有这样得到的 3 个元素的子集是不同的，于是它们的个数至多等于 S 的 3 个元素的子集的个数，即

$$4k\leqslant l\Leftrightarrow 4k\leqslant 56\Leftrightarrow k\leqslant 14$$

这表明 $\mathscr{M}$ 中至多存在 14 个子集，14 确实是所求的最大值，因为 S 的这 14 个子集

$$\{1,2,3,4\},\{1,2,5,6\},\{1,2,7,8\},\{3,4,5,6\}$$
$$\{3,4,7,8\},\{5,6,7,8\},\{1,3,5,7\},\{1,3,6,8\}$$
$$\{1,4,5,8\},\{1,4,6,7\},\{2,3,5,8\},\{2,3,6,7\}$$
$$\{2,4,5,7\},\{2,4,6,8\}$$

中任何两个的交至多包含两个元素(我们当然可以强行检验，但是注意到如果你将数 1，2，…，8 以明显的方式排列在一个正方体的顶点上就容易些，那么这些数是所有的四数组，它们在每个面上有偶数个顶点：6 个面上，6 对对棱上，两个正四面体上. 于是这些点中的任意三点都能确定第四点，因为包含这三个顶点的一个奇数的面一定恰好是包含第四点的面.

评注　假定 $S=\{1,2,\cdots,n\}$，$\mathscr{M}$ 是 S 的 m 个元素的子集的一族，这些子集中的任何两个子集的交至多包含 p 个元素(这里 m,n,p 是正整数，$p\leqslant m\leqslant n$). 用像上面同样的方法，我们找到 $\mathscr{M}$ 的子集的个数 k 满足

$$k\binom{m}{p+1}\leqslant\binom{n}{p+1}$$

(在我们的问题中，$n=8,m=4,p=2$). 但是，一般地说，k 的这个上界是很弱的(例如，当我

们应该得到$k \leqslant \binom{n}{m}$时，当$p=m$时，它没有给出什么，当$p=m-1$时，只提供了一个明显的上界$k \leqslant \binom{n}{m}$）．于是，对于一般情况，应该用到更多所涉及的技巧得到对这样的子集的个数的一个好的上界．

事实上，我们可以在这里提一下 Frankl 和 Wilson 的一个定理，说的是集合$\{1,2,\cdots,n\}$的m个元素的子集的一族$\mathscr{M}=\{A_1,\cdots,A_k\}$具有以下性质：如果每一个集合$A_i \cap A_j$ $(i \neq j)$有许多元素属于一个给定的有s个元素的非负整数集L，那么$\mathscr{M}$至多有$\binom{n}{s}$个元素．似乎这一定理给出了我们的问题中的一个较弱的上界，我们不能忘记在这个定理中，m可以是 0 到n中的任何数（而在本题中$m=4$是固定的；集合L也是特殊情况，我们有$L=\{0,1,2\}$）．我们立刻看到如果M由$\{1,2,\cdots,n\}$的s个元素的所有子集组成，那么由定理得到了界（有$\binom{n}{s}$个这样的子集）；在这种情况下，$L=\{0,1,\cdots,s-1\}$．于是，当$n=8$时，就是本题，$\{1,2,\cdots,8\}$含 3 个元素的子集有$56=\binom{8}{3}$个，其中任何两个的交有取自于集合$\{0,1,2\}$的元素（也就是说，任何这样的交至多有两个元素），但是，如果我们提到有 4 个元素的集合，那么（至多）只有 14 能满足这一要求（我们已经证明了）．$\{1,2,\cdots,8\}$有多少个有 5 个元素的子集能够使它们的所有互交至多有 2 个元素呢？有兴趣的读者可以亲自研究其他一些类似的问题．

2．证明：位于单位正方形内（或边界上）的任意九点中存在三点，以这三点为顶点的一个（可能是退化的）三角形的面积不大于$\frac{1}{8}$．

证明　将正方形分割成四个边长为$\frac{1}{2}$的小正方形（面积是$\frac{1}{4}$）．于是，由鸽笼原理，这四个小正方形中将有一个的内部（或边界上）有九点中的至少三点．我们断言这三点将形成一个面积至多是$\frac{1}{8}$的三角形．为了证明这一事实将正方形放在直角坐标系中，使这三点所在的正方形的顶点的坐标是$(0,0)$，$\left(0,\frac{1}{2}\right)$，$\left(\frac{1}{2},0\right)$，$\left(\frac{1}{2},\frac{1}{2}\right)$．设这三点的坐标是$(x_1,y_1)$，$(x_2,y_2)$，$(x_3,y_3)$，因此，对$i \in \{1,2,3\}$，我们有$0 \leqslant x_i \leqslant \frac{1}{2}$，$0 \leqslant y_i \leqslant \frac{1}{2}$．该三角形的面积是（由著名的公式）

$$\frac{1}{2}\left|x_1y_2+x_2y_3+x_3y_1-x_2y_1-x_3y_2-x_1y_3\right|$$

所以我们需要证明

$$-\frac{1}{4}\leqslant x_1y_2+x_2y_3+x_3y_1-x_2y_1-x_3y_2-x_1y_3\leqslant\frac{1}{4}$$

为不失一般性，我们可以假定 $x_1\leqslant x_2\leqslant x_3$. 于是

$$\begin{aligned}&x_1y_2+x_2y_3+x_3y_1-x_2y_1-x_3y_2-x_1y_3\\=&(x_2-x_1)y_3+(x_3-x_2)y_1-(x_3-x_1)y_2\end{aligned}$$

因为 $(x_2-x_1)y_3$，$(x_3-x_2)y_1$，$(x_3-x_1)y_2$ 都非负，表达式 $x_1y_2+x_2y_3+x_3y_1-x_2y_1-x_3y_2-x_1y_3$ 在 $-(x_3-x_1)y_2$ 和 $(x_2-x_1)y_3+(x_3-x_2)y_1$ 之间. 现在因为 $x_1,x_2,x_3,y_1,y_2,y_3\in\left[0,\frac{1}{2}\right]$，我们推得

$$(x_3-x_1)y_2\leqslant\frac{1}{2}\cdot\frac{1}{2}=\frac{1}{4}$$

以及

$$\begin{aligned}(x_2-x_1)y_3+(x_3-x_2)y_1&\leqslant\frac{1}{2}(x_2-x_1)+\frac{1}{2}(x_3-x_2)\\&=\frac{1}{2}(x_3-x_1)\leqslant\frac{1}{2}\cdot\frac{1}{2}=\frac{1}{4}\end{aligned}$$

于是正如我们所断言的那样，该表达式确实在 $-\frac{1}{4}$ 和 $\frac{1}{4}$ 之间.

评注　这一问题是众所周知的(可能与多年前被提为用作竞赛的情况不同). 通常最后部分更多是用几何方法证明的，实际上证明的是如果 X,Y,Z 三点在平行四边形 $ABCD$ 的内部(可能在边上)，那么

$$A_{\triangle XYZ}\leqslant\frac{1}{2}A_{ABCD}$$

事实上这显然足够了，如果三角形有一条边，譬如说，$[XY]$ 在平行四边形 $ABCD$ 的边上，譬如说，在 $[AB]$ 上，因为在这种情况下 YZ 的长至多等于 AB，而从三角形的顶点 X 出发的高的长至多等于平行四边形的对应边 $[AB]$ 的高(平行线 AB 与 CD 之间的距离). 于是利用三角形和平行四边形的面积常用公式给出所要求的结果. 如果不是这种情况，我们可以过 $\triangle XYZ$ 的顶点画一条平行于平行四边形的边的直线 l，将 $\triangle XYZ$ 分割成两个三角形. 直线 l 也将平行四边形分割成两个小的平行四边形. 这两个三角形中的任何一个都包含于平行四边形中的一个，并且有一条边在平行四边形的一边上. 对每个这样的三角形利用第一种情况，然后相加又给出所要求的结果.

于是我们看到如果九点在面积为 1 的平行四边形内问题的命题将成立.

3. 证明:在任何十个连续正整数中,至少有一个与另九个中的任何一个互质.

证明 设 S 是 10 个连续整数的集合. 如果 S 的两个数有共同的质因数 p,那么整除它们的差,这个差的绝对值至多是 9,所以 p 只能是 2,3,5 或 7. 在 S 的数中有 5 个连续的奇数,其中至多有两个能被 3 整除. 因为 S 中两个 3 的奇数倍的差至少是 6,所以 S 中没有足够的空间容得下三个 3 的奇数倍. 类似地,因为 S 中两个 5 或 7 的奇数倍的差至少分别是 10 或 14,所以我们可以至多有一个 5 的奇数倍和至多有一个 7 的奇数倍. 于是至少存在一个数(在 S 的 5 个连续奇数中),它能不被 2,3,5,7 中的任何一个整除(其中至多有两个能被 3 整除,至多有一个能被 5 整除,至多有一个能被 7 整除),这个数肯定与集合中的所有其他的数互质.

评注 同样的方法在证明任何 $k \leqslant 16$ 个连续整数中存在一个数与其他所有的数互质有效. 但是,当 $k=17$ 时命题不成立,试图模仿 $k=17$ 时的证明会产生所需要的反例. 事实上,17 个连续整数中有 8 个或 9 个是奇数. 最糟糕的情况是其中有 8 个是奇数,分别是 $a, a+2, \cdots, a+14$. 在这一行中只能有 3 个是 3 的倍数,例如,如果 $3 \mid a+2$,那么这 3 个 3 的倍数是 $a+2, a+8, a+14$. 余下的 5 个数是 $a, a+4, a+6, a+10, a+12$. 如果 a 能被 5 整除,那么 $a, a+10$ 是 5 的倍数,现在我们也可以要求 $7 \mid a+6, 11 \mid a+4, 13 \mid a+12$. 根据对两两互质的质数 2,3,5,7,11,13 的中国剩余定理,我们总能挑选出这样一个 a,我们记得 a 必模 2 余 1,模 3 余 1,模 5 余 0,模 7 余 1,模 11 余 7,模 13 余 1. 在 17 个连续整数集 $\{a-1, a, \cdots, a+15\}$ 中没有满足所有这些条件的 a 能与其余所有的数互质,因为 $a-1$, $a+1, \cdots, a+15$ 都是偶数, $a-1, a+2, a+5, a+8, a+11, a+14$ 有公约数 3, $a, a+5, a+10$ 都能被 5 整除, $a+6$ 和 $a+13$ 都是 7 的倍数, $a+4$ 和 $a+15$ 是 11 的倍数,和 $a-1, a+12$ 都是 13 的倍数. 于是集合 $\{a-1, a, \cdots, a+15\}$ 中的任何数都至少与其他一个数不互质,这就证明找到一个不具有问题的命题的性质的 17 个连续整数的集合是可能的.

4. 证明:对于任何整数 $n \geqslant 55$,一个正方体能被分割成 n 个正方体.

证明 首先注意到,对任何正整数 m,一个正方体可以分割成 m^3 个棱长为原正方体棱长的 $\frac{1}{m}$ 的小正方体. 实际上,我们将认为这个棱长是 1,因为在放缩时这个同样的分割对任何其他棱长的正方形都有效.

然后观察到如果一个正方体被分割成 n 个正方体,那么它也能被分割成 $n+7$ 个正方体:首先将这个正方体分割成 n 个正方体,然后将其中一个小正方体用它的棱长的一半分割成 8 个正方体:于是我们有一个将原正方体分割成 $n+7$ 个正方体的分割. 当然,直接归纳证明,一旦我们有了一个分割成了 n 个正方体的分割,那么我们也能找到将原正方体分割成 $n+7k$ 个正方体的方法(k 是非负整数).所以只要证明断言对 $n\in\{55,56,57,58,59,60,61\}$ 成立,那么因为任何正整数 $n\geqslant 55$ 有 $n=j+7k$ 的形式,其中 $j\in\{55,56,57,58,59,60,61\}$,$k$ 是某个非负整数.

对于 $n=55$,分割成 33 个正方体.

因为 $55=27+7+7+7+7$,将四个小正方体都分割成 8 个正方体就得到 55 个正方体.

对于 $n=56$,先将正方体分割成 8 个正方体.然后将其中四个正方体中的每一个都分割成 27 个小正方体,得到总数是 $4\cdot 27+4=112$ 个正方体.注意这个正方体的下面一半也可以看作棱长是 $\frac{1}{6}$ 的 108 个相同的正方体的 $6\times 6\times 3$ 的体块.我们可以将它们中的一个 $2\times 2\times 2$ 的体块拼成一个新的正方体,下面一个 $6\times 6\times 2$ 的体块可以拼成一个棱长是 $\frac{1}{3}$ 的 $3\times 3\times 1$ 个正方体体块,这样总数就减少 $6\cdot 6\cdot 2-3\cdot 3\cdot 1=63$ 个正方体,得到正方体的总数是 $112-63=49$.(要注意,我们基本上是将正方体分割成三层:一层是由 4 个棱长是 $\frac{1}{2}$ 的正方体组成,一层是由 9 个棱长是 $\frac{1}{3}$ 的正方体组成,一层是由 36 个棱长是 $\frac{1}{6}$ 的正方体组成.)再回过去将一个正方体分割成 8 个,现在得到 56 个正方体.

对于 $n=57$,我们可以将一个正方体分割成 $4^3=64$ 个正方体,然后将 8 个正方体拼成一个正方体.

对于 $n=58$,先将正方体分割成 27 个正方体,然后将 8 个正方体拼回成一个正方体,得到 20 个正方体.然后将一个小正方体分割成 27 个正方体,再其中 8 个正方体拼回成一个正方体,得到 39 个正方体.将一个小正方体重复这一过程再得到 58 个正方体.(于是这个过程是将一个正方体分割成 27 个,再拼 8 个;这使正方体的总数先增加 26 个,再减少 7 个,最后增加 19 个.)

对于 $n=59$,先将正方体分割成 64 个正方体,然后拼其中 27 个得到 $64-26=38$ 个正方体,然后将其中 3 个中的每一个都分割成 8 个.

对于 $n=60$,先将正方体分割成 27 个正方体,然后将其中的一个再分割成 27 个正方体,得到 53 个正方体.然后将其中一个分割成 8 个得到 60 个正方体.

对于 $n=61$,先将正方体分割成 27 个正方体,然后将其中 8 个拼成一个正方体,得到 20 个正方体.然后将形成一个 $2\times 2\times 1$ 的体块中的每一个都分割成 27 个正方体.这就将总数增加到 124.这个棱长是 $\frac{1}{3}$ 的正方体的 $2\times 2\times 1$ 的体块现在转化为棱长是 $\frac{1}{9}$ 的正方

体的一个 $6\times6\times3$ 的体块. 我们可以从中挑出一个 $6\times6\times2$ 的体块转化为 9 个棱长是 $\frac{2}{9}$ 的正方体的一个 $3\times3\times1$ 的体块,于是将正方体的总数减少 $72-9=63$,于是得到 $124-63=61$ 个正方体.(所以,观察到最后我们得到棱长是 $\frac{2}{3}$ 的一个正方体,棱长是 $\frac{1}{3}$ 的 15 个正方体,棱长是 $\frac{1}{9}$ 的 36 个正方体,和棱长是 $\frac{2}{9}$ 的 9 个正方体的一个拼法.)

评注与插叙 (1) 在上述的构造中,我们将一个正方体分割成 8 个、27 个或 64 个正方体,或者利用相反的过程. 观察将正方体的个数模 7 也许能够帮助我们猜测将一个正方体分割成 27 个正方体需要的次数:因为 8 和 64 除以 7 时余数是 1,分隔成 8 或 64 个正方体时总数模 7 没有影响. 现在我们猜测将一个正方体分割成 27 个正方体需要的次数对我们设计一个策略是有帮助的.

(2) 如今,我们所知道的比半个世纪前首次提出我们的问题时要多得多. 也就是说,对任何正整数 $n\geqslant48$,一个正方体能被分割成 n 个正方体已为大家熟知. 为得到这一结果我们可以只对 $n\in\{1,20,38,39,49,51,54\}$ 用来分割成 n 个正方体. 这是因为我们有 $48=20+4\cdot7$(于是,如果我们有一个分割成 20 个正方体分法,像上面所示的那样,我们也有一个分割成 $20+7k$ 个正方体的分法,这里 k 是任何自然数),$49=49$,$50=1+7\cdot7$,$51=51$,$52=38+2\cdot7$,$53=39+2\cdot7$,$54=54$,于是,对于任何 $n\in\{48,49,50,51,52,53,54\}$ 分割成 n 个正方体是可能的,于是对任何 $n\geqslant48$ 都可能. 猜测 48 是最小的 n_0,对于任何 $n\geqslant n_0$,一个正方体可被分割成 n 个正方体(也就是说,分割成 47 个正方体的分法不存在),读者可以查阅刊登在 *Journal of Combinatorial Theory*, Series A 81, 190-200(1998) 上的 Matthew Hudelson 的论文"Dissecting d-Cubes into Smaller d-Cubes". 在同一篇文章中有兴趣的读者可以找到将一个正方体分割成 $n(n\in\{1,20,38,39,49,51,54\})$ 个正方体的(精彩的) 分法(其中有一些我们在上面已经阐述过了).

(3) 对正方形的同样的问题也是著名的,当然要简单得多. 据说当且仅当 n 不是 2,3 或 5 时,一个正方形能被分割成 n 个正方形(于是,对 $n\geqslant6$,这样的一个分割是存在的). 最难的部分是分割成 2,3 或 5 个正方形的分割不存在. 请尝试一下!

(4) 在用正方形铺切矩形方面,Dehn 的一个定理表明:当且仅当矩形的长和宽的比是有理数时一个矩形能被分割成若干个正方形. 还有一个精彩(民间传说) 的结果说如果一个矩形能用矩形铺切(这些矩形的边与被铺切的矩形的边平行),且这些矩形的每一个至少有一条边长是整数,那么这对于被铺切的矩形同样有效(它至少有一边的长是整数)的边平行. 例如,可见 Stan Wagon 刊登在 *The American Mathematical Monthly* Vol.

94,No.7,(Aug. — Sep.,1987),pp.601 — 617 上的文章“Fourteen Proofs of a Result About Tiling a Rectangle”.

最后,不得不提一下一个整数边长的正方形能够用边长互不相同的整数边长正方形铺切(21 是所要求的不同的正方形的最小个数),但是一个正方体是不能被分割成互不相同的棱长的正方体的.

5. 可以对边长为整数的正方形网格的每一个结点(h,k)写一个整数$a_{h,k}$. 如果每一个数都等于到该结点的最近的四个结点的平均数,即对一切$h,k\in\mathbf{Z}$,有

$$a_{h,k}=\frac{a_{h-1,k}+a_{h+1,k}+a_{h,k-1}+a_{h,k+1}}{4}$$

那么我们称这样的网格为调和网格.

(a) 证明:存在一个调和网格,使数$a_{h,k}$不都相等.

(b) 证明:如果数$a_{h,k}$不都相等,那么对于每一个$N\in\mathbf{N}$,网格包含大于N的数,也包含小于$-N$的数.

证明 (a) 例如我们可以对每一个$(h,k)\in\mathbf{Z}^2$,取$a_{h,k}=h+k$. 可以直接验证这一条件. 你能找出另一些例子吗?

(b) 我们称$(h\pm1,k)$和$(h,k\pm1)$是与(h,k)的相邻的点. 例如,假定网格不包含小于$-N$的数. 那么$-N$是一个下界,因此由一切$a_{h,k}$组成的集合有一个最小的元素a(这里我们用到的是$a_{h,k}$整数这一事实,因为一个有下界的整数集合有一个最小的元素). 现在设U是写有a的结点的集合,所以U不是空集. 我们断言如果有一个结点在U内,那么它的所有相邻的结点都在U内. 事实上,设$(i,j)\in U$(使$a_{i,j}=a$). 那么,由于$a_{i,j}=a$最小,我们有

$$a_{i,j}=\frac{a_{i+1,j}+a_{i-1,j}+a_{i,j+1}+a_{i,j-1}}{4}\geqslant\frac{a+a+a+a}{4}=a=a_{i,j}$$

因为等式必须成立,我们推得

$$a_{i+1,j}=a_{i-1,j}=a_{i,j+1}=a_{i,j-1}=a$$

这表明(i,j)的所有相邻的结点也属于U.

因为在整个网格是连通的,这表明U是完整的网格,这与假定$a_{h,k}$不都相等矛盾. 我们可以用类似的方法证明如果不是所有的数都相等,那么网格包含大于任何给定的N的数.

评注 (1) 对于如果假定无界推出所有的数都相等这一事实的一个更正式的证明,设(i,j)是在U中选取(任意选取,但从现在起是固定的)的任何一点,对任何自然数n,再

对任何自然数 n,设集合

$$S_n=\{(h,k)\in \mathbf{Z}\times\mathbf{Z}\mid |h-i|+|k-j|\leqslant n\}$$

因为 S_n 实际上是中心为 (i,j),顶点的坐标分别是 $(i\pm n,j)$,$(i,j\pm n)$ 的(闭)正方形的网格点的集合,容易看出,S_{n+1} 中的任何一点或者在 S_n 中,或者在 S_n 中有一个相邻的点.(在几何上是显然的.也可以设法用代数方法证明.)还有,所有 $S_n(n\in\mathbf{N})$ 的并是整个网格.所以,为了证明 U 实际上由一切网格点组成,只要证明 U 包含每一个 S_n 就够了.这可由对 n 归纳推出:我们已经看到 $S_1\subseteq U$,U 的一点的所有相邻的点也属于 U.于是,根据上面的观察由 $S_n\subseteq U$ 得到 $S_{n+1}\subseteq U$,我们的证明基本完成.

(2) 假定我们有一个在顶点有限集上的连通图 G,在 G 的每个顶点处写一个整数,使写好的这些数中的每一个,譬如说,在顶点 v 处的数都是所有与 v 相邻的写上的数的算术平均数.证明(本质上是同样的道理)所有的数必须相等.

6. 设 S_n 是 $1,2,\cdots,n$ 的排列的集合,M_n 是所有排列 $\sigma\in S_n$ 的集合,对这个集合存在 $\tau\in S_n$,使 $\sigma(1)+\tau(1),\cdots,\sigma(n)+\tau(n)$ 是连续自然数.

证明:当且仅当 n 是奇数时,M_n 是空集.

此外,当 n 是奇数时,对任何 $\sigma_1,\sigma_2\in M_n$,我们有

$$\sum_{k=1}^{n}k\sigma_1(k)=\sum_{k=1}^{n}k\sigma_2(k)$$

证明 假定存在某个 $\sigma\in M_n$,那么设 $\tau\in S_n$ 是使 $\sigma(1)+\tau(1),\cdots,\sigma(n)+\tau(n)$ 是连续自然数的排列,所以对某个 $a\in\mathbf{N}$,它们分别等于 $a+1,a+2,\cdots,a+n$.将这些数相加得到

$$\sum_{k=1}^{n}(\sigma(k)+\tau(k))=\sum_{k=1}^{n}(a+k)\Leftrightarrow 2\cdot\frac{n(n+1)}{2}=na+\frac{n(n+1)}{2}$$

因为(σ,τ 是 $1,2,\cdots,n$ 的排列)我们有

$$\sum_{k=1}^{n}\sigma(k)=\sum_{k=1}^{n}\tau(k)=\sum_{k=1}^{n}k=\frac{n(n+1)}{2}$$

但是我们得到的最后一个等式等价于

$$a=\frac{n+1}{2}$$

这就证明了 n 必是奇数.

反之,对于奇数 n,我们可以给出具有所需性质的 σ 和 τ 的一个例子如下:

我们定义

$$\sigma(k)=2k-1,k\leqslant\frac{n+1}{2}$$

$$\sigma(k)=2k-1-n, k>\frac{n+1}{2}$$

$$\tau(k)=\frac{n+1}{2}-k+1, k\leqslant\frac{n+1}{2}$$

$$\tau(k)=\frac{n+1}{2}-k+1+n, k>\frac{n+1}{2}$$

容易看出 $\sigma,\tau\in S_n$，且对每一个 $k\in\{1,2,\cdots,n\}$，有 $\sigma(k)+\tau(k)=\frac{n(n+1)}{2}+k$.

现在，假定 $\sigma\in M_n$（对奇数 n），设 $\tau\in S_n$ 是连续自然数 $\sigma(1)+\tau(1),\cdots,\sigma(n)+\tau(n)$ 的对应的排列. 正如我们所见，对一切 $k\in\{1,2,\cdots,n\}$，我们必有

$$\sigma(k)+\tau(k)=\frac{n+1}{2}+k$$

这意味着数

$$\frac{n+1}{2}+k-\sigma(k)\in\{1,2,\cdots,n\}$$

表示 $1,2,\cdots,n$ 的一个排列，于是

$$\sum_{k=1}^{n}\left(\frac{n+1}{2}+k-\sigma(k)\right)^2=\sum_{k=1}^{n}k^2$$

上式可以改写为

$$\sum_{k=1}^{n}\left(\frac{n+1}{2}+k\right)^2-(n+1)\sum_{k=1}^{n}\sigma(k)-2\left(\sum_{k=1}^{n}k\sigma(k)\right)+\sum_{k=1}^{n}\sigma^2(k)=\sum_{k=1}^{n}k^2$$

以及，因为

$$\sum_{k=1}^{n}\sigma(k)=\sum_{k=1}^{n}k, \sum_{k=1}^{n}\sigma^2(k)=\sum_{k=1}^{n}k^2$$

得到

$$\sum_{k=1}^{n}k\sigma(k)=\frac{1}{2}\left(\sum_{k=1}^{n}\left(\frac{n+1}{2}+k\right)^2-(n+1)\sum_{k=1}^{n}k\right)$$

显然，这一结果只与 n 有关，与排列 $\sigma\in Mn$ 无关，这是提出问题要求的另一种方法.

评注与问题 (1) 利用常用的公式

$$\sum_{k=1}^{n}k=\frac{n(n+1)}{2}, \sum_{k=1}^{n}k^2=\frac{n(n+1)(2n+1)}{6}$$

我们实际上对每一个 $\sigma\in M_n$ 可以计算出

$$\sum_{k=1}^{n}k\sigma(k)=\frac{n(n+1)(7n+5)}{24}$$

但是，当然这样得到的封闭形式并不是解决这一问题的本质.

(2) 利用等式

$$\sum_{k=1}^{n}\left(\frac{n+1}{2}+k-\sigma(k)\right)^{3}=\sum_{k=1}^{n}k^{3}$$

(或者任何另外的方法) 证明对于任何排列 $\sigma \in M_n$,有

$$\sum_{k=1}^{n}k\sigma^{2}(k)=\sum_{k=1}^{n}k^{2}\sigma(k)$$

7. 设 $A_1,\cdots,A_{3n}$ 是一个平面内的点,$\triangle A_1A_2A_3$ 是等边三角形,对于任何 $k\in\{1,2,\cdots,n-1\}$,$A_{3k+1},A_{3k+2},A_{3k+3}$ 是 $\triangle A_{3k-2}A_{3k-1}A_{3k}$ 的边的中点.对 $A_1,\cdots,A_{3n}$ 的每一点用给定的两种颜色之一涂色.

证明:当 $n\geqslant 7$ 时,可以在 $A_1,\cdots,A_{3n}$ 中找出同色的四点,形成一个两底是 $\triangle A_{3k-2}A_{3k-1}A_{3k}$ 的边的等腰梯形.当 $n=6$ 时这是否成立?

证明 只要考虑 $n=7$ 的情况(这也表明对任何 $n>7$ 的结果).七个 $\triangle A_{3k-2}A_{3k-1}A_{3k}(1\leqslant k\leqslant 7)$(至少)有一边的两个端点同色.根据鸽笼原理,这七条边中(至少)有四条边的端点全都同色.现在,所有三角形的边都平行于原 $\triangle A_1A_2A_3$ 的三边,因此再根据鸽笼原理,(有同色的顶点的)四边中(至少)有两边平行.于是这两边的四个顶点同色,显然它们确定一个等腰梯形.

当 $n=6$ 时,断言不成立.为了看清这一点,设颜色是1和2,当以三角中的正向取遍顶点时,$\triangle A_1A_2A_3$ 的顶点的颜色是1,1,2.对以下的三角形仍保持这个方向着色直至结束.从两个顶点都是1的 $\triangle A_1A_2A_3$ 的中点开始,那么 $\triangle A_4A_5A_6$ 的顶点的颜色又是1,1,2,对 $\triangle A_7A_8A_9$ 的顶点重复同样的过程.那么 $\triangle A_{10}A_{11}A_{12}$ 的两个顶点的颜色是2,2,1,前两个是 $\triangle A_4A_5A_6$ 的中点,$\triangle A_4A_5A_6$ 的两个顶点的颜色是1.从有两个顶点同色的 $\triangle A_{10}A_{11}A_{12}$ 开始,那么 $\triangle A_{13}A_{14}A_{15}$ 的顶点的颜色是2,2,1(始终保持正方向),最后,对最后一个 $\triangle A_{16}A_{17}A_{18}$ 的顶点重复同样的过程.没有出现同色顶点的等腰梯形.

8. 考虑一个 $n\times n$ 的矩阵.有多少种方法将1和-1填入空格中,使每行和每列的数之积是-1?

解 第 $1,2,\cdots,n$ 行中的数与列的情况类似.我们断言左上角的 $(n-1)\times(n-1)$ 的表中数的每一种分布的完成能唯一确定具有给定性质的整个表.

设 $a_{i,j}$ 是第 i 行第 j 列的数.如果我们填完了 $(n-1)\times(n-1)$ 的矩阵,那么第 $1,2,\cdots,n-1$ 列可唯一填完,因为对 $a_{k,n}$ 来说,对每一个 $1\leqslant k\leqslant n-1$ 只有一个可能的值使第 k 列的个数的积为-1.类似地,数 $a_{n,k}(1\leqslant k\leqslant n-1)$ 是唯一确定的.这意味着元素 (n,n) 是最后余下要填的数.它的符号由最后一列的元素的积是-1这一事实确定,所以整个表格

由左上角的$(n-1)\times(n-1)$的子矩阵的完成的方法确定. 此外，根据结构，在确定$a_{n,n}$后所有的行和列的积是-1，除可能是最后一列以外. 但是这个最后的积必须也是-1，否则所有行的积乘以所有列的积是$(-1)^{2n-1}\cdot 1=-1$，这是不可能的，此外这个积等于矩阵的所有元素的平方的积，所以必须是 1. 于是完成整个表格有多少种不同的方法是根据完成$(n-1)\times(n-1)$的表格有多少种不同的方法确定，即所有可能的数是$2^{(n-1)^2}$.

评注　换一种说法，我们可以利用矩阵的行的积的积等于列的积的积这一事实(矩阵的一行或一列的积指的是所在的行或列的元素的积)—— 二者都等于矩阵的所有元素的积(实际上与上面相同，但说法不同). 还要注意稍一般的形式的命题的是有价值的. 也就是说，如果我们用$N(m,n)$表示用 1 或-1填满有m行n列的$m\times n$的矩阵后，使所有行的积等于所有列的积等于-1的填法总数，如果m和n的奇偶性相同，那么我们有$N(m,n)=2^{(m-1)(n-1)}$，如果m和n的奇偶性不同，那么我们有$N(m,n)=0$.

9. 设由集合$\{1,2,\cdots,n\}$的数组成的数列$u_1,\cdots,u_n$满足不等式$u_i<u_{i+2}(1\leqslant i\leqslant n-2)$以及$u_i<u_{i+3}(1\leqslant i\leqslant n-3)$. 设这种数列的种数是$\phi(n)$. 求$\phi(6)$.

解　设数列$u_1,\cdots,u_n$由集合$\{1,2,\cdots,m\}$(或等价于m个不同的数的任何集合)的数组成，且当$i=1,2,\cdots,n-2$时，$u_i<u_{i+2}$，当$i=1,2,\cdots,n-3$时，有$u_i<u_{i+3}$. 设$\psi(m,n)$是这样的数列的种数. 如果数列$u_1,\cdots,u_n$满足这些条件，那么我们说该数列具有性质P.

首先注意到使用的不等式$u_i<u_{i+2}$和$u_i<u_{i+3}$迭代证明对$j=i+2,\cdots,n$，有$u_i<u_j$. 于是具有性质P的任何数列几乎是递增的. 如果$u_k\geqslant u_{k+1}$，那么就说在$(k,k+1)$处存在一个逆转. 注意到如果在$(k,k+1)$处存在一个逆转，那么

$$u_{k-1}<u_{k+1}\leqslant u_k<u_{k+2}$$

于是在$(k-1,k)$处或$(k+1,k+2)$处都不可能存在一个逆转. 于是这些逆转给出在$\{1,2,\cdots,n\}$中相邻下标中不相连的数对的个数s. 显然$0\leqslant s\leqslant\left\lfloor\frac{n}{2}\right\rfloor$. 我们将对每一个$s$计算具有性质$P$和$s$个逆转的数列的个数. 从$\{1,2,\cdots,n\}$中选取不相交的$s$对相邻元素的种数是$\binom{n-s}{s}$，因为从一行标有$s$的$n-s$个方框开始，并用一对有标记的方框代替每一个有标记的方框，就会得到一行带有s个标记的n个方框. 我们将证明s个相邻下标中不相连的数对的每一种选择导致具有性质P的数列的个数相同.

如果$u_k=u_{k+1}$，我们就称在$(k,k+1)$处的逆转是弱的，并假定t个逆转是弱的. 这些弱逆转有$\binom{s}{t}$种选择. 如果有t个弱逆转，那么数列$\{u_i\}_{1\leqslant i\leqslant n}$显现出$n-t$个不同的值. 这些值

的选择有 $\binom{m}{n-t}$ 种.

给出值的一个集合,因为我们知道数列 $\{u_i\}_{1\leqslant i\leqslant n}$ 的相对顺序(除一个逆转以外,u_i 递增,在一个逆转处我们有 $u_{k-1}<u_{k+1}\leqslant u_k<u_{k+2}$,当且仅当这一逆转是弱逆转时,等式成立),有这些逆转,弱逆转,和值的数列 $\{u_i\}_{1\leqslant i\leqslant n}$ 是唯一存在的. 于是具有性质 P 和 s 个选择的逆转的数列的个数是

$$\sum_{t=0}^{s}\binom{s}{t}\binom{m}{n-t}=\binom{m+s}{n}$$

这里的等式是著名的二项式系数恒等式,它只是说如果我们要从 $m+s$ 个元素中选取 n 个元素,那么我们可以(而且必须)对于某个 t,从前 s 个元素中选取 t 个元素,然后在后 m 个元素中选取 $n-t$ 个元素.(这通常称为 Vandermonde 恒等式.)将所有这一些全合一起,我们得到

$$\psi(m,n)=\sum_{s=0}^{\lfloor\frac{n}{2}\rfloor}\binom{n-s}{s}\binom{m+s}{n}$$

因此

$$\phi(6)=\psi(6,6)=\binom{6}{0}\binom{6}{6}+\binom{5}{1}\binom{7}{6}+\binom{4}{2}\binom{8}{6}+\binom{3}{3}\binom{9}{6}$$
$$=1\cdot 1+5\cdot 7+6\cdot 28+1\cdot 84=288$$

评注 在提出人的书(Ioan Tomescu,由 Robert A. Melter,John Wiley 和 Sons 翻译的 *Problems in Combinatorics and Graph Theory*,New York,1985)中得到一个递推关系(见问题 12.21 的解答),即

$$\psi(m,n)=\psi(m-1,n-1)+\psi(m-2,n-1)+\cdots+\psi(1,n-1)+$$
$$\psi(m-1,n-2)+2\psi(m-2,n-2)+\cdots+(m-1)\psi(1,n-2)$$

当然推出同样的结果.

10. 给出一个正六边形和 25 条直线,每一条直线将这个六边形分割成两个五边形,使这两个五边形的面积的比是 1∶3 或 1∶2. 证明:这些直线中至少有三条共线.

证明 我们从一点点开始.

引理 设 $MNPQ$ 是平行四边形,$X\in[MN$,$Y\in[QP$,使四边形 $MXYQ$ 的面积等于 $MNPQ$ 的面积. 那么 XY 经过 $[NP]$ 的中点.

引理的证明 我们将 $[MN$ 看作是起点在 M,包含 N 的半直线. 我们注意到面积相等

只可能看是或者 $X\in[MN]$ 和 $P\in[QY]$ 或者 $N\in[MX]$ 和 $Y\in[QP]$. 在这两种情况下线段 $[XY]$ 和 $[NP]$ 相交，所以假定 $[XY]$ 和 $[PN]$ 相交于点 Z. 于是 $MXYQ$ 和 $MNPQ$ 的面积相等表明 $\triangle ZNX$ 和 $\triangle ZPY$ 的面积相等(在减去共同部分 $MXZPQ$ 或 $MNZYQ$ 的面积). 因为这两个三角形相似(由于 $NX\parallel PY$) 且面积相等，实际上它们必全等，这表明 Z 是 $[NP]$ 的中点. 正如我们断言的.

现在我们解决本题. 首先，如果我们要使一条直线将这个六边形分割成两个五边形，这条直线与该六边形的一组对边相交. 设该六边形是 $ABCDEF$，假定一条直线与对边 $[AB]$ 和 $[DE]$ 分别相交于 X 和 Y，将这个六边形分割成五边形 $AXYEF$ 和 $BXYDC$，它们的面积的比(以某个顺序) 是 $1:3$ 或 $1:2$. 设 S 是整个六边形的面积，s 是 $\triangle AEF$ 的面积. 为了使这两个五边形的面积的比是 $1:3$ 或 $1:2$，我们需要 $AXYEF$ 的面积是

$$\frac{3S}{4},\frac{2S}{3},\frac{S}{3},\text{或}\frac{S}{4}$$

或等价的，$AXYE$ 的面积必须是

$$s_1=\frac{3S}{4}-s,s_2=\frac{2S}{3}-s,s_3=\frac{S}{3}-s,s_4=\frac{S}{4}-s$$

之一.(观察到 s 是 S 的六分之一，因此所有这些数都是正数.) 下面考虑分别在边 $[AB]$ 和 $[DE]$ 上的点 X_i 和 Y_i，使 AX_iY_iE 是面积为 s_i 的平行四边形($i\in\{1,2,3,4\}$)，设 M_i 是 $[X_iY_i]$ 的中点. 再注意到

$$\frac{3S}{4}-s=\frac{3S}{4}-\frac{S}{6}<\frac{4S}{6}$$

这表明 s_1,s_2,s_3,s_4 中的最大的数小于 $ABDE$ 的面积，这意味着 X_i 和 Y_i 确实属于线段 $[AB]$ 和 $[DE]$.

根据引理，直线 XY 必经过 $[X_iY_i]$ 的中点 M_i，与 s_i 中哪一个是 $AXYE$ 的面积有关. 现在，对于我们的问题，这 25 条直线中的每一条都与六边形的一组对边相交，由鸽笼原理，至少存在九条直线与同一组对边相交，譬如说，与 $[AB]$ 和 $[DE]$ 相交. 根据上面的观察，这些直线中的每一条都经过点 M_1,M_2,M_3,M_4 之一. 但是有九条直线，于是，再由鸽笼原理，其中至少有三条直线经过一点，且这四点是同一点，这就是我们要证明的.

评注　如果我们只假定 $MN\parallel PQ$(所以 $MNPQ$ 可以是平行四边形或底是 $[MN]$ 和 $[PQ]$ 的梯形). 再考虑我们在证明中需要的关于 s_1,s_2,s_3,s_4 和 S 的不等式，可以看到如果用一个有平行对边的凸六边形 $ABCDEF$(即 $AB\parallel DE,BC\parallel EF,CD\parallel FA$) 代替正六边形，那么问题的命题仍然成立，并且使 $\triangle ABD,\triangle BCD,\triangle CDE,\triangle DEA,\triangle EFA$ 和 $\triangle FAB$ 中每一个的面积都小于 $ABCDEF$ 的面积的四分之一.

11. 证明：在任何三个整数中都可选出两个，譬如说，a 和 b，使 a^3b-ab^3 能被 10 整除.

证明 对整数 a 和 b，表达式

$$a^3b-ab^3=ab(a+b)(a-b)$$

总能被 2 整除，因为整数 $a,b,a\pm b$ 不能同时是奇数. 如果 a,b 之一能被 5 整除，那么 a^3b-ab^3 显然能被 10 整除，这是所需要的. 于是如果给定的三数中至少有一个能被 5 整除，那么选这个数作为 a,b 之一得到需要的整除性. 否则，这三个数中没有一个能被 5 整除，那么它们的平方除以 5 余 1 或 4. 因为存在三个数（两个非零数的平方模 5 只有两种可能），其中某两个平方后模 5 将同余. 取这两个数为 a 和 b. 那么 $5\mid a^2-b^2$，所以 $5\mid a^3b-ab^3$，根据原来的观察，a^3b-ab^3 确实能被 10 整除.

类似地证明，在任何六个整数中，能够找到四个数（用 a,b,c,d 表示），使

$$abcd(a^2-b^2)(a^2-c^2)(a^2-d^2)(b^2-c^2)(b^2-d^2)(c^2-d^2)$$

能被 2 310 整除.

12. 设 p 是奇质数，数列 $\{a_n\}_{n\geqslant1}$ 定义为 $a_1=p$，对每一个 $n\geqslant1$，$a_{n+1}=2a_n+1$. 证明：在该数列的前 p 项中至少存在一个合数.

证明 该递推关系可改写成

$$a_{n+1}+1=2(a_n+1),\forall n\geqslant1$$

于是这表明

$$a_{n+1}+1=2^{n-1}(a_1+1)$$

所以

$$a_n=2^{n-1}(p+1)-1,\forall n\geqslant1$$

特别地

$$a_p=2^{p-1}(p+1)-1=p\cdot2^{p-1}+2^{p-1}-1$$

这个数显然大于 p，由费马定理，$p\mid 2^{p-1}-1$，所以能 p 被整除. 于是，a_p 是合数，证毕.

13. 设 M 是笛卡儿平面中坐标为正整数的一切点组成的集合. M 中的每一点 $P(a,b)$ 用一条棱与 M 中的每一点 $Q(a+b,c)$ 相连（$c>a+b$）. 证明：不管 M 被如何涂成有限多种颜色，总存在被一条棱联结的同色两点.

证明 假定 M 被涂成 k 种颜色. 对于正整数 i 定义 M_i 是点 $(i,j)\in M$ 的集合 $(i<j)$. 对于每一个 i，设 C_i 是用来对 M_i 中的点涂色的颜色的集合. 那么 C_i 只能是所有颜色集合中的 2^k-1 个非空子集中的一个.

现在选取具有以下性质的 2^k 个正整数的集合 S：如果 $a,b\in S$，且 $a<b$，那么推出 $2a<b$.

(例如,可以取 $S=\{2^i-1 \mid 1\leqslant i\leqslant 2^k\}$.)于是由鸽笼原理,在集合 S 中必存在两个数 s 和 t,使集合 C_s 和 C_t 重合. 根据 S 的性质,如果我们假定 $s<t$,那么可推出 $2s<t$.

因为 $s<t-s$,所以考虑 M_s 中的点 $(s,t-s)$. 因为 $C_s=C_t$,所以必存在与 $(s,t-s)$ 同色的点 $(t,u)\in S_t$. 那么同色的点 $(s,t-s)$ 和 (t,u) 有一条棱联结,因为 $u>t=s+(t-s)$.

评注　(1) 我们也可以给出以下证明,这与证明类似于第一种 —— 由此我们可保持前面的记号.

因为存在无穷多个集合 M_i,且 M_i 中的颜色的集合 C_i 只有有限多种可能,我们可以找到一个无穷的正整数列 $i_1<i_2<\cdots$,使 $C_{i_1}=C_{i_2}=\cdots$(存在无穷多个集合 M_i,对每一个 M_i 分配相同颜色的集合),于是,存在某个(足够大的)正整数 n,使 $i_n-i_1>i_1$,因此点 (i_1,i_n-i_1) 属于 M_{i_1}. 正是根据数列 $i_1<i_2<\cdots$ 的定义,我们能够发现这个点的颜色也分配给 M_n 的某个点 (i_n,j_n). 这似乎要比第一种证法好一点,因为它可以作以下的一般化(读者肯定可以找到类似的证明):

设 M 是笛卡儿平面中坐标为正整数的一切点组成的集合. 设 x 是一个函数,定义为对一切正整数对也有这样的正整数值,即对于任何正整数 t,集合 $\{x(i,j)\mid j>i\}$ 包含所有足够大的整数.(更正式的说法是,对于每一个 i,存在 N_i,对每一个 $k>N_i$,可以找到 $j>i$,使 $x(i,j)=k$.)M 中的每一点 $P(a,b)$ 用一条棱与 M 中有 $c>x(a,b)$ 的每一点 $Q(x(a,b),c)$ 联结. 证明不管 M 被如何涂色成有限多种颜色,都存在用一条棱联结的两个同色点.

当然,考虑对于任何正整数对 (a,b) 的 $x(a,b)=a+b$ 从这一点就恢复原来的命题.

(2) 我们可以问对于函数 x,使前面的一般性的命题成立,什么条件是充分的(或者是必要的,或者二者都需要).(我们给出一个充分条件.)譬如说,对于 $x(a,b)=ab$,命题是否成立?(这一函数不满足我们的条件,所以上述论证对它无效.)

(3) 我们回到原来的问题,假定 M 中的点被涂上两种颜色,譬如说红与蓝. 对于这样的问题,以下的论证是典型的. 我们假定结论不成立,也就是说,任何两点 $x(a,b)$ 和 $x(a+b,c)$(其中 $c>a+b$)不同色. 为不失一般性,我们考虑 $(1,1)$ 是红色. 根据我们的假定,所有点 $(2,c)$(其中 $c>2$)被涂上蓝色,所以 $(2,3)$ 是蓝色,这表明所有点 $(5,c)$(其中 $c>5$)是红色. 特别是 $(5,6)$ 是红色,因此所有的 $(11,c)$(其中 $c>11$)是蓝色. 于是 $(2,9)$ 和 $(11,12)$ 都是蓝色(由一条棱联结),与我们的假定矛盾.

对颜色的任意种数的问题也许不可能如此容易解决(也许可能,但是我们不知道),但是我们邀请读者看看类似解决在两种颜色的情况下的 $x(a,b)=ab$ 的问题,以及是否有推广的可能.

14. 设 A 是 k 个整数的数列 $s=\{s_1,\cdots,s_k\}$ 的集合，且 $0\leqslant s_i\leqslant n, i=1,2,\cdots,k$. 对于每一个这样的数列 $s=\{s_1,\cdots,s_k\}$，记 $M(s)=\max\{s_1,\cdots,s_k\}$. 证明

$$\sum_{s\in A}M(s)=(n+1)^{k+1}-1^k-2^k-\cdots-(n+1)^k$$

证明 我们来计算有多少个数列 $s\in A$，对某个 $M\in\{0,1,\cdots,n\}$，我们有

$$M(s)=M$$

A 中具有 $M(s)\leqslant M$ 的数列 s 的个数显然是 $(M+1)^k$，因为 s 的每个分量 s_i. 必在集合 $\{0,1,\cdots,M\}$ 中. 类似地，在有 $M(s)<M\Leftrightarrow M(s)\leqslant M-1$ 的 A 中数列的个数是 M^k. 于是在 A 中有 $M(s)=M$ 的数列的个数是 $(M+1)^k-M^k$. 所以

$$\begin{aligned}\sum_{s\in A}M(s)&=\sum_{M=0}^{n}M((M+1)^k-M^k)=n(n+1)^k-1^k-2^k-\cdots-n^k\\&=(n+1)^{k+1}-1^k-2^k-\cdots-(n+1)^k\end{aligned}$$

类似地，如果对任何数列 $s=(s_1,\cdots,s_k)\in A$，记

$$m(s)=\min\{s_1,\cdots,s_k\}$$

我们邀请读者证明

$$\sum_{s\in A}m(s)=1^k+2^k+\cdots+n^k$$

15. 设 $n,r\geqslant 3$，和 d 是正整数，且

$$nd>\binom{n+r}{r+1}$$

证明

$$(n-t)(d-t)>\binom{n-t+r}{r+1}, t=1,2,\cdots,n-1$$

证明 给定的不等式 $nd>\binom{n+r}{r+1}$ 等价于

$$\begin{aligned}d>\frac{\binom{n+r}{r+1}}{n}&=\frac{(n+r)!}{n(n-1)!\ (r+1)!}\\&=\frac{(n+r)!}{n!\ r!\ (r+1)}\\&=\frac{1}{r+1}\binom{n+r}{r}\end{aligned}$$

类似地，我们需要证明不等式

$$(n-t)(d-t) > \binom{n-t+r}{r+1}$$

它等价于

$$d-t > \frac{1}{n-t}\binom{n-t+r}{r+1} = \frac{1}{r+1}\binom{n-t+r}{r}$$

于是问题要求我们要证明

$$d > \frac{1}{r+1}\binom{n+r}{r}$$

意味着

$$d-t > \frac{1}{r+1}\binom{n-t+r}{r}$$

如果我们证明了

$$\frac{1}{r+1}\binom{n+r}{r} - t \geqslant \frac{1}{r+1}\binom{n-t+r}{r}$$

即

$$\binom{n+r}{r} - \binom{n-t+r}{r} \geqslant (r+1)t$$

显然就推出要证明的不等式了.

最后,在

$$\binom{x+r}{r} - \binom{x-1+r}{r} \geqslant r+1$$

中取 $x=n, n-1, \cdots, n-t+1$ 后相加,就推出上面最后一个不等式.事实上,根据 Pascal 恒等式(二项式系数的递推公式),我们有

$$\binom{x+r}{r} - \binom{x-1+r}{r} = \binom{x-1+r}{r-1}$$

以及

$$\binom{x-1+r}{r} \geqslant \binom{r+1}{r-1} = \frac{r(r+1)}{2} \geqslant r+1$$

这就是要证明的.

16. 竞赛评审组要给 n 个参赛者每人恰好赠送一本书.已知评审组有某种书的拷贝 n 本,还有 $2n+1$ 本书,每本只有 1 个拷贝,求完成赠送的方法的个数.

解 将这些书编号为 $0,1,\cdots,2n+1$. 0 号书有 n 个拷贝. 假定评审组将恰好 $n-k$ $(0\leqslant k\leqslant n)$ 个拷贝的 0 号书的赠送给参赛者. 此时他们必须挑出 $n-k$ 个参赛者,共有 $\begin{pmatrix} n \\ n-k \end{pmatrix}$ 种方法. 其余 k 个参赛者必定得到编号为 $1,2,\cdots,2n+1$ 的书,有

$$(2n+1)2n\cdots(2n+2-k)=\frac{(2n+1)!}{(2n+1-k)!}$$

种方法. 因此赠送这些书的方法总数是

$$\sum_{k=0}^{n}\begin{pmatrix} n \\ n-k \end{pmatrix}\frac{(2n+1)!}{(2n+1-k)!}$$

17. 用四种颜色之一对一个只有三角形面的多面体的顶点涂色. 证明:各个顶点都被用三种不同颜色涂色的多面体的面数是偶数.

证明 设联结不同色的顶点的棱被涂上红色,在多面体的每一个面上写上属于这个面的红色棱的条数. 于是一个面能得到 0(当所有的顶点都同色时),2(当两个顶点同色,与第三个顶点异色时),或 3(当所有的顶点的颜色互不相同时). 特别是,我们看到当且仅当一个奇数写在一个面上时,这个面的顶点的颜色各不相同,于是这样的面上的总数的奇偶性与写在每个面上的数的和的奇偶性相同. 但是,每一条红棱属于两个面,于是所有写在多面体的面上的数的和等于红棱上的数的和的两倍,因此这个数是偶数. 相应地,有不同颜色的顶点的面的个数也是偶数.

18. 设 n 是正整数. 求最大可能的自然数 $m\geqslant 2$,使集合 $\{2,3,\cdots,m\}$ 能被分割成 n 个子集,其中没有一个子集包含这样的两个不同的数,其中一个是另一个的指数大于 1 的幂.

解 考虑 $n+1$ 个数:$2,2^2,2^4,\cdots,2^{2^n}$.

不管我们选取其中的哪两个数,一个总是另一个的幂,因为当 $i<j$ 时,$(2^{2^i})^{2^{j-i}}=2^{2^j}$. 所以,如果 $m\geqslant 2^{2^n}$,对于将 $\{2,3,\cdots,m\}$ 的分成 n 类的任何分割,根据鸽笼原理,这些数中的某两个将被分入这 n 类中的同一类. 这就证明我们要求的 m 满足 $m\leqslant 2^{2^n}-1$. 另外,当 $m=2^{2^n}-1$ 时,对 $i=1,2,\cdots,n$,定义

$$A_{i+1}=\{2^{2^i},2^{2^i}+1,\cdots,2^{2^{i+1}}-1\}$$

并注意到 n 个集合 $A_1,\cdots,A_n$ 表示 $\{2,3,\cdots,m\}$ 的一个分割. 还注意到 A_i 中没有数是 A_i 中任何其他数的幂(指数大于 1),因为对于 A_i 中的任何 $x<y$,我们都有 $y<x^2$. 这证明所需要的数 m 满足 $m\geqslant 2^{2^n}-1$,最后 $m=2^{2^n}-1$.

19. 设集合 M 由正四面体的顶点、各条棱的中点、每个面的重心和该正四面体的中心

组成. 证明:不管如何将 M 分成两类,至少有一类包含共线的三点,或者包含正四面体的四个顶点.

证明　假定存在一个将 M 的分成 A 和 B 两类的一个分割不满足结论. 也就是说,A 和 B 都不包含共线的三点,或正四面体的四个顶点. 设 A_1, A_2, A_3, A_4 是正该四面体的四个顶点,设 A_{ij} 是棱 A_iA_j 的中点($A_{ji}=A_{ij}$),设 B_k 是顶点 A_k 的对面的中心,设 O 是该正四面体的中心. 为不失一般性,设 O 属于 A. 那么对于每一个 $1\leqslant i\leqslant 4$, A_i 和 B_i 不能同时属于 A,这是因为 O, A_i 和 B_i 共线. 于是,对于每一个 $1\leqslant i\leqslant 4$, A_i 和 B_i 中至少有一个属于 B. 但是,我们不可能有所有的 A_i 都属于 B,因为它们是一个正四面体的顶点;类似地,不是所有的 B_i 都属于 B. 于是为不失一般性,我们可以假定 A_1 和 B_2 在 A 中. 那么 A_2 和 B_1 必属于 B. 因为 A_1, B_2 和 A_{34} 共线,且 $A_1, B_2\in A$,我们推出 A_{34} 必属于 B. 但此时 A_2, B_1 和 A_{34} 是属于 B 的共线的三点,这与我们所作的假定矛盾.

20. 对一切正整数 n,存在函数 $f:\{1,2,\cdots,n\}\rightarrow\{1,2,\cdots,n\}$,对一切 $k\in\{1,2,\cdots,n\}$,有

$$f(f(k))=n-k+1$$

对每一个这样的 n. 求出具有这一性质的函数 f 的个数.

解　假定这样的 f 存在. 因为 $f\circ f$ 是双射,所以 f 必也是双射. 于是,实际上 f 是 $\{1,2,\cdots,n\}$ 的一个排列. 此时 $f\circ f$ 肯定是一个偶排列. 因此定义为对每一个 $k\in\{1,2,\cdots,n\}$,有 $h(k)=n-k+1$ 的排列 h 必也是偶排列. 正如我们所知,$\{1,2,\cdots,n\}$ 的任何排列 π 的奇偶性与有 $i<j$ 和 $\pi(i)>\pi(j)$ 的数对 (i,j) 的个数的奇偶性相同(这样的数对称为 π 的逆排列). 排列 h 有最大可能的逆排列的个数,因为一切有 $i<j$ 的数对 (i,j) 都是逆数对,也就是说,h 有 $\frac{n(n-1)}{2}$ 个逆排列,于是,如果一个使 $f\circ f=h$ 的函数 f 存在,那么 $\frac{n(n-1)}{2}$ 必是偶数,这只有在 n 模 4 余 0 或 1 时出现. 由此推出,我们将看到相反的情况也成立,也就是说,如果 $n\equiv 0\pmod 4$ 或 $n\equiv 1\pmod 4$,那么存在 $\{1,2,\cdots,n\}$ 的一个排列,有 $f\circ f=h$.

现在,为了有 $f\circ f=h$,我们看到,如果 $x, y\in\{1,2,\cdots,n\}$ 和 $f(x)=y$,那么

$$f(y)=n-x+1, f(n-x+1)=n-y+1, f(n-y+1)=x$$

如果这样的一些等式成立,那么我们说 f 将数对 $(x, n-x+1)$ 与数对 $(y, n-y+1)$ 连接. 如果出现这种情况,那么对每一个 $k\in\{x, y, n-x+1, n-y+1\}$,有 $f(f(k))=n-k+1$. 我们也注意到恰有两种方法能将数对 $(x, n-x+1)$ 和 $(y, n-y+1)$ 连接:一种连接是我们刚看到的,另一种连接由定义

$$f(x)=n-y+1, f(y)=x, f(n-x+1)=y, f(n-y+1)=n-x+1$$

得到.我们还有,对每一个 $k\in\{x,y,n-x+1,n-y+1\}$,我们有 $f(f(k))=n-k+1$,但是对一个不同的函数 f.

现在首先假定 $n\equiv 0\ (\bmod 4)$,譬如说,对某个正整数 m,有 $n=4m$.注意到当 $x\neq y$ 时,任何两个连接的数对$(x,n-x+1)$ 和$(y,n-y+1)$ 是互不相同的.

例如,$x=n-x+1$ 或 $y=n-y+1$ 是不可能的,因为 $n+1$ 是奇数.如果在第一类连接中我们有 $x=n-y+1$,那么将推出

$$x=f(n-y+1)=f(x)$$

得到 $n-x+1=f(f(x))=f(x)=x$,这又是不可能的,因为 $n+1$ 是奇数.对于第二类连接,$x=n-y+1$ 导致 $f(x)=f(n-y+1)=n-x+1$,因此导致

$$n-x+1=f(f(x))=f(n-x+1)$$

我们看到 f 的一个不动点,得到矛盾.

于是具有所需性质的任何排列 f 取决于如何将 f 与 $2m$ 个数对

$$(1,4m),(2,4m-1),\cdots,(2m,2m+1)$$

两两连接.所以我们必须将这些数对配对,可以有 $\frac{(2m)!}{(2!)^m}$ 种方法完成,将这个数乘以 2^m,因为每一个连接可以用两种方法完成.另外,改变(数对)成对的顺序并不产生新的排列,因为存在 m 个这样的数对,在我们除以 $m!$ 后我们得到这样的排列的正确的个数.于是对 $m=\frac{n}{4}$,这个数是

$$\frac{\frac{(2m)!}{(2!)^m}\cdot 2^m}{m!}=\frac{(2m)!}{m!}$$

在 $n=4m+1$ 的情况下,我们看到$\{1,2,\cdots,n\}$ 的任何具有 $f\circ f=h$ 这一性质的排列 f 允许将 $\frac{n+1}{2}$ 作为不动点.

事实上,$f\circ f=h$ 意味着 $f\circ h=h\circ f$,于是对每一个 $k\in\{1,2,\cdots,n\}$,有

$$f(n-k+1)=n-f(k)+1$$

特别是

$$f\left(n-\frac{n+1}{2}+1\right)=n-f\left(\frac{n+1}{2}\right)+1\Leftrightarrow f\left(\frac{n+1}{2}\right)=\frac{n+1}{2}$$

但是,不存在其他的不动点,因为如果 $f(k)=k$,那么 $f(f(k))=k$,于是 $n-k+1=k$ 和 $k=\frac{n+1}{2}$.我们看到像在前面的情况那样,f 连接取自集合$\{1,2,\cdots,n\}\setminus\left\{\frac{n+1}{2}\right\}$ 的不同的 x

和 y 的数对 $(x, n-x+1)$ 和 $(y, n-y+1)$（这表明 $x, y, n-x+1, n-y+1$ 互不相同），以及 f 恰好用两两连接这些数对的方法确定（每一个连接可以用两种方法）. 这一次数对是

$$(1, 4m+1), (2, 4m), \cdots, (2m, 2m+2)$$

以及它们的个数也是 $2m$，像在 $n \equiv 0 \pmod 4$ 的情况那样. 于是具有所要求的性质的排列的个数又是 $\dfrac{(2m)!}{m!}$，只不过现在我们有 $m = \dfrac{n-1}{4}$.

21. 证明：集合 $\{1, 2, \cdots, 1\,983\}$ 中有 15 个元素的任何子集都有元素的和相等，但不交的两个子集. 求集合 $\{1, 2, \cdots, 1\,983\}$ 中没有上述性质的 11 个元素的一个子集.

解　设 M 是 $\{1, 2, \cdots, 1\,983\}$ 中有 15 个元素的子集. 那么 M 有 $2^{15}-1$ 个非空子集. 这些子集中的每一个的元素的和至少是 1，至多是 $1\,983 \cdot 15 < 2^{11}(2^4-1) < 2^{15}-1$. 于是，根据鸽笼原理，这些子集中的某两个，譬如说是 A 和 B，确保元素的和相等. 如果 A 和 B 有一个非空的交 C，那么

$$\sum_{x \in A \setminus C} x = \sum_{x \in A} x - \sum_{x \in C} x = \sum_{x \in B} x - \sum_{x \in C} x = \sum_{x \in B \setminus C} x$$

因此 M 的子集 $A \setminus C$ 和 $B \setminus C$ 的元素的和仍然相等，并且它们不相交.

对于第二个问题我们考虑由 $\{1, 2, \cdots, 1\,983\}$ 的所有 2 的幂组成的集合 $P = \{1, 2, \cdots, 2^{10}\}$. P 是 $\{1, 2, \cdots, 1\,983\}$ 的有 11 个元素的子集，没有两个不相交的子集的元素的和相等. 事实上，设 $X, Y \subseteq P$ 是两个不相交的子集，设 2^k 是 $X \cup Y$ 中的最大数. 就是说 $2^k \in X$. 于是 Y 中元素的和最大是 $1 + 2 + \cdots + 2^{k-1} = 2^k - 1 < 2^k$，所以 Y 中元素的和肯定小于 X 中元素的和.

评注　(1) 同样的方法对以下一般的情况有效：如果正整数 k 和 n 满足 $2^k - 1 > nk$，那么 $\{1, 2, \cdots, n\}$ 的含 k 个元素的任何子集有两个元素的和相等，但不相交的子集. 寻找（给定的 n）具有这一性质的最小的 k 是很有趣的. 在我们的问题中我们看到命题对 $k = 15$ 成立，对 $k = 11$ 不成立，因此最小的 $k \in \{12, 13, 14, 15\}$，但是我们不知道确切的值. 注意到，一般地说，对于满足

$$2^k - 1 > n + (n-1) + \cdots + (n-k+1) = nk - \frac{k(k-1)}{2}$$

的 n 和 k 命题成立，但是这不是最大的改进（例如，在 $n = 1\,983$ 的情况下，对求一个小于 15 的 k 并没有帮助）.

我们邀请读者看一看对 $n = 8$，使 $\{1, 2, \cdots, 8\}$ 的任何子集包含元素的和相等，但不相交的两个子集的最小的 k 是 5，但是这比 $n = 10$ 的情况下最小值是 5 或 6 要难一些.

(2) 从根本上说，P 的不相交（实际上不同）的子集的元素的和不同这一事实取决于

自然数的二进制展开式的唯一性，这意味着对于正整数 $k_1 < \cdots < k_s$ 和 $l_1 < \cdots < l_t$，当且仅当 $\{k_1, \cdots, k_s\} = \{l_1, \cdots, l_t\}$ 时，等式

$$2^{k_1} + \cdots + 2^{k_s} = 2^{l_1} + \cdots + 2^{l_s}$$

能成立.

22. 对正整数 n 和 $k \leqslant n$，设 $f(n,k)$ 是 k 个整数 $1 \leqslant a_1 < \cdots < a_k = n$ 的数列的个数. 对此差 $a_2 - a_1, \cdots, a_{k-1} - a_{k-2}$ 是奇数，而差 $a_k - a_{k-1}$ 是偶数. 计算 $f(n,k)$，并证明

$$\sum_{k \geqslant 1} f(n,k) = F_{n-1}$$

其中 $\{F_n\}_{n \geqslant 0}$ 是斐波那契数列，定义为 $F_0 = F_1 = 1$，对每一个 $n \geqslant 2$，$F_n = F_{n-1} + F_{n-2}$.

解 由问题的命题中的每一个这样的数列 $a_1, \cdots, a_k$，我们可以构造一个数列 $b_1, \cdots, b_k$，定义为对每一个 $1 \leqslant j \leqslant k-1$，有

$$b_j = a_j + j - 1$$

和 $b_k = a_k + k - 2 = n + k - 2$. 于是 $b_1 < \cdots < b_k = n + k - 2$ 以及所有的差 $b_{j+1} - b_j (1 \leqslant j \leqslant k-1)$ 都是偶数. 这意味着所有的数 $b_1, \cdots, b_{k-1}$ 与 $n + k - 2$ 的奇偶性相同，它们都是小于 $n + k - 2$ 的正整数. 恰好存在 $\left\lfloor \frac{n+k-3}{2} \right\rfloor$ 个这样的数（$\lfloor x \rfloor$ 表示实数 x 的整数部分），我们可以用

$$\binom{\left\lfloor \frac{n+k-3}{2} \right\rfloor}{k-1}$$

种方法从中选出 $k-1$ 个数. 注意到从每一个这样的数列 $b_1 < \cdots < b_{k-1}$ 中，我们可以（用唯一的，且十分确定的方法）恢复 $a_j = b_j - j + 1$（对 $1 \leqslant j \leqslant k-1$）和数列 $a_1, \cdots, a_{k-1}$，$a_k = n$ 满足原来的条件. 于是数列 $a_1, \cdots, a_k$ 的个数与数列 $b_1, \cdots, b_k$ 的个数相同，也就是

$$f(n,k) = \binom{\left\lfloor \frac{n+k-3}{2} \right\rfloor}{k-1}$$

对于问题的第二个部分，我们需要证明

$$x_n = \sum_{k=1}^{n} \binom{\left\lfloor \frac{n+k-3}{2} \right\rfloor}{k-1} = F_{n-1}$$

容易验证 $x_1 = 1 = F_0$，和 $x_2 = 1 = F_1$，于是如果我们对每一个 $n \geqslant 3$，证明 $x_n = x_{n-1} + x_{n-2}$，那么将容易用一个（明显的）归纳法推出 $x_n = F_{n-1}$. 为方便起见，我们用对 $k \in \mathbf{Z}$ 的和代替

对 $k=1,2,\cdots,n$ 的和，k 为负的项或 $k>n$ 的项是 0，根据常规，当 $y<0$ 或 $y>x$ 时，$\binom{x}{y}=0$.

根据我们假定的常规，Pascal 恒等式

$$\binom{x}{y}=\binom{x-1}{y}+\binom{x-1}{y-1}$$

对一切 x 和 y 成立，因此我们有

$$x_n=\sum_{k\in\mathbf{Z}}\binom{\left\lfloor\frac{n+k-3}{2}\right\rfloor}{k-1}=\sum_{k\in\mathbf{Z}}\left(\binom{\left\lfloor\frac{n+k-5}{2}\right\rfloor}{k-1}+\binom{\left\lfloor\frac{n+k-5}{2}\right\rfloor}{k-2}\right)$$

但是我们有

$$\sum_{k\in\mathbf{Z}}\binom{\left\lfloor\frac{n+k-5}{2}\right\rfloor}{k-1}=x_{n-2}$$

并将和式中的下标改为 $j-1$，得到

$$\sum_{k\in\mathbf{Z}}\binom{\left\lfloor\frac{n+k-5}{2}\right\rfloor}{k-2}=\sum_{j\in\mathbf{Z}}\binom{\left\lfloor\frac{n+j-4}{2}\right\rfloor}{j-1}=x_{n-1}$$

于是推出 $x_n=x_{n-1}+x_{n-2}$，这就是我们要证明的.

评注　(1) 如果我们猜出结果，那么归纳法当然可以用于证明问题的第一部分. 也就是说，如果我们用 $f_1(n,k)$ 表示具有所要求的性质的数列 $a_1,\cdots,a_k$(还有 $a_1=1$) 的个数，用 $f_2(n,k)$ 表示 $a_1\geqslant 2$ 这样的数列的个数，那么我们有 $f(n,k)=f_1(n,k)+f_2(n,k)$，以及 $f_2(n,k)=f(n-1,k)$(请解释一下！). 于是

$$f(n,k)=f_1(n,k)+f(n-1,k)$$

我们还有

$$f_1(n,k)=\begin{cases}0, & \text{如果 } n-k \text{ 是偶数}\\ f(n-1,k-1), & \text{如果 } n-k \text{ 是奇数}\end{cases}$$

请读者完成这一证明的细节.

(2) 一个类似的经典的问题如下：不包含两个连续整数的连续的项的数列 $1\leqslant a_1<\cdots<a_k\leqslant n$ 的个数是 $\binom{n-k+1}{k}$.

我们还有

$$\sum_{k\geqslant 0}\binom{n-k+1}{k}=F_{n+1}$$

我们邀请读者处理我们曾经作为竞赛题的这一问题. 这一问题可以在提供者的书*Problems in Combinatorics and Graph Theory*中找到.

23. 如果X是有n个元素的集合,$a\in X$是固定的,求函数$f:X\to X$使$f(f(x))=a$.

解 设f是这样的一个函数. 因为$f(f(a))=a$, (利用f) 我们也有$f(f(f(a)))=f(a)$.

另外,在给定的条件$f(f(x))=a$中取$x=f(a)$,我们得到$f(f(f(a)))=a$. 于是对任何具有给定性质的函数必推出$f(a)=a$.

设U是使$f(x)=a$的元素$x\in X$的集合,再设V是X中使$f(x)\neq a$的元素的集合. 当然,$U\cap V=\varnothing$,和$U\cup V=X$. 于是正如我们所见$a\in U$,如果我们知道两个集合U和V,我们就能构造f(实施X的一个分割). 也就是说,对于每一个$x\in U$,我们将有$f(x)=a$,而对于每一个$x\in V$,$f(x)$可以是$U\backslash\{a\}$的任何元素.

于是任何这样的f可以用以下方法得到:选择一个包含a的非空集合$U\subset X$,对于$x\in U$的集合设$f(x)=a$,和对于任何$x\in X\backslash U=V$选择$f(x)$是集合$U-\{a\}$的一个元素. 所以我们首先这样选择U,譬如说,有$\binom{n-1}{k}$种方法选择它的$k+1$个元素(因为我们知道$a\in U$).

于是,对于每一个$x\in X-U$,$f(x)$有$k=|U|-1$种可能,所以总体来说,对于$x\in V$的$f(x)$的值有$(|U|-1)^{n-|U|}=k^{n-k-1}$种可能(对固定的$U$). 于是函数的总数是

$$\sum_{k=0}^{n-1}\binom{n-1}{k}k^{n-1-k}$$

这是一个不能化简结果的和式,所以这就是我们的结果.

24. 设$m\geqslant 3$是正整数. 求最小正整数$r(m)$,不管我们如何将集合$\{1,2,\cdots,r(m)\}$分割成两类,至少有一类包含一些数$x_1,\cdots,x_m$,有

$$x_1+\cdots+x_{m-1}=x_m$$

解 我们证明$r(m)=m^2-m-1$. 为了做到这一点,我们需要证明:(i) 将$\{1,2,\cdots,m^2-m-1\}$分成两类的任何分割,一类包含m个数,且其中一个数是另$m-1$个数的和;(ii) 存在一种将$\{1,2,\cdots,m^2-m-2\}$分成两类的任何分割,使方程

$$x_1+\cdots+x_{m-1}=x_m$$

在两类中的任何一类都无解.

对于(i)，设 A 和 B 有 $A \cup B=\{1,2,\cdots,m^2-m-1\}$ 但不相交. 假定都不包含使

$$x_1+\cdots+x_{m-1}=x_m$$

的 $x_1,\cdots,x_m$. 为不失一般性，我们可以考虑 $1 \in A$. 由我们所作的假定，$m-1 \in B$(否则我们将在 A 中找到方程 $x_1+\cdots+x_{m-1}=x_m$ 的解 $x_1=\cdots=x_{m-1}=1, x_m=m-1$)，类似地 $(m-1)^2 \in A$. 因为我们在 A 中有 1 和 $(m-1)^2$，所以

$$m^2-m-1=(m-2)\cdot 1+(m-1)^2$$

与 $m-1$ 一起必在 B 中. 现在等式

$$1+(m-2)\cdot m=(m-1)^2$$

表明 m 不能属于 A，而

$$(m-1)+(m-2)m=m^2-m-1$$

表明 m 不能属于 B. 所以我们所作的假定不成立，因为它导致 m 既不在 A 中，又不在 B 中的无处可放的结论，这意味着对于将 $\{1,2,\cdots,m^2-m-1\}$ 分成两类的任何分割，其中一类包含 m 个数 $x_1,\cdots,x_m$，有

$$x_1+\cdots+x_{m-1}=x_m$$

对于另外，如果我们设

$$A=\{1,2,\cdots,m-2\} \cup \{m^2-2m+1,\cdots,m^2-m-2\}$$

和集合

$$B=\{m-1,\cdots,m^2-2m\}$$

那么集合 $\{1,2,\cdots,m^2-m-2\}$ 可以用所需要的方法被分割.

注意到 B 中任意 $m-1$ 个元素的和至少是

$$(m-1)^2>m^2-2m$$

所以值过于大，不属于 B. 于是方程 $x_1+\cdots+x_{m-1}=x_m$ 在 B 中无解.

如果我们设 A_1 是 1 到 $m-2$ 的自然数的集合，A_2 是 m^2-2m+1 到 m^2-m-2 自然数的集合，那么我们有 $A=A_1 \cup A_2$.

A_1 的任何 $m-1$ 个元素的和至少是 $m-1$，因此这个和不能属于 A_1，并且至多是 $(m-1)(m-2)=m^2-3m+2<m^2-2m+1$，所以值过于小，不属于 A_2. 于是 A_1 中的任何 $m-1$ 个元素的和不在 A_1 中.

最后，如果我们选取 A 的 $m-1$ 个元素，其中 $k \geqslant 1$ 个取自于 A_2(所以，其中至少有一个取自于 A_2)，它们的和至少是

$$(m-1-k)\cdot 1+k(m^2-2m+1) \geqslant (m-2)\cdot 1+(m^2-2m+1)>m^2-m-2$$

于是方程 $x_1+\cdots+x_{m-1}=x_m$ 在至少有一个在 A_2 中的元素在 A 中无解. 我们推得该方程

在 A 中无解，这就是我们想要证明的，这就结束了部分(ii)，完成了等式 $r(m)=m^2-m-1$ 的证明.

25. 设 X 是有 $n\geqslant 2$ 个元素的有限集. 如果 X 的子集不是空集，也不是整个集合 X，我们就说 X 的这个子集是真子集. 求这样的 X 的子集的所有的集合$\mathcal{C}$：X 的每一个真子集与$\mathcal{C}$中的奇数个集合不相交.

解 有四个这样的集合，即

$$\{\varnothing\},\{\varnothing,X\},\mathcal{P}(X)\setminus\{\varnothing,X\},\mathcal{P}(X)\setminus\{\varnothing\}$$

这里$\mathcal{P}(X)=\{Z\mid Z\subseteq X\}$ 是 X 的所有子集的族. 为了看明白我们区分两种情况.

首先，考虑 $\varnothing\in\mathcal{C}$. 假定$\mathcal{C}$至少包含 X 的一个真子集，设 R 是$\mathcal{C}$中包含元素个数最少的子集. 于是 R 的所有真子集都不属于$\mathcal{C}$，这表明在$\mathcal{C}$中只存在两个集合与 $X\setminus R$ 不相交(空集和 R)，但 2 是偶数. 所以我们看到 X 中没有真子集属于$\mathcal{C}$，因此我们没有$\mathcal{C}=\{\varnothing\}$，就有$\mathcal{C}=\{\varnothing,X\}$. 容易验证这两种集合具有我们需要的性质，因此，它们确实是本题的解.

其次，假定 $\varnothing\notin\mathcal{C}$. 此时我们断言$\mathcal{C}$包含 X 的任何真子集. 事实上，假定某个 $R\subseteq X$ 不是空集，也不是 X 不属于$\mathcal{C}$. 选择元素个数最小可能的子集 R，得到 R 的所有的真子集都在$\mathcal{C}$中. 那么在$\mathcal{C}$中恰存在 $2^{|X|}-2$ 个集合(R 的所有的真子集)，它与 $X\setminus R$ 不相交，且 $2^{|X|}-2$ 又是偶数. 所以，在这种情况下，X 的所有真子集必须都在$\mathcal{C}$中，这意味着$\mathcal{C}=P(X)\setminus\{\varnothing,X\}$，或者$\mathcal{C}=P(X)\setminus\{\varnothing\}$. 因为这两个总体都具有所需要的性质，所以都是问题的解，证毕.

26. 设 $n\geqslant 2$ 是正整数，A 是有 n^2 个元素的集合. 设$\mathcal{C}$是 A 的子集的总体，$\mathcal{C}$的每一个成员有 n 个元素. 已知$\mathcal{C}$的任何两个不同的子集的交至多有一个元素.

(a) 证明：$\mathcal{C}$至多可以包含 n^2+n 个元素.

(b) 证明：当 $n=3$ 时，情况(a)中的等式可以取到(也就是说，存在一个总体$\mathcal{C}$，它有 12 个子集，每个子集都有 3 个元素，且都是一个有 9 个元素的集合的子集，总体$\mathcal{C}$的任何两个子集至多有一个元素是公共的).

证明 (a) $\mathcal{C}$的每一个成员恰有$\dfrac{n(n-1)}{2}$个二元素子集. 因为$\mathcal{C}$的任何两个不同的成员至多有一个元素是公共的，所有这些二元素子集各不相同. 于是这些二元素子集的个数，即$\dfrac{n(n-1)}{2}\mid\mathcal{C}|$ 至多等于 A 的二元素子集的总个数，即

$$\frac{n^2(n^2-1)}{2}$$

这就是

$$\frac{n(n-1)}{2}|\mathcal{C}|\leqslant\frac{n^2(n^2-1)}{2}\Leftrightarrow|\mathcal{C}|\leqslant n^2+n$$

这就是我们要证明的.

(b) 将一个有9个元素的集合的元素放到一个 3×3 的矩阵中. 我们可以取 $\mathcal{C}$ 是由每行的3个元素,每列的3个元素,每条对角线的3个元素形成的几个集合组成. 我们理解的"对角线"是矩阵中的三个元素没有两个位于同一行或同一列. 更精确地说,如果 $A=\{1,2,\cdots,9\}$,那么我们考虑 $\mathcal{C}$ 中的以下 A 的12个三元素子集

$$\{1,2,3\},\{4,5,6\},\{7,8,9\},\{1,4,7\},\{2,5,8\},\{3,6,9\},$$
$$\{1,5,9\},\{2,6,7\},\{3,4,8\},\{3,5,7\},\{2,4,9\},\{1,6,8\}$$

更多地是我们看到其中任何两个子集至多有一个元素相遇.

评注　这一问题与本章的问题1的思路相同. 部分(b)描述了 $|\mathcal{C}|$ 强势式的一种情况(正如我们在问题中看见的一样).

27. 用两种颜色对非负整数集涂色,不管如何选择正整数 n 和 d,是否可能总存在 $k\in\{0,1,\cdots,d\}$,使数 $n+k$ 和 $n+k+d$ 被涂上不同的颜色?

解　是的,这样的一种涂色是可能的. 我们设0和1为两种颜色的记号. 我们给任何非负整数 n 分配的颜色 $c(n)$ 等于 n 的二进制展开式中1的个数模2后的余数(于是,$c(n)=0$ 或 $c(n)=1$ 分别取决于1的个数是偶数还是奇数). 例如 $c(3)=c(12)=0$,而 $c(1)=c(7)=1$.

我们直接看出对每一个非负整数 n,$c(2n)=c(n)$,$c(2n+1)=1-c(n)$ 成立,并且如果 n 是偶数,那么 $c(n)\neq c(n+1)$,因为 n 的二进制的末尾数是0,因此,$n+1$ 的二进制展开式以1结尾,所有其他数字与 n 的二进制展开式中的数字相同. 我们进一步证明 c 具有所需要的性质.

我们假定这没有发生,那么存在正整数 n 和 d,对于 $k\in\{1,2,\cdots,n\}$,有

$$c(n+k)=c(n+k+d)$$

(对 $k=0$ 和 $k=d$) 这意味着

$$c(n)=c(n+d)=c(n+2d)$$

但是,我们看到如果 d 是奇数,这些等式不能同时成立. 事实上,假定 d 是奇数,记

$$a=c(n)=c(n+d)=c(n+2d)$$

根据对上面的观察,我们有 $c(n+1)=1-a$,或者 $c(n+1+d)=1-a$,根据 n 和 $n+1$ 哪一个是偶数而定(因为 d 是奇数,n 和 $n+1$ 中必有一个是偶数). 但是,无论如何(根据我们所作的假定),我们有 $c(n+1)=c(n+1+d)$,因此

$$c(n+1)=c(n+1+d)=1-a$$

于是一个同样的推理证明

$$c(n+2)=c(n+2+d)=a, c(n+3)=c(n+3+d)=1-a$$

等. 又因为 d 是奇数,我们得到

$$c(n+d)=c(n+2d)=1-a$$

这是一个矛盾.

假定我们选取了 d_0 是具有上面性质的最小可能的 d,也就是说,对此,存在一个 n,对一切 $0\leqslant k\leqslant d_0$,有

$$c(n+k)=c(n+k+d_0)$$

根据我们刚才所证明的,d_0 必是偶数,譬如说,对于某个正整数 d_1,有 $d_0=2d_1$.

对于 $k\in\{0,1,\cdots,d_0\}$,由 $c(n+k)=c(n+k+d_0)$ 我们推出对 $l\in\{0,1,\cdots,d_1\}$,有

$$c(n+2l)=c(n+2l+2d_1)$$

于是

$$c\left(\left\lfloor \frac{n}{2}\right\rfloor+l\right)=c\left(\left\lfloor \frac{n}{2}\right\rfloor+l+d_1\right)$$

因为如果 n 是偶数,有

$$c(n+2l)=c\left(\left\lfloor \frac{n}{2}\right\rfloor+l\right), c(n+2l+2d_1)=c\left(\left\lfloor \frac{n}{2}\right\rfloor+l+d_1\right)$$

以及

$$1-c(n+2l)=c\left(\left\lfloor \frac{n}{2}\right\rfloor+l\right), 1-c(n+2l+2d_1)=c\left(\left\lfloor \frac{n}{2}\right\rfloor+l+d_1\right)$$

这里 n 是奇数. 但是这与 d_0 的极小性矛盾,于是我们的假定不成立,c 具有所需的性质.

评注 (1) 如果我们记 $t_n=c(n)$,那么$\{t_n\}_{n\geqslant 0}$ 称为 Prouhet-Thue-Morse 数列. 它的前若干个数是

$$0,1,1,0,1,0,0,1,1,0,0,1,0,1,1,0,\cdots$$

(我们邀请读者求出简单的规律,根据这一规律可以很快写出这一数列的一些项). 正如上面所提到的,不管在 n 的二进制展开式中 1 的个数是偶数还是奇数,t_n 总是分别 0 或 1(由于这个原因,对于 $t_n=0$,John Conway 称这些自然数 n 为“邪恶的”,对于 $t_n=1$,则称为数 n 为“可憎的”).

正如上面所说,Prouhet-Thue-Morse 数列对一切 n 满足递推关系 $t_{2n}=t_n$,和 $t_{2n+1}=1-t_n$. 它在数学的许多领域中有大量的应用. 对此我们回顾刚才的一个问题,它有助于解决 Prouhet 问题,关于将一个有 2^n 个连续整数的集合分割成元素个数相同的C 和D 两

个子集,对于 $j=1,2,\cdots,n-1$,有

$$\sum_{c\in C}c^j=\sum_{d\in D}d^j$$

如果 2^n 个连续整数是 $x,\cdots,x+2^n-1$,那么满足这些条件的集合是

$$C=\{x+k\mid 0\leqslant k\leqslant 2^n-1,t_k=0\}$$

和

$$D=\{x+l\mid 0\leqslant l\leqslant 2^n-1,t_l=1\}$$

正如我们已经证明的那样(回顾一下在第 4 章的问题 25 的解答后面的第二个评注).

我们还邀请读者探查这一独一无二的数列的一些更多的现象.也就是说,注意到对 $x\in(0,\pi)$,乘积

$$\prod_{i=0}^{n}\sin(2^i x)$$

的连续的符号(从左到右不考虑 0)与数 $(-1)^{t_m}$(其中 $m=0,1,\cdots,2^n-1$)的符号相同.

(2) 如果将条件 $k\leqslant d$ 除去,一个简单得多的涂色就可解决问题.也就是说,2 的幂都是红色,任何其他非负整数都是蓝色.于是,给定正整数 n 和 d,选取 k,使 $n+k$ 是大于 d 的 2 的幂.于是由 $n+k<n+k+d<2(n+k)$ 我们看到 $n+k+d$ 不是 2 的幂,因此它是蓝色,而 $n+k$ 当然是红色.遗憾的是,这并不能回答我们的题目中的问题,例如,$n=9$ 和 $d=3$,因为对一切 $k\in\{0,1,2,3\}$,我们有 $c(9+k)=c(12+k)$.

28. 设 A 是 $\{1,2,\cdots,n\}$ 的排列的一个非空集合,且

(i) 如果 $\sigma_1,\sigma_2\in A$,那么 $\sigma_1\circ\sigma_2\in A$.

(ii) 对于任何 $\sigma\in A$,任何 $i,j\in\{1,2,\cdots,n\}$ 我们有

$$i\leqslant j\Rightarrow\frac{\sigma(i)}{i}\geqslant\frac{\sigma(j)}{j}$$

证明:A 包含恒等排列,并且至多有一个其他的排列.

证明　显然,恒等排列(简称:恒等,我们用 e 表示)满足条件(ii),所以它可以在 A 中.我们来证明它必定在 A 中.事实上设 α 是 A(它是给定的非空集合)的一个排列.由(i),归纳后我们有 $\alpha^2=\alpha\circ\alpha\in A$,$\alpha^3=\alpha^2\circ\alpha\in A$,等等.于是所有的排列 $\alpha^k(k=1,2,\cdots)$ 都在有限的 A 中.由鸽笼原理,存在正整数 k 和 l,$k<l$,使 $\alpha^k=\alpha^l$.除以 α^k 得到 $e=\alpha^{l-k}$,因此 $e\in A$,正如我们所见,α 的正整数指数的所有的幂都属于 A.

下面我们证明 A 至多包含另一个排列.首先我们观察到如果 $\sigma\in A$ 和 $\sigma(1)=1$,那么 σ 是恒等的.事实上,由于

$$\frac{\sigma(1)}{1}\geqslant\frac{\sigma(j)}{j},\forall j\in\{1,2,\cdots,n\}$$

我们推得对于每一个 $j \in \{1,2,\cdots,n\}$，$\sigma(j) \leqslant j$，于是

$$\sum_{j=1}^{n}\sigma(j) \leqslant \sum_{j=1}^{n} j$$

因为最后一个不等式实际上是等式，我们概括的所有不等式都是为了得到对每一个 $j \in \{1,\cdots,n\}$ 有等式 $\sigma(j)=j$，以及 σ 是恒等的，这就是我们所断言的.

现在假定 $\sigma \in A$，$\sigma \neq e$. 那么 $\sigma(1) \neq 1$，这在上面已经证明过了. 存在某个 $j \in \{1,2,\cdots,n\}$ 有 $\sigma(j)=1$ 和 $\sigma(1) \neq 1$，得到 $j>1$. 如果我们还有 $j<n$（于是 $j+1 \leqslant n$），那么

$$\frac{1}{j}=\frac{\sigma(j)}{j} \geqslant \frac{\sigma(j+1)}{j+1} \geqslant \frac{2}{j+1}$$

因为 $\sigma(j+1) \neq \sigma(j)=1$. 这给出 $j+1 \geqslant 2j$，这不可能，所以推出 $j=n$，即 $\sigma(n)=1$.

现在设 $\sigma,\tau \in A$，二者均不同于恒等排列（不排除 $\sigma=\tau$ 的情况）. 由(i)，我们有 $\sigma\circ\tau \in A$，根据直至现在我们证明的内容，我们有 $\sigma\circ\tau=e$，或 $(\sigma\circ\tau)(n)=1$. 但是第二个情况意味着 $\sigma(1)=1$，我们已经看到这是不可能的，于是 $\sigma\circ\tau=e$，或 $\tau=\sigma^{-1}$ 仍是仅有的可能. 所以，假定某个 $\sigma \neq e$ 在 A 中，我们推得 A 的任何元素 $\tau \neq e$（包括 σ）实际上当然等于 σ^{-1}，当且仅当 A 中就存在一个元素（除了恒等排列）时是可能的，这个元素就是 σ.

评注 上面的推理的最后部分证明了如果某个 $\sigma \neq e$ 存在 A 中，那么它必等于它的逆排列（它必须是一个乘方）. 可以直接验证对一切 $1 \leqslant j \leqslant n$，由 $\gamma(j)=n-j+1$ 给出的排列 γ 满足条件(ii)（它确实是一个乘方）. 更一般地说，可以证明对任何 $k \leqslant \frac{n}{2}$，由 $\gamma_k(j)=n-j+1$ 给出（对 $1 \leqslant j \leqslant k$ 或 $n-k+1 \leqslant j \leqslant n$）的排列 γ_k 以及当 $k+1 \leqslant j \leqslant n-k$ 时，$\gamma_k(j)=j$ 满足条件(ii)，进而这些排列是仅有的这样的排列. 所以对集合 A 的可能性或者是 $A=\{e\}$，或者是对某个 k 是 $A=\{e,\gamma_k\}$.

29. 设 X 是 n 个非负整数的集合，$f: X \rightarrow X$ 是函数，对一切 $x \in X$ 有

$$f(x)=|\{y \in X \mid f(y)=x\}|$$

（$|A|$ 表示有限集 A 的元素的个数，即 A 的基）.

(a) 证明：当 $n \geqslant 7$ 时，存在上述的集合 X 和函数 f. 再证明：对于每一个 X，至多可能存在一个这样的函数 f.

(b) 证明：当 $n=6$ 时不存在这样的一对 X 和 f.

证明 实际上我们将求所有可能的这样的集合 X 和函数 f. 对于 X 的任何子集 A，像通常那样，我们用 $f(A)=\{f(a) \mid a \in A\}$，和 $f^{-1}(A)=\{x \in X \mid f(x) \in A\}$ 表示. 特别地，对 $A=\{a\}$ 我们就写成 $f^{-1}(a)=f^{-1}(A)=\{x \in X \mid f(x) \in a\}$. 于是，假定对一切 $x \in X$，有 $f(x)=|f^{-1}(x)|$.

首先,如果 $0 \notin X$,那么对于每一个 $x \in X$,集合 $f^{-1}(x)$ 至少有一个元素,所以 f 是一个满射,因此是一个双射,于是对于每一个 $x \in X$,集合 $\{y \in X \mid f(y)=x\}$ 的基是1. 推出 f 只能取值 1,因为 f 是一个双射,我们得到 $X=\{1\}$,当然,$f(1)=1$.

这意味着对 $n>1$(当集合 X 至少有两个元素时)我们必有 $0 \in X$. 设 $k=f(0)$,$k \neq 0$(因为 $f(0)=0$ 将导致 $0=f(0)=\mid f^{-1}(0)\mid \geqslant 1$ 这一矛盾). 于是在 X 中恰存在使 $f(x_1)=\cdots=f(x_k)=0$ 的 k 个元素 $x_1,\cdots,x_k$. 用 $y_1,\cdots,y_{n-k-1}$ 表示 X 中与 $x_1,\cdots,x_k$ 和 0 不同的元素,并注意到这一清单非空,因为它至少包含 k. 于是,对每一个 $t \in \{y_1,\cdots,y_{n-k-1},0\}$,我们有 $f(t) \geqslant 1$ 和

$$f(\{y_1,\cdots,y_{n-k-1},0\}) \subseteq \{y_1,\cdots,y_{n-k-1}\}$$

因为在 $x_1,\cdots,x_k$ 中没有一个能有 $f(\mid f^{-1}(x_i)\mid=f(x_i)=0)$ 的值. 因为这里的定义域恰好比值域多 1 个元素,又因为值域中的每一个值必以 f 的一个值出现,$\{y_1,\cdots,y_{n-k-1}\}$ 的每一个值恰好取一次,除了有一个取两次. 这就使 2 必在 X 中,使 f 的所有的值必是 0,1,2 或 k. 于是

$$\{2,k\} \subseteq \{y_1,\cdots,y_{n-k-1}\} \subseteq \{1,2,k\}$$

这就留下了两个未解决的问题,1 是否在 X 中和 k 是否不同于 1 和 2. 对于这些我们考虑一些情况.

如果 $k=1$,那么我们看到对于某个 $x_1>2$ 和 $n=4$,有 $X=\{0,1,2,x_1\}$. 函数 f 由 $f(0)=1$,$f(1)=2$,$f(2)=1$,当然,还有 $f(x_1)=0$ 定义. 如果 $k=2$,那么存在两种可能性:当 $1 \notin X$ 时,那么 $n=4$ 和 $X=\{0,2,x_1,x_2\}$,并有 $f(x_1)=f(x_2)=0$,$f(0)=f(2)=2$,当 $1 \in X$ 时,那么 $n=5$,$X=\{0,1,2,x_1,x_2\}$ 和 $f(0)=f(2)=2$,$f(1)=1$,$f(x_1)=f(x_2)=0$.

最后,如果 $k \geqslant 3$,那么 2 和 k 作为 f 的值时仅出现一次,因此 $f(2)=f(k)=1$. 我们推得 $1 \in X$ 和 $f(1)=2$. 于是 $X \in \{0,1,2,k,x_1,\cdots,x_k\}$,所以推出 $n=k+4 \geqslant 7$(特别是这意味着部分(b)). 这一例子与 $f(0)=k$,$f(1)=2$,$f(2)=f(k)=1$,和 $f(x_1)=\cdots=f(x_k)=0$ 一起出现,于是我们看到该函数对 $k \geqslant 7$ 唯一确定,问题的部分(a)也得到解决.

30. 设 $\mathcal{S}$ 是空间中各棱都平行于坐标轴的平行六面体的集合(当然考虑的是笛卡儿坐标系),至少有一条棱的长是整数. 证明:如果 $\mathcal{S}$ 中的内点不交的有限个平行六面体的并也是一个平行六面体 P(我们也说这些平行六面体铺切 P),那么这个平行六面体至少也有一条棱的长是整数.

第一种证法　在本章的问题 4 的解答的末尾我们提到过这一问题的平面类似. 我们在证明中所呈现的想法对解决任何正整数 n 的 n 维空间当然是同样有用的.

为不失一般性,我们可以考虑 P 的一个顶点是原点,P 在第一卦限. 我们将空间分割

成棱长为$\frac{1}{2}$，棱平行于坐标轴的正方体，使这样一个正方体有一个顶点在原点. 用黑白两种颜色对这些正方体涂色，使没有两个具有一个公共面的正方体的是同色的. 使有一个顶点在原点，并在第一卦限的正方体是黑色.

这个解中的两个基本观察是如果一个平行六面体属于$\mathcal{S}$(也就是说，它的棱平行于坐标轴且至少有一维是整数)，那么其中的黑白区域的体积相等，反之，如果平行六面体有棱平行于坐标轴，有一个顶点在原点，其中有相同的黑白体积，那么它属于$\mathcal{S}$.

这两个观察中的第一个是很明显的. 对于第二个观察假定平行六面体的三维分别是a，b和c，为不失一般性，假定它在第一卦限. 我们写成

$$a=m+\alpha, b=n+\beta, c=p+\gamma$$

这里m，n，p是整数(分别是a，b，c的整数部分)，α，β，$\gamma\in[0,1)$(a，b，c的分数部分). 于是该平行六面体被分割成八个小的平行六面体，所以其中的七个至少有一条棱是整数维. 于是，在这七个平行六面体中黑白部分的体积相同. 第八个平行六面体(我们可以假设在原点处有一个顶点) 的维数分别是α，β，γ，于是只要α，β，γ严格为正，它包含的黑色部分大于白色部分，这就导致在原平行六面体的黑色部分大于白色部分. 因为不是这种情况，所以在等式$\alpha=0$，$\beta=0$，$\gamma=0$中至少有一个必须成立，这意味着P至少有一维是整数.

现在证明已显然了. 如果P由$\mathcal{S}$中的平行六面体P_1，…，P_k铺切，那么在P_1，…，P_k中的每一个黑色体积等于白色体积，于是同样的情况对P也成立. 正如我们刚才已证，这意味着P至少有一个整数维，证毕.

第二种证法 这一美妙的证法属于Raphael Robinson(见本章问题4的解答的末尾提到的Stan Wagon的文章). 我们证明，对于任何质数p，存在与一个整数至少相差$\frac{1}{p}$的P的一维. 因为存在无穷多个质数，所以我们可以找到P的一条棱的长，它对无穷多个质数p都与一个整数相差$\frac{1}{p}$，于是，这条棱的长是整数.

让我们来证明我们的断言. 我们将这个平行六面体在以O(原点) 为相似中心，相似因子是p的各个方向扩张(像我们在第一种证法中考虑的那样，平行六面体有一个顶点在O). 在这样得到的新的平行六面体P_1中，我们用$\lfloor x\rfloor$，$\lfloor y\rfloor$，$\lfloor z\rfloor$($\lfloor x\rfloor$，$\lfloor y\rfloor$，$\lfloor z\rfloor$分别是x，y，z的整数部分) 代替铺切P的每一个平行六面体的每一个角(x，y，z)，我们得到顶点的坐标都是整数的平行六面体P_2，它由至少有一个能被p整除的整数维的若干个平行六面体铺切而成. 这就推出每一个这样的平行六面体的体积能被p整除，这导致P_2至少有一个能被p整除的整数维的这一结论(这里我们需要p是质数). 另外，显然P_1的各个维

与 P_2 的相应的维至多相差 1，因此 P 的一个维的 p 倍与 p 的一个倍数至多相差 1，于是这就是我们要证明的.

评注　我们在第一种证法中有表达：第八个平行六面体有维数为 α,β,γ，于是它包含的黑比白多.这一断言并不如此明显，我们邀请读者证明这一断言.

我们对平面的情况证明这一断言.基本上我们将边长为 1 的正方形 $ABCD$ 分割成四个边长为 $\frac{1}{2}$ 的正方形，在这个正方形棋盘上用黑白涂色，使在有一个角在 A 处的一个小正方形是黑色.我们也有 $M\in(AB)$，$N\in(AD)$ 的矩形 $AMPN$，我们要证明在 $AMPN$ 中黑的面积大于白的面积.设 $AM=x$ 和 $AN=y$.如果 $x\leqslant\frac{1}{2}$ 或 $y\leqslant\frac{1}{2}$，那么我们的断言是显然的.当 x 和 y 都大于 $\frac{1}{2}$ 时，关于 $AMPN$ 的内部黑白面积的不等式是

$$\frac{1}{4}+\left(x-\frac{1}{2}\right)\left(y-\frac{1}{2}\right)>\frac{1}{2}\left(x-\frac{1}{2}\right)+\frac{1}{2}\left(y-\frac{1}{2}\right)$$

它等价于

$$xy-x-y+1>0\Leftrightarrow(1-x)(1-y)>0$$

因为 $x<1$，$y<1$，所以上式又成立.

31. 在边长为 15 的等边三角形内给出 111 个点.证明：能够在给定的点中找到(至少)被直径为 $\sqrt{3}$ 的圆面覆盖的三点.

证明　我们过将原三角形的各边十等分的分点画与边平行的直线将原三角形分割成 100 个边长为 1.5 的等边三角形.这 100 个三角形中的 55 个朝上(△)，45 个朝下(▽).这些三角形的每一个外接圆的直径都恰好是 $\sqrt{3}$.我们进一步证明朝上的这些三角形确定的圆盘覆盖整个(原)三角形.

事实上，每一个朝上的三角形显然被覆盖了.现在设 $\triangle ABC$ 是朝下的三角形。其中心是 O.推出存在点 D,E,F，使 $\triangle ABD$，$\triangle BCE$，$\triangle CAF$ 是 $\triangle ABC$ 的周围的朝上等边三角形.$\triangle OAB$ 被 $\triangle ABD$ 的外接圆的圆盘覆盖，$\triangle OBC$ 被 $\triangle BCE$ 的外接圆的圆盘覆盖，$\triangle OCA$ 被 $\triangle CAF$ 的外接圆的圆盘覆盖.

因为 55 个直径为 $\sqrt{3}$ 的圆盘覆盖整个三角形，于是它们也覆盖了给定的 111 个点，根据鸽笼原理，必定有三个点被同一个圆盘覆盖.解答到此结束.

32. 设 m,n,r 是正整数，且 $2\leqslant r\leqslant m+n$.设 $X=\{1,2,\cdots,m\}$，$Y=\{m+1,\cdots,m+n\}$.证明：对于集合 $X\cup Y$ 的排列 π 的个数，存在 $0\leqslant i\leqslant m+n$，使 $\pi(i+1),\cdots,\pi(i+r)$ 都属于 Y，且排列 π 的个数等于 $(m+n)!\ -m!\ n!\ c(m,n,r)$，其中 $c(m,n,r)$ 是多项式

$(1+x+\cdots+x^{r-1})^{m+1}$ 中 x^n 的系数.

证明 首先我们注意到展开式

$$(1+x+\cdots+x^{r-1})^{m+1}=\sum_{a_i\in\{0,1,\cdots,r-1\}}x^{a_1+\cdots+a_{m+1}}$$

对此我们看到$c(m,n,r)$等于使$a_1+\cdots+a_{m+1}=n$的整数$a_1,\cdots,a_{m+1}$的数列个数以及对一切$0\leqslant i\leqslant m+1$有$0\leqslant a_i\leqslant r-1$.

其次,我们观察到$X\cup Y$的数的数列$b_1<\cdots<b_m$具有性质:当且仅当对$j=2,3,\cdots,m$,和$m+n-b_m\leqslant r-1$,有

$$b_1\leqslant r,b_j-b_{j-1}\leqslant r$$

时,$X\cup Y$中的任何r个连续整数列包含其中的一个(某个b_i)(思考这一点!).对于任何这样的数列$b_1<\cdots<b_m$,对$j=2,3,\cdots,m$,数

$$a_1=b_1-1,a_j=b_j-b_{j-1}-1,a_{m+1}=m+n-b_m$$

具有性质

$$a_1+\cdots+a_{m+1}=n,0\leqslant a_j\leqslant r-1,\forall 1\leqslant j\leqslant m+1$$

反之,由这样一个数列$a_1,\cdots,a_{m+1}$,数列$b_1,\cdots,b_n$能被

$$b_j=a_1+\cdots+a_j+j(\text{对每一个 }1\leqslant j\leqslant m)$$

恢复.

我们推得使$X\cup Y$中包含某个b_i的任何r个连续整数的数列的$X\cup Y$中的数的数列$b_1<\cdots<b_m$的个数是$c(m,n,r)$.现在我们来解决我们的问题.

对不存在使所有的$\pi(i+1),\cdots,\pi(i+r)$都属于Y的i,计算排列π的个数较好.这意味着不存在对$X\cup Y$中r个连续整数的排列的r个值都在Y中,或者等价地说,$X\cup Y$中的r个连续整数的任何数列都包含集合$\pi^{-1}(X)$中的一个数.如果我们知道$\pi^{-1}(X)=S$($X\cup Y$中有m个元素的一个子集),那么根据如何(用π)将S映射到X上以及将$(X\cup Y)\backslash S$映射到Y上,我们就能够用$m!\ n!$种方法构建排列.但是我们看到可以用$c(m,n,r)$种方法选择S,因此$m!\ n!\ c(m,n,r)$是不具有所需性质的排列的种数.因为$X\cup Y$的排列有$(m+n)!$种,所以我们可下结论说,不具有这一性质的排列种数是$(m+n)!-m!\ n!\ c(m,n,r)$种,这就是需要的.

评注 设s和t是正整数.众所周知,方程

$$x_1+\cdots+x_s=t$$

的非负整数解的组数是$\begin{pmatrix}t+s-1\\t\end{pmatrix}$.这可以看作是该方程的每一组解$(x_1,\cdots,x_s)$与定

义为

$$y_j = x_1 + \cdots + x_j + j, 1 \leqslant j \leqslant s$$

的递增数列$(y_1, \cdots, y_s)$相结合. 这就产生了方程的解与递增数列$1 \leqslant y_1 < \cdots < y_s = s+t$之间的一个双射对应(请证明这一对应是一一对应！). 选择这样一个数列等价于从1, 2, …, $t+s-1$中的选出$s-1$个不同的元素, 并且这些数恰好是上面的二项式系数.

对我们来说, 这意味着当$n \leqslant r-1$时我们可以以封闭形式计算$c(m,n,r)$的值. 也就是说, $c(m,n,r)$是方程$a_1 + \cdots + a_{m+1} = n$的非负整数解的组数, 至多是$r-1$, 对此, 当$n \leqslant r-1$时, 正意味着方程$a_1 + \cdots + a_{m+1} = n$的非负整数解的组数. 于是, 对于$n \leqslant r-1$我们有

$$c(m,n,r) = \binom{n+m}{n}$$

33. 在网球锦标赛中有编号为1, 2, …, n的n名选手参赛, 每一对选手恰好相遇一次. 对于每一对有序的不同选手(x, y), 存在选手$i_1, \cdots, i_p$, 有x战胜i_1, i_1战胜i_2, ……, i_{p-1}战胜i_p, i_p战胜y($p \geqslant 0$; $p=0$表示x战胜y). 证明: 存在这些选手的一个排列$k_1, \cdots, k_n$, 使k_1战胜k_2, k_2战胜k_3, ……, k_{n-1}战胜k_n, k_n战胜k_1.

解　如果x战胜y, 我们将用$x \to y$表示. 如果$x_1, \cdots, x_k$是不同的选手, 并且$x_1 \to x_2 \to \cdots \to x_k$, 我们说, 我们有一条从$x_1$到$x_k$的路径, 如果我们有$x_1 \to x_2 \to \cdots \to x_k \to x_1$, 我们说$x_1, \cdots, x_k$形成一条长为$k$的环路. 这样就给出任何两名不同的选手之间在两个方向上至少存在一条路径, 我们必须证明存在一条长为n的环路. 实际上我们还要证明一点, 也就是说, 我们归纳证明在选手之中可以找到任何长为k($3 \leqslant k \leqslant n$)的环路. (在已知条件中显然应给出条件$n \geqslant 3$.)

首先, 设x是任何选手. 已知条件表明必存在选手y和z, 有$y \to x$和$x \to z$, 换言之, 集合$x_- = \{y \mid y \to x\}$和$x_+ = \{z \mid x \to z\}$非空. 因为必存在从x_+的任何元素到x_-的任何元素的路径, 所以我们看到必存在$y \in x_-$和$z \in x_+$, 使$z \to y$. 于是$x \to z \to y \to x$是一条长为3的环路.

现在假定存在一条长为k($3 \leqslant k \leqslant n-1$)的环路$C$, 设这条环路是$t_1 \to t_2 \to \cdots \to t_k \to t_1$, 我们证明也能找到一条长为$k+1$的环路. 可能出现两种情况.

首先, 假定存在一名选手y, 对某个$i, j \in \{1, 2, \cdots, k\}$有$t_i \to y$和$y \to t_j$. 回顾这条环路, 我们可以假定$t_1 \to y$. 考虑第一个下标(以递增的序列)$s$, 使$y \to t_s$. 这表明$t_{s-1} \to y$和$t_1 \to \cdots \to t_{s-1} \to y \to t_s \to \cdots \to t_k \to t_1$是一条长为$k+1$的环路.

其次, 假定这样的一名选手不存在. 这意味着每一名不同于$t_1, \cdots, t_k$中的任何一名的

选手 y 战胜所有的 $t_1, \cdots, t_k$ 或者被他们都击败. 这一假定确保两类选手都存在,也就是说,集合

$$A = \{y \notin C \mid y \rightarrow t_l, \forall 1 \leqslant l \leqslant k\}$$

和

$$B = \{z \notin C \mid t_l \rightarrow z, \forall 1 \leqslant l \leqslant k\}$$

都不是空集.

再根据已知条件,当且仅当 $y \in A, z \in B$ 使 $z \rightarrow y$ 时,我们必能找到从 B 中的任何选手到 A 中的任何选手的一条路径. 现在我们求得长为 $k+1$ 的环路 $y \rightarrow t_1 \rightarrow \cdots \rightarrow t_{k-1} \rightarrow z \rightarrow y$,于是证明结束.

评注 当然,这是一个图论问题. 在顶点(选手)为 $1, 2, \cdots, n$ 的有向图是一场锦标赛,图中任何两个顶点 i 和 j(如果 i 战胜 j,那么从 i 到 j)用弧联结. 在图中如果从任何一点到任何另一点的一条路径存在,那么该图为强连通. 在这一术语中我们证明了(这是一个相当熟知的结果)在任何强连通的 n 个顶点的锦标赛中存在任何 $k \in \{3, 4, \cdots, n\}$ 阶的环路. 特别是,存在 n 阶的环路(如在竞赛题中问的那样;它们称为哈密顿圈),也就是说,我们可以从一个顶点 v 出发,取遍每个顶点恰好一次(保持同一方向),然后回到起点 v.

第 6 章　几何与三角问题的解答

1. 给定一个圆锥和一个正整数 $n \geqslant 3$，考虑由 $n-1$ 个平行于圆锥的底，且将圆锥分割成体积相等的 n 个部分的平面组成的集合 S_1；设 S_2 是由 $n-1$ 个平行于圆锥的底，且将圆锥的侧面积分割成面积相等的 n 个部分的平面组成的集合. 证明：当且仅当在 n 的分解式中至少存在一个指数大于 2 的质因数时，$S_1 \cap S_2 \neq \varnothing$.

证明　设 $\alpha_1, \cdots, \alpha_{n-1}$ 是将圆锥分割成体积相等的 n 个部分的平面，圆锥的顶点到 $\alpha_1, \cdots, \alpha_{n-1}$ 的距离分别是 $d_1, \cdots, d_{n-1}$，递增的顺序是 $d_1 < \cdots < d_{n-1}$. 因为两个相似的立体图形的体积的比是相似比的立方，如果我们用 h 表示圆锥的高，那么我们就得到对每一个 $1 \leqslant k \leqslant n-1$，有

$$\left(\frac{d_k}{h}\right)^3 = \frac{k}{n}$$

设 $\beta_1, \cdots, \beta_{n-1}$ 是 S_2 中的平面（将圆锥的侧面积分割成面积相等的 n 个部分的平面），$e_1, \cdots, e_{n-1}$ 分别是圆锥的顶点到 $\beta_1, \cdots, \beta_{n-1}$ 的距离，且 $e_1 < \cdots < e_{n-1}$. 我们现在利用两个相似的立体图形的面积的比是相似比的平方这一事实（这对两个相似圆锥的侧面积也有效），对任何 $1 \leqslant l \leqslant n-1$，得到

$$\left(\frac{e_l}{h}\right)^2 = \frac{l}{n}$$

当然，当且仅当某个 α_k 与某个 β_l 重合，即对某个 $1 \leqslant k \leqslant n-1$ 和某个 $1 \leqslant l \leqslant n-1$，有 $d_k = e_l$ 时，我们有 $S_1 \cap S_2 \neq \varnothing$. 根据这一观察和上面的对 d_k 和 e_l 的公式得到对某个 $k, l \in \{1, 2, \cdots, n-1\}$，有

$$h\sqrt[3]{\frac{k}{n}} = h\sqrt{\frac{l}{n}} \Leftrightarrow k^2 n = l^3$$

如果 δ 是 k 和 l 的最大公约数，我们有 $k = \delta k_1$ 和 $l = \delta l_1$，这里 k_1 和 l_1 是互质的正整数，上面得到的等式 $k^2 n = l^3$ 变为

$$k_1^2 n = \delta l_1^3$$

注意到 $l_1 = 1$ 是不可能的，因为在这种情况下，我们将有 $l = \delta$，于是

$$k_1^2 n = l$$

但是，因为 $1 \leqslant l \leqslant n-1$，所以 n 不可能是 l 的一个约数. 余下的是 $k_1^2 n = \delta l_1^3 (l_1 > 1)$. 由该

等式我们推得 l_1^3 整除 n(因为它与 k_1^2 互质),因此,如果 p 是 l_1 的任何质因数,我们推得 p^3 整除 n.

反之,对于某个质数 p,如果我们假定 p^3 是 n 的一个因子,如果我们考虑

$$k=\frac{n}{p^3}, l=\frac{n}{p^2}$$

我们有 $k,l\in\{1,2,\cdots,n-1\}$ 和 $k^2n=l^3$,因此 $d_k=e_l$,这表明平面 α_k 与 β_l 重合,我们有$S_1\cap S_2\neq\varnothing$.

评注与插叙 (1) 假定集合 S_1 由 $m-1$ 个平面组成,这 $m-1$ 个都平行于圆锥的底面,且将圆锥分割成体积相等的 m 个部分,而 S_2 按照问题的命题中的定义(于是它包括 $n-1$ 个平面,这 $n-1$ 个平面将圆锥的侧面分割成面积相等的 n 个部分). 与我们在前面的过程那样,我们得到当且仅当存在 $k\in\{1,2,\cdots,m-1\}$ 和 $l\in\{1,2,\cdots,n-1\}$,使

$$\sqrt[3]{\frac{k}{m}}=\sqrt{\frac{l}{n}}\Leftrightarrow\left(\frac{k}{m}\right)^2=\left(\frac{l}{n}\right)^3$$

时,S_1 和 S_2 有一个非空交集.

因为任何不同于 1 的正有理数能唯一地表示为不同质数的整数指数的幂的乘积(例如$\frac{8}{9}=2^3\cdot 3^{-2}$),我们看到如果这样一个有理数同时是某个有理数的二次幂和三次幂,那么它也是一个有理数的六次幂(因为质数在其分解式中的指数必是 2 的倍数和 3 的倍数,于是必是 6 的倍数). 这就推出存在正整数 a 和 b,有

$$\left(\frac{k}{m}\right)^2=\left(\frac{l}{n}\right)^3=\left(\frac{a}{b}\right)^6$$

即我们有

$$kb^3=ma^3, lb^2=na^2$$

由此我们必有 $a<b$(因为 $k<m$ 和 $l<n$),这表明 $b>1$,当然,我们可以选取 a 和 b 互质. 于是,因为 b^3 整除 ma^3(没有公约数 a^3),它必整除 m. 所以对某个正整数 c,我们有 $m=b^3c$(和 $k=a^3c$). 类似地,对某个正整数 d,我们得到 $n=b^2d$ 和 $l=a^2d$. 于是,如果 $S_1\cap S_2\neq\varnothing$,那么必存在正整数 $b>1,c,d$,使 $m=b^3c$ 和 $n=b^2d$. 反之,如果这样的整数存在,我们可以选取小于 b 的任何正整数 a,$k=a^3c<m$,和 $l=a^2d<n$,我们得到

$$\left(\frac{k}{m}\right)^2=\left(\frac{l}{n}\right)^3=\left(\frac{a}{b}\right)^6$$

那么 $S_1\cap S_2\neq\varnothing$. 于是在 S_1 和 S_2 中存在公共平面的充要条件是对于某个正整数 b,c,d,且 $b>1$,我们有 $m=b^3c$ 和 $n=b^2d$. 显然,在 $m=n$ 的情况下(原题),这就导致同样的结论:

当且仅当 n 有一个指数大于 2 的(质) 因数时,$S_1 \cap S_2 \neq \varnothing$.

(2) 关于立体图形的面积的比(也适用于平面的相似图形也成立) 等于相似比的平方可以用来求表示台体(棱台或圆台) 的体积的公式. 这样的立体图形(也称为截头棱锥或截头圆锥) 是棱锥或圆锥被一个平行于底面的平面所截而后得到的:将一个具有同一顶点,以截面为底且出现在截面上面的较小的棱锥或圆锥移除后余下的部分就是台体.

如果 h 是台体的高(也就是两个底面之间的距离),a_1 和 a_2 分别是两底的面积,那么体积公式 v_f 是

$$v_f = \frac{h}{3}(a_1 + a_2 + \sqrt{a_1 a_2})$$

事实上,这可以作为有同一顶点,底面积分别为 a_1 和 a_2,高分别为 h_1 和 h_2 的两个棱锥(圆锥) 的体积 v_1 和 v_2 的差来计算. 于是我们有

$$v_f = v_1 - v_2 = \frac{1}{3}(a_1 h_1 - a_2 h_2)$$

这里(图 1)$h_1 - h_2 = h$ 以及

$$\frac{a_1}{a_2} = \frac{h_1^2}{h_2^2}$$

(底的相似比也等于$\frac{h_1}{h_2}$).

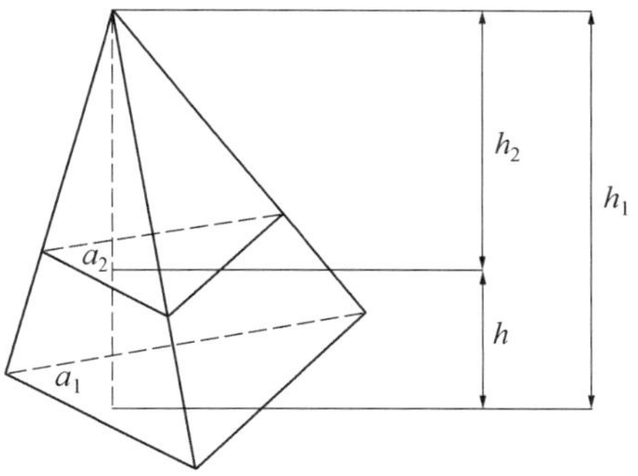

图 1

直接推出

$$h_1 = \frac{h\sqrt{a_1}}{\sqrt{a_1} - \sqrt{a_2}}, h_2 = \frac{h\sqrt{a_2}}{\sqrt{a_1} - \sqrt{a_2}}$$

于是

$$v_f = \frac{h}{3} \cdot \frac{a_1\sqrt{a_1} - a_2\sqrt{a_2}}{\sqrt{a_1} - \sqrt{a_2}} = \frac{h}{3}(a_1 + a_2 + \sqrt{a_1 a_2})$$

这就是所断言的. 我们也可以利用类似的计算求出用底面半径和斜高(母线)的长表示的圆台的侧面积公式.

(3) 如果考虑台体中的一个的中截面(由经过高的中点且平行于两底的平面确定的),并用 a_m 表示其面积(前面的评注中的其他记号保持不变),那么也可以计算出台体的体积是

$$v_f=\frac{h}{6}(a_1+a_2+4a_m)$$

这是因为(我们已经看到) 我们有

$$\frac{\sqrt{a_2}}{\sqrt{a_1}-\sqrt{a_2}}=\frac{h_2}{h}$$

以及(图 2) 我们也有

$$\frac{\sqrt{a_2}}{\sqrt{a_m}}=\frac{h_2}{h_2+\frac{h}{2}}$$

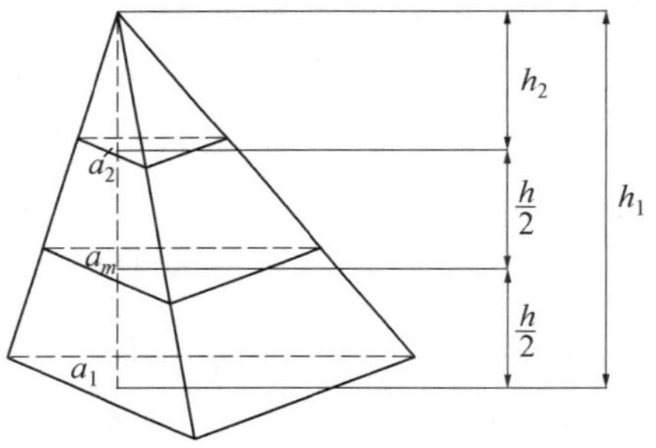

图 2

因此

$$\frac{\sqrt{a_2}}{\sqrt{a_m}-\sqrt{a_2}}=\frac{h_2}{\frac{h}{2}}$$

这表明

$$\frac{\sqrt{a_2}}{\sqrt{a_m}-\sqrt{a_2}}=2\,\frac{\sqrt{a_2}}{\sqrt{a_1}-\sqrt{a_2}}$$

由此最后得到

$$4a_m=(\sqrt{a_1}+\sqrt{a_2})^2$$

于是

$$v_f = \frac{h}{3}(a_1 + a_2 + \sqrt{a_1 a_2}) = \frac{h}{6}(a_1 + a_2 + 4a_m)$$

这就是要求的.

(4) 最后不得不提的是让我们注意到评注(3)中的公式对"看上去像台体"但不必是台体的立体图形也是成立的. 也就是说,如果我们考虑位于平行平面之间的两个多边形 $A_1 \cdots A_p$ 和 $B_1 \cdots B_p$,那么立体图形 $A_1 \cdots A_p B_1 \cdots B_p$(侧棱是 $A_i B_i$,一般地说,侧面 $A_i A_{i+1} B_{i+1} B_i$ 不是梯形;此外,$A_i B_i$ 不需要相等)的体积是

$$v_f = \frac{h}{6}(a_1 + a_2 + 4a_m)$$

这里 h 是高(底 $A_1 \cdots A_p$ 和 $B_1 \cdots B_p$ 所在的平行平面之间的距离),a_1 和 a_2 是底面积,a_m 是与两个底面平行,且经过高的中点将立体图形切割的一个平面的中截面的面积.

这是因为 $A_1 \cdots A_p B_1 \cdots B_p$ 能被切割成若干个四面体(其顶点在 $A_1, \cdots, A_p, B_1, \cdots, B_p$ 中),且公式对任何这样的四面体都成立.

也就是说,如果 $ABCD$ 是顶点 A 在 $A_1, \cdots, A_p$ 中,其余三个顶点 B, C, D 在 $B_1, \cdots, B_p$ 中的四面体,那么我们有 $a_1 = 0, a_2 = A_{BCD}$(一个"底"由 单个点 A 的组成),a_m 是 a_2 的四分之一,高 h 恰是从 A 出发的四面体的高(图3(a)). 这一公式直接从常用的四面体的体积公式推得. 当 $A \in \{B_1, \cdots, B_p\}$ 和 $B, C, D \in \{A_1, \cdots, A_p\}$ 时,情况类似.

当四面体的两个顶点(譬如说,A 和 B)在 $A_1, \cdots, A_p$ 中,另两个顶点是 $B_1, \cdots, B_p$ 中的两点时,我们有

$$a_1 = a_2 = 0$$

("底"是线段[AB]和[CD]),而 a_m 是由线段[AC],[AD],[BC]和[BD]的中点组成的平行四边形的面积,表示为乘积

$$AB \cdot CD \cdot \sin \phi$$

的四分之一,其中 ϕ 是直线 AB 和 CD 之间的夹角(图3(b)),高 h 是异面直线 AB 和 CD 的公垂线的长,所以在这种情况下,这一公式表达了四面体的体积可用计算两条对棱的长,它们之间的距离(它们的公垂线的长),以及支撑这两条棱的直线之间的夹角的正弦的乘积的六分之一这一事实 —— 也许四面体的这一公式鲜为人知,但仍不失为经典公式.

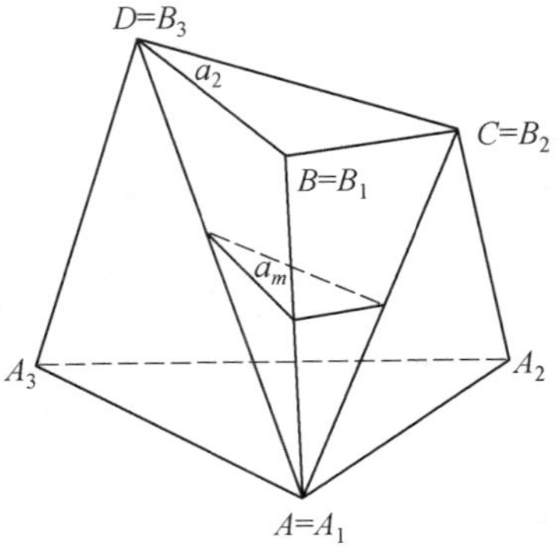

(a)

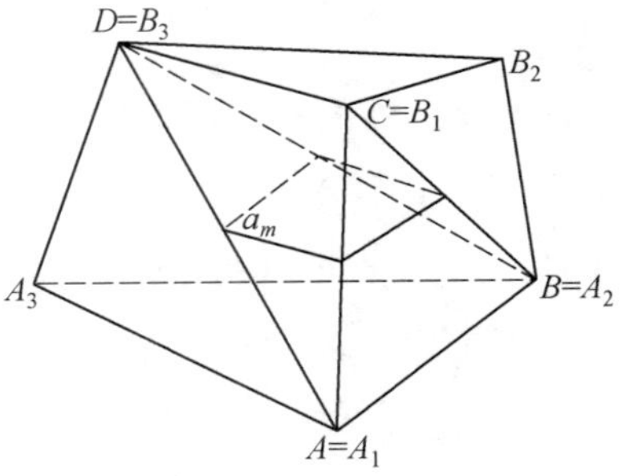

(b)

图 3

我们邀请读者完成这一证明的细节，还要注意的是对于在两个平行平面之间，顶点的个数不必相同的多边形 $A_1,\cdots,A_p$ 和 $B_1,\cdots,B_q$ 的一个多面体 $A_1\cdots A_pB_1\cdots B_q$ 的体积公式同样成立(这里侧棱也以适当的方式联结某个 A_i 和某个 B_j).

2. 证明：对于大于 3 的任何 n，存在一个有 n 条不全相等的边的凸多边形，使任何内点到各边所在的直线的距离的和是常数(与内点的位置无关).

证明 假定我们找到了这样的多边形 P，边数 $n\geqslant 4$. 考虑经过 P 的两个不同的顶点的两条平行线 a 和 b，使该多边形包含在 a 和 b 之间的带状区域内. 我们可以用垂直于 a 和 b 的向量将 a 和 b 向带状区域的内部平移，直至分别到达 a_1 和 b_1 的位置，这样 a_1 和 b_1 中的每一条都与原多边形的一个角相交，于是形成了新的多边形 Q，它像 P 那样也由同样的直线支撑的边，再加上由直线 a_1 和 b_1 支撑的新增的两条边.(由连续性，我们选取 a_1 和 b_1 离 a 和 b 经过的顶点足够近，使它们与所述的多边形相交.) 于是从 Q 的任意一个内点到各边的距离的和等于 X 到 P 的各边的距离的和(它与 X 无关) 加上平行线 a_1 和 b_1 之间的距离，因此也与 X 的选择无关. 显然，我们可以选取 a_1 和 b_1，使 Q 的所有的边不全等长. 于是，如果我们用 $P(n)$ 表示问题所述的 n 边形的性质，我们看到 $P(n)$ 意味着 $P(n+2)$. 如果我们证明了 $P(4)$ 和 $P(5)$ 成立，那么归纳证明就完成了. 事实上的确如此，矩形(不一定是正方形) 就是这样的有四条边的多边形，而具有所求的性质的五边形从一个等边三角形由上面陈述的过程(从 n 到 $n+2$) 得到，等边三角形也具有内部任何一点到各边的距离的和都相等这一性质(等于该三角形的高，下面我们要证明).

如图 4(a)(b)，对此基本上是"无字证明".

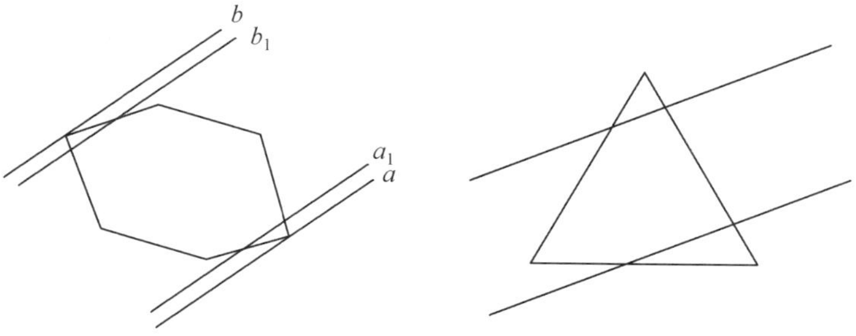

(a)　　　　(b)

图 4

评注　(1) 设 $\triangle ABC$ 是等边三角形，且

$$AB = AC = BC = l$$

设 P 是 $\triangle ABC$ 内或边上的一点. 观察 P 到该三角形的各边的距离的和为常数的最简单的方法是利用明显的等式

$$A_{\triangle PAB} + A_{\triangle PAC} + A_{\triangle PBC} = A_{\triangle ABC}$$

($A_{\triangle XYZ}$ 表示 $\triangle XYZ$ 的面积)，可改写为

$$\frac{AB \cdot d(P,AB)}{2} + \frac{AC \cdot d(P,AC)}{2} + \frac{BC \cdot d(P,BC)}{2} = A_{\triangle ABC}$$

这里 $d(X,YZ)$ 表示点 X 到直线 YZ 的距离，或者

$$d(P,AB) + d(P,AC) + d(P,BC) = \frac{2A_{\triangle ABC}}{l} = h$$

这里 h 表示该三角形的任意一条高的长.

用与上面类似的方法我们看到一个正多边形(有 n 个顶点)具有性质 $P(n)$. 这就导致我们的问题的另一个(更简单的)解法. 也就是说，设 $n \geqslant 4$，$A_1 \cdots A_n$ 是 n 正边形，A'_1 和 A'_1 分别是开边 (A_1A_n) 和 (A_2A_3) 上的点，且 $A'_1A'_2 /\!/ A_1A_2$. 此时我们立刻注意到 $A'_1A'_1A_3 \cdots A_n$ 也具有性质 $P(n)$：这是一个不是每条边都相等的 n 边形(肯定有边 $A'_2A_3 < A_3A_4$)，某个内点到支撑其边的直线的距离的和是常数($A_1 \cdots A_n$ 的内点到支撑其边的直线的距离的和减去 A_1A_2 和 $A'_1A'_2$ 之间的距离).

(2) 实际上存在一个关于等腰三角形更一般的性质. 也就是说，如果 $\triangle ABC$ 的边 $AB = AC$，且 BD 是从 B 出发的高($D \in AC$)，那么对任何点 $P \in [BC]$，我们有

$$d(P,AB) + d(P,AC) = BD$$

事实上，如果 $PM \perp AB(M \in AB)$，$PN \perp AC(N \in AC)$，和 $PQ \perp BD(Q \in BD)$，我们看出 $\triangle PMB$ 和 $\triangle BQP$ 全等，而 $PQDN$ 是矩形(图 5(a))，于是

$$d(P,AB)+d(P,AC)=PM+PN=BQ+QD=BD$$

这就是所求的.

我们邀请读者利用这种方法证明关于等边三角形的这一性质,(如需帮助)请参考图 5(b).

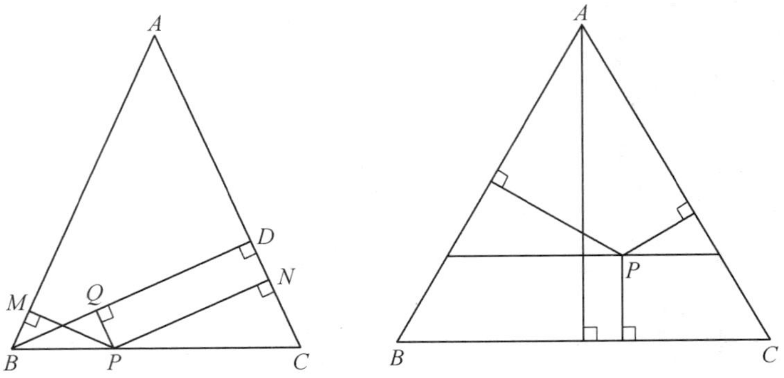

(a) (b)

图 5

(3) 最后注意到 $P(3)$ 不成立,也就是说,一个内点到各边的距离的和是常数的任何三角形都必须是等边三角形. 这又是根据连续性的论据(当然,我们在这里没有证明距离的和的连续性作为点的一个函数,尽管它可以从三角形不等式容易推出,但是我们宁可直观接受). 也就是说,如果三角形是 $\triangle ABC$,并且当 X 取遍 $\triangle ABC$ 的内点时,我们有

$$f(X)=d(X,AC)+d(X,BC)+d(X,AB)$$

是常数,那么(根据连续性)$f(X)$ 在 $\triangle ABC$ 的边界上必须是常数.

特别是我们得到 $f(A)=f(B)=f(C)$,这意味着

$$d(A,BC)=d(B,AC)=d(C,AB)$$

即三角形的高必须相等,$\triangle ABC$ 是等边三角形.

3. 对于四面体 T,设集合 $S(T)$ 的组成如下:(i) 每条棱的中点;(ii) 每个面上的各条高的垂足;(iii) 在每个面所在的平面内,联结顶点和该面的垂心的线段的中点. 证明:如果 $S(T)$ 包含位于一个球面上的一个子集 $S'(T)$,且存在 T 的两个面,它所在的平面至少包含 $S'(T)$ 的三个点,但是 $S'(T)$ 不是这两个面所在的平面的并的子集,那么:

(a) $S(T)$ 在球面上.

(b) T 的相对的是互相垂直.

(c) $S(T)$ 至少包含 24 个元素.

证明 设 $T=ABCD$. 注意到取自四面体的一个面的 $S(T)$ 的若干个点是共圆

的——因为它们恰是确定这个面的九点圆(欧拉圆)的九个点.为不失一般性,让我们假定平面(ABC)和(ABD)每个都包含$S'(T)$的至少三个点(且$S'(T)$不包含在(ABC)和(ABD)的并内).设S是包含$S'(T)$的球.因为至少包含在平面ABC内的$S'(T)$的三点,所以它必包含$\triangle ABD$的整个欧拉圆,因此包含$S(T)\cap(ABC)$的一切点,特别是S包含AC和BC的中点.类似地,S必包含$\triangle ABD$的整个欧拉圆,所以它包含AD和BD的中点.这表明S包含面(BCD)和(ACD)的欧拉圆的至少两点.因为$S'(T)$(因此S同样)必包含至少不是平面(ABC)和(ABD)的还有一点,譬如说,平面(BCD)的点,实际上S至少包含$\triangle BCD$的欧拉圆的三点,于是,它包含$\triangle BCD$的整个欧拉圆.这表明S包含所有棱的中点,于是也包含第四个面(ACD)的整个欧拉圆.这意味着S包含$S(T)$的所有的点,于是(a)得证.

现在,$S(T)$总共包含棱$[AB]$上的三点:它的中点P与C和D在AB(分别在$\triangle ABC$和$\triangle ABD$)上的高的垂足Q,R.正如我们所见,这三点也属于球面S.因为P,Q,R共线,并位于一个球面上,它们不可能全不相同.我们断言$Q=R$.事实上,假定$Q\neq R$.那么$P=Q$或$P=R$,譬如说$P=Q$($P=R$的情况类似).因为$P=Q$,我们推出$\triangle ABC$是等腰三角形,$AC=BC$.因为S与平面(ABC)交是$\triangle ABC$的欧拉圆,我们推出点$R\neq P$在这个欧拉圆上,这是不可能的,因为在等腰三角形中欧拉圆与底边相切于中点(在这种情况下,切$[AB]$于点$P=Q\neq R$).于是我们有$Q=R$,因此$AB\perp CQ(=CR)$,$AB\perp DQ(=DR)$,这表明$AB\perp(CDQ)$,由此推出$AB\perp CD$,这就解决了部分(b).

对于部分(c),注意到$S(T)$可以包含不在T的棱上的每个面上的至多三个点,总数至多是12个点.每一条棱也可以包含$S(T)$的至多两个不同的点,因为$S(T)$有一个球面上的所有的点,这给我们$S(T)$在四面体的六条棱上的还有至多12个点.因此$S(T)$至多包含$12+12=24$个点,这就是所要求的.

评注　(1)也可以证明,如果在一个四面体$T=ABCD$内,对棱互相垂直(即$AB\perp CD$,$AC\perp BD$,$AD\perp BC$),那么(上面定义的)$S(T)$的所有的点在一个球上,也就是说,$\triangle ABC$,$\triangle ABD$,$\triangle ACD$和$\triangle BCD$的欧拉圆位于同一个球上.此外,要证明这一点,观察这个球的球心在这个四面体的双中线的相交的位置上——这也是每一条双中线的中点,实际上,是四面体的重心,也就是说,四条中线和三条双中点的交点.(注意双中线是联结两条对边的中点的线段.)

(2)一个三角形的欧拉圆(或九点圆)是中线$\triangle MNP$的外接圆(M,N和P分别是$[BC]$,$[AC]$和$[AB]$的中点).它也经过(分别从A,B,C出发的)高的垂足D,E,F,分别经过联结三角形的顶点和垂心H的线段$[AH]$,$[BH]$,$[CH]$的中点X,Y和Z(图6).所以，我们取的是九个(重要的) 点是 D,E,F,M,N,P,X,Y 和 Z. 出现这种情况是因为像 $MDNP$(或者也许是 $DMNP$) 那样的四边形是等腰梯形(请证明！)，于是是圆内接四边形. 于是我们看到高的垂足属于 $\triangle MNP$ 的外接圆. 另外，$XPMN$ 也是圆内接四边形，它由具有公共斜边 MX 的两个直角三角形($\triangle PMX$ 和 $\triangle NMX$) 的并得到(请证明这两个三角形是直角三角形). 这就完成了证明 X 属于 MNP 的外接圆，类似地，可证明 Y,Z 也属于 MNP 的外接圆. 也证明了和欧拉圆的圆心是$[XM]$，$[YN]$ 和$[ZP]$ 的中点.

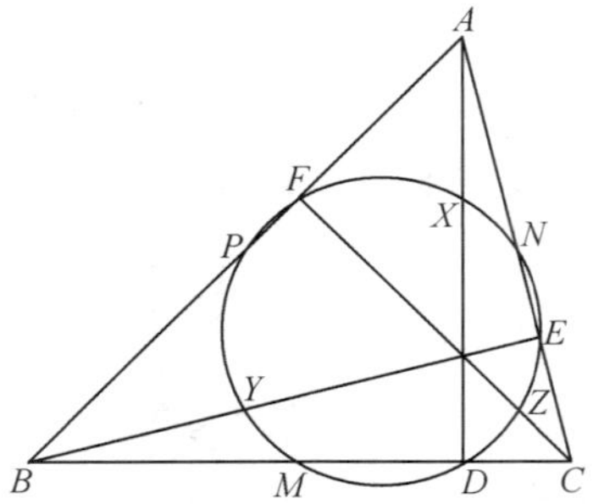

图 6

最后，我们邀请感兴趣的读者探究为什么如果 $\triangle ABC$ 是等腰三角形，譬如说，$AB = AC$，那么它的九点圆与 BC 切于$[BC]$的中点 —— 这是我们在上面用过的性质. 在这个特殊的情况下我们还可以注意到，九点圆与内切圆相切，这是一个一般性的定理，对任意三角形成立(Feuerbach 定理).

4. 给定四个平行平面和一个四面体，证明：存在一个与给定的四面体相似的四面体，在四个平面的每个面上有一个顶点.

证明 假定 α,β,γ 和 δ 是四个平行平面，β 在 α 和 γ 之间，γ 在 β 和 δ 之间. 用 d_1,d_2,d_3 分别表示 α 和 β 之间，α 和 γ 之间，α 和 δ 之间的距离. 我们从四面体 $ABCD$ 出发，证明如何将它变换为一个相似的四面体，它的顶点分别位于四个平行平面 α',β',γ' 和 δ' 内，且 β' 在 α' 和 γ' 之间，γ' 在 β' 和 δ' 之间，相互之间的距离是 $d(\alpha',\beta')=d_1$，$d(\alpha',\gamma')=d_2$，$d(\alpha',\delta')=d_3$(显然，这解决了我们的问题).

我们考虑点 $C' \in AC$ 和 $D' \in AD$，使

$$\frac{AC'}{AC}=\frac{d_1}{d_2},\frac{AD'}{AD}=\frac{d_1}{d_3}$$

用 β'' 表示用三个不共线的点 B,C',D' 确定的平面，设 α'',γ'' 和 δ'' 是平行于 β''，且分别经过 A,C 和 D 的平面. 由 Thales 定理，我们将也有

$$\frac{d(\alpha'',\beta'')}{d(\alpha'',\gamma'')}=\frac{d_1}{d_2},\frac{d(\alpha'',\beta'')}{d(\alpha'',\delta'')}=\frac{d_1}{d_3}$$

现在中心为 A 的相似变换将把四面体 $ABCD$ 变换为顶点在平面 α'，β'，γ' 和 δ' 内的一个相似的四面体，这表示利用相似性分别变换到 α''，β''，γ'' 和 δ'' 的结果（实际上 $\alpha''=\alpha'$，但是这并不重要）；特别是，两个平面之间的距离的比等于它们的相似的像之间的距离的比. 这意味着适当选择相似比将把平面变换为 α'，β'，γ' 和 δ'，使 $d(\alpha',\beta')=d_1$，$d(\alpha',\gamma')=d_2$，$d(\alpha',\delta')=d_3$，这就是所要求的. 于是我们将得到相似于 $ABCD$ 的四面体，其顶点在四个平行平面内，这四个平行平面位于原平面 α，β，γ 和 δ 的同样的位置上，我们的证明结束.

评注　(1) 平面情况的类似命题是熟知的（在三维中的问题也是熟知的，虽然不那么熟知；一个正四面体的情况是在早年的一届国际数学奥林匹克一个入围的问题）. 问题是说，如果我们在一个平面内给定一个 $\triangle ABC$，以及三条平行直线 a，b，c，那么存在一个三角形，它与 $\triangle ABC$ 相似，且 $X\in a$，$Y\in b$，$Z\in c$.

对于我们可以类似地进行的证明，选取一点 $C'\in AC$，使

$$\frac{AC'}{AC}=\frac{d_1}{d_2}$$

（这里 $d_1=d(a,b)$，$d_2=d(a,c)$；我们假定 b 在 a 和 c 之间，虽然这并不本质），那么考虑平行线 a''（经过 A），b''（$=BC'$），和 c''（经过 C），最后以一个相似中心为 A 的合适的相似之变换将这个图形放缩，使 a''，b'' 和 c'' 的相似的像 a'，b' 和 c' 之间的距离恰好等于 $d(a',b')=d_1$，$d(a',c')=d_2$.（为了对上面的解法有较好的理解）我们邀请读者完成细节. 此外，我们也考虑以下的论证.

设 X 是直线 a 上的任意一点（虽然我们是任意选取的，但是往后 X 保持不变）. 设 $\triangle XMN$ 是与 $\triangle ABC$ 相似的三角形，且 M，$N\in b$（构造这样一个三角形并不难：如果我们考虑 $\triangle ABC$ 使 BC 平行于 a，b，c 中的任意一条，我们就得到 M 和 N 是经过 X，且分别平行于 AB 和 AC 的两条直线的交点）. 现在设 $Y\in b$ 和 $Z\in c$，使 $\angle XNZ\equiv\angle XMY$，然后 $\angle NXZ\equiv\angle MXY$（图 7）.

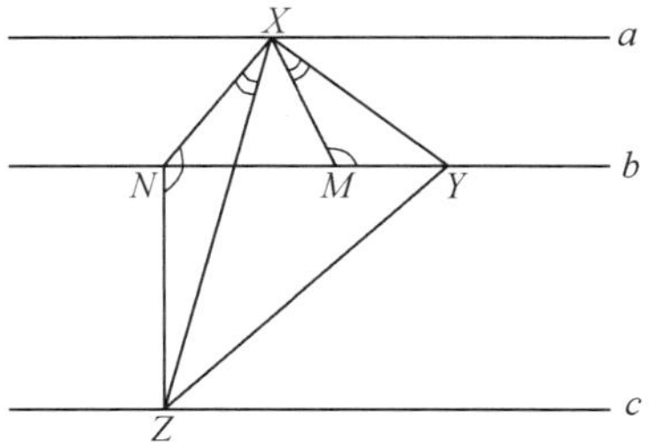

图 7

有了两对角分别相等，$\triangle XNZ$ 和 $\triangle XMY$ 相似，于是我们有

$$\frac{XN}{XM}=\frac{XZ}{XY} \Leftrightarrow \frac{XN}{XZ}=\frac{XM}{XY}$$

我们还有

$$\begin{aligned} m(\angle NXM) &= m(\angle NXZ)+m(\angle ZXM) \\ &= m(\angle MXY)+m(\angle ZXM) \\ &= m(\angle ZXY) \end{aligned}$$

于是 $\triangle XYZ$ 相似于 $\triangle XMN$(SAS 相似准则),因此相似于 $\triangle ABC$,这就是要求的.

(2) 知道了(已经解决了)二维的情况能够对一个空间情况的一个启发式处理有所帮助. 设 α,β,γ 和 δ 是四个给定的平行平面,$ABCD$ 是给定的四面体. 我们要生成一个四面体 $XYZT$ 相似于 $ABCD$,有 $X\in\alpha,Y\in\beta,Z\in\gamma,T\in\delta$.

设 a,b 和 c 分别是 α,β 和 γ 与平面 π 的交线(当然,π 与给定的四个平面 α,β,γ 和 δ 都不平行). 于是 a,b 和 c 是三条共面的平行线,对此为得到 $\triangle MNP$ 相似于 ABC,且 $M\in a$,$N\in b$ 和 $P\in c$,可使用引理. 由这个三角形可以将一个四面体 $MNPQ$ 恢复到相似于 $ABCD$(如何恢复?)现在设平面 π 是变动的平面,求它使 Q 变为 δ 的一点 T 的那个位置. 显然,如果我们用 X,Y 和 Z 表示点 M,N 和 P 在(当 $Q=T$)那一时刻的相应的位置,四面体 $XYZT$ 相似于 $ABCD$,并有 $X\in\alpha,Y\in\beta,Z\in\gamma$ 和 $T\in\delta$,这就是所要求的. 但是,尽管对于 π 的某个位置,点 Q 落在平面 δ 上这一事实看上去多么"明显",但并不是这样的,这也不是一个证明.

无论如何,我们邀请有兴趣的读者去研究平面情况的一个类似的证明(当然是第二种证明).

5. 解方程组

$$\sin x_1\cos x_2=\sin x_2\cos x_3=\cdots=\sin x_{n-1}\cos x_n=\sin x_n\cos x_1$$

这里 $x_1+\cdots+x_n=\pi,0\leqslant x_k\leqslant\frac{\pi}{2},k=1,2,\cdots,n$.

解 当 $n=2$ 时,我们必有 $\sin x_1\cos x_2=\sin x_2\cos x_1$ 和 $x_1+x_2=\pi$,于是

$$\sin x_1\cos x_2=\sin x_2\cos x_1=\frac{1}{2}(\sin x_1\cos x_2+\sin x_2\cos x_1)$$

$$=\frac{1}{2}\sin(x_1+x_2)=0$$

我们立刻看出,只有一种可能是 $x_1+x_2=\pi$,有

$$x_1=x_2=\frac{\pi}{2}$$

下面我们假定 $n\geqslant 3$.

如果对 $k \in \{1,2,\cdots,n\}$，我们有 $\sin x_k \neq 0$ 和 $\cos x_k \neq 0$，那么所有这些正弦和余弦都为正. 所以，如果我们假定 $x_1 < x_2$，我们有 $\sin x_1 < \sin x_2$（因为正弦函数在 0 到 $\frac{\pi}{2}$ 上是严格递增的），因此

$$1 > \frac{\sin x_1}{\sin x_2} = \frac{\cos x_3}{\cos x_2}$$

以及 $\cos x_2 > \cos x_3$，这表明 $x_2 < x_3$，因为余弦在区间 $\left[0,\frac{\pi}{2}\right]$ 上是严格递减的函数. 我们继续用类似的方法得到矛盾 $x_1 < \cdots < x_n < x_1$. 类似地，假定 $x_1 > x_2$，我们得到 $x_1 > \cdots > x_n > x_1$，这又不可能. 于是剩下的唯一的可能性是 $x_1 = \cdots = x_n$，又因为和这个条件 $x_1 + \cdots + x_n = \pi$，实际上我们必有 $x_1 = \cdots = x_n = \frac{\pi}{n}$（这确实是一组解）.

例如，如果 $\sin x_1 = 0$，那么当然所有的乘积 $\sin x_k \cos x_{k+1}$（其中 $x_{n+1} = x_1$）等于 0. 于是 $\sin x_n \cos x_1 = 0$，但是 $\cos x_1 \neq 0$，得到 $\sin x_n = 0$. 于是由 $\sin x_{n-1} \cos x_n = 0$ 我们得到 $\sin x_{n-1} = 0$，等等，对一切 $k \in \{1,2,\cdots,n\}$，我们得到 $\sin x_k = 0$（容易看出这些等于 0 的正弦表明所有的正弦都等于 0）. 因为 $x_1,\cdots,x_n \in \left[0,\frac{\pi}{2}\right]$，这就导致 $x_1 = \cdots = x_n = 0$，但是这些数的和不等于 π，所以这并没有提供一个解.

类似地，可以看到如果余弦 $\cos x_k$ 中有一个是 0，那么所有的余弦是 0，这表明 $x_1 = \cdots = x_n = \frac{\pi}{2}$，但是这些数的和是 $\frac{n\pi}{2} \neq \pi$（因为 $n \geqslant 3$），所以这并没有表示出一个解.

于是唯一的解仍是 $x_1 = \cdots = x_n = \frac{\pi}{n}$（当 $n = 2$ 时这也成立，但是论证不完全相同）.

评注　注意 f 和 g 是定义在同一个集合 D 上取正值的实函数，且 f 在 D 上严格递增，而 g 在 D 上严格递减，那么方程

$$f(x_1)g(x_2) = f(x_2)g(x_3) = \cdots = f(x_{n-1})g(x_n) = f(x_n)g(x_1)$$

（$x_1,\cdots,x_n \in D$）表明 $x_1 = \cdots = x_n$. 证明与上面（在正弦和余弦都非零的情况）相同.

6. 考虑直线 l_1 和 l_2 共点于 A. 一个经过 A 的变动的圆与 l_1 和 l_2 第二次分别相交于 B 和 C. 设 M 是含点 C 的 $\overset{\frown}{AB}$ 的中点，设 N 是含点 B 的 $\overset{\frown}{AC}$ 的中点. 设圆 O_1 是经过 A 且与 BM 相切于 B 的圆，设圆 O_2 是经过 A 且与 CN 相切于 C 的圆. 设 T 是圆 O_1 和 O_2 的第二个交点. 求 T 的轨迹.

解　注意到如果 T_1 是轨迹上的点，那么直线 AT_1 上的任何另一点 T_2 必也属于轨迹，因为我们可以考虑一个以 A 为中心的相似变换将 T_1 变为 T_2，它将把导致 $T_1 = T_2$ 的

圆 O 变为导致 $T=T_2$ 的圆. 于是我们预期 T 的轨迹是一条(半) 直线, 至少我们是否检查一下 B, C 两点在由 l_1 和 l_2 上的 A 确定的两条固定的半直线上的情况. 还有, 关于由这两条直线确定各个角的各条角平分线的图形 $l_1 \cup l_2$ 的对称性, 以及给出点 T 的作图的对称性使我们猜想这两条角平分线应该是轨迹. 我们将证明这的确是答案.

为了证明这一点, 只要证明 T 位于 $\angle BAC$ 的内角平分线上就够了. 当时在解题开始时的相似性的论述就证明 $\angle BAC$ 的整个内角平分线是轨迹的一个子集. 但是 B 和 C 可以在由 l_1 和 l_2 上的 A 确定的四条半直线中的任何两条上, 因此轨迹是由 l_1 和 l_2 确定的四条角平分线.

因为 AT 是 O_1 和 O_2 的根轴, 它垂直于分别联结两圆圆心 P 和 Q 的直线. 所以只要证明 PQ 垂直于 $\angle BAC$ 的内角平分线即可.

因为圆 O_1 切 BM 于点 B 并经过 A, 它的圆心 P 必满足条件 $PB \perp BM$ 和 $PA=PB$ (并且反之, 如果一点 X 满足这两个条件, 那么 X 是 O_1 的圆心) 立刻有不含 C 的 $\overset{\frown}{AB}$ 的中点 X 满足这些条件: $XA=XB$ 是显然的, $XB \perp BM$ 成立是因为 XM 是圆 O 的直径. 于是 $X=P$, 也就是说, P 是不含 C 的 $\overset{\frown}{AB}$ 的中点. 类似地, Q 是不含 B 的 $\overset{\frown}{AC}$ 的中点. 所以余下的是证明(联结分别不含 C 和 B 的 $\overset{\frown}{AB}$ 和 $\overset{\frown}{AC}$ 的中点的) 直线 PQ 垂直于 $\angle BAC$ 的内角平分线, 即直线 AR, 这里 R 是不含 A 的 $\overset{\frown}{BC}$ 的中点(图 8).

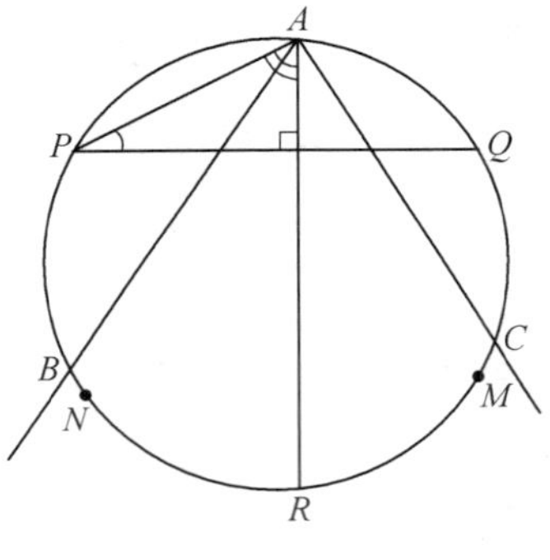

图 8

确实, $\angle APQ$ 和 $\angle PAR$ 的和的大小等于

$$\frac{m(\overset{\frown}{AQ})}{2}+\frac{m(\overset{\frown}{BP})+m(\overset{\frown}{BR})}{2}=\frac{m(\angle ABC)+m(\angle ACB)+m(\angle BAC)}{2}$$

$$=\frac{\pi}{2}$$

这证明两条直线垂直(有 $\{S\}=AR \cap PQ$ 的 $\triangle APS$ 是直角三角形). 现在余下的是证明 $T \neq A$, 也就是这两个圆不相切, 即 $PQ \neq PA+QA$, 由不在一直线上的点 P, A, Q(因为

它们在圆 O 上）的三角形不等式可以明显看出. 但是，对于当 O 的半径是 0 时的极端情况，可以认为轨迹为点 A（退化为单个的点 A）.

7. 一个凸多边形的顶点位于半径为 1 的圆上. 我们从每一边的中点出发在多边形的内部画一条长为 1 的线段. 证明：这些线段中的最后两条有一个公共点.（我们认为线段是闭的，即包括它的两个端点.）

证明　设多边形为 $A_1\cdots A_n$ 和 M_i 是线段 $[A_iA_{i+1}]$（$A_{n+1}=A_1$）的中点. 设 $[M_iN_i]$ 是在问题的命题中所说的单位闭线段. 考虑 $\angle N_iM_iA_{i+1}$，并取出其中最小的角（如果存在至少两个角最小，那么取出其中的一个），例如取 $\angle N_1M_1A_2$. 我们断言 $[M_1N_1]$ 和 $[M_2N_2]$ 有非空的交. 因为 $m(\angle N_1M_1A_2)\leqslant m(\angle N_2M_2A_3)$，所以 $\angle N_1M_1A_2$ 和 $\angle N_2M_2A_2$ 的和至多是 π. 因为 $\angle M_1A_2M_2$ 小于 π，我们有

$$m(\angle N_1M_1A_2)+m(N_2M_2A_2)+m(M_1A_2M_2)<2\pi$$

这意味着半直线 $[M_1N_1$ 和 $[M_2N_2$ 相交于一点，譬如说，相交于位于 $\angle A_1A_2A_3$ 内的点 P.

设 Q 是 A_2 关于 P 的反射，这表明 $[PM_1]$ 是 $\triangle A_2QA_1$ 的中位线，于是直线 PM_1 和 QA_1 平行，且 $2PM_1=QA_1$（长度）. 类似地，直线 PM_2 和 QA_3 平行，且 $2PM_2=QA_3$.

还注意到 $m(\angle A_1QA_3)=m(\angle M_1PM_2)$，因为这两个角的两边分别平行（图 9）.

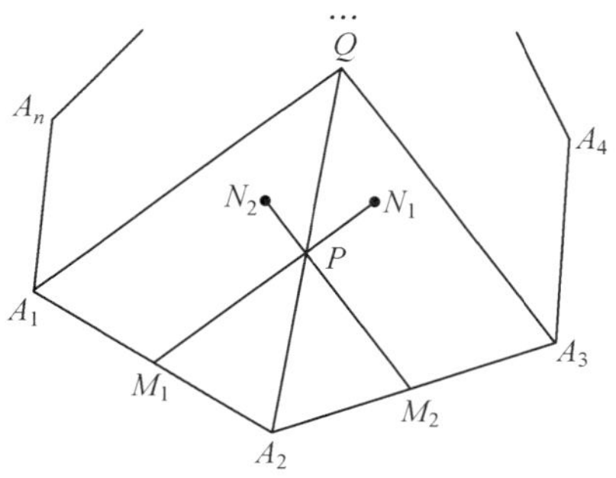

图 9

如果我们知道 PM_1 和 PM_2 的长至多是 1，那么将推出 P 是线段 $[M_1N_1]$ 和 $[M_2N_2]$ 的一个公共点，证明就完成，所以，让我们来证明这一事实.

我们确实有

$$\begin{aligned} m(\angle A_1A_2A_3)+m(\angle A_1QA_3)&=m(\angle M_1A_2M_2)+m(\angle M_1PM_2)\\ &=2\pi-(m(\angle N_1M_1A_2)+m(\angle N_2M_2A_2))\\ &\geqslant\pi \end{aligned}$$

这表明 Q 在 $\triangle A_1A_2A_3$（也就是说，多边形 $A_1\cdots A_n$）的外接圆的内部或圆上，它的半径为 1. 于是 $[QA_1]$ 和 $[QA_3]$ 是直径为 2 的闭圆面内的线段. 我们推出 $2PM_1=QA_1\leqslant 2$ 和

$2PM_2 = QA_3 \leqslant 2$，证毕.

8. 给出对应角相等、对角线对应相等、周长相等的两个不全等的四边形的一个例子.

解 我们考查涉及的两个等腰梯形的例子. 设 $ABCD$ 是梯形，底 $AB > CD$，对角线

$$AC = BD = 1$$

以及底角 $\angle DAB$ 和 $\angle CBA$ 的大小等于 α. 设 CC_1，DD_1 是等腰梯形的高，再设

$$x = CC_1 = DD_1$$

由 $\mathrm{Rt}\triangle BDD_1$，我们推得 $D_1B = \sqrt{1-x^2}$. 类似地，我们有 $C_1A = \sqrt{1-x^2}$. 由 $\mathrm{Rt}\triangle ADD_1$，我们推得

$$AD = \frac{x}{\sin\alpha}$$

也就是长 BC. 因为 $DC = D_1C_1$ 和 $AD_1 = C_1B$，我们有

$$AB + CD = 2D_1B$$

于是四边形的周长是

$$AB + CD + AD + BC = 2(AD + D_1B) = 2\left(\frac{x}{\sin\alpha} + \sqrt{1-x^2}\right)$$

如果我们找到两个（不同的）数 $x_1, x_2 \in (0,1)$，使

$$\frac{x_1}{\sin\alpha} + \sqrt{1-x_1^2} = \frac{x_2}{\sin\alpha} + \sqrt{1-x_2^2}$$

此时问题将得到解决. 因为对应 x 的这两个值的梯形将是两个角的大小为 α，两个角的大小为 $\pi - \alpha$，对角线的长是 1，周长相等的等腰梯形 —— 但是高 $x_1 \neq x_2$，于是不全等. 现在，在最后一个等式等价于

$$\frac{x_2 - x_1}{\sqrt{1-x_1^2} - \sqrt{1-x_2^2}} = \sin\alpha$$

现在再给出几个例子.

例如，我们取 $x_1 = \frac{4}{5}$，$x_2 = \frac{12}{13}$，那么我们必有

$$\sin\alpha = \frac{x_2 - x_1}{\sqrt{1-x_1^2} - \sqrt{1-x_2^2}} = \frac{\frac{12}{13} - \frac{4}{5}}{\frac{3}{5} - \frac{5}{13}} = \frac{4}{7}$$

所以，角 $\alpha = \arcsin\frac{4}{7}$ 将得到所需要的结果.

9. 设 $A_1A_2A_3A_4$ 是一个四面体，考虑点 $B_{ij} \in A_iA_j$，对 $i \neq j$，$i, j \in \{1,2,3,4\}$（$B_{ij} = B_{ji}$）. 证明：四个四面体 $A_1B_{12}B_{13}B_{14}$，$A_2B_{12}B_{23}B_{24}$，$A_3B_{13}B_{23}B_{34}$，$A_4B_{14}B_{24}B_{34}$ 有一个公

共点.

证明　我们从下面的引理开始：

引理(Miquel 定理)　设 ABC 是三角形，点 X,Y,Z 分别在直线 BC,CA,AB 上. 那么 $\triangle AYZ,\triangle BXZ,\triangle CXY$ 的外接圆有一个公共点.

引理的证明　设 P 是 $\triangle AYZ,\triangle BXZ$ 的外接圆的第二个交点. 根据圆内接四边形的性质，可得

$$m(\angle YPZ)=\pi-m(\angle BAC),m(\angle XPZ)=\pi-m(\angle ABC)$$

因此，由于

$$m(\angle YPZ)+m(\angle XPZ)+m(\angle XPY)=2\pi$$

和

$$m(\angle BAC)+m(\angle ABC)+m(\angle ACB)=\pi$$

我们推得

$$m(\angle XPY)=\pi-m(\angle ACB)$$

这表明 P 也在 $\triangle CXY$ 的外接圆上. 注意到 P 称为对应 $\triangle ABC$ 和点 X,Y,Z 的 Miquel 点($\triangle AYZ,\triangle BXZ$ 和 $\triangle CXY$ 的外接圆都称为 Miquel 圆).

现在，设 S_i 是由 A_i,B_{ij},B_{ik},B_{il} 确定的球，其中

$$\{i,j,k,l\}=\{1,2,3,4\}$$

我们考虑以 A_4 为中心的反演$\mathcal{I}$，在此反演下 S_4 变换为一个平面 α. 对于 $i\neq j,i,j\in\{1,2,3\}$，我们用 $C_{ij}(=C_{ji})$ 表示圆 $S_4\cap(A_4A_iA_j)$，观察到因为 $C_{ij}\subset S_4$ 经过极 A_4，$\mathcal{I}(C_{ij})$ 是平面 α 内的一条直线 $d_{ij}(=d_{ji})$.

还有，对于$\{i,j,k\}=\{1,2,3\}$，我们观察到 $d_{ij}\cap d_{ik}=\mathcal{I}(B_{i4})$.

还考虑对 $k\in\{1,2,3\}$，圆 $D_k=S_k\cap S_4$.

这些圆不包含反演$\mathcal{I}$的极，但是包含在 S_4 中，于是它们在$\mathcal{I}$下的像是平面 α 内的圆. 我们记 $\gamma_k=\mathcal{I}(D_k)$，并注意到每一个 $\mathcal{I}(B_{k4})$ 属于 $\gamma_k(k\in\{1,2,3\}$，因为 $B_{k4}\in S_k\cap S_4=D_k$.

现在对于每一个 $\triangle A_iA_jA_4$，一个 Miquel 点 M_k(再对$\{i,j,k\}=\{1,2,3\}$)可以对应点 B_{ij},B_{i4} 和 B_{j4}，每一个 M_k 属于 $S_i\cap S_j\cap S_4$，于是 $M_k\in D_i\cap D_j$. 这表明对于$\{i,j,k\}=\{1,2,3\}$，$\mathcal{I}(M_k)\in\gamma_i\cap\gamma_j$. 又因为 $M_k\in S_4\cap(A_iA_jA_4)=C_{ij}$，我们有每一个 $M_k\in d_{ij}$.

我们推得点$\mathcal{I}(B_{k4})$确定一个三角形，而点$\mathcal{I}(M_k)$就位于支撑其边的直线 d_{ij} 上，得到 Miquel 圆 $\gamma_1,\gamma_2,\gamma_3$. 根据 Miquel 定理，存在圆 $\gamma_1,\gamma_2,\gamma_3$ 的一个公共点 P. 但此时 $Q=\mathcal{I}^{-1}(P)$ 是 $D_1=S_1\cap S_4,D_2=S_2\cap S_4,D_3=S_3\cap S_4$ 的公共点，即 Q 是 S_1,S_2,S_3,S_4 的公

共点,这就是我们要证明的.

插叙 我们邀请读者去了解一下对应于 $\triangle ABC$ 的 Miquel 点以及当且仅当 X,Y,Z 共线时,点 $X\in BC,Y\in AC,Z\in AB$ 属于 $\triangle ABC$ 的外接圆.

10. 考虑一个将平面分成全等的等边三角形的一个分割. 是否存在顶点都在这些三角形的顶点上的一个正方形?

解 答案是不存在的.

考虑边长是 1 的等边三角形,譬如说,其中的一个 $\triangle OMN$ 位于笛卡儿直角坐标系中,一边在原点的一侧到点 $M(1,0)$. 我们用 $\boldsymbol{i}=\overrightarrow{OM}$ 和 $\boldsymbol{j}$ 表示给出坐标轴方向的单位向量(轴向量). 那么格点等边三角形的任何顶点 P 的位置向量 $\overrightarrow{OP}$ 有 $m\boldsymbol{u}+n\boldsymbol{v}$ 的形式,其中 m, n 是整数,则

$$\boldsymbol{u}=\boldsymbol{i},\boldsymbol{v}=\frac{1}{2}\boldsymbol{i}+\frac{\sqrt{3}}{2}\boldsymbol{j}$$

容易得到. 于是,对于一个等边三角形的任何顶点 P,对某个整数 m,n,我们有

$$\overrightarrow{OP}=m\boldsymbol{u}+n\boldsymbol{v}=\left(m+\frac{n}{2}\right)\boldsymbol{i}+\frac{n\sqrt{3}}{2}\boldsymbol{j}$$

一个直接的结果是这样一个向量的长度是

$$OP=\sqrt{\left(m+\frac{n}{2}\right)^2+\left(\frac{n\sqrt{3}}{2}\right)^2}=\sqrt{m^2+mn+n^2}$$

现在假定存在所有顶点都在等边三角形的顶点处的正方形 $ABCD$. 向量 $\overrightarrow{AO}$ 的一次转动将正方形转到 $OEFG$ 的位置,顶点仍是格点,其中一个顶点恰好是原点. 于是我们得到一个等腰 Rt$\triangle OEG$,对某个整数 a,b,x,y,我们必有

$$\overrightarrow{OE}=a\boldsymbol{u}+b\boldsymbol{v},\overrightarrow{OG}=x\boldsymbol{u}+y\boldsymbol{v}$$

当然,我们必有 $OE\perp OG$ 和 $OE=OG$. 第一个条件可写成数量积为

$$\overrightarrow{OE}\cdot\overrightarrow{OF}=0\Leftrightarrow\left(a+\frac{b}{2}\right)\left(x+\frac{y}{2}\right)+\frac{b\sqrt{3}}{2}\cdot\frac{y\sqrt{3}}{2}=0$$

$$\Leftrightarrow ay+bx+2ax+2by=0$$

而第二个条件给我们(利用上面看到的向量 $m\boldsymbol{u}+n\boldsymbol{v}$ 的长的表达式)

$$a^2+ab+b^2=x^2+xy+y^2$$

第一个等式得到

$$(a+2b)y=-(2a+b)x$$

我们可以计算(也利用第二个条件)

$$(a+2b)^2(a^2+ab+b^2)=(a+2b)^2(x^2+xy+y^2)$$
$$=[(a+2b)^2-(a+2b)(2a+b)+(2a+b)^2]x^2=3x^2(a^2+ab+b^2)$$

我们不可能有 $a^2+ab+b^2=0$，因为这表明 $a=b=0$（显然我们不是寻求退化为一个单个点的正方形！），于是我们得到的等式

$$(a+2b)^2(a^2+ab+b^2)=3x^2(a^2+ab+b^2)$$

表明 $(a+2b)^2=3x^2$. 如果 $x\neq 0$，这将得到

$$\sqrt{3}=\pm\frac{a+2b}{x}\in\mathbf{Q}$$

这不成立，所以我们必有 $x=0$，于是 $a+2b=0$. 但是在这种情况下方程 $a^2+ab+b^2=x^2+xy+y^2$ 变为 $3b^2=y^2$，（同理）这表明 $b=y=0$，所以 $a=b=x=y=0$，事实上这是这两个方程（仅有）的解，但是我们对此不感兴趣. 于是，正如所断言的，我们不可能求得各个顶点都在等边三角形的顶点上的一个非退化的正方形.

11. 一位裁缝随意地从一块 25×20 的矩形被单中剪出 120 个边长为 1 的正方形补丁. 证明：不管他如何裁剪，他还是能够从剩下的布料中剪出一个直径为 1 的圆形补丁.

证明　我们需要在这个矩形的内部找到一点 O，使 O 到任何一个正方形的距离和到矩形的任何一边的距离都至少是 $\frac{1}{2}$，然后以 O 为圆心，$\frac{1}{2}$ 为半径的圆面就是所求的补丁.

对于每一个单位正方形 $ABCD$，考虑与正方形的距离至多是 $\frac{1}{2}$ 的点的集合. 它由正方形 $ABCD$，4 个都是 $\frac{1}{2}\times 1$ 的矩形 $ABNM$，$BCQP$，$CDSR$，$DAUT$，和 4 个半径都是 $\frac{1}{2}$ 的四分之一圆 AUM，BNP，CQR，DST 组成. 这个集合的总面积是

$$1+4\cdot\frac{1}{2}+4\cdot\frac{\pi}{16}=3+\frac{\pi}{4}$$

于是在被裁缝裁剪成正方形片块四周的所有这种的集合覆盖的总面积至多是

$$120\cdot\left(3+\frac{\pi}{4}\right)=360+30\pi$$

因为 $\pi<3.2$，所以上面这个数小于 $24\cdot 19$，也就是说，小于沿着原矩形的边缘裁去 4 条宽为 $\frac{1}{2}$ 的长条余下的中间的矩形的面积.

于是在中间的矩形的内部存在一点 O，它不在补丁周围的任何集合之中. 这表明以 O 为圆心，半径为 $\frac{1}{2}$ 的圆面与 120 个正方形中的任何一个都不相交，此外，它完全在矩形的内部，所以没有被裁剪到，这就是要求的.

12. 设 $ABCD$ 是凸四边形，O 是该四边形的一个内点. 证明：如果 $\triangle AOB$，$\triangle BOC$，$\triangle COD$，$\triangle DOA$ 的周长相等，O 是该四边形的对角线的交点，那么 $ABCD$ 是菱形. 如果没有“O 是该四边形的对角线的交点”这一条件，那么命题是否还成立？

证明 为不失一般性，设 $OA \geqslant OC$ 和 $OB \geqslant OD$. 设 $C' \in [OA]$ 和 $D' \in [OB]$ 分别是 C 和 D 关于 O 的反射（图 10）.

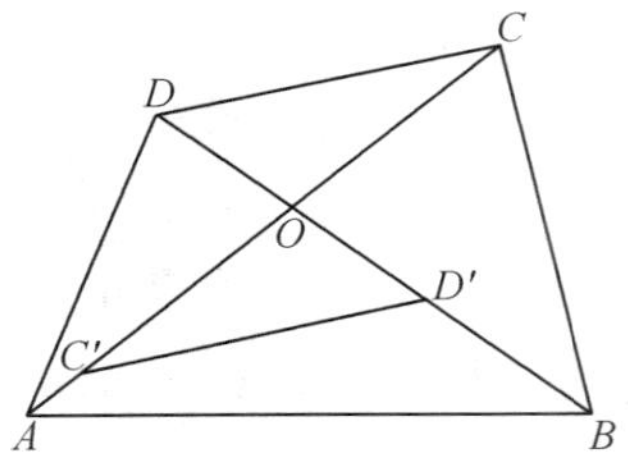

图 10

此时 $\triangle OCD$ 的周长等于 $\triangle OC'D'$ 的周长（实际上这两个三角形是全等的），并且根据已知条件，它必须等于 $\triangle OAB$ 的周长. 于是我们有 $\triangle OC'D'$ 和 $\triangle OAB$ 的周长的等式，得到

$$\begin{aligned} OC' + OD' + C'D' &= OA + OB + AB \\ &= OC' + C'A + OD' + D'B + AB \end{aligned}$$

也就是说，$C'D' = C'A + AB + BD'$.

但是我们知道，由（一般的）三角形不等式

$$C'D' \leqslant C'A + AB + BD'$$

当且仅当四边形 $ABD'C'$ 退化时，即当且仅当 $A=C'$，$B=D'$ 时，等式成立. 于是 $ABCD$ 必须是平行四边形（对角线的交点是每条对角线的中点）. 但是根据已知条件，我们也有

$$OA + OB + AB = OA + OD + AD$$

这表明 $AB = AD$（因为 $OB = OD$），如果在平行四边形 $ABCD$ 中，$AB = AD$，那么 $ABCD$ 是菱形.

现在注意到如果点 O（不必是 $ABCD$ 的内点）存在，并使 $P_{\triangle OAB} = P_{\triangle OBC} = P_{\triangle OCD} = P_{\triangle OAD}$（其中 $P_{\triangle XYZ}$ 是 $\triangle XYZ$ 的周长），那么 $ABCD$ 是圆外切四边形（它有一个内切圆）. 我们确实有

$$P_{\triangle OAB} + P_{\triangle OCD} = P_{\triangle OBC} + P_{\triangle OAD} \Leftrightarrow AB + CD = AD + BC$$

于是，由 Pitot 定理，$ABCD$ 是圆外切四边形.

假定 $ABCD$ 是圆外切四边形，即 $AB + CD = AD + BC$. 我们断言 $P_{\triangle OAB} = P_{\triangle OBC} = P_{\triangle OCD}$ 表明

$$P_{\triangle OAB}=P_{\triangle OBC}=P_{\triangle OCD}=P_{\triangle OAD}$$

(于是,对于这样一个四边形而言,我们感兴趣的是周长中有三个相等表明所有四个周长都相等).事实上,我们有

$$P_{\triangle OAB}=P_{\triangle OBC}\Leftrightarrow OA-OC=BC-AB$$

和

$$P_{\triangle OBC}=P_{\triangle OCD}\Leftrightarrow OB-OD=CD-BC$$

因为 $BC-AB=CD-AD$,上面第一个等式表明

$$OA-OC=CD-AD\Leftrightarrow P_{\triangle OAD}=P_{\triangle OCD}$$

最后,当且仅当 $ABCD$ 是圆外切四边形,且 O 满足

$$OA-OC=BC-AB,OB-OD=CD-BC$$

时,对四边形 $ABCD$,问题的命题中的点 O 存在.

现在对于问题中的第二部分,我们断言如果点 O 不是对角线的交点,命题不成立.在平面内使

$$XA-XC=BC-AB$$

点 X 的集合是双曲线的一个分支,类似地,满足

$$XB-XD=CD-BC$$

的点 X 的集合是双曲线的一个分支.在菱形的情况下,这两条双曲线事实上已经退化为直线,即分别是 AC 和 BD 的垂直平分线,显然,它们相交于 $ABCD$ 的一个内点.

所以,要证明能举出一个反例,我们从一个菱形 $ABCD$ 出发,我们将它连续变形使它的边始终与一个内切圆相切.由于连续性我们期望如果稍稍变动一下 $ABCD$,那么双曲线的两个分支仍有一个公共点,这个交点的位置也将只有很小的移动,于是我们得到与 $ABCD$ 有同一个内切圆的四边形 $A'B'C'D'$(但是它不再是菱形了),对此存在一个内点 O',使

$$O'A'-O'C'=B'C'-A'B',O'B'-O'D'=C'D'-B'C'$$

这就是说,$\triangle O'A'B'$,$\triangle O'B'C'$,$\triangle O'C'D'$ 和 $\triangle O'A'D'$ 的周长相等. 当然,O' 不是 $A'B'C'D'$ 的对角线的交点,因为如果是的话,那么上面的证明就意味着 $A'B'C'D'$ 将是菱形.

评注　Pitot定理说,当且仅当一个四边形的一组对边的长的和等于另一组对边的长的和时,这个四边形有一个内切圆."仅当"部分从一个固定点向一个圆作的两条切线的长相等这一事实推出.事实上,如果四边形 $ABCD$ 存在一个内切圆,它与边[AB],[BC],[CD],[AD]分别相切于 M,N,P 和 Q,根据这一性质,我们有 $AM=AQ=a,BN=BM=$

$b, CP = CN = c, DQ = DP = d$. 于是，容易看出

$$AB + CD = AD + BC = a + b + c + d$$

Steiner 是第一个证明这个逆定理的. 假定凸四边形 $ABCD$ 有 $AB + CD = AD + BC$，于是

$$AB - AD = BC - CD$$

我们假定 $AB > AD$，于是 $BC > CD$，所以设点 $E \in [AB], F \in [BC]$，使 $AE = AD$ 和 $CF = CD$（图 11）.

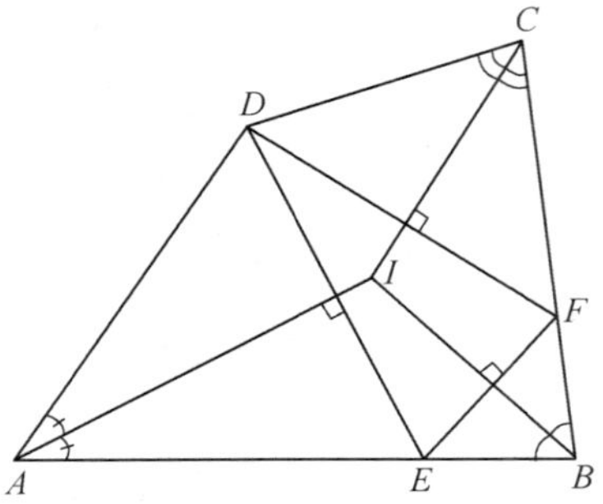

图 11

由此推出 $\triangle ADE, \triangle BEF$ 和 $\triangle CDF$ 都是等腰三角形，因此该四边形的 $\angle BAD$，$\angle ABC$ 和 $\angle BCD$ 的角平分线也是 $\triangle DEF$ 的各边的垂直平分线 —— 于是它们共点于 I. 因为角平分线上的任意一点到角的两边的距离相等，推出 I 到 $ABCD$ 的各边的距离都相等，这表明圆心为 I 与各边都相切的圆存在.

当然，在 $AB < AD$（和 $BC < CD$）的情况是类似的. 那么 $AB = AD$（和 $BC = CD$）的情况是怎样的呢？

13. 考虑四个同心圆，它们的半径形成一个非常数的等差数列. 证明：不管如何在每个圆上选取一点，这四点不是正方形的四个顶点.

证明 我们从以下有帮助的结果出发（这是作为问题 11558 出现在 *The American Mathematical Monthly* 上，由 Andrew McFarland 提出）.

引理 设 $0 < a < b < c < d$ 是四个给定的同心圆的半径. 那么当且仅当 $a^2 + d^2 = b^2 + c^2$ 时，存在每个圆上有一个角的矩形.

引理的证明 为了证明条件的必要性，我们采用一个熟知的事实，给定一个矩形 $ABCD$ 和空间任何一点 P，我们有

$$PA^2 + PC^2 = PB^2 + PD^2$$

（事实上，如果 M 是对角线 AC 和 BD 的公共点，作为 $\triangle PAC$ 和 $\triangle PBD$ 的中线的 PM，我

们可以用两种方法表示

$$4PM^2=2(PA^2+PC^2)-AC^2=2(PB^2+PD^2)-BD^2$$

因为 $AC=BD$，推出结论.）现在，如果存在一个矩形，它的四个顶点分别在以 O 为圆心的四个同心圆上，那么对点 O 利用这一性质会得到两个半径的平方和等于另两个半径的平方和这一结论. 我们看到，如果 $a<b<c<d$，那么 $a^2+d^2=b^2+c^2$ 是这一类型的唯一可能的关系.

反之，设 O 是半径为 $a<b<c<d$，且满足 $a^2+d^2=b^2+c^2$ 的 4 个同心圆的圆心，假定该图形是在原点为 O 的笛卡儿坐标系中. 我们考虑点

$$A(a,0),\ B\left(\frac{b^2+ad}{a+d},\frac{\sqrt{(b^2-a^2)(d^2-b^2)}}{a+d}\right)$$

$$C\left(\frac{c^2+ad}{a+d},-\frac{\sqrt{(c^2-a^2)(d^2-c^2)}}{a+d}\right),D(d,0)$$

利用 $a^2+d^2=b^2+c^2$，我们可以直接看出 A,B,C 和 D 位于半径分别为 a,b,c 和 d 的圆上，这四点是一个矩形的顶点，证明结束.

现在，对于我们的问题，我们对圆的半径保持同样的记号，我们知道 a,b,c 和 d 形成一个等差数列，于是 $a+d=b+c$. 如果存在一个正方形，它的每个顶点各在一个圆上（不同的顶点在不同的圆上），那么由引理，推得 $a^2+d^2=b^2+c^2$. 此时

$$ad=\frac{1}{2}((a+d)^2-(a^2+d^2))=\frac{1}{2}((b+c)^2-(b^2+c^2))=bc$$

但是 $a+d=b+c, ad=bc$ 表明 $\{a,d\}=\{b,c\}$，因为 $a<b<c<d$，所以这显然是不可能的.

实际上，我们从引理和问题的随之而来的解看到，即使对 a,b,c,d 形成等差数列的条件放松到 $a+d=b+c$，四个顶点分别在四个同心圆上的正方形也不可能存在.

评注　(1) 我们在引理中的必要性部分的证明中用到的矩形的性质实际上是矩形的一个特征. 也就是说，证明如果 $ABCD$ 是对于任何一点 P，使 $PA^2+PC^2=PB^2+PD^2$ 的四边形，那么 $ABCD$ 是矩形.（点 P 的一些选择将导致所要求的结果.）

(2) 对引理的充分性部分有另一种可能（事实上，对于我们的问题，我们不需要引理，但是为了完整性，我们在这里还是放了进去）. 也就是说，我们可以从分别在半径为 a 和 b 的圆上任何两点 A 和 B 出发，过 B 作 AB 的垂线，并考虑垂线与半径为 d 的圆的交点 D，然后构成有第四个点 C 的矩形 $ABDC$. 因为（根据刚才提到的矩形的这个性质）

$$OA^2+OD^2=OB^2+OC^2$$

推出

$$OC^2 = a^2 + d^2 - b^2 = c^2$$

因此 C(矩形的第四个角)位于半径为 c 的圆上,即我们构成的矩形在每一个圆上有顶点;我们又完成了.

14. 证明:对于任何多面体,存在一个平面,使多面体在它上面的投影不是一个非退化的三角形.

证明 设 P 是该多面体,A 和 B 是 P 的两个顶点,对 P 的任何两个顶点 X 和 Y,有 $AB \geqslant XY$. 我们将 P 映射到平行于 AB 的平面 π 上. 如果我们用 p 表示在 π 上的投影,将有

$$p(A)p(B) = AB \geqslant XY \geqslant p(X)p(Y)$$

(因为任何线段在平面上的投影的长至多等于线段的长,当且仅当线段平行于平面时,等号成立). 于是多面体 P 的两个顶点的投影之间的最大距离是 $p(A)p(B)$. 现在我们可以找到 P 的另外两个顶点 C,D,使 A,B,C,D 不共面(因为该多面体不位于同一平面内). 平面 π 可以被选择到 $p(C)$,$p(D)$ 被直线 $p(A)p(B)$ 分开(只要取任何平面 $\pi \mathbin{/\!/} AB$,并绕 AB 旋转直至分开). 我们断言 π 就是所求的平面. 事实上,假定 $p(P)$ 是三角形. 因为 $p(A)p(B)$ 是 $p(P)$ 的顶点之间的最大距离,$p(A)$ 和 $p(B)$ 必是这个三角形的顶点中的两个. 但是三角形将必位于由直线 $p(A)p(B)$ 确定的半平面之一,这与 $p(C)$,$p(D)$ 被直线 $p(A)p(B)$ 分开这一假定矛盾.

评注 当我们推出 $p(A)p(B)$ 必是三角形的一边时,我们是以下列事实为依据的:位于三角形的边上或内部的两点之间的距离至多等于三角形的顶点之间的最大距离. 只要两点不与三角形的最大边的两个端点重合,这个不等式是严格的. 请证明这些事实!(这看上去是明显的,但是需要一个证明.)

15. 考虑平面内 $3n$ 个不同的点的集合 M,且 M 中两点之间的最大距离是 1. 证明:

(a) 在 M 的任何四点中,可以选取两点,使它们之间的距离至多是 $\frac{1}{\sqrt{2}}$.

(b) 当 $n=2$ 时,对于任何 $\varepsilon > 0$,存在六个点的集合 M,使 M 的各点之间的距离中有 12 个属于区间 $(1-\varepsilon, 1]$,但是不存在 13 个距离都属于区间 $\left(\frac{1}{\sqrt{2}}, 1\right]$ 的图形 M.

(c) 存在一个包含 M 的所有的点的半径为 $\frac{1}{\sqrt{3}}$ 的圆. 再证明 M 中至少存在 $n+2$ 个点 P,使圆心为 P,半径为 $\frac{1}{\sqrt{2}}$ 的圆至少包含 M 的 n 个点.

(d) M 中至少存在相距至多是 $\dfrac{2}{3\sqrt{n}-\sqrt{3}}$ 的两点.

证明　(a) 设 A,B,C,D 是四点. 如果其中存在三点共线，那么有两点至多相距 $\dfrac{1}{2}<\dfrac{1}{\sqrt{2}}$. 否则(没有三点共线时)，这四点的凸包是三角形，或者是四边形. 如果凸包是三角形，譬如说，是 $\triangle ABC$，那么 D 在三角形内，所以 $\angle ADB$，$\angle BDC$，$\angle CDA$ 之和等于 2π，于是其中之一至少是 $\dfrac{2\pi}{3}>\dfrac{\pi}{2}$. 假定 $m(\angle ADB)>\dfrac{\pi}{2}$，我们有 $AD^2+DB^2<AB^2\leqslant 1$，于是 $AD^2<\dfrac{1}{2}$，或者 $DB^2<\dfrac{1}{2}$，这表明 $AD<\dfrac{1}{\sqrt{2}}$，或者 $BD<\dfrac{1}{\sqrt{2}}$，这就是所求的. 如果凸包是四边形(设它是 $ABCD$)，那么它的四个角之和等于 2π，所以至少有一个角的大小大于或等于 $\dfrac{\pi}{2}$. 如果 $m(\angle ABC)\geqslant\dfrac{\pi}{2}$，那么又有 $AB^2+BC^2\leqslant AC^2\leqslant 1$，我们推出 $AB\leqslant\dfrac{1}{\sqrt{2}}$，或者 $BC\leqslant\dfrac{1}{\sqrt{2}}$，就如前面的情况(只有现在这个等式是可能的).

(b) 如果 M 中的两点之间的距离大于 $\dfrac{1}{\sqrt{2}}$，那么用一条棱联结这两点. 此时部分(a) 告诉我们生成的图包含的四个顶点的完全子图. 根据 Turán 定理，该图中棱的最大条数(也就是说，M 中各点相互之间的距离大于 $\dfrac{1}{\sqrt{2}}$ 的最大可能条数) 至多是 $\dfrac{6^2}{2}\cdot\dfrac{2}{3}=12$，所以不存在有 13 个距离都在区间 $\left(\dfrac{1}{\sqrt{2}},1\right]$ 中的图形 M.

但是，对于任何 $\varepsilon>0$，存在一个 12 个距离都在区间 $(1-\varepsilon,1]$ 中的点的图形. 事实上，考虑一个中心为 O，边长为 1 的等边 $\triangle ABC$，并设 DEF 是 O 为中心，边长为 $1-\alpha$ 的另一个等边三角形，它相似于 $\triangle ABC$(相似中心为 O)，所以 AD,BE,CF 都等于 $\dfrac{\alpha}{\sqrt{3}}$.

如果 $\alpha<\varepsilon$，我们有 $AB=AC=BC=1$ 和 $DE=DF=EF=1-\alpha>1-\varepsilon$. 为了计算像 BF 那样的距离，我们在 $\triangle BEF$ 中使用余弦定理，其中 $m(\angle BEF)=\dfrac{5\pi}{6}$，因此

$$\begin{aligned}BF^2&=EB^2+EF^2-2EB\cdot EF\cos\frac{5\pi}{6}\\&=\frac{\alpha^2}{3}+(1-\alpha)^2+\alpha(1-\alpha)\end{aligned}$$

$$=(1-\alpha)^2+\frac{\alpha(3-2\alpha)}{3}>(1-\alpha)^2$$

当然，为了有 $1-\alpha>0$，我们取 $\alpha<1$. 于是，对于图形 $M=\{A,B,C,D,E,F\}$ 除对于 AD，BE，CF 以外，两点之间的所有距离都在区间 $(1-\varepsilon,1]$ 内——恰好有 12 个距离具有所要求的性质.

(c) 首先，注意到所有的边长都小于或等于 1 的三角形能被一个半径至多是 $\frac{1}{\sqrt{3}}$ 的圆面覆盖.

事实上，假定 AB，BC，CA 都至多是 1，假定

$$m(\angle A)\geqslant m(\angle B)\geqslant m(\angle C)$$

如果 $m(\angle A)>\frac{\pi}{2}$，那么 A，B，C 能被以 BC 为直径的圆面覆盖，它的半径是

$$\frac{BC}{2}\leqslant\frac{1}{2}<\frac{1}{\sqrt{3}}$$

如果 $m(\angle A)\leqslant\frac{\pi}{2}$，那么 $m(\angle A)\geqslant\frac{\pi}{3}$，我们有 $\sin A\geqslant\frac{\sqrt{3}}{2}$，因此 $\triangle ABC$ 的外接圆半径是

$$\frac{BC}{2\sin A}\leqslant\frac{1}{\sqrt{3}}$$

这就是所求的.

下面考虑半径为 $\frac{1}{\sqrt{3}}$，圆心为这 $3n$ 个点的每一个圆面 $D_1,\cdots,D_{3n}$. 因为这些点中的每三个点都能被一个半径至多是 $\frac{1}{\sqrt{3}}$ 的圆面覆盖，推出圆面 D_i 中的任意三个都有一个公共点(覆盖这三点的圆面的圆心). 因为这些圆面都是凸集，由 Helly 定理推出存在属于所有圆面 $D_1,\cdots,D_{3n}$ 的一点 O. 于是圆心为 O，半径为 $\frac{1}{\sqrt{3}}$ 的圆面 D 将覆盖整个集合 M，于是问题的这一部分的第一个命题得证.

对于第二个断言，考虑有对应 M 的点的 $3n$ 个顶点的图 G，当且仅当相应的点之间的距离大于 $\frac{1}{\sqrt{2}}$ 时，这两点用一条棱联结. 我们必须证明至少存在 $n+2$ 个顶点，其度数至多是 $2n$.

为推出矛盾，假定至多存在 $n+1$ 个度数小于或等于 $2n$ 的顶点. 于是至少存在度数至少是 $2n+1$ 的 $2n-1$ 个顶点.

取度数至少是 $2n+1$ 的两个顶点 A,B. 我们断言在这个图中,A 和 B 至少有 $n+2$ 个公共的相邻的点. 事实上,(根据容斥原理) 与 A 或 B 联结的顶点的总个数等于 $x+y-z$,其中 x 是 A 的度数,y 是 B 的度数,z 是与 A 和 B 都联结的顶点的个数. 但是 $x\geqslant 2n+1$,$y\geqslant 2n+1$,于是与 A 和 B 都联结的顶点的总个数至多是 $3n$. 于是

$$3n\geqslant x+y-z\geqslant 2(2n+1)-z$$

由此得 $z\geqslant n+2$,所以正如我们所断言的,A 和 B 至少有 $n+2$ 个公共的相邻的点. 因为在图中不存在超过 $n+1$ 个度数至少是 $2n$ 的顶点,所以必存在一个联结 A 和 B,且度数至少是 $2n+1$ 的一个顶点 C. 现在,因为 A,B,C 的度数至少是 $2n+1$,所以至多有 $n-2$ 个顶点不与 A 联结,至多有 $n-2$ 个顶点不与 B 联结,至多有 $n-2$ 个顶点不与 C 联结. 因此至多存在 $3(n-2)$ 个顶点不同时与 A,B,C 联结. 因为存在 $3n$ 个顶点,至少存在 6 个顶点同时与 A,B,C 联结. 特别地,必存在 $D\notin\{A,B,C\}$ 与 A,B,C 中的每一个联结. 于是 A,B,C,D 将是 G 上的四个顶点的完全子图,这与部分(a) 矛盾.

(d) 设 d 是 M 中两点之间的最小距离. 于是这 $3n$ 个圆心是 M 中的点,半径为 $\frac{d}{2}$ 的开圆面各不相连. 由部分(c),M 的所有的点都位于中心在 O,半径为 $\frac{1}{\sqrt{3}}$ 的圆面中,所以这 $3n$ 个半径为 $\frac{d}{2}$ 的圆面都在中心为 O,半径为 $\frac{1}{\sqrt{3}}+\frac{d}{2}$ 的圆面中,由此它们的总面积 $3n\pi\frac{d^2}{4}$ 至多是 $\pi\left(\frac{1}{\sqrt{3}}+\frac{d}{2}\right)^2$. 于是我们得到不等式

$$3n\frac{d^2}{4}\leqslant\left(\frac{1}{\sqrt{3}}+\frac{d}{2}\right)^2\Leftrightarrow\sqrt{3n}\ \frac{d}{2}\leqslant\frac{1}{\sqrt{3}}+\frac{d}{2}$$

这意味着

$$d\leqslant\frac{\frac{2}{\sqrt{3}}}{\sqrt{3n}-1}=\frac{2}{3\sqrt{n}-\sqrt{3}}$$

评注 (1) Turán 定理说,在有 n 个顶点,不包含 $r+1$ 个顶点的完全子图的图至多有

$$\left(1-\frac{1}{r}\right)\cdot\frac{n^2}{2}$$

条棱. 见提供者的书 *Problems in Combinatorics and Graph Theory* 中的问题 9.9. 设法证明 $r=2$ 的简单情况:如果一张图不包含三角形,那么它至多有 $\frac{n^2}{4}$ 条棱. 实现棱数最大的是什么样的图?(对于奇数 n,使用书中给出的更为精确的结果.)

实际上，注意到为了证明我们的问题的结果，可以避免 Turán 定理. 事实上，如果我们假定在六点之间的距离中(至少)有 13 个在区间$\left(\frac{1}{\sqrt{2}},1\right]$中，这些距离中至多余下两个距离等于$\frac{1}{\sqrt{2}}$，譬如说，我们有

$$AB\leqslant\frac{1}{\sqrt{2}},CD\leqslant\frac{1}{\sqrt{2}}$$

但此时点 A,C,E,F(如果 A,B,C,D,E,F 是所有六个给定的点)之间的所有距离都大于$\frac{1}{\sqrt{2}}$，这与部分(a)矛盾. 如果至多等于$\frac{1}{\sqrt{2}}$的距离是 AB 和 AC 形成的，或者如果只存在一个这样的距离(或没有)，用一个类似的方法得到与部分(a)的矛盾. 如果至多等于$\frac{1}{\sqrt{2}}$的距离是由 AB 和 AC 形成的，或者如果这眼的距离只存在一个(或不存在)，那么用类似的方法得到与部分(a)的矛盾，证毕.

(2) Helly 定理叙述为在 d 维欧几里得空间 $\mathbf{R}^d$ 中给出一个 $n\geqslant d+1$ 个凸集的总体，使其中任何 $d+1$ 个的交为非空. 例如，在一条直线上，如果我们有 $n\geqslant 2$ 条线段，其中任何两条都相交，那么所有这些线段有一个非空的交(设法证明这一事实！)我们将此用到平面，也就是说，在 $d=2$ 的情况下：如果 n 个平面凸集(在我们的问题中就是圆面)中的任何三个都相交，那么所有的集合都相交.

再说，Helly 定理是可以避免的，因为我们可以论证如下. 首先注意到对于平面内任何有限点集 X，存在一个覆盖 X 的所有点的半径最小的圆面$\mathcal{D}$. 设$\mathcal{C}$是界定$\mathcal{D}$的圆. 显然，X 中至少有两个点也属于$\mathcal{C}$(否则可以找到覆盖 X 且小于$\mathcal{D}$的圆面)，如果交 $X\cap\mathcal{C}$恰好包含两点，那么这两个点必定是$\mathcal{C}$的直径的两个端点(因为同样的理由).

所以，在我们的问题中，设$\mathcal{D}$是覆盖 M 的所有点的最小的圆面，设$\mathcal{C}$是其边界. 如果 $M\cap\mathcal{C}=\{A,B\}$ 只包含两点，它们是$\mathcal{C}$的一条直径的两个端点，所以$\mathcal{C}$(和$\mathcal{D}$)的半径是

$$\frac{AB}{2}\leqslant\frac{1}{2}<\frac{1}{\sqrt{3}}$$

否则，$M\cap\mathcal{C}$中至少存在三点，所以$\mathcal{C}$(就是互相之间的距离至多是 1 的三点形成的三角形的外接圆)的半径至多是$\frac{1}{\sqrt{3}}$，这在上面的解答中已经证明.

(3) 对于这一问题的最后一部分(或者说(c)的第一部分)存在 $3n$ 个点并不重要. 于是，如果我们在平面内有 n 个点，其中距离至多是 1 的任何两点，那么这些点中的两点之

间的最小距离满足

$$d \leqslant \frac{2}{\sqrt{3}(\sqrt{n}-1)}$$

16. 设 $\triangle ABC$ 是锐角三角形，$m(\angle A)=60°$. 对于该三角形内的一点 P，我们考虑它在 BC，CA，AB 上的投影分别是 A'，B'，C'. 求使 $A'B+B'C+C'A$ 是给定的常数的点 P 的轨迹.

解　设 $\boldsymbol{u}$，$\boldsymbol{v}$ 和 $\boldsymbol{w}$ 分别是与 $\overrightarrow{BC}$，$\overrightarrow{CA}$，$\overrightarrow{AB}$ 同一方向的单位向量. 于是我们有

$$\begin{aligned} A'B+B'C+C'A &= \overrightarrow{BP}\cdot\boldsymbol{u}+\overrightarrow{CP}\cdot\boldsymbol{v}+\overrightarrow{AP}\cdot\boldsymbol{w} \\ &= (\overrightarrow{BC}+\overrightarrow{CP})\cdot\boldsymbol{u}+\overrightarrow{CP}\cdot\boldsymbol{v}+(\overrightarrow{AC}+\overrightarrow{CP})\cdot\boldsymbol{w} \\ &= \overrightarrow{BC}\cdot\boldsymbol{u}+\overrightarrow{AC}\cdot\boldsymbol{w}+\overrightarrow{CP}\cdot(\boldsymbol{u}+\boldsymbol{v}+\boldsymbol{w}) \\ &= BC+\frac{AC}{2}+\overrightarrow{CP}\cdot(\boldsymbol{u}+\boldsymbol{v}+\boldsymbol{w}) \end{aligned}$$

于是，我们如果想要有 $A'B+B'C+C'A=k$（对于给定的实数 k），这等价于

$$\overrightarrow{CP}\cdot(\boldsymbol{u}+\boldsymbol{v}+\boldsymbol{w})=k-BC-\frac{AC}{2}$$

以及这样的一个向量方程一般生成一条直线. 但是，有两个主要情况要考虑.

第一个是当 $\boldsymbol{u}+\boldsymbol{v}+\boldsymbol{w}=\boldsymbol{0}$（零向量）时. 因为 $\boldsymbol{u}$，$\boldsymbol{v}$，$\boldsymbol{w}$ 是单位向量，只有当它们相互之间的夹角是 120° 时，它们的和是 $\boldsymbol{0}$，也就（因为它们指向 $\overrightarrow{BC}$，$\overrightarrow{CA}$，$\overrightarrow{AB}$）只有当 $\triangle ABC$ 是等边三角形时. 在这种情况下，如果

$$k=BC+\frac{AC}{2}=\frac{3BC}{2}=\frac{P_{\triangle ABC}}{2}$$

所求的轨迹是该三角形的整个内部，如果上面的等式不成立，那么轨迹是空集.

否则，P 必须满足向量方程

$$\overrightarrow{CP}\cdot\boldsymbol{s}=m$$

（对于固定的非零向量 $\boldsymbol{s}$ 和某个实常数 m），如果 $\boldsymbol{s}=a\boldsymbol{i}+b\boldsymbol{j}$，这里 $\boldsymbol{i}$ 和 $\boldsymbol{j}$ 是坐标轴的单位向量，它在笛卡儿坐标系中写作

$$a(x_P-x_C)+b(y_P-y_C)=m$$

于是它表示一条直线. 因为我们只对一个等边 $\triangle ABC$ 和它的内点 P 分别在三角形的边 BC，CA，AB 上的投影 A'，B'，C' 感兴趣，我们有

$$A'B+B'C+C'A=\frac{3BC}{2}=\frac{P_{\triangle ABC}}{2}$$

等于三角形的半周长.

对于这一美妙的结果的另一个证明，我们邀请读者首先明白，如果 P_1 和 P_2 是等边

$\triangle ABC$ 内的两点，那么从$[P_1P_2]$在边 BC，CA，AB 上的三个投影中总存在一个的长度是另两个长的和. 反之，这一结果表明定义为

$$f(P)=A'B+B'C+C'A$$

的 P 的函数(记号同上)在三角形内是常数. 最后，求这个常数肯定没有问题了.

17. 考虑底为 $A_1A_2A_3A_4$ 的棱锥 $V\text{-}A_1A_2A_3A_4$. 证明：经过$[VA_1]$，$[VA_3]$和$[A_2A_4]$的中点的平面将棱锥分割成体积相等的两个部分.

证明 首先，有两个有用的结果.

引理 1 设 $ABCD$ 是四面体，$U\in AB$，$V\in AC$，$W\in AD$. 我们有

$$\frac{V_{AUVW}}{V_{ABCD}}=\frac{AU}{AB}\cdot\frac{AV}{AC}\cdot\frac{AW}{AD}$$

(这里 V_{ABCD} 表示 $ABCD$ 的体积，等等).

引理 1 的证明 事实上，有

$$\frac{V_{AUVW}}{V_{ABCD}}=\frac{\frac{1}{3}\cdot A_{\triangle AUV}\cdot d(W,(AUV))}{\frac{1}{3}\cdot A_{\triangle ABC}\cdot d(D,(ABC))}=\frac{V_{\triangle AUV}}{V_{\triangle ABC}}\cdot\frac{d(W,(AUV))}{d(D,(ABC))}$$

(这里 $A_{\triangle ABC}$ 表示 $\triangle ABC$ 的面积，$d(D,(ABC))$ 表示 D 到平面 ABC 的距离，等等). 但是我们直接看到

$$\frac{A_{\triangle AUV}}{A_{\triangle ABC}}=\frac{\frac{1}{2}\cdot AU\cdot AV\cdot\sin\phi}{\frac{1}{2}\cdot AB\cdot AC\cdot\sin\phi}=\frac{AU}{AB}\cdot\frac{AV}{AC}$$

(其中 $\phi=m(\angle BAC)=m(\angle UAV)$)，类似地，由相似性，还有

$$\frac{d(W,(AUV))}{d(D,(ABC))}=\frac{AW}{AD}$$

显然，推出结果.

引理 2 经过四面体的一对对棱的中点的任何平面将四面体分割成体积相等的两个部分.

引理 2 的证明 设 $ABCD$ 是四面体，设 π 是分别经过$[AB]$和$[CD]$的中点 X 和 Y 的平面. 与四面体的一对对棱相交的任何平面必与另一对对棱相交，我们假定 π 与$[AD]$和$[BC]$分别相交于 Z 和 T(图 12(a)).

由梅涅劳斯定理，我们有

$$\frac{AX}{XB}\cdot\frac{BT}{TC}\cdot\frac{CY}{YD}\cdot\frac{DZ}{ZA}=1$$

但是我们知道 $AX=XB$ 和 $CY=YD$，于是我们得到

$$\frac{BT}{TC}=\frac{AZ}{ZD}$$

平面 π 截 $ABCD$ 所得的两个几何体是 $ACXZYT$ 和 $BDXZYT$，我们有

$$V_{ACXZYT}=V_{AXZYT}+V_{CATY}$$

和

$$V_{BDXZYT}=V_{BXZYT}+V_{DBYZ}$$

我们立刻看到

$$V_{AXZYT}=V_{BXZYT}$$

因为两个棱锥 $AXZYT$ 和 $BXZYT$ 有共同的底，顶点 A 和 B 分别到底(XYZ)所在的平面的距离相等，因为[AB]的中点 X 在该平面内. 于是，为了得到这一结果，余下要证明的是 $V_{CATY}=V_{DBYZ}$. 利用引理 1，得到

$$\frac{V_{CATY}}{V_{ABCD}}=\frac{V_{CATY}}{V_{CABD}}=\frac{CT}{CB}\cdot\frac{CY}{CD}$$

和

$$\frac{V_{DBYZ}}{V_{ABCD}}=\frac{V_{DBYZ}}{V_{DBCA}}=\frac{DY}{DC}\cdot\frac{DZ}{DA}$$

这里

$$\frac{CY}{CD}=\frac{DY}{DC}$$

(因为 $CY=DY$)，和

$$\frac{CT}{CB}=\frac{DZ}{DA}$$

由梅涅劳斯定理给出的等式推出

$$\frac{BT}{TC}=\frac{AZ}{ZD}\Leftrightarrow\frac{CT}{BT}=\frac{DZ}{AZ}\Leftrightarrow\frac{BT}{BC}=\frac{AZ}{AD}$$

所以我们得到 $V_{CATY}=V_{DBYZ}$，于是，

$$V_{ACXZYT}=V_{AXZYT}+V_{CATY}=V_{BXZYT}+V_{DBYZ}=V_{BDXZYT}$$

这就是我们要证明的.

现在，对于这个问题，设 M 是 VA_1 的中点，N 是 VA_3 的中点，P 是 A_2A_4 的中点(图 12(b)).

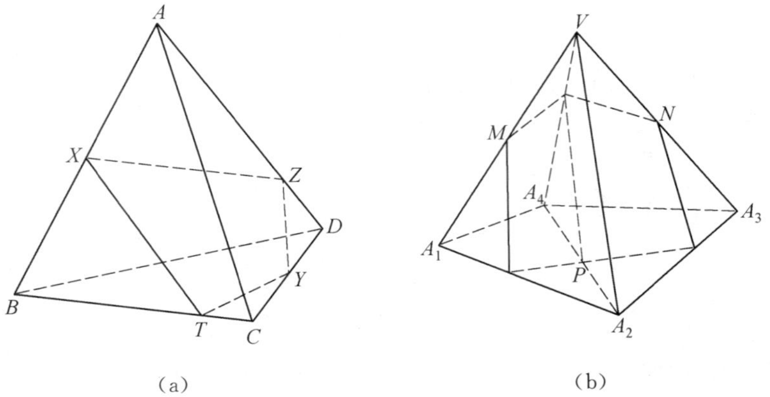

图 12

棱锥被分割成四面体$VA_1A_2A_4$和$VA_2A_3A_4$，平面(MNP)将这两个四面体都分割成体积相等的两部分，根据引理2，因此平面(MNP)也将整个棱锥分割成体积相等的两部分，这就是要求的.

18. (a) 是否存在一个(严格)位于单位正方形内的$1\times\frac{1}{2}$的矩形？

(b) 求能覆盖单位正方形的边长为1的等边三角形的最小个数.

解 (a) 答案是否定的. 为推出矛盾，假定有

$$A_1B_1=C_1D_1=\frac{1}{2}, A_1D_1=B_1C_1=1$$

的矩形$A_1B_1C_1D_1$能完全落在单位正方形$ABCD$的内部. 我们可以假定顶点A_1离边AB最近，B_1离边BC最近. 设α是直线A_1B_1和AB的夹角的大小(图13).

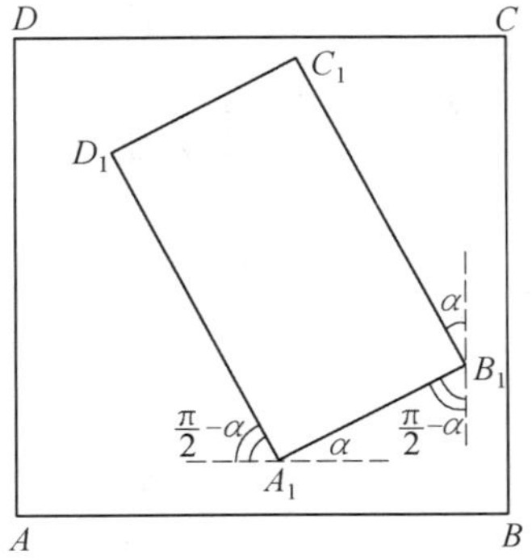

图 13

容易看出$0\leqslant\alpha\leqslant\frac{\pi}{2}$且$A_1D_1$和$AB$的夹角的大小是$\frac{\pi}{2}-\alpha$，因此$[A_1B_1]$和$[A_1D_1]$

在边 AB 上的投影的长的和是 $\frac{1}{2}\cos\alpha+\sin\alpha$. 因为 $A_1B_1C_1D_1$ 完全落在 $ABCD$ 的内部，我们推出

$$\frac{1}{2}\cos\alpha+\sin\alpha<1$$

类似地，$[A_1B_1]$ 和 $[B_1C_1]$ 在边 BC 上的投影的长的和必须小于 $[BC]$ 的长 1，我们得到不等式

$$\cos\alpha+\frac{1}{2}\sin\alpha<1$$

现在我们断言这两个关系得到一个矛盾. 设 $u=\cos\alpha$，$v=\sin\alpha$. 点 (u,v) 必在第一象限，并在方程为 $x^2+y^2=1$ 的圆上. 另外，(u,v) 必在方程 $x+\frac{1}{2}y=1$ 和 $\frac{1}{2}x+y=1$ 表示的直线的下方. 这两条直线和坐标轴形成一个 O 在原点，X 的坐标为 $(1,0)$，Z 的坐标为 $(0,1)$，Y 的坐标为 $\left(\frac{2}{3},\frac{2}{3}\right)$ 的四边形 $OXYZ$. 于是 (u,v) 必在严格在四边形 $OXYZ$ 的内部. 并在圆 $x^2+y^2=1$ 的第一象限部分上，这显然是不可能的. 因为不可能找到任何能证实上述两个不等式的 α，我们推得无法将一个 $1\times\frac{1}{2}$ 的矩形放入一个单位正方形的内部.

(b) 所求的最小的数是 4. 假定一个正方形 $A_1A_2A_3A_4$ 能被 m 个等边 $\triangle T_1,\cdots,\triangle T_m$ 覆盖. 考虑一个 $4\times m$ 的矩阵 $(a_{i,j})_{1\leqslant i\leqslant 4,1\leqslant j\leqslant m}$，并按以下规则将非负实数填入其中. 如果 A_i 包含与在 $\triangle T_j$ 内或者在它的一条边的内部，那么在第 i 行和第 j 列的交叉处写 1，如果 A_i 是 T_j 的某个顶点，那么写 $\frac{1}{2}$，任何其他情况都写 0.

每一行的数的和至少是 1. 事实上，如果顶点 A_i 包含在一个 $\triangle T_j$ 的内部，或者在它的一条边的内部，那么 $a_{i,j}=1$，所以第 i 行中各数的和至少是 1. 如果 A_i 不包含在一个 $\triangle T_j$ 的内部(或者在它的一条边的内部)，那么因为这些三角形覆盖整个正方形，它必须是这些三角形之一的一个顶点，这意味着实际上它必须至少是两个三角形的一个顶点. 如果的确不是这样，也就是说，如果 A_i 是仅仅一个三角形的顶点，那么显然这单个的三角形不能覆盖顶点 A_i 的正方形的整个角. 于是 A_i 必须至少是两个三角形的一个顶点，这意味着第 i 行必须至少包含两个等于 $\frac{1}{2}$ 的数，所以这一行的数的和又至少是 1.

下面我们断言每一列的数的和至多是 1. 事实上，点 A_i 之间的距离至少是 1，而在一个边长为 1 的等边三角形中两点之间的距离严格小于 1，除非这两点都是该三角形的顶点. 于是一个 $\triangle T_j$ 不可能包含三个 A_i.（如果能的话，那么其中两点将是正方形的两个相

对的顶点,因此相距$\sqrt{2}$,这是一个矛盾.)如果 T_j 包含两个 A_i,那么这两个 A_i 都是 T_j 的顶点,于是它们都只贡献$\frac{1}{2}$给这一列,总共只有1.显然,如果 T_j 至多包含一个顶点A_i,那么该列至多有一个至多是 1 的非零元素.在每一种情况下,我们都能看到第 j 列中的数的和至多是 1.

现在,如果用R_i表示第i行中各数的和($1 \leqslant i \leqslant 4$),用$C_j$表示第$j$列中各数的和($1 \leqslant j \leqslant m$),根据上面的论述,我们有

$$m \geqslant C_1 + \cdots + C_m = R_1 + \cdots + R_4 \geqslant 4$$

表明所需的等边三角形的数量 m 至少为 4.

另外,一个单位正方形能被四个等边三角形覆盖,例如,在正方形的每一条边上各向内放一个等边三角形(共四个等边三角形).于是我们就推出 4 是覆盖一个单位正方形的必要的(也是充分的)单位等边三角形的最小个数.

评注 (1)用如部分(a)中同样的方法,我们看到给定正数a,b,c,d,有$a<c\leqslant d<b$和$ab < cd$,当且仅当存在一个角 $\alpha \in \left[0,\frac{\pi}{2}\right]$,同时满足两个不等式

$$a\cos\alpha + b\sin\alpha \leqslant c, b\cos\alpha + a\sin\alpha \leqslant d$$

时,一个$a\times b$的矩形能被放在一个$c\times d$的矩形内.直线$ax+by=c$和$ay+bx=d$的交点的坐标

$$\left(\frac{bd-ac}{b^2-a^2},\frac{bc-ad}{b^2-a^2}\right)$$

和它在圆 $x^2+y^2=1$ 的第一象限的外部这一条件导致

$$(b^2-a^2)^2 \leqslant (bc-ad)^2 + (bd-ac)^2$$

它表示一个 $a\times b$ 的矩形能被放在一个$c\times d$ 的矩形内的充分必要条件.我们留给有兴趣的读者填补这个证明的空缺(一般的问题简短列在1996年的国际数学竞赛中).我们可以看到这一条件对一个$1\times\frac{1}{2}$的矩形和一个$(1-\varepsilon)\times(1-\varepsilon)$(这里$\varepsilon$是一个很小的数)的矩形是不满足的,因为这个条件将是

$$\left[1^2-\left(\frac{1}{2}\right)^2\right]^2 \leqslant \left[(1-\varepsilon)-\frac{1-\varepsilon}{2}\right]^2 + \left[(1-\varepsilon)-\frac{1-\varepsilon}{2}\right]^2$$

即

$$(1-\varepsilon)^2 \geqslant \frac{9}{8}$$

(2)部分(b)中的矩阵的构造对于这样一些组合问题是很有用的.

基本上我们是对覆盖正方形的顶点的三角形进行计数. 如果每个顶点需要一个三角形，那么显然我们至少有四个三角形. 正如我们已经注意到，一个等边三角形不能覆盖三个顶点，于是余下的情况是一个三角形覆盖两个顶点 —— 这些顶点必须也是三角形的顶点，此时不能覆盖正方形的另两个顶点. 但是如果一个等边三角形与该正方形有一个公共顶点，正方形的相应的角至少需要被又一个三角形覆盖，我们又看到至少四个三角形是必须的. 矩阵的构造将所有这些想法带进了一个严密的论述中.

19. 设 $\triangle ABC$ 是一个边长为 1，中心为 O 的等边三角形. 设 δ 是半径为 1，圆心分别为 A,B,C 的闭圆面的交，δ' 是 δ 关于 O 的反射. 求线段 $[MN]$ 的中点的轨迹，这里 $M \in \delta, N \in \delta'$.

解　设 A', B', C' 分别是 A,B,C 关于 O 的反射. 那么 $AC'BA'CB'$ 是一个正六边形. 各边的中点形成一个圆心为 O，半径为 $\frac{1}{2}$ 的圆 $\mathcal{S}$（实际上 $\mathcal{S}$ 是 $AC'BA'CB'$ 的内切圆）的外切正六边形. 我们断言被 $\mathcal{S}$ 包围的闭圆面 $\mathcal{D}$ 就是所求的轨迹.

首先我们证明对于 $M \in \delta, N \in \delta'$，$[MN]$ 的中点 P 在被 $\mathcal{S}$ 包围的闭圆面 $\mathcal{D}$ 内. 为了看清这一点，设 $Q \in \delta$ 是 N 关于 O 的反射. 那么

$$2\,\overrightarrow{OP} = \overrightarrow{OM} + \overrightarrow{ON} = \overrightarrow{OM} - \overrightarrow{OQ} = \overrightarrow{QM}$$

现在，对于 $M, Q \in \delta$，我们有 $MQ \leqslant 1$，这是容易验证的. 事实上，由于点 A 和 M 至多相距 1，因此半径为 1 的圆绕 A 的弧在半径为 1、绕 M 的圆面外至少是半圆. 推出因为 B 和 C 与 M 的距离在 1 以内，所以在 B 和 C 之间 A 周围的半径为 1 的圆的整个圆弧也是如此. 于是在 M 周围半径为 1 的圆面包含 δ 的全部，因此 M 和 Q 至多相距 1. 当 M 是顶点 A,B,C 之一，并且 Q 在以 M 为圆心的圆面的边界上时，等式成立，反之亦然. 我们得到 $OP = \frac{1}{2}MQ \leqslant \frac{1}{2}$，所以 $P \in \mathcal{D}$.

余下的是证明 $\mathcal{D}$ 中的任意一点是我们寻找的某个线段 $[MN]$ 的中点. 注意到三个圆面的交 δ 是凸集，因此 δ' 也是凸集，这意味着线段 $[MN]$（$M \in \delta, N \in \delta'$）的中点的集合也是凸集. 于是要证明这个集合就是 $\mathcal{D}$，只要证明 $\mathcal{S}$ 中的每一点能够表示为某一线段 $[MN]$ 的中点. 事实上，对于 $M=A$ 和跨越圆心在 A'，半径为 1 的 $\widehat{B'C'}$ 的 N，$[MN]=[AN]$ 的中点跨越 $[AB']$ 和 $[AC']$ 的中点之间的 $\mathcal{S}$ 的弧. 组成 $\mathcal{S}$ 的另五条弧可用类似的方法得到，这就推出了证明.

20. 如果凸四边形 $ABCD$ 的对角线和联结对边的中点的直线共点，那么四边形 $ABCD$ 是平行四边形.

证明　设 M,N,P,Q,R,S 分别是 $[AB]$，$[CD]$，$[AC]$，$[BD]$，$[AD]$ 和 $[BC]$ 的中点，

点 O 是平面内的一个定点. 我们有

$$\overrightarrow{OM}=\frac{1}{2}(\overrightarrow{OA}+\overrightarrow{OB}),\overrightarrow{ON}=\frac{1}{2}(\overrightarrow{OC}+\overrightarrow{OD}),\overrightarrow{OP}=\frac{1}{2}(\overrightarrow{OA}+\overrightarrow{OC})$$

$$\overrightarrow{OQ}=\frac{1}{2}(\overrightarrow{OB}+\overrightarrow{OD}),\overrightarrow{OR}=\frac{1}{2}(\overrightarrow{OA}+\overrightarrow{OD}),\overrightarrow{OS}=\frac{1}{2}(\overrightarrow{OB}+\overrightarrow{OC})$$

于是,如果 X,Y,Z 分别是$[MN]$,$[PQ]$ 和$[RS]$ 的中点,我们得到

$$\overrightarrow{OX}=\frac{1}{2}(\overrightarrow{OM}+\overrightarrow{ON})=\frac{1}{4}(\overrightarrow{OA}+\overrightarrow{OB}+\overrightarrow{OC}+\overrightarrow{OD})$$

$$\overrightarrow{OY}=\frac{1}{2}(\overrightarrow{OP}+\overrightarrow{OQ})=\frac{1}{4}(\overrightarrow{OA}+\overrightarrow{OB}+\overrightarrow{OC}+\overrightarrow{OD})$$

$$\overrightarrow{OZ}=\frac{1}{2}(\overrightarrow{OR}+\overrightarrow{OS})=\frac{1}{4}(\overrightarrow{OA}+\overrightarrow{OB}+\overrightarrow{OC}+\overrightarrow{OD})$$

这证明

$$\overrightarrow{OX}=\overrightarrow{OY}=\overrightarrow{OZ}$$

这表明 X,Y,Z 重合. 设 $G=X=Y=Z$ 和注意到已知条件告诉我们 $G\in AC$ 和 $G\in BD$. 这意味着存在实数 s 和 t,使

$$\frac{1}{4}(\overrightarrow{OA}+\overrightarrow{OB}+\overrightarrow{OC}+\overrightarrow{OD})=\overrightarrow{OG}=(1-s)\overrightarrow{OA}+s\overrightarrow{OC}$$

$$\frac{1}{4}(\overrightarrow{OA}+\overrightarrow{OB}+\overrightarrow{OC}+\overrightarrow{OD})=\overrightarrow{OG}=(1-t)\overrightarrow{OB}+t\overrightarrow{OD}$$

这两个关系式可重写为

$$(4s-2)(\overrightarrow{OC}-\overrightarrow{OA})=-\overrightarrow{OA}+\overrightarrow{OB}-\overrightarrow{OC}+\overrightarrow{OD}$$

和

$$(4t-2)(\overrightarrow{OD}-\overrightarrow{OB})=\overrightarrow{OA}-\overrightarrow{OB}+\overrightarrow{OC}-\overrightarrow{OD}$$

得到

$$(4s-2)(\overrightarrow{OC}-\overrightarrow{OA})+(4t-2)(\overrightarrow{OD}-\overrightarrow{OB})=\mathbf{0}$$

或

$$(2s-1)\overrightarrow{AC}+(2t-1)\overrightarrow{BD}=\mathbf{0}$$

因为 $\overrightarrow{AC}$ 和 $\overrightarrow{BD}$ 是不共线(因此线性无关)的向量,我们必有 $2s-1=2t-1=0$ 以及

$$\overrightarrow{OA}+\overrightarrow{OC}=\overrightarrow{OB}+\overrightarrow{OD}$$

这表示 $ABCD$ 是平行四边形.

评注 (1)G 是 $ABCD$ 的重心,容易验证它也可由关系式

$$\overrightarrow{AG}=3\overrightarrow{GG_A}\Leftrightarrow\overrightarrow{OG}=\frac{1}{4}(\overrightarrow{OA}+3\overrightarrow{OG_A})$$

定义，这里 G_A 是 $\triangle BCD$ 的重心（还有三个类似的向量方程）.

对于任何四点 A,B,C,D，甚至三维空间这一向量证明也有效（它们不必是凸四边形的顶点）. 当 $ABCD$ 是四面体时，联结对棱（即 MN，PQ 和 RS）中点的直线是四面体的双中线，联结每个顶点和对面重心的直线（如 AG_A 和另外三条）是四面体的中线. 所有这些直线共点于 $ABCD$ 的重心 G.

对于另一种证明，即利用三角形中的中位线的性质，我们可以注意到 $MPNQ$，$RMSN$ 和 $RPSQ$ 都是平行四边形. 还有，不用 G 属于中线这一事实的向量证明不难求解（中位线的性质又是重要的，或者说我们可以使用类似的方法）. 如果这些点在同一平面内，那么利用复数的证明从根本上说与用向量证明是相同的.

(2)MN，PQ 和 RS 共点是最本质的这一事实，了解这一点，我们就可以给出一个简单得多的一个证明. 事实上，我们由对角线的公共点是 G，即 $[MN]$，$[RS]$ 的中点，最重要的是 $[PQ]$ 的中点. 因为 $P\in[AC]$，$Q\in[BD]$ 以及 $[PQ]$ 的中点是 AC 和 BD 的交点，推出 $P=Q=G$，于是，对角线相交的这一点是这些线段中的每一条的中点，且 $ABCD$ 是平行四边形. 我们更倾向于适用第一种证明是因为它也允许我们可以证明三线共点，然后它似乎是这一事实的自然延伸.

21. 设 S 是三维空间中具有以下性质的线段的集合：

(i) 如果 $[AB]$，$[CD]\in S$，且直线 AB，CD 不同，那么 $ABCD$ 或 $ABDC$ 是圆内接四边形.

(ii) 如果 $[AB]\notin S$，那么存在 $[CD]\in S$，使 $AB\neq CD$（作为直线），并且 $ABCD$ 和 $ABDC$ 都不是圆内接四边形.

(iii) 没有任何平面包含 S 的所有线段.

描述所有这样的集合 S，并求这样的集合 S 的所有线段的中点的轨迹.

解　如果 S 的两条线段，譬如说，$[AB]$ 和 $[AC]$ 有一个公共端点，那么由条件(i) 可知 A,B,C 必定共线. 但是由条件(iii) 必存在一条线段 $[XY]$ 不在支撑 A,B,C 的直线上（所以由上面的评注，X,Y 必与 A,B,C 不同）. 于是，条件(i) 表明 X,Y,A,B 和 X,Y,A,C 同时共圆. 但是包含这些点的两个圆有三个公共点，因此这两个圆重合. 但是这个圆将与支撑 A,B,C 的直线相交于三个不同的点，这是一个矛盾. 于是 S 中没有两条线段有公共的端点.

因为 S 不包含在一个单个的平面内，必存在 S 的三条线段 $[A_1B_1]$，$[A_2B_2]$，$[A_3B_3]$ 不共面. 于是直线 A_1B_1，A_2B_2，A_3B_3 不同，因此由(i) 我们推得这些直线中任何两条共面. 我们立刻看到只有两种可能性发生：或者直线 A_1B_1，A_2B_2，A_3B_3 两两平行，或者它们两两相交.

假定直线 A_1B_1，A_2B_2，A_3B_3 都平行. 此时 A_1，B_1，A_2，B_2 必形成一个圆内接四边形，而且必是梯形. 在这种情况下，A_1B_1 和 A_2B_2 的垂直平分线必重合(我们理解的空间的线段的垂直平分面是垂直于这条线段，而且平分这条线段，即经过线段的中点的平面；线段的垂直平分面上的点到该线段的两个端点的距离相等).

对 A_3B_3 的推理相同，我们推得这三条线段有共同的垂直平分面 π. 任何其他线段 $[XY]\in S$ 必平行于 A_1B_1，A_2B_2，A_3B_3. 事实上，否则的话，直线 XY 将必与 A_1B_1，A_2B_2，A_3B_3 相交，所以将必包含于平面$(A_1B_1A_2)$，$(A_1B_1A_3)$，$(A_2B_2A_3)$中，但是这些平面没有交点. 还有，利用上面的推理，我们推得$[XY]$的垂直平分面是 π. 反之，垂直平分面是 π 的线段都属于 S，否则就与条件(ii)矛盾(如果$[XY]$有垂直平分面 π，但不属于 S，那么将存在某个$[ZT]\in S$，使 $XYZT$ 和 $XYTZ$ 都不是圆内接四边形，只要$[XY]$和$[ZT]$都有垂直平分面 π，这就不成立了，于是它们都是等腰梯形).

所以，在这种情况下，S 由垂直平分面是 π 的所有线段组成，且 S 的线段的中点的轨迹显然是平面 π.

现在假定直线 A_1B_1，A_2B_2，A_3B_3 中的每一对都相交. 我们断言它们都共点. 事实上，否则的话，如果我们设 $A_1B_1\cap A_2B_2=\{P\}$，$A_1B_1\cap A_3B_3=\{Q\}$，我们有 $P\neq Q$. 于是，因为 $P,Q\in A_1B_1$，推出 $A_1B_1=PQ$. 但此时 $A_1B_1=PQ$ 在由 A_2B_2，A_3B_3 确定的平面内，这与假定$[A_1B_1]$，$[A_2B_2]$，$[A_3B_3]$不包含于同一平面内矛盾.

(同样的推理证明我们不可能有 A_1B_1，A_2B_2，A_3B_3 中的两条直线平行，第三条直线与前两条直线相交.)

所以直线 A_1B_1，A_2B_2，A_3B_3 必经过同一点 X. 由点的幂定理，我们推得对于某个 $c>0$，有

$$XA_1\cdot XB_1=XA_2\cdot XB_2=XA_3\cdot XB_3=c$$

对于某个 $i\neq j$，X 在圆内接四边形 $A_iB_iA_jB_j$(或 $A_iB_iB_jA_j$)的任何一个之外，否则它们将不是四边形，换句话说，X 不属于线段$[A_iB_i]$.

现在考虑任何其他线段$[UV]\in S$. 此时直线 UV 必经过点 X，否则它将必与 A_1B_1，A_2B_2，A_3B_3 相交于不同的三点，在这些直线上的三点不可能共线，因为 A_1B_1，A_2B_2，A_3B_3 不共面. 再由点的幂定理，我们推得

$$XU\cdot XV=XA_1\cdot XB_1=c$$

于是属于 S 的所有线段$[UV]$都经过 X，并满足

$$XU\cdot XV=c$$

反之，任何这样的线段都必须属于 S，否则它将不满足条件(ii)．所以由所有使 $X \in UV$ 以及 $U \in [XV]$，或者 $V \in [XU]$，且满足

$$XU \cdot XV = c$$

的所有线段$[UV]$组成．

现在让我们来求 S 中的所有线段的中点的轨迹．设 $Y \neq X$ 是三维空间的任意一点（X 不是 S 中任何线段的中点，因为它不能分割任何这样的线段的端点）．我们在直线 XY 上寻找满足 $XU \cdot XV = c$，且使 Y 是$[UV]$的中点的 U，V．如果我们设 $XU = u$，$XV = v$ 和 $XY = y$，那么我们需要方程组 $uv = c$，$u + v = 2y$ 的一组解．于是 u，v 必须是方程 $x^2 - 2yx + c = 0$ 的两个解，所以该方程必须有两个不同的解，当且仅当判别式 $4y^2 - 4c$ 是正数时，也就是说，当且仅当 $y > \sqrt{c}$ 时，这才有可能．

最后，在这种情况下，所求的轨迹由所有使 $XY > \sqrt{c}$ 的点 Y 组成，于是这是整个空间减去一个中心为 X 的闭球．

22．设 $A_1 \cdots A_n$ 是一个正多边形，对每一个 $1 \leqslant i \leqslant n$，设 B_{i-1} 是边$[A_{i-1}A_i]$的中点（$A_0 = A_n$，$B_0 = B_n$）．对 $1 \leqslant i \leqslant n$，考虑点 $M_i \in [A_iB_i]$．证明：$M_1 \cdots M_n$ 的面积不小于$B_1 \cdots B_n$ 的面积．

证明　设 $2a$ 是 $A_1 \cdots A_n$ 的边长，对 $i = 1, 2, \cdots, n$，设 $x_i = A_iM_i$．已知条件 $M_i \in [A_iB_i]$，得到对一切 $1 \leqslant i \leqslant n$，有 $x_i \in [0, a]$．我们有

$$\mathcal{A}_{A_1 \cdots A_n} = \mathcal{A}_{M_1 \cdots M_n} + \sum_{i=1}^{n} \mathcal{A}_{A_iM_{i-1}M_i}$$

和

$$\mathcal{A}_{A_1 \cdots A_n} = \mathcal{A}_{B_1 \cdots B_n} + \sum_{i=1}^{n} \mathcal{A}_{A_iB_{i-1}B_i}$$

（$M_0 = M_n$ 和 $B_0 = B_n$）．于是要证明的不等式

$$\mathcal{A}_{M_1 \cdots M_n} \geqslant \mathcal{A}_{B_1 \cdots B_n}$$

等价于

$$\sum_{i=1}^{n} \mathcal{A}_{A_iM_{i-1}M_i} \leqslant \sum_{i=1}^{n} \mathcal{A}_{A_iB_{i-1}B_i}$$

$$\Leftrightarrow \sum_{i=1}^{n} \frac{1}{2}(2a - x_{i-1})x_i \sin\frac{(n-2)\pi}{n} \leqslant \sum_{i=1}^{n} \frac{1}{2} \cdot a \cdot a \cdot \sin\frac{(n-2)\pi}{n}$$

$$\Leftrightarrow \sum_{i=1}^{n} (2a - x_{i-1})x_i \leqslant na^2$$

但是我们有

$$\sum_{i=1}^{n}(2a-x_{i-1})x_i=na^2-\sum_{i=1}^{n}(a-x_{i-1})(a-x_i)$$

(请证明这一恒等式！)，这一不等式显然由所有的因子 $a-x_i$ 非负这一事实推出.

我们邀请读者注意，这基本上与本书的第1章的第一个问题中的不等式是同样的，因此也确立了等式的各种情况.

23. 设 $\triangle ABC$ 是等腰三角形($AB=AC$)，M 在边$[AB]$上，N 在边$[AC]$上. 设 P 是直线 BN 和 CM 的交点. 证明：当且仅当 $\angle APM\equiv\angle APN$ 时，$MN /\!/ BC$.

第一种证法 如果 $MN /\!/ BC$，那么整个图形关于 BC 的垂直平分线对称性，$\angle APM$ 和 $\angle APN$ 相等. 反之，如果 $\angle APM\equiv\angle APN$，因为 $AB=AC$，所以由 $\triangle APB$ 和 $\triangle APC$ 中的正弦定理得到

$$\frac{AP}{\sin\angle ABP}=\frac{AB}{\sin\angle APB}=\frac{AC}{\sin\angle APC}=\frac{AP}{\sin\angle ACP}$$

于是 $\sin\angle ABP=\sin\angle ACP$. $\angle ABP$ 和 $\angle ACP$ 都是锐角，因为它们分别包含在锐角 $\angle ABC$ 和 $\angle ACB$ 内. 于是 $\angle ABP\equiv\angle ACP$，这表明 $\triangle ABN$ 和 $\triangle ACM$ 全等(角边角)，所以 $AM=AN$，这容易给出 $MN /\!/ BC$，因为

$$m(\angle AMN)=\frac{180^\circ-m(\angle MAN)}{2}=\frac{180^\circ-m(\angle BAC)}{2}=m(\angle ABC)$$

第二种证法 我们给出两个角相等表明 $MN /\!/ BC$ 这一事实(并不那么明显)的第二种证法. 设 Q 是直线 AP 与 BC 交点，设 R 是 AP 与 $\triangle PBC$ 的外接圆的第二个交点(图14). 因为[PR 平分 $\angle BPC$，所以 R 是$\overset{\frown}{BC}$ 的中点，我们也有 $RB=RC$.

于是 R 与 A 都在$[BC]$的垂直平分线上. 但是，点 Q 和 R 属于 AP(由它们的定义)，因此 P 和 Q 都属于 AR. 于是 Q 是$[BC]$的中点(它属于$[BC]$，且属于$[BC]$的垂直平分线)，$\triangle PBC$ 是等腰三角形，$PB=PC$.

推出 $\angle ABN=\angle ACM$，像第一种证法那样，证明结束.

24. 在正方形 $ABCD$ 所在的平面内求所有的点 P，使

$$\max\{PA,PC\}=\frac{PB+PD}{\sqrt{2}}$$

解 如果 P 与 C 都位于直线 BD($[AC]$的垂直平分线)同一侧的一个半平面内，那么 $\max\{PA,PC\}=PA$，所以 P 必须满足方程

$$PA=\frac{PB+PD}{\sqrt{2}}$$

它可以改写为

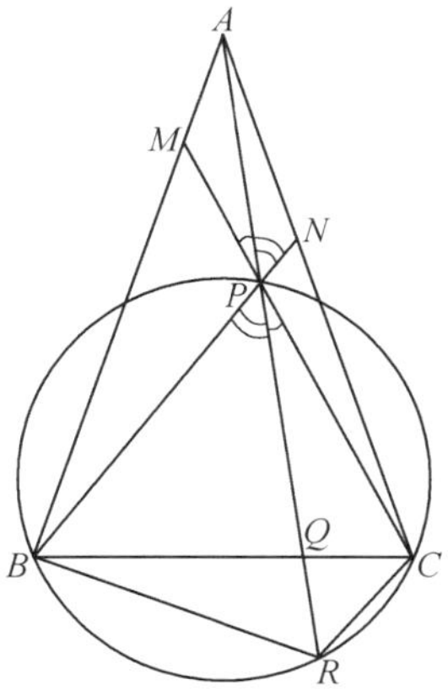

图 14

$$PA \cdot BD = PB \cdot AD + PD \cdot AB$$

由托勒密定理的逆定理，P 必在 ABD 的外接圆上的不包含 A 的$\overset{\frown}{BD}$ 上. 所有这样的点都满足托勒密定理的条件. 类似地，如果 P 与 A 在 BD 同一侧的半平面内，那么 P 必属于CBD 的外接圆的不包含C 的$\overset{\frown}{BD}$ 上. 于是点 P 的轨迹是这两条弧的并，事实上它就是正方形的外接圆.

评注与插叙　托勒密定理说，如果 $ABCD$ 是圆内接四边形，那么

$$AC \cdot BD = AB \cdot CD + AD \cdot BC$$

一般地，托勒密不等式叙述为对平面内任意四点 A,B,C,D，有

$$AC \cdot BD \leqslant AB \cdot CD + AD \cdot BC$$

当且仅当 $ABCD$ 是圆内接四边形时，等式成立. 所以，托勒密定理的逆定理使我们确保，如果对平面内某四点 A,B,C,D，有

$$AC \cdot BD = AB \cdot CD + AD \cdot BC$$

那么 D 必在 $\triangle ABC$ 的外接圆上，更精确地说，在这个圆的不含 A 的$\overset{\frown}{BC}$ 上(这在我们的证明中用过).

利用托勒密不等式的一个直接的推论，我们可以得到，在等边 $\triangle ABC$ 所在的平面内的一点 P 到三角形的各个顶点的距离是一个三角形的边长，可能是退化的(Pompeiu 定理). 反之，托勒密定理生成一个很好的结果，如果 P 在等边 $\triangle ABC$ 的外接圆上，那么 PA,PB,PC 的长之一等于另两条的长的和(取决于由 A,B,C 确定的外接圆的哪一条弧包含 P).

托勒密定理有一个很好的推广，即 Casey 定理. 定理表明，如果 C_1,C_2,C_3,C_4 是四个圆，它们都与圆 C 相切(都在 C 内，或都在 C 外)，如果 t_{ij} 是 C_i 和 C_j 的外公切线的长，$i,j \in$

$\{1,2,3,4\}$,那么我们有

$$t_{13}t_{24}=t_{12}t_{34}+t_{14}t_{23}$$

作为当 C_1,C_2,C_3,C_4 退缩为点的特殊情况时,推出托勒密定理.

如果我们考虑三个半径相等,圆心在等边三角形的顶点的圆,那么由 Casey 定理推出一个类似于上面关于等边三角形的外接圆上一点的美妙结果.请陈述并证明这一结果!

25.证明:对于每一个实数 x,有

$$\max\{|\sin x|,|\sin(x+1)|\}>\frac{1}{3}$$

第一种证法 因为函数

$$x\mapsto\max\{|\sin x|,|\sin(x+1)|\}$$

是周期为 π 的周期函数,所以只要证明对 $-\pi\leqslant x\leqslant 0$ 的不等式.在这些条件下 x 和 $x+1$ 都在区间 $[-\pi,\pi]$ 内.

注意到对于 $t\in[-\pi,\pi]$,当且仅当

$$t\in\left[-\pi,-\pi+\arcsin\frac{1}{3}\right]\cup\left[-\arcsin\frac{1}{3},\arcsin\frac{1}{3}\right]\cup\left[\pi-\arcsin\frac{1}{3},\pi\right]$$

时,我们有 $|\sin t|\leqslant\frac{1}{3}$.

如果我们证明了对于任何 x,x 和 $x+1$ 不能同时落入这一集合中,那么就推出我们的不等式.为了得到这一点,只要证明这三个区间中的每一个的长都小于 1,而两个连续区间之间的距离大于 1.事实上,最长的区间的长是 $2\arcsin\frac{1}{3}$,它小于 1,因为

$$\sin\frac{1}{2}>\frac{1}{2}-\frac{1}{6}\cdot\left(\frac{1}{2}\right)^3>\frac{1}{3}$$

于是 $\arcsin\frac{1}{3}<\frac{1}{2}$.

还有,第一个和第二个区间之间的距离,或者第二个和第三个区间之间的距离都是 $\pi-2\arcsin\frac{1}{3}>1$,这是因为

$$\arcsin\frac{1}{3}<\frac{1}{2}<\frac{\pi-1}{2}$$

第二种证法 我们证明较强的不等式

$$\max\{|\sin x|,|\sin(x+1)|\}>\frac{\sqrt{33}}{12}$$

首先观察到一些三角操作导致

$$\sin^2 x+\sin^2(x+1)=1-\cos 1\cos(2x+1)$$

事实上

$$\sin^2 x+\sin^2(x+1)=\frac{1-\cos 2x}{2}+\frac{1-\cos 2(x+1)}{2}$$
$$=1-\frac{\cos 2x+\cos 2(x+1)}{2}$$
$$=1-\cos 1\cos(2x+1)$$

现在

$$\cos 1<1-\frac{1}{2}+\frac{1}{24}=\frac{13}{24}$$

因为对任何 $x\in\mathbf{R}$,有 $\cos(2x+1)\leqslant 1$,所以推出

$$\sin^2 x+\sin^2(x+1)=1-\cos 1\cos(2x+1)$$
$$\geqslant 1-\cos 1>1-\frac{13}{24}=\frac{11}{24}$$

最后

$$\max\{\sin^2 x,\sin^2(x+1)\}>\frac{1}{2}(\sin^2 x+\sin^2(x+1))>\frac{11}{48}$$

这就得到所求的结论.

评注　(1) 我们对 $x\geqslant 0$,利用如

$$\sin x\geqslant x-\frac{x^3}{6}$$

或

$$\cos x\leqslant 1-\frac{x^2}{2}+\frac{x^4}{24}$$

这样的不等式. 这些不等式是由三角函数正弦和余弦的 Maclaurin 级数展开式,即

$$\sin x=x-\frac{x^3}{3!}+\frac{x^5}{5!}-\cdots$$

和

$$\cos x=1-\frac{x^2}{2!}+\frac{x^4}{4!}-\cdots$$

得到的. 例如,为了证明第一个不等式,我们可以考虑由

$$f(x)=\sin x-x+\frac{x^3}{6},x\in\mathbf{R}$$

定义的函数 f. 计算它的导数直至三阶导数. 于是我们看到

$$f^{(3)}(x)=1-\cos x\geqslant 0$$

于是二阶导数 f'' 递增，于是对 $x \geqslant 0$，有

$$f''(x) \geqslant f''(0) = 0$$

即 $f'(x)$ 在 $[0, \infty)$ 上递增. 重复这一推理，我们得到对一切 $x \geqslant 0$，$f(x) \geqslant 0$，这就是我们要证明的. 第二个不等式可类似处理.

(2) 因为在第二种证法中我们可以证明，给定 $a, b \in \mathbf{R}$，对每一个 $x \in \mathbf{R}$，我们有

$$\max\{|\sin(x+a)|, |\sin(x+b)|\} > \left|\sin\frac{a-b}{2}\right|$$

我们邀请读者对原题利用这一不等式($a=0$ 和 $b=1$)，并将它与

$$\sin x \geqslant x - \frac{x^3}{6}$$

结合. 这是为了得到

$$\max\{|\sin x|, |\sin(x+1)|\} > \frac{23}{48}$$

它表示在第二种证法中得到的不等式的一个小小的改进(不管怎么说，这总要比原不等式强很多).

26. 考虑在三维欧氏空间内的三个互不相交的球 S_1, S_2, S_3. 求与这三个球 $S_i (i=1, 2, 3)$ 中的每一个都相交的所有的球的球心的轨迹.

解 我们需要两个有帮助的引理.

引理 1 设 S, S_1 是球心分别为 O, O_1，半径分别为 R, R_1 的球. 那么当且仅当

$$OO_1^2 + R_1^2 = R^2$$

时，交 $S \cap S_1$ 是 S_1 的一个大圆.

引理 1 的证明 球 S, S_1 的交也是根平面与 S, S_1 任何一个的交. 根平面定义为关于这两个球的具有(带符号)幂的所有的点的轨迹. 现在，当且仅当 O_1 在 S 的一个圆所在的平面内时，S_1 上的这个圆是 S_1 的一个大圆. 于是当且仅当 O_1 在 S 和 S_1 的根平面内时，也就是说，当且仅当 O_1 关于 S 和 S_1 等幂时，S 和 S_1 的交是 S_1 的一个大圆. 但是 O_1 关于 S_1 的幂是 $-R_1^2$，而 O 关于 O_1 的幂是 $OO_1^2 - R^2$，推出结论.

(另一种说法，我们可以选取一点 $M \in S \cap S_1$，并在直角顶点为 O_1 的 $\mathrm{Rt}\triangle O_1MO$ 中利用毕达哥拉斯定理.)

引理 2 设 A 和 B 是空间内的两个(不同的)定点，设 k 是一个给定的实数. 那么空间中有

$$PA^2 - PB^2 = k$$

的点 P 的轨迹是垂直于直线 AB 的一个平面.

引理 2 的证明　设 M 是 P 在 AB 上的一个垂直投影.

由毕达哥拉斯定理可知

$$PA^2-PB^2=(PM^2+MA^2)-(PM^2+MB^2)=MA^2-MB^2$$

于是当且仅当 P 在 AB 上的一个投影 M 满足 $MA^2-MB^2=k$ 时, P 满足 $PA^2-PB^2=k$.

例如,如果 $k>AB^2 \Leftrightarrow PA^2>PB^2+AB^2$, $\angle PBA$ 是钝角,且 P 在 AB 上的投影 M 使 $B\in[AM]$,因此有 $MA-MB=AB$,所以

$$MA^2-MB^2=k \Leftrightarrow (MA-MB)(MA+MB)=k$$

$$\Leftrightarrow MA=\frac{1}{2}\left(AB+\frac{k}{AB}\right)$$

于是 M 在 AB 上的位置是固定的,这表明 P 在(经过 M) 垂直于 AB 的直线上移动. 对 $-AB^2\leqslant k\leqslant AB^2$ 的情况类似地处理(当 $M\in[AB]$ 时, $MA+MB=AB$),以及 $k<-AB^2$(当 $A\in[MB]$ 时, $MA-MB=-AB$). 例如,如果 $k=0$,点 M 满足 $MA^2-MB^2=0$. 于是 $MA=MB$, M 是$[AB]$的中点. 轨迹是$[AB]$的垂直平分面(经过 AB 的中点,且垂直于 AB 的平面). 还有,当 $k=\pm AB^2$ 时,轨迹是分别经过 A 和 B,且垂直于 AB 的平面,等等.

(换一种说法,我们可以利用解析的方法观察问题,在笛卡儿坐标系中,轨迹的方程表示垂直于 AB 的平面.)

现在考虑半径分别为 R_1, R_2, R_3,球心分别在 O_1, O_2, O_3 的三个球 S_1, S_2, S_3. 根据引理 1,当且仅当

$$OO_1^2+R_1^2=OO_2^2+R_2^2=OO_3^2+R_3^2=R^2$$

时,球心在 O,半径为 R 的球 S 与这三个球相交于大圆.

于是任何这样的球 S 的球心 O 满足

$$OO_1^2-OO_2^2=R_2^2-R_1^2, OO_1^2-OO_3^2=R_3^2-R_1^2$$

根据引理 2,这意味着 O 属于分别垂直于 O_1O_2 和 O_1O_3 的两个平面(并属于与 O_2O_3 垂直的第三个平面,但这是不直接言明的),于是,如果 O_1, O_2, O_3 不共线,那么 O 必在垂直于平面$(O_1O_2O_3)$ 的一条直线上,如果三个球的球心共线,那么这不可能.

于是如果 O_1, O_2 与 O_3 共线,那么轨迹是空集,如果这三个球的球心不共线,那么轨迹是垂直于平面$(O_1O_2O_3)$ 的一条直线.

27. 设 $n\geqslant 3$ 是正整数,且

$$\omega=\cos\frac{2\pi}{n}+\mathrm{i}\sin\frac{2\pi}{n}$$

是常见的 n 次本原单位根. 证明:对任何复数 a 和正实数 r,和式

$$\sum_{k=1}^{n} \frac{|a-r\omega^{k}|^{2}}{|a|^{2}+r^{2}}$$

是整数.这样得到的方程的几何意义是什么?

证明 我们有

$$\sum_{k=1}^{n} |a-r\omega^{k}|^{2}=\sum_{k=1}^{n}(a-r\omega^{k})(\bar{a}-r\omega^{-k})=\sum_{k=1}^{n}(a\bar{a}-r\omega^{-k}-\bar{a}r\omega^{k}+r^{2})$$

因为当 $k=1,2,\cdots,n$ 时,ω^{k} 和 ω^{-k}(实际上都是 ω 的幂,指数是 n 个连续整数的集合)都是 n 次本原单位根,这些根的和是 0,我们有

$$\sum_{k=1}^{n}\omega^{k}=\sum_{k=1}^{n}\omega^{-k}=0$$

得到

$$\sum_{k=1}^{n} |a-r\omega^{k}|^{2}=n(a\bar{a}+r^{2})=n(|a|^{2}+r^{2})$$

所以

$$\sum_{k=1}^{n} \frac{|a-r\omega^{k}|^{2}}{|a|^{2}+r^{2}}=n$$

这当然是整数.

对于一个几何结论,注意到复数坐标为 $r\omega^{k}$ 的点 A_k 是中心为笛卡儿平面的原点 O 的一个正多边形的顶点.如果 P 是复数坐标为 a 的任意一点,那么刚证明的恒等式证明

$$\sum_{k=1}^{n} PA_{k}^{2}=n(PO^{2}+r^{2})$$

这就是说,当一点在圆心是正多边形的中心的圆上运动时,这一点到一个给定的正多边形的顶点的距离的平方的和是常数.

28. 设 $\triangle ABC$ 是等边三角形,M 是 $\triangle ABC$ 内不在任何中线上的点,A',B',C' 分别是直线 AM,BM,CM 与边 $[BC]$,$[CA]$,$[AB]$ 的交点.设 A'',B'',C'' 分别是 $\triangle ABC$ 的边 $[BC]$,$[CA]$,$[AB]$ 的中点.证明:$A'A''$,$B'B''$,$C'C''$ 是一个(可能是退化的)三角形的边长.

第一种证法 我们可以假定 $AB=BC=CA=1$.假定 A',B',C' 分别将 $\triangle ABC$ 的边分成比 u,v,w.更确切地说,假定我们有

$$\frac{A'B}{A'C}=u,\frac{B'C}{B'A}=v,\frac{C'A}{C'B}=w$$

于是 Ceva 定理表明 $uvw=1$.现在

$$A'B=\frac{u}{u+1},A'C=\frac{1}{u+1}$$

因此

$$A'A''=\left|\frac{1}{u+1}-\frac{1}{2}\right|=\frac{|u-1|}{2(u+1)}$$

类似地，我们求出 $B'B''$，$C'C''$，于是我们需要证明

$$\frac{|u-1|}{2(u+1)},\frac{|v-1|}{2(v+1)},\frac{|w-1|}{2(w+1)}$$

是一个三角形的边长. 也就是说，这三个数中的任何两数的和至少等于第三个数. 只要证明三个三角形不等式中的一个就够了，例如

$$\frac{|u-1|}{2(u+1)}+\frac{|v-1|}{2(v+1)}\geqslant\frac{|w-1|}{2(w+1)}$$

因为其他两个可类似推出. 因为 $uvw=1$，对于某个正实数 a,b,c，我们可以得到

$$u=\frac{a}{b},v=\frac{b}{c},w=\frac{c}{a}$$

要证明的不等式就转化为

$$\frac{|a-b|}{a+b}+\frac{|b-c|}{b+c}\geqslant\frac{|a-c|}{a+c}$$

去分母后变为

$$|a-b|(a+c)(b+c)+|b-c|(a+b)(a+c)\geqslant|a-c|(a+b)(b+c)$$

由于 a,c 对称，我们需要考虑三种情况：

(i) 如果 b 是 a,b,c 中最大的，譬如说，$b\geqslant a\geqslant c$，我们需要证明

$$(b-a)(a+c)(b+c)+((b-a)+(a-c))(a+b)(a+c)\geqslant(a-c)(a+b)(b+c)$$

或

$$(b-a)(a+c)(b+c)+(b-a)(a+b)(a+c)+(a-c)(a+b)(a+c)$$
$$\geqslant(a-c)(a+b)(b+c)$$

即

$$(b-a)(a+c)(a+2b+c)\geqslant(b-a)(a-c)(a+b)$$

这是显然的.

(ii) 如果 b 是 a,b,c 中最小的，譬如说，$c\geqslant a\geqslant b$，同理我们将归结为不等式

$$(a-b)(a+c)(a+2b+c)\geqslant(c-a)(b-a)(a+b)$$

又是显然的，现在是因为

$$(a-b)(a+c)(a+2b+c)\geqslant 0\geqslant(c-a)(b-a)(a+b)$$

(iii) 最后，如果 b 在 a 和 c 之间，譬如说，$a\geqslant b\geqslant c$，那么要证明的不等式就变为

$$(a-b)(a+c)(b+c)+(b-c)(a+b)(a+c)$$

$$\geqslant (a-b)(a+b)(b+c)+(b-c)(a+b)(b+c)$$

或

$$(a-b)(b-c)(a+b) \geqslant (a-b)(b-c)(b+c)$$

这显然成立,证毕.

第二种证法 这并没有太大不同,只是用了另一种参数法,以某种方式导致了更简单的计算.我们也考虑该三角形的边长为1,并设

$$BA'=m, CB'=n, AC'=p$$

推出

$$A'C=1-m, B'A=1-n, C'B=1-p$$

Ceva 定理给出

$$mnp=(1-m)(1-n)(1-p)$$

现在我们必须证明

$$\left|m-\frac{1}{2}\right|+\left|n-\frac{1}{2}\right| \geqslant \left|p-\frac{1}{2}\right| \Leftrightarrow |2m-1|+|2n-1| \geqslant |2p-1|$$

由 Ceva 定理,这一关系式可转化为

$$2mnp-(mn+mp+np)+(m+n+p)-1=0$$

$$\Leftrightarrow 8mnp-4(mn+mp+np)+4(m+n+p)-4=0$$

$$\Leftrightarrow (2m-1)(2n-1)(2p-1)+(2m-1)+(2n-1)+(2p-1)=0$$

于是对于 $2m-1=x, 2n-1=y, 2p-1=z$,我们有

$$xyz+x+y+z=0$$

我们要证明 $|x|+|y| \geqslant |z|$.

还要注意到的是,因为 $m,n,p \in [0,1]$,我们有 $x,y,z \in [-1,1]$,并且 x,y,z 显然不可能全正,也不可能全负,所以其中两个大于或等于0,一个小于或等于0,或者相反.于是现在我们需要考虑两种情况.

(i) 如果 x 和 y 同号(可能其中有一个是0),也就是说,如果 $xy \geqslant 0$,我们有

$$(|x|+|y|)^2=(\pm(x+y))^2=(\mp z(xy+1))^2=z^2(xy+1)^2$$

$$=x^2y^2z^2+2xyz^2+z^2 \geqslant z^2=|z|^2$$

推出 $|x|+|y| \geqslant |z|$.

(ii) 如果 $xy \leqslant 0$,例如,假定 $x \geqslant 0 \geqslant y$.

我们有 $y,z \in [-1,1]$,因此 $yz \in [-1,1]$,于是 $-yz < 2$,这意味着

$$y+z=-x-xyz \leqslant -x+2x=x$$

于是，我们得到$|x|+|y|=x-y\geqslant z$.还有$xz\in[-1,1]$，因此$-xz<2$，$-xyz\geqslant 2y$(因为$y\leqslant 0$)，这可写成

$$-y-xyz\geqslant y\Leftrightarrow x+z\geqslant y\Leftrightarrow |x|+|y|=x-y\geqslant -z$$

我们得到$|x|+|y|\geqslant z$和$|x|+|y|\geqslant -z$，这表明

$$|x|+|y|\geqslant |z|$$

第二种证法结束.

29.设ABC是三角形，M_0是$\triangle ABC$所在平面内一点.一只跳蚤在M_0处出发沿着线段$[M_0A]$向A跳动，在中途$[M_0A]$的中点M_1处停下.然后沿着线段$[M_1B]$向B跳动，又在中途($[M_1B]$的中点M_2处)停下.然后用同样的方式向C跳动(直至到达$[M_2C]$的中点M_3)，之后再向A,B,C跳动，等等.证明：存在三个确定的点A',B',C'，使跳蚤在跳动过程中任意无穷接近其中每一个点.再证明：$\triangle A'B'C'$的面积是$\triangle ABC$的面积的$\frac{1}{7}$.

证明　与其说这一问题是几何问题还不如说实质上是代数问题和解析问题，复数似乎是解决本题的最合适的方法.设a,b,c是A,B,C的附标，用m_k表示M_k的附标($k\in\mathbf{N}$).

问题的条件转化为递推关系：

当$k\equiv 0\pmod 3$时，$m_{k+1}=\frac{m_k+a}{2}$；

当$k\equiv 1\pmod 3$时，$m_{k+1}=\frac{m_k+b}{2}$；

当$k\equiv 2\pmod 3$时，$m_{k+1}=\frac{m_k+c}{2}$.

我们证明数列m_{3k},m_{3k+1},m_{3k+2}有很确定的(有限的)极限a',b',c'.于是附标分别为a',b',c'的点A',B',C'具有以下性质：M_{3k},M_{3k+1},M_{3k+2}分别任意接近A',B',C'.我们也将看到$\triangle A'B'C'$的面积是$\triangle ABC$的面积的$\frac{1}{7}$.

注意到

$$m_{3k+1}=\frac{m_{3k}+a}{2}$$

那么

$$m_{3k+2}=\frac{m_{3k+1}+b}{2}=\frac{m_{3k+1}+a+2b}{4}$$

以及

$$m_{3k+3}=\frac{m_{3k+2}+c}{2}=\frac{m_{3k}+a+2b+4c}{8}$$

递推关系为

$$m_{3k+3}=\frac{m_{3k}+a+2b+4c}{8}$$

也可写成

$$m_{3k+3}-\frac{a+2b+4c}{7}=\frac{1}{8}\left(m_{3k}-\frac{a+2b+4c}{7}\right)$$

得到(简单的归纳)对非负整数 k,有

$$m_{3k}-\frac{a+2b+4c}{7}=\frac{1}{8^k}\left(m_0-\frac{a+2b+4c}{7}\right)$$

显然证明了

$$\lim_{k\to\infty} m_{3k}=\frac{a+2b+4c}{7}$$

所有我们可以认为 A' 是附标为

$$a'=\frac{a+2b+4c}{7}$$

的点,并且当 $k\to\infty$ 时,M_{3k} 可以充分接近 A'.

类似地,M_{3k+1} 趋近于

$$b'=\frac{b+2c+4a}{7}$$

(当 $k\to\infty$ 时,M_{3k+1} 趋近于附标为 b' 的 B'),m_{3k+2} 趋近于

$$c'=\frac{c+2a+4b}{7}$$

(这表明 M_{3k+2} 趋近于附标为 c' 的 C'). 我们余下来的是证明附标分别为 a',b',c' 的顶点为 A',B',C' 的三角形的面积是 $\triangle ABC$ 的面积的$\frac{1}{7}$. 注意到我们有

$$2b'-a'=a, 2c'-b'=b, 2a'-c'=c$$

或等价地

$$a'=\frac{c+c'}{2}, b'=\frac{a+a'}{2}, c'=\frac{b+b'}{2}$$

于是 A' 是[CC'] 的中点,B' 是[AA'] 的中点,C' 是[BB'] 的中点(图 15).

从这一观察(如 C,A',C', 等等)推得的这些点共线证明 $\triangle A'B'C'$ 的面积等于 $\triangle ABC$ 的面积减去 $\triangle A'AC$,$\triangle B'BA$,$\triangle C'CB$ 的面积.

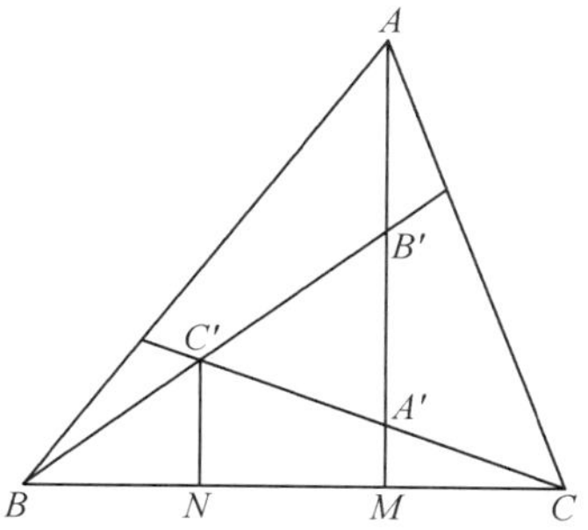

图 15

这些三角形中每一个的面积都等于 $\triangle ABC$ 的面积的 $\frac{2}{7}$. 例如 A' 有(关于 $\triangle ABC$ 的)重心坐标 $\frac{1}{7}:\frac{2}{7}:\frac{4}{7}$,因此

$$\frac{A_{\triangle A'AC}}{A_{\triangle ABC}}=\frac{2}{7}$$

因为 B 在 A' 中的权重恰好是 $\frac{2}{7}$. 于是

$$\begin{aligned}A_{\triangle A'B'C'}&=A_{\triangle ABC}-A_{\triangle A'AC}-A_{\triangle B'BA}-A_{\triangle CC'B}\\&=A_{\triangle ABC}-3\cdot\frac{2}{7}A_{\triangle ABC}=\frac{1}{7}A_{\triangle ABC}\end{aligned}$$

这就是要证明的.

评注　(1) 对于问题的最后部分我们可以避免重心坐标. 观察到 A' 是 $[CC']$ 的中点, B' 是 $[AA']$ 的中点, C' 是 $[BB']$ 的中点就可用较为初等的方法解决问题. 也就是说,我们只需利用三角形的一条中线将三角形分割成两个面积相等的三角形这一简单的事实. 重复利用这一性质,我们看到存在将 $\triangle ABC$ 分割成 7 个面积相等的三角形: $\triangle A'B'C$, $\triangle AB'C$, $\triangle B'C'A$, $\triangle BC'A$, $\triangle C'A'B$, $\triangle CA'B$ 和 $\triangle A'B'C'$. 当然,这些三角形中的每一个的面积都等于的 $\triangle ABC$ 面积的七分之一, $\triangle A'B'C'$ 是其中之一.

(2) 当 $\triangle A'B'C'$ 给定时(在适当的方向上延长各边到相等的线段),我们如何能得到 $\triangle ABC$ 是明显清楚的. 把这个好问题反过来说: 如果 $\triangle ABC$ 给定,我们如何能构造 $\triangle A'B'C'$ 呢? 实际上,当我们开始解决这个竞赛题时这一问题就出现了,尽管构造 $\triangle A'B'C'$ 的问题没有明显提出. 我们把这一问题留给感兴趣的读者,同时给出一个提示: 例如,如果 M 是 BC 和 AA' 的交点,设 $C'N$ 平行于 AM(或 $A'M$),也有 $N\in[BC]$(图 15). 你有没有见过中位线? 关于 M 在 $[BC]$ 上的位置告诉我们什么了?

换句话说,利用复数或者向量也能找到这个位置.

30. 设 $D\text{-}ABC$ 是底面为等边 $\triangle ABC$ 的三棱锥. 设 S 是边长分别等于 DA, DB, DC 的三角形的面积. 如果 R 是三棱锥的外接球的半径, V 是三棱锥的体积, 证明: $V \leqslant \frac{1}{2}RS$.

证明 DA, DB, DC 是一个三角形的边长这一事实是 Pompeiu 定理. 它是(用最简单的方法)由托勒密不等式(问题 24 后面的插叙)推出的, 例如, 由此得到

$$DA \cdot BC \leqslant DB \cdot AC + DC \cdot AB$$

因为 $AB = AC = BC$, 我们得到 $DA \leqslant DB + DC$, 等等.

设 $DE \perp (ABC)$, 有 $E \in (ABC)$. 我们首先计算边长为 $x = EA$, $y = EB$, $z = EC$ 的三角形的面积 S_1(这样的三角形的存在性由 Pompeiu 定理确保). 设 l 是等边 $\triangle ABC$ 的边长, 设 $d = EO$ 是 E 和 $\triangle ABC$ 的中心 O 之间的距离. 因为 O 是 $\triangle ABC$ 的重心, 我们有莱布尼茨关系: 对空间内任意一点 M, 有

$$MA^2 + MB^2 + MC^2 = OA^2 + OB^2 + OC^2 + 3MO^2 = 3r^2 + 3MO^2$$

这里 r 是 $\triangle ABC$ 的外接圆的半径(O 也是 ABC 的外心), 特别地, $M = E$ 导致

$$x^2 + y^2 + z^2 = 3r^2 + 3d^2 = l^2 + 3d^2$$

(别忘了 $r\sqrt{3} = l$).

如果 u, v 和 w 分别是 $\angle BEC$, $\angle AEC$ 和 $\angle AEB$ 的大小, 我们可以立刻看出它们的和等于 2π(当 E 在 $\triangle ABC$ 的内部时), 或者一个角等于另两个角的和. 在所有的情况下, 等式 $\cos w = \cos(u + v)$ 都成立, 可写成 $\sin u \sin v = \cos u \cos v - \cos w$, 平方后, 我们得到

$$\cos^2 u + \cos^2 v + \cos^2 w = 2\cos u \cos v \cos w + 1$$

的形式.(我们邀请读者进行所有这些运算.) 在 $\triangle BEC$, $\triangle AEC$, $\triangle AEB$ 中利用余弦定理这一方程变为

$$\left(\frac{y^2 + z^2 - l^2}{2yz}\right)^2 + \left(\frac{x^2 + z^2 - l^2}{2xz}\right)^2 + \left(\frac{x^2 + y^2 - l^2}{2xy}\right)^2$$
$$= 2\left(\frac{y^2 + z^2 - l^2}{2yz}\right)\left(\frac{x^2 + z^2 - l^2}{2xz}\right)\left(\frac{x^2 + y^2 - l^2}{2xy}\right) + 1$$

或者, 去分母后

$$x^2(y^2 + z^2 - l^2)^2 + y^2(x^2 + z^2 - l^2)^2 + z^2(x^2 + y^2 - l^2)^2$$
$$= (y^2 + z^2 - l^2)(x^2 + z^2 - l^2)(x^2 + y^2 - l^2) + 4x^2y^2z^2$$

上式可改写为

$$\sum x^2(y^4 + z^4 + l^4 + 2y^2z^2 - 2l^2y^2 - 2l^2z^2)$$
$$= \prod(y^2 + z^2) - l^2\sum(x^2 + y^2)(x^2 + z^2) + l^4\sum(y^2 + z^2) - l^6 + 4x^2y^2z^2$$

(循环积与循环和),或

$$\begin{aligned}&\sum x^2(y^4+z^4)+l^4\sum x^2+6x^2y^2z^2-4l^2\sum y^2z^2\\=&\prod(y^2+z^2)-l^2\sum x^4-3l^2\sum y^2z^2+2l^4\sum x^2-l^6+4x^2y^2z^2\end{aligned}$$

注意到

$$\prod(y^2+z^2)=\sum x^2(y^4+z^4)+2x^2y^2z^2$$

进一步计算后,我们得到

$$x^2y^2+x^2z^2+y^2z^2-x^4-y^4-z^4=l^2(l^2-x^2-y^2-z^2)$$

现在,通过海伦公式的一种变式,边长为 x,y,z 的三角形的面积 S_1 可由

$$\begin{aligned}16S_1^2&=2x^2y^2+2x^2z^2+2y^2z^2-x^4-y^4-z^4\\&=\frac{1}{3}(4(x^2y^2+x^2z^2+y^2z^2-x^4-y^4-z^4)+(x^2+y^2+z^2)^2)\\&=\frac{1}{3}(4l^2(l^2-x^2-y^2-z^2)+(x^2+y^2+z^2)^2)\\&=\frac{1}{3}(2l^2-x^2-y^2-z^2)^2\end{aligned}$$

给出.但是正如在一开始所证明的那样,我们有 $x^2+y^2+z^2=l^2+3d^2$,因此,最后有

$$16S_1^2=\frac{1}{3}(l^2-3d^2)^2$$

现在我们来计算边长为 DA,DB,DC 的三角形的面积 S.如果 h 是从顶点 D 出发的四面体的高(D 到 (ABC) 的垂线的长),毕达哥拉斯定理给出

$$DA=\sqrt{h^2+x^2},DB=\sqrt{h^2+y^2},DC=\sqrt{h^2+z^2}$$

于是,由前面用过的海伦公式的同样的变式,我们有

$$\begin{aligned}16S^2=&2(h^2+x^2)(h^2+y^2)+2(h^2+x^2)(h^2+z^2)+2(h^2+y^2)(h^2+z^2)-\\&(h^2+x^2)^2-(h^2+y^2)^2-(h^2+z^2)^2\end{aligned}$$

简单的代数运算导致公式

$$\begin{aligned}16S^2&=3h^4+2h^2(x^2+y^2+z^2)+16S_1^2\\&=3h^4+2h^2(l^2+3d^2)+\frac{1}{3}(l^2-3d^2)^2\end{aligned}$$

(利用前面得到的结果).现在,由不等式 $s^2+t^2\geqslant 2|st|$ $(s,t\in\mathbf{R}$;基本上是算术－几何平均不等式),我们有

$$3h^4+\frac{1}{3}(l^2-3d^2)^2\geqslant 2h^2|l^2-3d^2|$$

于是

$$16S^2 \geqslant 2h^2(l^2+3d^2+|l^2-3d^2|) \geqslant 4h^2l^2$$

因为对任何实数 s 和 t，由三角形不等式，我们也有 $|s+t|+|s-t| \geqslant 2|s|$. 于是

$$S \geqslant \frac{hl}{2}$$

最后观察到 $\triangle ABC$ 的外接圆当然就是 $DABC$ 的外接球的一个圆，于是它的半径 r 至多等于这个球的半径 R，也就是 $R \geqslant r=\frac{l}{\sqrt{3}}$；所以

$$\frac{1}{2}RS \geqslant \frac{1}{2} \cdot \frac{l}{\sqrt{3}} \cdot \frac{hl}{2}=\frac{1}{3} \cdot \frac{l^2\sqrt{3}}{4} \cdot h=V$$

（因为棱锥的体积是底面积和高的乘积的三分之一），这就是我们要证明的.

评注 (1) 等式

$$x^2y^2+x^2z^2+y^2z^2-x^4-y^4-z^4=l^2(l^2-x^2-y^2-z^2)$$

在用 x,y,z 表示 l 时也有用. 解这个二次方程，我们得到

$$l^2=\frac{1}{2}(x^2+y^2+z^2 \pm \sqrt{3(2x^2y^2+2x^2z^2+2y^2z^2-x^4-y^4-z^4)})$$

（适当选择正负号）.

(2) 有另一种建立 S_1 的公式的方法. 一个更巧妙的方法是（设 E 在 $\triangle ABC$ 的内部）向 $\triangle ABC$ 的外部作 $\triangle GAC$，$\triangle HBA$ 和 $\triangle FCB$ 分别全等于 $\triangle EAB$，$\triangle EBC$ 和 $\triangle ECA$（图 16）. 推出六边形 $AHBFCG$ 的面积是 $\triangle ABC$ 的面积的两倍.

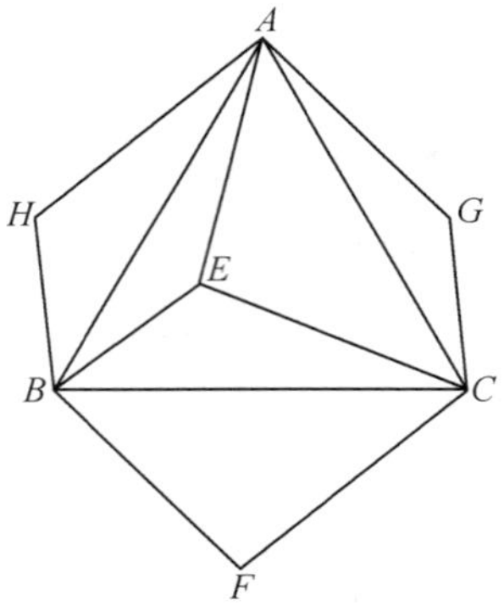

图 16

另外，该六边形的面积是边长分别为 x,y,z 的等边 $\triangle AEG$，$\triangle BEH$，$\triangle CEF$ 面积的和，加上三个以 x,y,z 为边长的 Pompeiu 三角形的面积. 我们让感兴趣的读者完成细节，并得到结论.

(3) 当且仅当我们用过的所有不等式中的等号都成立时,我们有等式

$$V=\frac{1}{2}RS$$

于是,我们必须有

$$h^2\sqrt{3}=\frac{1}{\sqrt{3}}\mid l^2-3d^2\mid$$

(这是算术一几何平均不等式中的等式),于是对 $\mid l^2-3d^2\mid+l^2+3d^2\geqslant 2l^2$ 中的等式,有

$$l^2\geqslant 3d^2$$

我们也需要

$$R=r=\frac{l}{\sqrt{3}}$$

最后的条件表明 A,B,C 在 $DABC$ 的外接球的大圆上,略加思考后就证明了条件

$$h^2\sqrt{3}=\frac{1}{\sqrt{3}}\mid l^2-3d^2\mid\Leftrightarrow 3h^2=l^2-3d^2\Leftrightarrow h^2+d^2=r^2$$

(我们用到了 $l^2\geqslant 3d^2$)具有同样的意义.

最后,当且仅当 $\triangle ABC$ 内接于 $DABC$ 的外接球的大圆上,并且 D 在平面 (ABC) 上的投影 E 在 $\triangle ABC$ 的外接圆的内部或圆上时,我们证明的不等式中的等式成立(因为 $l^2\geqslant 3d^2$ 等价于 $r\geqslant d$).

(4) 我们可以计算用 h,d,r 表示的 R. 这可以由直角梯形 $DPOE$ 完成,这里 P 是 $DABC$ 的外接球的球心. 我们知道这里有 $DE=h,OE=d$ 和

$$OP=\sqrt{R^2-\frac{l^2}{3}}$$

由毕达哥拉斯定理我们有

$$d^2+\left(h\pm\sqrt{R^2-\frac{l^2}{3}}\right)^2=R^2$$

由此得到

$$R^2=\frac{l^2}{3}+\frac{(l^2-3d^2-3h^2)^2}{36h^2}$$

再进行一些计算(我们也留给读者计算)将证明

$$3R^2h^2=4S^2$$

于是再一次推出

$$S=\frac{Rh\sqrt{3}}{2}$$

和所求的不等式

$$\frac{1}{2}RS=\frac{R^2h\sqrt{3}}{4}\geqslant\frac{l^2h\sqrt{3}}{12}=V$$

31. 设 $a=BC,b=AC,c=AB$ 是 $\triangle ABC$ 的边长.

(a) 如果 $a^4=b^4+c^4$，证明：$A>\frac{2\pi}{5}$，这里 A 是 $\angle BAC$ 的弧度.

(b) 是否存在与 $n\geqslant 3$ 无关的实数 α 和 β，使 $\frac{\pi}{3}<\alpha<\beta<\frac{\pi}{2}$，且使 $\triangle ABC$ 的边 a,b,c 满足 $a^n=b^n+c^n$，然后推出 $\alpha\leqslant A\leqslant\beta$?

证明 (a)(根本上说由两个数的算术和几何平均之间的不等式) 我们有

$$a^4=b^4+c^4\geqslant\frac{(b^2+c^2)^2}{2}\Leftrightarrow a^2\geqslant\frac{b^2+c^2}{\sqrt{2}}$$

由余弦定理，可得

$$a^2=b^2+c^2-2bc\cos A$$

于是

$$b^4+c^4=a^4=(b^2+c^2-2bc\cos A)^2$$

得到

$$2b^2c^2+4b^2c^2\cos^2A-4(b^2+c^2)bc\cos A=0$$

或

$$bc(1+2\cos^2A)=2(b^2+c^2)\cos A$$

因此

$$\frac{1+2\cos^2A}{4\cos A}=\frac{b^2+c^2}{2bc}$$

再用算术和几何平均不等式，我们得到

$$\frac{1+2\cos^2A}{4\cos A}=\frac{b^2+c^2}{2bc}\geqslant 1$$

现在 $a^4=b^4+c^4<(b^2+c^2)^2$，所以 $a^2<b^2+c^2$ 和

$$\cos A=\frac{b^2+c^2-a^2}{2bc}>0$$

于是上面的不等式改写为

$$2\cos^2A-4\cos A+1\geqslant 0$$

得到

$$\cos A\leqslant\frac{2-\sqrt{2}}{2}$$

或者

$$\cos A \geqslant \frac{2+\sqrt{2}}{2}$$

因为 $\cos A \leqslant 1$,所以我们推得 $\cos A \leqslant \frac{2-\sqrt{2}}{2}$.

最后

$$\cos A \leqslant \frac{2-\sqrt{2}}{2} < \frac{\sqrt{5}-1}{2} = \cos \frac{2\pi}{5}$$

这表明 $A > \frac{2\pi}{5}$,这就是要求的. 事实上,不等式

$$\frac{\sqrt{5}-1}{4} > \frac{2-\sqrt{2}}{2}$$

等价于$\sqrt{5}+2\sqrt{2} > 5$ 是显然成立的,因为 $2\sqrt{2} > 2.8$,$\sqrt{5} > 2.2$(或者两边平方,我们将看到它等价于$\sqrt{10} > 3$).

(b) 如果我们考虑 $a=\sqrt[n]{2}$,$b=c=1$ 的三角形(对于某个正整数 $n \geqslant 3$),我们得到

$$\cos A = \frac{2-\sqrt[n]{4}}{2}$$

因为

$$\lim_{n\to\infty} \frac{2-\sqrt[n]{4}}{2} = \frac{1}{2}$$

也就是说,$\cos A$ 可以任意接近于$\frac{1}{2}=\cos\frac{2\pi}{3}$,我们推得 A 可以任意接近于$\frac{2\pi}{3}$,于是一个具有所要求的性质的数 α 不存在.

另外,设 $t>1$,三角形的边长是 $a=t$,$b=\sqrt[n]{t^n-1}$,$c=1$. 我们有

$$\cos A = \frac{(\sqrt[n]{t^n-1})^2+1-t^2}{2\sqrt[n]{t^n-1}}$$

因为

$$\lim_{n\to\infty} \sqrt[n]{t^n-1} = \lim_{n\to\infty} t\left[1-\left(\frac{1}{t}\right)^n\right]^{\frac{1}{n}} = t$$

所以当 $n\to\infty$ 时,$\cos A$ 趋近于$\frac{1}{2t}$.

还有,如果 t 足够大,$\frac{1}{2t}$ 任意接近 0,于是,对于很大的 n 和很大的 t,我们可以使 A 任

意接近$\frac{\pi}{2}$，于是一个所需要的数 β 也不存在.

评注 (1) 我们也可以这样证明不等式

$$\cos A \leqslant \frac{2-\sqrt{2}}{2} \Leftrightarrow \frac{b^2+c^2-a^2}{2bc} \leqslant \frac{2-\sqrt{2}}{2}$$

因为 $a^2=\sqrt{b^4+c^4}$，我们需要证明

$$\frac{b^2+c^2-\sqrt{b^4+c^4}}{2bc} \leqslant \frac{2-\sqrt{2}}{2}$$

我们可以将此式写成等价的形式

$$b^2+c^2-2bc \leqslant \sqrt{b^4+c^4}-bc\sqrt{2}$$

或

$$b^2+c^2-2bc \leqslant \frac{b^4+c^4-2b^2c^2}{\sqrt{b^4+c^4}+bc\sqrt{2}} \Leftrightarrow (b-c)^2 \leqslant \frac{(b-c)^2(b^2+c^2+2bc)}{\sqrt{b^4+c^4}+bc\sqrt{2}}$$

现在由不等式

$$\frac{b^2+c^2+2bc}{\sqrt{b^4+c^4}+bc\sqrt{2}}>1$$

和$(b-c)^2 \geqslant 0$ 推出该不等式.

(2) 有多种方法计算 $\cos\frac{2\pi}{5}$. 例如，如果我们设

$$z=\cos\frac{2\pi}{5}+\mathrm{i}\sin\frac{2\pi}{5}$$

那么

$$z^5=1 \Leftrightarrow (z-1)(z^4+z^3+z^2+z+1)=0$$

所以(因为 $z \neq 1$)

$$z^4+z^3+z^2+z+1=0$$

(因为当然有 $z \neq 0$) 最后一个等式可以改写为

$$z^2+z+1+\frac{1}{z}+\frac{1}{z^2}=0$$

也就是

$$\left(z+\frac{1}{z}\right)^2+\left(z+\frac{1}{z}\right)-1=0$$

得到

$$z+\frac{1}{z} \in \left\{\frac{-1 \pm \sqrt{5}}{2}\right\}$$

因为 $z+\frac{1}{z}=z+\bar{z}=2\cos\frac{2\pi}{5}>0$，我们推得

$$\cos\frac{2\pi}{5}=\frac{-1+\sqrt{5}}{4}$$

我们在解本题时已经使用过这个值.

换一种方法，我们可以采用记号 $A=z+z^4$ 和 $B=z^2+z^3$，并注意到

$$A+B=1 \text{ 和 } AB=-1$$

利用上面同样的方程：$z^4+z^3+z^2+z+1=0$，$z^5=1$（以及 $z^6=z$，$z^7=z^2$）. 这表明

$$\{A,B\}=\left\{\frac{-1\pm\sqrt{5}}{2}\right\}$$

因为

$$A=z+z^4=z+\frac{1}{z}=2\cos\frac{2\pi}{5}>0$$

这样我们就用前面的方法结束了证明.

或者，我们从等式

$$\cos\frac{6\pi}{5}+\cos\frac{4\pi}{5}=0$$

开始，并利用公式 $\cos 2t=2\cos^2 t-1$ 和 $\cos 3t=4\cos^3 t-3\cos t$ 是为了转化成对 $u=\cos\frac{2\pi}{5}$，有

$$4u^3+2u^2-3u-1=0 \Leftrightarrow (u+1)(4u^2-2u-1)=0$$

已知 $\cos\frac{2\pi}{5}>0$，就推出结论.

32. 设 a_1,a_2,a_3,a_4,a_5,a_6 是正实数. 证明：当且仅当

$$a_1-a_4=a_5-a_2=a_3-a_6$$

时，存在一个所有的角的大小都相等，边长是 a_1,a_2,a_3,a_4,a_5,a_6（以这一顺序）的凸六边形.

证明　所有的角的大小都相等的凸六边形称为等角六边形. 对于这样的多边形，以下的一般性的结果成立，并能用来解决我们的问题.

引理　设 $a_1,\cdots,a_n$ 是正实数，设

$$\varepsilon=\cos\frac{2\pi}{n}+\mathrm{i}\sin\frac{2\pi}{n}$$

是 n 次本原单位根.

当且仅当

$$\sum_{k=1}^{n} a_k \varepsilon^{k-1} = 0$$

时,存在边长为 $a_1, \cdots, a_n$(以这一顺序)的凸等角多边形.

引理的证明 假定多边形 $P_1 \cdots P_n$ 是等角多边形,并且对于 $k=1,2,\cdots,n$,边长 $P_kP_{k+1}=a_k$(这里 $P_{n+1}=P_1$). 因为凸 n 边形的内角的大小的和是 $(n-2)\pi$,该多边形的每个角是

$$\frac{(n-2)\pi}{n}$$

再假定我们在多边形所在的平面内有一个原点为 O 的笛卡儿坐标系. 对于 $k=1,2,\cdots,n$,设 M_k 是由向量等式

$$\overrightarrow{OM_k} = \overrightarrow{P_kP_{k+1}}$$

定义的点,对于 $k=1,2,\cdots,n$,设 m_k(点 M_k 的附标)是与 M_k 有关的复数.

注意到向量 $\overrightarrow{OM_k}$ 和 $\overrightarrow{OM_{k+1}}$ 之间的夹角是 $\overrightarrow{P_kP_{k+1}}$ 和 $\overrightarrow{P_{k+1}P_{k+2}}$ 之间的夹角的补角,所以它的大小是

$$\pi - \frac{(n-2)\pi}{n} = \frac{2\pi}{n}$$

于是,如果我们考虑 $m_1 = a_1(\cos\alpha + i\sin\alpha)$(我们有 $|m_1| = OM_1 = P_1P_2 = a_1$,我们设 $\alpha \in [0,2\pi)$ 是 m_1 的幅角),对每一个 $1 \leqslant k \leqslant n$,我们也将有

$$m_k = a_k\left(\cos\left(\alpha + \frac{2(k-1)\pi}{n}\right) + i\sin\left(\alpha + \frac{2(k-1)\pi}{n}\right)\right)$$

这意味着

$$m_k = a_k w \varepsilon^{k-1}, 1 \leqslant k \leqslant n$$

其中 $w = \cos\alpha + i\sin\alpha$.

现在我们有

$$\sum_{k=1}^{n} \overrightarrow{OM_k} = \sum_{k=1}^{n} \overrightarrow{P_kP_{k+1}} = \mathbf{0}$$

这也表明

$$\sum_{k=1}^{n} m_k = 0$$

即

$$\sum_{k=1}^{n} a_k w \varepsilon^{k-1} = 0 \Leftrightarrow \sum_{k=1}^{n} a_k \varepsilon^{k-1} = 0$$

反之,如果对于 $m_k=a_k\varepsilon^{k-1}(1\leqslant k\leqslant n)$,我们有

$$\sum_{k=1}^{n}m_k=0$$

那么对于有附标 m_k 的 M_k, $k=1,2,\cdots,n$,我们也得到

$$\sum_{k=1}^{n}\overrightarrow{OM_k}=\mathbf{0}$$

于是(我们在从平面内的某个点 P_1 开始建立的)向量

$$\overrightarrow{P_kP_{k+1}}=\overrightarrow{OM_k}$$

有性质

$$\sum_{k=1}^{n}\overrightarrow{P_kP_{k+1}}=\mathbf{0}\Leftrightarrow\sum_{k=1}^{n-1}\overrightarrow{P_kP_{k+1}}+\overrightarrow{P_nP_{n+1}}=\mathbf{0}$$

另外

$$\sum_{k=1}^{n-1}\overrightarrow{P_kP_{k+1}}+\overrightarrow{P_nP_1}=\mathbf{0}$$

最后两个等式合在一起得到 $P_{n+1}=P_1$,这就是实际上我们构成的接近给出一个多边形 $P_1\cdots P_n$,其边长确实是 $P_kP_{k+1}=OM_k=|m_k|=a_k$,角的大小是

$$\pi-\frac{2\pi}{n}=\frac{(n-2)\pi}{n}$$

这就是我们要求的.

现在对问题,我们有 $n=6$,于是

$$\varepsilon=\cos\frac{2\pi}{6}+\mathrm{i}\sin\frac{2\pi}{6}$$

对此

$$\varepsilon^3=-1,\varepsilon^4=-\varepsilon,\varepsilon^5=-\varepsilon^2$$

于是,如果存在一个边长是 $P_kP_{k+1}=a_k$ 的凸多边形 $P_1\cdots P_6$,那么等式

$$\sum_{k=1}^{6}a_k\varepsilon^{k-1}=0$$

(由引理推得的)能写成

$$(a_1-a_4)+(a_2-a_5)\varepsilon+(a_3-a_6)\varepsilon^2=0$$

的形式,这表明 ε 是多项式

$$f=(a_1-a_4)+(a_2-a_5)X+(a_3-a_6)X^2\in\mathbf{R}[X]$$

的根.因为容易看出,ε 在 $\mathbf{R}$ 上的最小多项式是

$$m=1-X+X^2$$

以及 m 必是 f 的一个因子,对某个非零实数 c,我们有 $f=cm$ (f 和 m 的次数相同). 这表明

$$a_1-a_4=c,a_2-a_5=-c,a_3-a_6=c$$

即

$$a_1-a_4=a_5-a_2=a_3-a_6$$

这就是所求的.

反之,如果这些等式成立,我们看到多项式 f 是 m 的倍数,因此 ε 是 f 的根,这表明

$$\sum_{k=1}^{6}a_k\varepsilon^{k-1}=0$$

再由引理,存在一个是边长 $a_1,\cdots,a_6$ 的凸等角六边形.

评注 (1) 不难找出一个纯几何的解答. 首先我们看到等角六边形 $P_1\cdots P_6$ 的对边平行(即 $P_1P_2 /\!/ P_4P_5,P_2P_3 /\!/ P_5P_6,P_3P_4 /\!/ P_6P_1$),然后我们看到 $\triangle XYZ$ 由经过 P_1 平行于 P_2P_3 的直线,经过 P_3 平行于 P_4P_5 的直线,经过 P_5 平行于 P_6P_1 的直线的交确定(图 17).

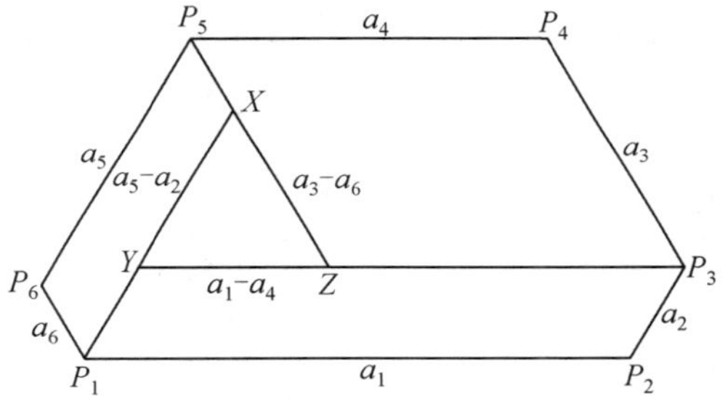

图 17

这个三角形的边长是 a_1-a_4,a_5-a_2,a_3-a_6(或 a_4-a_1,a_2-a_5,a_6-a_3),所有的角的大小都是 $\frac{\pi}{3}$. 因为是等边三角形,所以它的边长都必须相等,我们得到 $a_1-a_4=a_5-a_2=a_3-a_6$. 我们留给读者完成这个逆过程的证明.

(2) 在 $n=3$ 和 $n=4$ 的情况下立刻分别得到等边三角形和矩形是仅有的等角多边形. 这确实容易用几何方法推得. 我们邀请读者(用引理或不用引理) 证明边长为有理数的等角八边形的对边相等.(利用在有理数域中相应的 ε 的最小多项式.)

(3) 最后我们提一下一个美妙的性质:对一个等角多边形,内部任意一点到各边的距离的和是一个常数(这是在本章问题 2 中研究过的有时称为维维亚尼定理的等边三角形的这一性质的推广).

33. 设 P 是四面体 $ABCD$ 的一个内点,A_1,B_1,C_1,D_1 分别是 P 在平面(BCD),(ACD),(ABD) 和(ABC) 上的投影,假定这些投影都在该四面体的相应的面的内部.

证明

$$\frac{S_A}{PA_1}+\frac{S_B}{PB_1}+\frac{S_C}{PC_1}+\frac{S_D}{PD_1}\geqslant\frac{S}{r}$$

这里 S_X 表示顶点 X 所对的面的面积，而 S 和 r 分别是四面体 $ABCD$ 的总面积和内切球的半径. 等式能否成立？

证明　如果 I 是该四面体的内切球的球心，该四面体的体积 V 可表示为

$$V=V_{IBCD}+V_{IACD}+V_{IABD}+V_{IABC}=\frac{rS_A}{3}+\frac{rS_B}{3}+\frac{rS_C}{3}+\frac{rS_D}{3}=\frac{rS}{3}$$

类似地，我们有

$$\begin{aligned}V&=V_{PBCD}+V_{PACD}+V_{PABD}+V_{PABC}\\&=\frac{PA_1\cdot S_A}{3}+\frac{PB_1\cdot S_B}{3}+\frac{PC_1\cdot S_C}{3}+\frac{PD_1\cdot S_D}{3}\end{aligned}$$

因此

$$PA_1\cdot S_A+PB_1\cdot S_B+PC_1\cdot S_C+PD_1\cdot S_D=rS$$

现在，由 Cauchy-Schwarz 不等式，我们得到

$$(PA_1\cdot S_A+PB_1\cdot S_B+PC_1\cdot S_C+PD_1\cdot S_D)\left(\frac{S_A}{PA_1}+\frac{S_B}{PB_1}+\frac{S_C}{PC_1}+\frac{S_D}{PD_1}\right)$$

$$\geqslant(S_A+S_B+S_C+S_D)^2=S^2$$

推出结论.

最后当且仅当四数组

$$(PA_1\cdot S_A,PB_1\cdot S_B,PC_1\cdot S_C,PD_1\cdot S_D)$$

和

$$\left(\frac{S_A}{PA_1},\frac{S_B}{PB_1},\frac{S_C}{PC_1},\frac{S_D}{PD_1}\right)$$

成比例，即当且仅当 $PA_1=PA_2=PA_3=PA_4$ 时，Cauchy-Schwarz 不等式中的等式成立. 当等式成立时，四面体内唯一的点就是四面体 $ABCD$ 的内切球的球心 I，即 $P=I$.

34. 设 S-$ABCD$ 是顶点为 S 的四棱锥，底面是对角线正交的四边形，假定 S 在棱锥的底 (ABC) 所在的平面上的投影是底面对角线的交点 O. 证明：O 在棱锥的侧面 (SAB)，(SBC)，(SCD) 和 (SDA) 所在的平面上的投影是圆内接四边形的顶点.

第一种证法　O 在棱锥的侧面上的四个投影显然在直径为 $[SO]$ 的球上. 于是我们余下的是证明这些点都在同一平面内，那时它们都在该平面与提到的球相交的圆上. 设 M,N,P,Q 分别是 O 在平面 (SAB)，(SBC)，(SCD) 和 (SDA) 上的投影. 考虑一个以 O 为

中心的反演$\mathcal{I}$,对空间内任意一点 X,用 X' 表示$\mathcal{I}(X)$. 于是,为了得到 M,N,P,Q 共面,我们进一步证明 M',N',P',Q',O 在一个球上.

因为 $M\in(SAB)$,点 M' 属于 $\mathcal{I}(SAB)$,也就是说,M' 在 $S'A'B'O$ 的外接球上. 此外,因为 OM 垂直于(SAB),我们推得 M' 是在 $S'A'B'O$ 的外接球上与 O 对径的点. 当然我们有 $S'\in OS$,$A'\in OA$,$B'\in OB$,因此 OS',OA',OB' 两两垂直(由于 OS,OA,OB 两两垂直). 于是 O,A',B' 和 O 关于$[A'B']$的中点的反射点都是一个矩形的四个顶点,这个反射点属于 $S'A'B'O$ 的外接球. O,A',S' 和 O 关于$[A'S']$的中点的反射点,O,B',S' 和 O 关于$[B'S']$的中点的反射点也是同样的情况. 于是我们看到 O,A',B',S' 和 O 关于$[A'B']$,$[A'S']$,$[B'S']$的中点的反射点是平行六面体的七个顶点,又因为它们都在同一个球上,这个平行六面体的第八个顶点只能是这个球上的 O 的对顶点 M'. 于是我们看到 M' 在平面$(OA'B')$(棱锥的底所在的平面)上的投影 M'' 和 O,A',B' 一起确定一个矩形,并且 $M'M''=S'O$(实际上,M'' 是 O 关于 $A'B'$ 的中点的反射点).

如果我们考虑点 N'',P'',Q'' 分别是 N',P',Q' 在棱锥的底面上的投影,由同样的推理,我们发现 $N'N''=P'P''=Q'Q''=S'O$,以及 $OB'N''C'$,$OC'P''D'$,和 $OD'Q''A'$ 都是矩形. 现在,因为 $AC\perp BD$,我们推出 $M''N''P''Q''$ 是矩形,因此 $M'N'P'Q'$ 也是矩形,它是由向量 $\overrightarrow{OS'}$ 平移得到的.

最后容易看出 O,M',N',P',Q' 都在以这样的点为球心的球上:这一点经过矩形 $M'N'P'Q'$ 的中心,且与该矩形所在的平面垂直的直线与$[OM']$,$[ON']$,$[OP']$,$[OQ']$中的任何的垂直平分面的交点. 证毕.

第二种证法 我们用一种不同的方法只证明最难的部分,即证明 M,N,P,Q 共面,其他的任何部分都与第一种证法相同.

我们用以 O($ABCD$ 的对角线的交点)为原点的笛卡儿坐标系,对此,直线 AC 是 x 轴,BD 是 y 轴,SO 是 z 轴(方向并不重要). 因为 A,B,C,D 和 S 在轴上,其中每一个都有一个非零坐标(确实非零,因为这些点不同于 O). 对 s,a,b,c,d 某个非零实数,考虑 A,B,C,D,S 的以下坐标是方便的

$$S\left(0,0,\frac{1}{s}\right),A\left(\frac{1}{a},0,0\right),B\left(0,\frac{1}{b},0\right),C\left(\frac{1}{c},0,0\right),D\left(0,\frac{1}{d},0\right)$$

于是平面(SAB)的方程是

$$ax+by+sz=1$$

而经过点 O,且与这一平面垂直的直线的参数方程是

$$x=at,\ y=bt,\ z=st,t\in\mathbf{R}$$

于是点 M（它属于这一平面和这一直线）的坐标是满足

$$a \cdot at + b \cdot bt + s \cdot st = 1$$

的 t 得到的，于是

$$M\left(\frac{a}{a^2+b^2+s^2}, \frac{b}{a^2+b^2+s^2}, \frac{s}{a^2+b^2+s^2}\right)$$

类似地，我们得到

$$N\left(\frac{c}{b^2+c^2+s^2}, \frac{b}{b^2+c^2+s^2}, \frac{s}{b^2+c^2+s^2}\right)$$

$$P\left(\frac{c}{c^2+d^2+s^2}, \frac{d}{c^2+d^2+s^2}, \frac{s}{c^2+d^2+s^2}\right)$$

和

$$Q\left(\frac{a}{a^2+d^2+s^2}, \frac{d}{a^2+d^2+s^2}, \frac{s}{a^2+d^2+s^2}\right)$$

现在直接得到包含所有的点 M,N,P,Q 的平面方程，即

$$(a+c)x + (b+d)y + \frac{s^2 - ac - bd}{s}z = 1$$

我们邀请读者去得到这一方程，并（或）验证点 M,N,P,Q 的坐标是这一方程的解，于是第二种证法结束.

评注　两种证法都证明了问题的命题在更一般的图形中仍然成立. 也就是说，如果我们有相交于 O 的 AC 和 BD 的两条垂线，如果 SO 垂直于平面 (ABC)，那么 O 在平面 (SAB)，(SBC)，(SCD) 和 (SAD) 上的投影是圆外接四边形的顶点. 在这一般的说法中，对 $ABCD$ 而言，可能是凹四边形，所以 $SABCD$ 不再是我们所知道的棱锥 —— 但就像我们在两种证法中所见到的那样，这并不是本质的.

35. 设 $ABCD$ 是四面体，设 A' 是平面 (BCD) 内的点，但不在该四面体的任何棱上. 证明：在平面 (ACD)，(ABD) 和 (ABC) 内分别存在点 B', C', D'，但不在四面体的任何棱上，使平面 $(B'C'D')$，$(A'C'D')$，$(A'B'D')$ 和 $(A'B'C')$ 分别包含点 A,B,C,D.

证明　在交 $A'B \cap CD$，$A'C \cap BD$ 和 $A'D \cap BC$ 中至少存在一个非空集合. 为不失一般性，假定 $A'B$ 与 CD 不平行，设 P 是 $A'B$ 和 CD 的交.

在直线 AB 上取不同于 A 和 B 的点 R，使 $A'R$ 与 AP 不平行. 设 B' 是 AP 和 $A'R$ 的交（这些直线都在同一平面 (ABA') 内，所以它们不平行，且必共点）. 在平面 (RCD) 内我们经过点 P 作一条直线与 CR 相交于 D'，与 DR 相交于 C'（图 18）.

于是我们有 $B' \in AP \subset (ACD)$（因为 $P \in CD$），$C' \in DR \subset (ABD)$（因为 $R \in AB$），和 $D' \in CR \subset (ABC)$（也因为 $R \in AB$）.

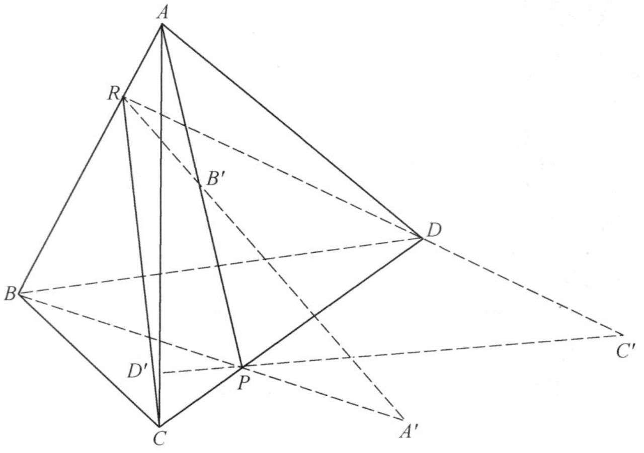

图 18

现在因为 $P \in C'D'$，所以我们有 $A \in B'P \subset (B'C'D')$.

还有，$B \in A'P \subset (A'C'D)$（因为 $P \in C'D'$），$C \in D'R \subset (A'B'D')$（因为 $R \in A'B'$），和 $D \in C'R \subset (A'B'C')$（又因为 $R \in A'B'$）.

36. 设 D,E,F 是 $\triangle ABC$ 的内切圆分别与边$[BC]$，$[AC]$，$[AB]$的切点. 经过点 E 且与 AB 平行的直线交 FD 于 Q，经过点 D 且与 AB 平行的直线交 EF 于 T. 证明：CF，DE 和 TQ 共点.

证明 设 $x = AE = AF$，$y = BD = BF$，$z = CD = CE$（等式成立是因为从同一点到圆的切线的长相等），设 R 是 DT 和 AC 的交点（图 19）. 由 Thales 定理（因为 $RD \parallel AB$）我们有

$$\frac{AR}{AC} = \frac{BD}{BC}$$

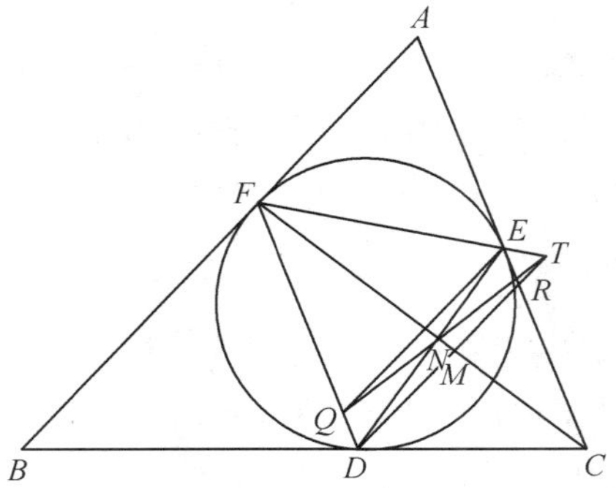

图 19

因此

$$AR = \frac{BD \cdot AC}{BC} = \frac{y(x+z)}{y+z}$$

又由 Thales 定理(因为 $RT \mathbin{/\mkern-6mu/} AF$),可得

$$\frac{FT}{FE}=\frac{AR}{AE}=\frac{y(x+z)}{x(y+z)}$$

现在设$\{N\}=CF \cap DE$. 根据常用的关于三角形的面积公式,有

$$\frac{ND}{NE}=\frac{A_{\triangle AND}}{A_{\triangle CNE}}=\frac{\dfrac{CN \cdot CD}{CF \cdot CB} \cdot A_{\triangle CFB}}{\dfrac{CN \cdot CE}{CF \cdot CA} \cdot A_{\triangle CFA}}=\frac{CA}{CB} \cdot \frac{A_{\triangle CFB}}{A_{\triangle CFA}}$$

$$=\frac{CA}{CB} \cdot \frac{FB}{FA}=\frac{y(x+z)}{x(y+z)}$$

于是我们有

$$\frac{FT}{FE}=\frac{ND}{NE} \Leftrightarrow \frac{FT}{FE} \cdot \frac{NE}{ND}=1$$

如果我们用 M 表示 CF 和 DT 的交点,我们在 $\triangle DET$ 中用截线 FMN 的梅涅劳斯定理,我们得到

$$\frac{FT}{FE} \cdot \frac{NE}{ND} \cdot \frac{MD}{MT}=1$$

将最后两个等式合在一起表明

$$\frac{MD}{MT}=1 \Leftrightarrow MD=MT$$

于是,M 是$[DT]$的中点.

为了结束证明,我们利用熟知的事实:梯形的两底的中点,对角线的交点,两腰(所在的直线)的交点,这四点共线. 对于梯形 $DQET$,这四点所在的直线是 CF,因为它包含底$[DT]$的中点 M,两腰 DQ 和 TE 交点 F. 根据提到的性质,梯形的对角线 DE 和 TQ 恰好相交于这条直线上,于是 DE,TQ,CF 共点,这就是要证明的.

评注 我们让感兴趣的读者去弄清楚为什么以下的更一般的情形会成立:

问题 设 X 是 $\triangle ABC$ 的内点,D,E,F 分别是切瓦线 AX,BX 和 CX 与边$[BC]$,$[AC]$和$[AB]$的交点. 经过点 E 且平行于 AB 的直线交 FD 于 Q,经过 D 且平行于 AB 的直线交 EF 于 T. 证明:直线 CF,DE 和 TQ 共点.

我们的问题当然是点 X 是指 $\triangle ABC$ 的 Gergonne 点的特殊情况.

37. 设 A,B 和 C 是在边长为 1 的正六边形的内部或边界上的三点. 证明:$\min\{AB, AC, BC\} \leqslant \sqrt{3}$,并求使等式 $\min\{AB, AC, BC\}=\sqrt{3}$ 成立的一切 $\triangle ABC$(A,B,C 在六边形内).

证明 设 O 是该正六边形的中心. 在三条射线$[OA$,$[OB$,$[OC$ 中存在两条射线,它

们形成的夹角小于或等于$\frac{2\pi}{3}$. 譬如说,$m(\angle AOB)\leqslant\frac{2\pi}{3}$,因此 $\cos\angle AOB\geqslant-\frac{1}{2}$. 以及

$$-2OA\cdot OB\cdot\cos\angle AOB\leqslant OA\cdot OB$$

于是,由余弦定理,可得

$$\begin{aligned}AB^2&=OA^2+OB^2-2OA\cdot OB\cdot\cos\angle AOB\\&\leqslant OA^2+OB^2+OA\cdot OB\leqslant 3\end{aligned}$$

因为 $OA\leqslant1$,$OB\leqslant1$,所以 $AB\leqslant\sqrt{3}$. 于是

$$\min\{AB,AC,BC\}\leqslant AB\leqslant\sqrt{3}$$

为了要取到等式,我们需要上面所有的不等式中的等式成立. 特别地,这就是说,射线$[OA$,$[OB$ 和$[OC$ 中的两条的最小夹角必等于$\frac{2\pi}{3}$. 这种情况发生的唯一的方法是所有这三个角都是$\frac{2\pi}{3}$. 于是上面的上界用于 AB,BC,CA 中的每一条. 于是为了得到所有三个相等,我们必有 $OA=OB=OC=1$. 但是这表明 A,B 和 C 必须在六边形的外接圆上,因此所有这三点必须都是该六边形的顶点,又因为射线之间的夹角都是$\frac{2\pi}{3}$,所以它们必须是六边形的相间隔的三个顶点. 反之,容易看出取六边形的相间隔的三个顶点给出一个这样的三角形.

38. (a) 设 ABC 是三角形. 在以 AB 为界的半平面内,画不包含 C 的射线$[AX$,$[BY$,使 $\angle XAB$ 和 $\angle YBA$ 的大小都是$\frac{\pi}{6}$. 设 C' 是 AX 和 BY 的交点. 类似地定义 A',B'. 证明:分别以 A',B',C' 为圆心,$A'B$,$B'C$,$C'A$ 为半径的三个圆相交于点 Q.

(b) 如果点 A,B,C 独立地扫过以 Q 为圆心,r 为半径的圆,求由(a) 中对这样得到 $\triangle ABC$ 的定义的点 Q 的轨迹.

解 (a) 注意到 A',B',C' 实际上分别是在 $\triangle ABC$ 的边$[BC]$,$[AC]$,$[AB]$上向外作的等边 $\triangle A''BC$,$\triangle B''AC$ 和 $\triangle C''AB$ 的中心. 此外,问题的命题中的圆是这三个等边三角形的外接圆. 假定 Q 是 $\triangle A''BC$ 和 $\triangle B''AC$ 的外接圆的第二个交点.

首先假定 $\triangle ABC$ 的所有的角都小于$\frac{2\pi}{3}$. 在这种情况下(图 20(a)),Q 在该三角形的内部,从圆内接四边形 $QBA''C$ 和 $QCA''B$ 我们看出

$$m(\angle BQC)=m(\angle AQC)=\frac{2\pi}{3}$$

这表明

$$m(\angle AQB)=2\pi-m(\angle BQC)-m(\angle AQC)=\frac{2\pi}{3}$$

因此四边形 $QAC''B$ 有两个对角互补，这表明它是圆内接四边形，于是证明了 $\triangle C''AB$ 的外接圆经过 Q，这就是我们要证明的.

如果 $\triangle ABC$ 的一个角，譬如说，$\angle BAC$ 的大小是$\frac{2\pi}{3}$，那么显然所有 $\triangle A''BC$，$\triangle B''AC$ 和 $\triangle C''AB$ 的三个外接圆(只)有一个公共点 A，于是在这种情况下，$Q=A$(图 20(b)).

最后，假定 $\triangle ABC$ 的一个角大于$\frac{2\pi}{3}$，譬如说，$m(\angle BAC)>\frac{2\pi}{3}$. 在这种情况下(图 20(c))，由圆内接四边形 $QBA''C$，我们有

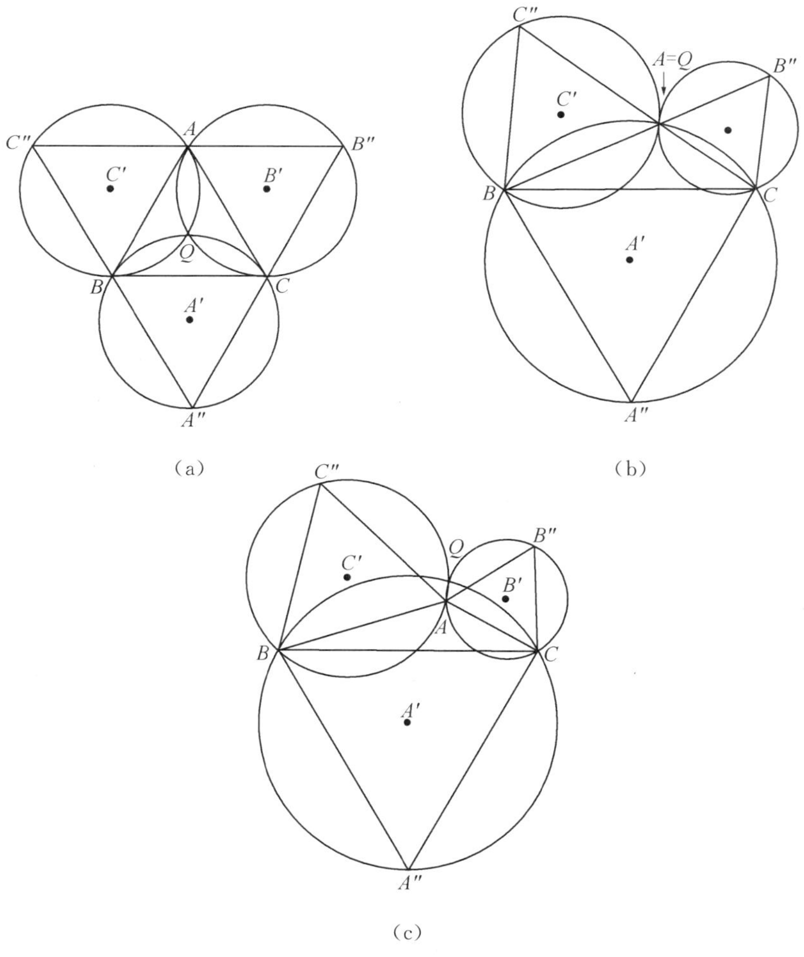

图 20

$$m(\angle BQC)=\frac{2\pi}{3}$$

和由圆内接四边形 $QACB''$(注意顶点的顺序！),得到

$$m(\angle AQC)=m(\angle AB''C)=\frac{\pi}{3}$$

推出

$$m(\angle AQB)=m(\angle BQC)-m(\angle AQC)=\frac{\pi}{3}=m(\angle AC''B)$$

这意味着四边形 $QABC''$ 也是圆外接四边形,第三个圆($\triangle C''AB$ 的外接圆)经过前两个圆($\triangle A''BC$ 和 $\triangle B''AC$ 的外接圆)的交点,于是结束证明.

(b) 我们进一步证明所求的轨迹是中心为 O,半径为$\frac{2r}{\sqrt{3}}$ 的闭圆面.

从上面的证明观察到 $\triangle ABC$ 的点 Q 或者可能在三角形的内部,在这种情况下,有

$$m(\angle AQB)=m(\angle AQC)=m(\angle BQC)=\frac{2\pi}{3}$$

或者可能在三角形的一个顶点上,或者三角形的外部,在这种情况下,$\angle AQB$,$\angle AQC$,$\angle BQC$ 中有一个角等于$\frac{2\pi}{3}$,另两个角等于$\frac{\pi}{3}$.

于是,如果点 A,B,C 在圆心为O,半径为 r 的圆$\mathcal{C}$上,$\triangle ABC$ 的角都小于$\frac{2\pi}{3}$,相应的点 Q 在三角形内,于是也在圆$\mathcal{C}$内. 反之,圆$\mathcal{C}$的任何内点都属于所求的轨迹. 事实上,给定圆$\mathcal{C}$内的点 M,我们考虑从 M 出发,两两形成$\frac{2\pi}{3}$ 的角的三条射线,然后求出射线与$\mathcal{C}$的交点 A,B,C. 因为

$$m(\angle AMB)=m(\angle AMC)=m(\angle BMC)=\frac{2\pi}{3}$$

显然M恰好是$\triangle A''BC$,$\triangle B''AC$ 和$\triangle C''AB$ 的外接圆的交(也就是说,M就是$\triangle ABC$ 的点 Q),这就是所求的.

有一个角是$\frac{2\pi}{3}$ 的$\triangle ABC(A,B,C\in\mathcal{C})$生成在$\mathcal{C}$上的点 Q. 反之,任何点$M\in\mathcal{C}$就是任何 $\triangle ABC$ 的点 Q,譬如说 $A=M$,$m(\angle BAC)=\frac{2\pi}{3}$,这就是所求的.

最后,例如,假定 $m(\angle BAC)>\frac{2\pi}{3}$,$Q$ 在$\mathcal{C}$的外部. 因为 $B,C\in\mathcal{C}$,射线$[QB$ 和$[QC$ 在从 Q 到$\mathcal{C}$之间的切线$[QS$ 和$[QT$ 之间(我们设 S 和 T 是切点). 于是我们有

$$2m(\angle SQO)=m(\angle SQT)\geqslant m(\angle BQC)=\frac{2\pi}{3}\Rightarrow m(\angle SQO)\geqslant\frac{\pi}{3}$$

还有，$\angle SQO$ 是锐角，所以我们有(由 $\mathrm{Rt}\triangle SQO$)

$$\frac{r}{OQ}=\sin\angle SQO\geqslant\sin\frac{\pi}{3}=\frac{\sqrt{3}}{2}$$

由此

$$OQ\leqslant\frac{2r}{\sqrt{3}}$$

于是，在这种情况下，Q 属于圆心为 O，半径为 $\frac{2r}{\sqrt{3}}$ 的闭圆面. 反之，对于这一圆面内，且在圆 $\mathcal{C}$ 外的任何点 M，我们考虑点 $A,B,C\in\mathcal{C}$，使 $m(\angle AMB)=m(\angle AMC)=\frac{\pi}{3}$(和 $m(\angle BMC)=\frac{2\pi}{3}$)，这是可能的，因为从 M 到 $\mathcal{C}$ 的切线之间的夹角的大小至少是 $\frac{2\pi}{3}$. 容易验证 $\triangle ABC$ 的点 Q 恰好是 M，于是我们看到所求的轨迹是圆心为 O，半径为 $\frac{2r}{\sqrt{3}}$ 的闭圆面，这就是开始时的断言.

评注 点 Q 也可以作为直线 AA''，BB''，CC'' 的交点得到(这里 $\triangle A''BC$，$\triangle B''AC$ 和 $\triangle C''AB$ 是在 $\triangle ABC$ 外的等边三角形).

在一个所有的角的大小都至多等于 $\frac{2\pi}{3}$ 的 $\triangle ABC$ 的情况下，点 Q 就是所谓的三角形的 Fermat-Torricelli 点，对于三角形所在平面内的点 X，它使和 $XA+XB+XC$ 最小. 也就是说，对该平面内的任何点 X，我们有

$$XA+XB+XC\geqslant QA+QB+QC$$

如果 $X\neq Q$，那么不等式是严格的. 如果 $\triangle ABC$ 有一个角大于 $\frac{2\pi}{3}$，那么 $\triangle ABC$ 的 Fermat-Torricelli 点是这个角的顶点.

39. 设 $ABCDE$ 是圆内接五边形，且 $\triangle ABC$ 和 $\triangle ADE$ 有相等的内切圆，$\triangle ABD$ 和 $\triangle ACE$ 的内切圆相等. 证明：$AB=AE$ 和 $BC=DE$.

证明 设 $2a$，$2b$，$2c$，$2d$ 和 $2e$ 用 $ABCDE$ 的外接圆的 $\overset{\frown}{AB}$，$\overset{\frown}{BC}$，$\overset{\frown}{CD}$，$\overset{\frown}{DE}$，$\overset{\frown}{AE}$ 度量，且这些弧不包含五边形的另外的顶点，端点除外(于是，例如，$\overset{\frown}{AB}$ 不包含顶点 C，D，E；图 21).

还有，设 R 是 $ABCDE$ 的外接圆的半径，设 $r_{\triangle XYZ}$ 是 $\triangle XYZ$ 的内切圆的半径.

已知条件说 $r_{\triangle ABC}=r_{\triangle ADE}$ 和 $r_{\triangle ABD}=r_{\triangle ACE}$. 我们对 $\triangle ABC$，$\triangle ADE$，$\triangle ACE$ 和 $\triangle ABD$ 中的每一个用 Carnot 定理(的形式)，给定的内切圆半径的等式得到

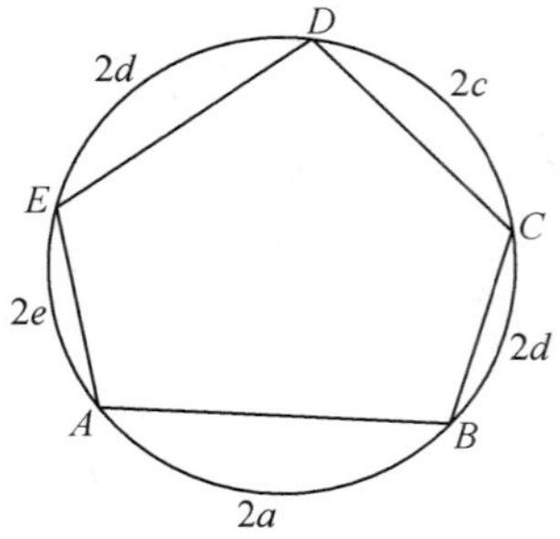

图 21

$$\begin{aligned}\cos a+\cos b-\cos(a+b)&=1+\frac{r_{\triangle ABC}}{R}\\&=1+\frac{r_{\triangle ADE}}{R}\\&=\cos d+\cos e-\cos(d+e)\end{aligned}$$

和

$$\begin{aligned}\cos e+\cos(a+b)+\cos(c+d)&=1+\frac{r_{\triangle ABD}}{R}\\&=1+\frac{r_{\triangle ACE}}{R}\\&=\cos a+\cos(b+c)+\cos(d+e)\end{aligned}$$

两边相加后我们得到

$$\cos b+\cos(c+d)=\cos(b+c)+\cos d$$

或

$$2\cos\frac{b+c+d}{2}\cos\frac{b-c-d}{2}=2\cos\frac{b+c+d}{2}\cos\frac{b+c-d}{2}$$

我们有 $a+b+c+d+e=\pi(a,b,c,d,e$ 是正数),于是

$$0<\frac{b+c+d}{2}<\frac{\pi}{2},\cos\frac{b+c+d}{2}\neq 0$$

所以我们必有

$$\cos\frac{b-c-d}{2}=\cos\frac{b+c-d}{2}$$

得到

$$\frac{b-c-d}{2}=\pm\frac{b+c-d}{2}$$

因为 $c\neq 0$,我们只可能有

$$\frac{b-c-d}{2}=-\frac{b+c-d}{2}$$

这表明 $b=d$. 现在轮到 $2b=2d$ 表明 $\widehat{BC}$ 和 $\widehat{DE}$ 相等，因此最后我们得到 $BC=DE$.

现在，如果我们考虑到在等式

$$\cos a+\cos b-\cos(a+b)=\cos d+\cos e-\cos(d+e)$$

中有 $b=d$，我们得到

$$\cos a-\cos(a+b)=\cos e-\cos(b+e)$$

$$\Leftrightarrow \cos a+\cos(b+e)=\cos(a+b)+\cos e$$

$$\Leftrightarrow 2\cos\frac{a+b+e}{2}\cos\frac{a-b-e}{2}=2\cos\frac{a+b+e}{2}\cos\frac{a+b-e}{2}$$

由此，像前面一样，推得

$$\cos\frac{a-b-e}{2}=\cos\frac{a+b-e}{2}$$

因为 $b\neq 0$，余下的可能只有

$$\frac{a-b-e}{2}=-\frac{a+b-e}{2}$$

所以我们有 $a=e$，得到 $AB=AE$，证明结束.

评注与插叙　(1)Carnot 定理说，三角形的外心到各边的带符号的距离之和等于该三角形的外接圆的半径和内切圆的半径之和. 外心到一边的距离的符号的“−”或“+”由外心和顶点在边的两侧还是同侧确定(或者说对角分别是钝角还是锐角，当然，对角是直角时，距离是 0). 从根本上说，如果三角形是 $\triangle ABC$，定理表述为

$$R\cos A+R\cos B+R\cos C=R+r$$

(这里 R 和 r 分别是三角形的外接圆的半径和内切圆的半径)，上式由三角形中的恒等式

$$r=4R\sin\frac{A}{2}\sin\frac{B}{2}\sin\frac{C}{2}$$

和

$$\cos A+\cos B+\cos C=1+4\sin\frac{A}{2}\sin\frac{B}{2}\sin\frac{C}{2}$$

成立这一事实推出. 我们邀请不熟悉这些内容的读者去证明这些等式. 也注意到我们使用以下形式的 Carnot 定理

$$\cos A+\cos B+\cos C=1+\frac{r}{R}$$

例如，在(本题中的)$\triangle ABC$ 中，我们有

$$\cos \angle BAC + \cos \angle ABC + \cos \angle ACB = 1 + \frac{r_{\triangle ABC}}{R}$$

为了得到我们在前面推得的不等式，我们还需要注意到

$$m(\angle BAC) = \frac{m(\widehat{BC})}{2} = b, m(\angle ACB) = \frac{m(\widehat{AB})}{2} = a$$

而 $\angle ABC$ 的大小是用包含点 D,E 的$\widehat{AC}$ 的大小的一半度量，也就是

$$m(\angle ABC) = c + d + e = \pi - (a + b)$$

对于其他一些三角形，角是用类似的方法由对应的弧度量的.

(2)Carnot 定理可以用来证明关于圆内接多边形的漂亮的日本定理：如果我们将一个圆内接多边形划分成多个三角形，那么这些三角形的内切圆的半径之和与如何划分这些三角形的无关.（例如，在圆内接四边形中只可能有两种不同的划分，定理断言 $r_{\triangle ABC} + r_{\triangle ACD} = r_{\triangle ABD} + r_{\triangle BCD}$.）用 Carnot 定理确实容易推出，例如，对有 n 个顶点，外接圆的半径为 R 的圆内接多边形的三角形的任何划分，这些三角形的内切圆的半径之和都等于 $d_1 + \cdots + d_n - (n-2)R$，这里 $d_1, \cdots, d_n$ 是多边形的外心到各边的带符号的距离，结果肯定与三角形的划分无关. 我们所做的一切是对划分得到的 $n-2$ 个三角形中的每一个用 Carnot 定理，那么这样得到的所有等式的和，消去所有带符号的距离，对应多边形的边的那些距离除外（任何其他的距离在和中出现两次：一次正号和一次负号）.

(3) 自然要问相反的的情况是否成立. 当然在 $AB = AE$ 和 $BC = DE$ 的五边形 $ABCDE$ 中，还有 A 属于[CD]的垂直平分线（在这种情况下这条垂直平分线是该五边形的对称轴），我们有 $r_{\triangle ABC} = r_{\triangle ADE}$ 和 $r_{\triangle ABD} = r_{\triangle ACE}$ 只是因为 $\triangle ABC \cong \triangle ADE$ 和 $\triangle ABD \cong \triangle ACE$，但是即使 A 不属于[CD]的垂直平分线，仍可能有 $AB = AE$ 和 $BC = DE$. 在这种情况下，内切圆的全等似乎是推不出的. 但是，一般地说，会提出一个问题，是否存在两个三角形，其中一个三角形的两边等于另一个三角形的两边，且它们的内切圆也相等，但是这两个三角形不全等的.

诚然，答案是肯定的. 例如，我们邀请读者证明边长是 $1, 1, \frac{3+\sqrt{33}}{6}$ 的三角形的内切圆的半径是$\frac{\sqrt{3}}{6}$，恰好与边长是 1 的等边三角形的内切圆的半径相等.

回忆一下边长为 a, b, c，半周长为 s，面积为

$$K = \sqrt{s(s-a)(s-b)(s-c)}$$

的三角形的内切圆半径

$$r=\frac{K}{s}=\sqrt{\frac{(s-a)(s-b)(s-c)}{s}}$$

$$=\frac{1}{2}\sqrt{\frac{(-a+b+c)(a-b+c)(a+b-c)}{a+b+c}}$$

于是，如果我们要使边长分别为 a,b,c_1 和 $a,b,c_2(c_1\neq c_2)$ 的两个三角形有全等的内切圆，那么我们需要对 $|a-b|<x<a+b$，定义为

$$f(x)=\frac{(-a+b+x)(a-b+x)(a+b-x)}{a+b+x}$$

的函数 f，有 $f(c_1)=f(c_2)$. 我们让感兴趣的读者思考这一问题，也就是说，对任何正实数 a 和 b，上面的函数是否为非内射.

40. 设 $ABCD$ 是一个凸四边形. 已知直径为 $[AB]$ 和 $[CD]$ 的两个圆外切，直径为 $[AD]$ 和 $[BC]$ 的两个圆也外切. 证明：$ABCD$ 是菱形.

证明　设 M,N,P 和 Q 分别是 $[AB]$，$[BC]$，$[CD]$ 和 $[DA]$ 的中点（于是由问题的命题可知这些点是圆心）. 因为直径为 $[AB]$ 和 $[CD]$ 的两个圆外切，我们得到

$$MP=\frac{AB+CD}{2}$$

类似地，由直径为 $[AD]$ 和 $[BC]$ 的两个圆外切得到

$$NQ=\frac{AD+BC}{2}$$

于是，将以上两个等式相加，我们有

$$MP+NQ=\frac{AB+BC+CD+DA}{2}$$

但是

$$\overrightarrow{MP}=\frac{1}{2}(\overrightarrow{AD}+\overrightarrow{BC})$$

所以由三角形不等式，有

$$MP=\frac{1}{2}|\overrightarrow{AD}+\overrightarrow{BC}|\leqslant\frac{1}{2}(|\overrightarrow{AD}|+|\overrightarrow{BC}|)=\frac{AD+BC}{2}$$

类似地

$$NQ\leqslant\frac{AB+CD}{2}$$

我们看到在将前面两个不等式相加得到的不等式中必须取等号，这表明每一个不等式都取等号.

因为当且仅当 $\boldsymbol{u}$ 和 $\boldsymbol{v}$ 共线，且同向时，我们在 $|\boldsymbol{u}+\boldsymbol{v}|\leqslant|\boldsymbol{u}|+|\boldsymbol{v}|$ 中取等号，我们求出

等式

$$MP=\frac{AD+BC}{2},NQ=\frac{AB+CD}{2}$$

这表明 $AB\ /\!/\ CD$ 和 $AD\ /\!/\ BC$，于是 $ABCD$ 是平行四边形，并且

$$AB=CD,AD=BC$$

现在

$$AB=\frac{AB+CD}{2}=MP=\frac{AD+BC}{2}=AD$$

所以 $ABCD$ 是菱形，这就是我们要证明的.

反之，要注意在任何菱形中，以两条对边分别为直径的两圆确实外切.

41. 设 $A_1\cdots A_n$ 是圆$\mathcal{C}$的外切凸多边形，k 是给定的正实数. 对一切 $i=1,2,\cdots,n$，设 C_i 是$\mathcal{C}$与边 A_iA_{i+1} 的切点，设 $a_i=A_iA_{i+1}(a_{n+1}=A_1)$. 求：该多边形所在的平面内满足关系

$$\sum_{i=1}^{n}a_iMC_i^2=k$$

的点 M 的轨迹.

解 设 O 是$\mathcal{C}$的圆心，r 是其半径. 对 $i=1,2,\cdots,n$，我们显然有 $OC_i=r$ 和 $OC_i\perp A_iA_{i+1}$，于是如果我们将向量 $a_i\overrightarrow{OC_i}$ 按顺时针方向旋转 $90°$，我们得到向量$r\overrightarrow{A_iA_{i+1}}$. 因为

$$\sum_{i=1}^{n}r\overrightarrow{A_iA_{i+1}}=\mathbf{0}$$

我们也有

$$\sum_{i=1}^{n}r\overrightarrow{OC_i}=\mathbf{0}$$

于是，对于任何点 M，我们有

$$\begin{aligned}\sum_{i=1}^{n}a_iMC_i^2&=\sum_{i=1}^{n}a_i\overrightarrow{MC_i}^2=\sum_{i=1}^{n}a_i(\overrightarrow{MO}+\overrightarrow{OC_i})^2\\&=\overrightarrow{MO}^2\sum_{i=1}^{n}a_i+2\overrightarrow{MO}\cdot\sum_{i=1}^{n}a_i\overrightarrow{OC_i}+\sum_{i=1}^{n}a_i\overrightarrow{OC_i}^2\\&=MO^2\sum_{i=1}^{n}a_i+r^2\sum_{i=1}^{n}a_i\end{aligned}$$

于是我们有

$$\sum_{i=1}^{n}a_iMC_i^2=k\Leftrightarrow MO^2=\frac{k-r^2\sum\limits_{i=1}^{n}a_i}{\sum\limits_{i=1}^{n}a_i}$$

我们推得满足这一等式的点 M 的轨迹是圆心为 O，半径为

$$\sqrt{\frac{k-r^2\sum_{i=1}^{n}a_i}{\sum_{i=1}^{n}a_i}}$$

的圆，其中 $k\geqslant r^2\sum_{i=1}^{n}a_i$（在等式的情况下轨迹减少到只有一点 O），当 $k<r^2\sum_{i=1}^{n}a_i$ 时，轨迹是空集.

42. 在四面体中，我们考虑三对对棱的每一对的公垂线. 如果这三条直线两两垂直，证明：该四面体的每一条棱的长等于对棱的长.

证明　设该四面体是 $ABCD$，设 l,m,n 分别是各对对棱 (AB,CD)，(AC,BD) 和 (AD,BC) 的垂直平分线.

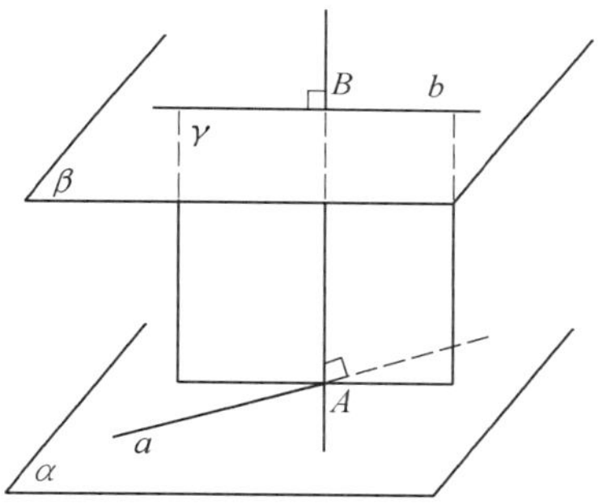

图 22

考虑包含 CD，且平行于 AB 的平面以及包含 AB，且平行于 CD 的平面；这两个平面是两个（恰好被确定的）平行的平面. 类似地，作一对平行的平面，一个经过 AC，一个经过 BD，再作一对平行的平面，一个经过 AD，一个经过 BC. 所有这六个平面确定一个绕四面体 $ABCD$ 的平行六面体 $AC'BD'A'CB'D$（有时称它为“外接”于四面体的平行六面体）. 也要注意 l 垂直于平面$(AC'B)$ 和$(A'CD)$（该平行六面体的两个相对的面位于其中），m 垂直于平面$(AC'C)$ 和$(BB'D)$，n 垂直于平面$(AA'D)$ 和$(BC'C)$. 因为 l,m 和 n 两两垂直，推出该平行六面体的不平行的面必须互相垂直. 于是已知条件表明外接于 $ABCD$ 的平行六面体确实是一个长方体（直平行六面体）. 因此，所有的面都是矩形，对角线的长相等. 于是 $AB=A'B'=CD$，$AC=A'C'=BD$，$AD=A'D'=BC$，这就是我们要证明的.

评注　(1) 设 a 和 b 是空间内两条异面直线（如支撑一个四面体的一组对棱的直线：也就是说，它们既不共点也不平行，当然也不在同一平面内）. 于是我们恰好可以找出一个既包含 a 又平行于 b 的平面 α（就是由 a 和任何经过点 a 且平行于 b 的平面确定的），恰

好有一个既包含 b 又平行于 a 的平面 β(图 22). 经过 b 且垂直于 β(也垂直于 α) 的平面 γ 与 a 相交于 A，于是过 A 且垂直于 b(包含于 γ) 且垂足为点 $B \in b$ 的直线是 a 和 b 的公垂线. 证明 AB 是空间内垂直于 a 和 b 且与 a 和 b 都相交的唯一的直线(我们用作图证明了它的存在性). 也证明对 $X \in a$ 和 $Y \in b$，有 $AB \leqslant XY$，并且当且仅当 $X=A$ 和 $Y=B$ 时，等式成立. AB 的长是 a 和 b 之间的距离(也是平行平面 α 和 β 之间的距离). 此外，显然 AB(作为直线) 垂直于 α 和 β(这一点我们在上面的证明中用到过).

(2) 一个对棱相等($[AB] \equiv [CD]$，$[AC] \equiv [BD]$，$[AD] \equiv [BC]$) 的四面体 $ABCD$ 称为等面四面体，因所有的面都是全等的三角形. 这类四面体具有许多性质，实际上，这些性质表现为等面四面体的特征. 例如，当且仅当

(i) 各个面的周长相等；

(ii) 双中线互相垂直；

(iii) 每条双中线都垂直于它联结棱的中点的棱；

(iv) 内切球和外接球的球心重合；

(v) 各个面的面积都相等，

等等时，一个四面体是等面四面体. 我们邀请读者证明这些等价性. 上面的第五个条件表明对棱相等也许是这些问题中最难的. 可以再用内接平行六面体. 一个美妙的证明可以在 Ross Honsberger 的书 *Mathematical Gems*，*II* 中找到.

43. 考虑相交于点 O 的两条直线 d_1 和 d_2. 对于 d_1 和 d_2 所在的平面内的一点 P，设 P_1 和 P_2 分别是 P 在 d_1 和 d_2 上的(垂直的) 投影. 求使 $PP_1 + PP_2 + OP_1 + OP_2$ 等于正的固定常数 k 的点 P 的轨迹.

解 首先假定 d_1 和 d_2 互不垂直. 我们考虑原点为 O 的一个笛卡儿坐标系，d_1 是 x 轴，d_2 的一条半直线经过第一象限. 设 d_3 和 d_4 分别是经过 O，且与 d_1 和 d_2 垂直的直线(d_3 是我们的笛卡儿坐标系中的 y 轴).

于是对某个(固定的) 正实数 m，d_2 的方程是 $y=mx \Leftrightarrow y-mx=0$，且对于平面内的一点 $P(x, y)$，我们有

$$OP_1 = |x|, PP_1 = |y|, PP_2 = \frac{|mx-y|}{\sqrt{m^2+1}}$$

因为 d_4 的方程是 $x+my=0$，且 OP_2 等于 P 到 d_4 的距离，我们也有

$$OP_2 = \frac{|x+my|}{\sqrt{m^2+1}}$$

给定的条件 $PP_1 + PP_2 + OP_1 + OP_2 = k$ 得到我们正在寻找的轨迹方程：当且仅当

$$|x|+|y|+\frac{|mx-y|}{\sqrt{m^2+1}}+\frac{|x+my|}{\sqrt{m^2+1}}=k$$

时,$P(x,y)$ 属于这一轨迹.

因为 $m=\tan\alpha$,这里 α 是由 d_1 和 d_2 形成的锐角,并且

$$\frac{1}{\sqrt{m^2+1}}=\cos\alpha$$

轨迹方程也可以表示为

$$|x|+|y|+|x\sin\alpha-y\cos\alpha|+|x\cos\alpha+y\sin\alpha|=k$$

例如,如果 P 在由 d_1 和 d_2 在第一象限(或在这个角的边上)形成的锐角内,方程就变为

$$x+y+x\sin\alpha-y\cos\alpha+x\cos\alpha+y\sin\alpha=k$$

$$\Leftrightarrow(1+\sin\alpha+\cos\alpha)x+(1+\sin\alpha-\cos\alpha)y=k$$

于是这一部分的轨迹以坐标

$$M_1\left(\frac{k}{1+\sin\alpha+\cos\alpha},0\right)$$

和

$$M_2\left(\frac{k\cos\alpha}{1+\sin\alpha+\cos\alpha},\frac{k\sin\alpha}{1+\sin\alpha+\cos\alpha}\right)$$

为端点的线段.类似地,对于由 O 在 d_1,d_2,d_3,d_4 上的每一个确定的半直线形成的八个角的任何一个内的 P(我们认为半直线和相应的角是顺时针方向),绝对值保持不变,上面的方程变为直线方程,因此在角的内部的部分轨迹是一条线段.例如,在$[M_1M_2]$ 后的下一条线段在 d_1 和 d_2 的半直线的第一象限从点

$$M_2\left(\frac{k\cos\alpha}{1+\sin\alpha+\cos\alpha},\frac{k\sin\alpha}{1+\sin\alpha+\cos\alpha}\right)$$

到点

$$M_3\left(0,\frac{k}{1+\sin\alpha+\cos\alpha}\right)$$

之间.继续进行这些计算,我们看到所求的轨迹是一个八边形 $M_1\cdots M_8$ 的边界,其中 M_1,$M_5\in d_1$,M_2,$M_6\in d_2$,M_3,$M_7\in d_3$ 和 M_4,$M_8\in d_4$.

相反,当我们有 $d_1\perp d_2$(因此 d_3 就是 d_2,d_4 就是 d_1)时,直接得到轨迹方程是

$$2(|x|+|y|)=k$$

于是轨迹是顶点为

$$\left(\frac{k}{2},0\right),\left(0,\frac{k}{2}\right),\left(-\frac{k}{2},0\right),\left(0,-\frac{k}{2}\right)$$

的正方形的边界. 我们可以说,一般情况的八边形退化为中心为原点,支撑对角线的坐标轴的正方形. 一般地,我们也可看出该八边形关于原点(两条给定的直线的交点)对称.

评注 我们更要注意的是表示所求轨迹的八边形 $M_1 \cdots M_8$ 具有以下性质

$$OM_1 = \cdots = OM_8 = \frac{k}{1+\sin\alpha+\cos\alpha}$$

这一观察建议采用建立在以下简单而有用的结果的基础上的另一种方法:如果 $\triangle ABC$ 是等腰三角形,$AB=AC$,$\angle BAC$ 是锐角. 如果点 P 取遍底边[BC],如果 M,N 分别是 P 在 AB 和 AC 上的投影,那么 $PM+PN$,$BM+CN$ 不依赖于 $P\in AB$ 的位置,因此 $PM+PN+AM+AN$ 也不依赖于 $P\in AB$ 的位置. 为了证明这一点,请看本章的问题 2 的第二个评注,那里我们证明了 $PM+PN=BD$ 是常数,观察到(与那个评注同样的记号和同样的证明)我们有 $BM+CN=CD$(与 P 无关). 这表明 $AM+AN$ 是常数,因此 $AM+AN+BM+CN$ 也是常数. 利用这一结果读者肯定能够找到这一竞赛题的另一种更为几何方面的解法.

44. 设 S 是平面内被一个单位正方形界定的闭区域(闭的含义是包括正方形的边界).

(a) 证明:不管我们在 S 中如何选择四点,其中必存在相距至多是一个单位的两点.

(b) 求 S 中的所有四点组,使其中任何两点至少相距一个单位.

证明 (a) 设 A,B,C,D 是四点,O 是该正方形的中心. 显然 OA,OB,OC,OD 中每一条的长至多是 $\frac{1}{\sqrt{2}}$. 射线[OA,[OB,[OC,[OD 形成一个和为 2π 的四个角,或者其中三个角的和等于第四个角,无论哪一种情况总有一对射线确定一个至多是 $\frac{\pi}{2}$ 的角.

例如,设 $m(\angle AOB)\leqslant\frac{\pi}{2}$. 那么

$$AB^2 \leqslant AO^2+BO^2 \leqslant \frac{1}{2}+\frac{1}{2}=1$$

于是 $AB\leqslant 1$,这就是所求的.

(b) 设 $A,B,C,D\in S$,使它们相互之间的距离都大于或等于 1. 那么上面的不等式中必有等式. 特别是射线[OA,[OB,[OC 和[OD 的任何一对都必形成一个至少是 $\frac{\pi}{2}$ 的角. 唯一的方法是使这四条射线形成四个都等于 $\frac{\pi}{2}$ 的角. 假定这四个角分别是 $\angle AOB$,$\angle BOC$,$\angle COD$ 和 $\angle DOA$. 于是将上面的上界用于 AB,BC,CD,DA 的所有的长,并且全

部有等式，我们必有

$$OA = OB = OC = OD = \frac{1}{\sqrt{2}}$$

于是 A,B,C,D 位于正方形的外接圆上，因此 A,B,C,D 是正方形的顶点，所以这是唯一的四点组.

45. 设 ABC 是三角形，点 A',B',C' 分别在直线 BC,CA,AB 上，且不同于 A,B,C. 设 M 是圆 ABA' 和圆 $A'B'C'$ 的第二个交点，设 N 是圆 ABB' 和圆 $A'B'C'$ 的第二个交点（我们用 XYZ 表示 $\triangle XYZ$ 的外接圆）. 类似地定义点 P,Q 和 R,S.

(a) 证明：三线组$(AB,A'M,B'N)$，$(BC,B'P,C'Q)$，$(AC,C'R,A'S)$ 中的每一组或者三线共点，或者三线平行. 如果三线共点，那么我们分别用 C_1,A_1,B_1 表示它们的交点.

(b) 在(a) 中考虑的三线组共点的情况下，证明：点 A_1,B_1,C_1 共线.

证明　（位于同一平面内的）两圆的根轴是平面内关于这两个圆等幂的点的轨迹（或从该点可画出到圆等长的切线）. 这条直线垂直于由两圆的圆心确定的直线. 在两圆相交的情况下，根轴是联结两圆交点的直线. 我们知道三圆（两两的）根轴或者共点于它们的根心，或者如果三个圆心共线，就三线平行.（实际上，如果有两条根轴有公共点 P，那么显然点 P 关于所有这三个圆的幂相等，于是也属于第三条根轴.）

(a) 根据我们刚才所说，直线 $A'M$ 是圆(ABA') 和圆$(A'B'C')$ 的根轴，$B'N$ 是圆(ABB') 和圆$(A'B'C')$ 的根轴，AB 是圆(ABA') 和圆(ABB') 的根轴. 因此，如一开始所说，这三条直线共点，或者平行.

(b) 如果 C_1 存在，那么它必须关于圆$(A'B'C')$ 和圆(ABA') 等幂，那就是说，$C_1A \cdot C_1B$ 等于C_1 关于圆$(A'B'C')$ 的幂. 但是$C_1A \cdot C_1B$ 也表示C_1 关于圆(ABC) 的幂. 于是C_1 关于圆$(A'B'C')$ 和圆(ABC) 的幂相等，所以 C_1 在圆$(A'B'C')$ 和圆(ABC) 的根轴上. 类似地，A_1,B_1 在同样的两个圆$(A'B'C')$ 和(ABC) 的根轴上，这意味着 A_1,B_1,C_1 共线，这就是所求的.

46. 设 $A_1A_2A_3A_4$ 是一个四面体，它的四条高共点于 H，设 d 是不经过四面体的任何顶点的直线. 过 H 且垂直于平面(d,A_i) 的直线与包含 A_i 对的面的平面相交于点 A'_i. 证明：A'_1,A'_2,A'_3,A'_4共线.

证明　设 B_i 是 A_iH 与 A_i 的对面的交点，B'_i是直线 A'_iH 与平面(d,A_i) 的交点.

我们直接看出如果 A,B,M,N 是空间内使 $\angle AMB$ 和 $\angle ANB$ 是直角，且 $AM \cap BN = \{P\}$ 的点，那么乘积$AP \cdot PM$ 和$BP \cdot PN$ 都表示点P 关于以$[AB]$ 为直径的球的幂，所以它们相等.

这是由相交于 H 的 A_iB_i 和 A_jB_j 的 $\angle A_iB_iA_j$ 和 $\angle A_iB_jA_j$ 是直角的情况，于是这意味着对 $1\leqslant i<j\leqslant 4$，有

$$A_iH\cdot HB_i=A_jH\cdot HB_j$$

也意味着乘积 $A_iH\cdot HB_i(1\leqslant i\leqslant 4)$ 相等. 类似地，对于 $1\leqslant i\leqslant 4$，乘积 $A_iH\cdot HB_i$ 和 $A'_iH\cdot HB'_i$ 都等于 H 关于以 $[A_iA'_i]$（因为 $\angle A_iB_iA'_i$ 和 $\angle A_iB'_iA'_i$ 是直角）为直径的球的幂，于是所有的乘积 $A_iH\cdot HB'_i$ 都相等.

现在设 K 是 H 在 d 上的投影，α 是经过 K 且垂直于 d 的平面. 我们有 $HB'_i\perp(d,A_i)$，于是 $HB'_i\perp d$，和 $HK\perp d$，于是平面 (HKB'_i) 实际上就是平面 α，于是所有的点 A'_i，B'_i，H 和 K 都在平面 α 内. 最后点 B'_i 在以这一平面内的 $[HK]$ 为直径的圆上，因为 $HB'_i\perp B'_iK$（因为 $HB'_i\perp(d,A_i)$）. 于是，因为乘积 $p=A'_iH\cdot HB'_i$ 都相等，点 A'_i 在以中心为 H 的反演下以 $[HK]$ 为直径的圆的像上，这个像是一条直线.

47. 确定角为

$$m(\angle DAC)=40^\circ,m(\angle ABD)=10^\circ$$

$$m(\angle BCA)=80^\circ,m(\angle CDB)=50^\circ$$

的凸四边形 $ABCD$ 的各个角的大小.

解 设 x 是 $\angle DBC$ 的大小. 由 $\triangle BCD$ 我们看到 $x+50^\circ+80^\circ<180^\circ$，于是 $x<50^\circ$. 所有其余的有关的角可以通过这些角从 x 中得到，即

$$m(\angle ACD)=50^\circ-x,m(\angle ADB)=40^\circ+x,m(\angle BAC)=90^\circ-x$$

如果我们设 $AC\cap BD=\{O\}$，且在 $\triangle OAB$，$\triangle OBC$，$\triangle OCD$，$\triangle ODA$ 中用正弦定理，分别得到

$$\frac{\cos x}{\sin 10^\circ}=\frac{\sin(90^\circ-x)}{\sin 10^\circ}=\frac{OB}{OA},\frac{\sin x}{\cos 10^\circ}=\frac{\sin x}{\sin 80^\circ}=\frac{OC}{OB}$$

$$\frac{\cos(x+40^\circ)}{\cos 40^\circ}=\frac{\sin(50^\circ-x)}{\sin 50^\circ}=\frac{OD}{OC},\frac{\sin(40^\circ+x)}{\sin 40^\circ}=\frac{OA}{OD}$$

将上面所有这四个等式相乘，去分母后我们得到

$$\sin x\cos x\sin(40^\circ+x)\cos(40^\circ+x)=\sin 10^\circ\cos 10^\circ\sin 40^\circ\cos 40^\circ$$

然后利用恒等式 $2\sin\alpha\cos\alpha=\sin 2\alpha$ 我们得到

$$\sin 2x\sin(80^\circ+2x)=\sin 20^\circ\sin 80^\circ$$

恒等式 $2\sin\alpha\cos\beta=\cos(\alpha-\beta)-\cos(\alpha+\beta)$ 将上述方程转化为

$$\cos 80^\circ-\cos(80^\circ+4x)=\cos 60^\circ-\cos 100^\circ$$

但是 $\cos(180^\circ-\alpha)=-\cos\alpha$，于是我们留下的是

$$\cos(80^\circ+4x)=\cos 120^\circ$$

因为 $80°+4x$ 在 $0°$ 和 $360°$ 之间(甚至在 $80°$ 和 $280°$ 之间),我们推出 $80°+4x$ 是 $120°$,或者是 $240°$,所以 x 可能是 $10°$,或者是 $40°$. 在第一种情况下,四边形的四个角是

$$m(\angle ABC)=20°,m(\angle BCD)=120°$$

$$m(\angle CDA)=100°,m(\angle DAB)=120°$$

在第二种情况下,四边形的四个角是

$$m(\angle ABC)=50°,m(\angle BCD)=90°$$

$$m(\angle CDA)=130°,m(\angle DAB)=90°$$

评注　设 a,b,c,d 分别是凸四边形 $ABCD$ 的 $\angle DAC,\angle ABD,\angle BCA,\angle CDB$ 的大小(用度数表示),假定我们知道 $a+d=b+c=90°$.

邀请读者寻找用 a,b,c,d 表示(基本上用 a,b 表示)$ABCD$ 的角的大小. 用特殊情况($a=40°,b=10°,c=80°,d=50°$)的同样的方法可以推出对 $x=m(\angle DBC)$ 的方程

$$\sin x\sin(c+d+x)\sin(c-a+x)\sin(b+c+x)=\sin a\sin b\sin c\sin d$$

改写为

$$\sin 2x\sin(2c-2a+2x)=\sin 2a\sin 2b$$

最后,改写为

$$\cos(2c-2a+4x)=\cos(180°-2a+2b)$$

得到解为 $x=a$ 和 $x=b$. 现在可以提出一个有趣(而自然)的问题:我们是否总能从给定的 a,b,c,d 的值得到 $ABCD$ 的各个角的大小呢? 如果答案是肯定的话,那么我们能够得到多少组解呢?

48. 设 A',B',C' 分别是 $\triangle ABC$ 的内切圆与边 $[BC],[CA],[AB]$ 的切点. 证明:从 $\triangle A'B'C'$ 的各边的中点到 $\triangle ABC$ 的对边的垂线共点.

证明　设 A_1,B_1,C_1 分别是边 $[B'C'],[C'A'],[A'B']$ 的中点. 用 l_1,l_2,l_3 分别表示从 A_1,B_1,C_1 到 $[BC],[CA],[AB]$ 的垂线,并用 m_1,m_2,m_3 分别表示从 A',B',C' 到 $[BC],[CA],[AB]$ 的垂线(图 23). 显然 m_1,m_2,m_3 共点于 $\triangle ABC$ 的内心 I. 接着,设 $\mathscr{H}$ 是中心为 $\triangle A'B'C'$(或 $\triangle A_1B_1C_1$)的重心,比为 $-\frac{1}{2}$ 的相似变换. 此时 $\mathscr{H}$ 将 $\triangle A'B'C'$ 变换为 $\triangle A_1B_1C_1$,于是 $\mathscr{H}$ 将任何经过 A'(分别经过 B',C')的直线变换为平行于 d,且经过 A_1(分别经过 B_1,C_1)的直线.

于是,因为对 $1\leqslant i\leqslant 3,l_i\parallel m_i,l_i$ 是在 $\mathscr{H}$ 下 m_i 的投影,于是 l_1,l_2,l_3 共点于在 $\mathscr{H}$ 下 I 的像(这里 m_1,m_2,m_3 相交).

49. 设 $\triangle ABC$ 是中心为 O 的等边三角形. 对于 $\triangle ABC$ 内的点 X,设 $f(X)$ 是由 X 在

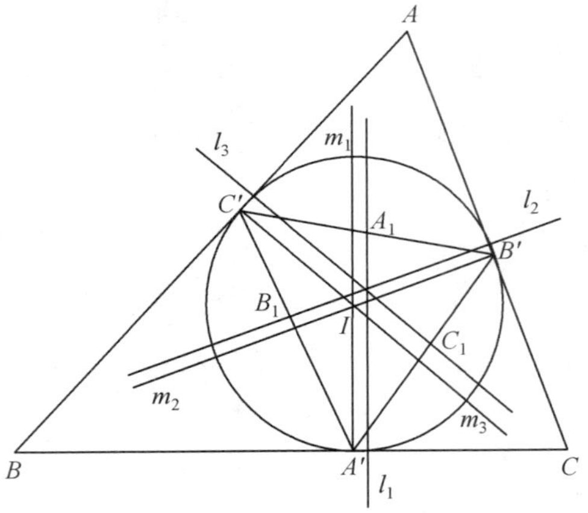

图 23

$\triangle ABC$ 的边上的投影确定的三角形的面积. 证明:如果 P 和 Q 在 $\triangle ABC$ 内,并且 $P \in (OQ)$,那么 $f(P) > f(Q)$.

证明 对于 $\triangle ABC$ 内的一点 X,设 X_A, X_B, X_C 分别是 X 在 BC, CA, AB 上的投影. 设 $\triangle X_AX_BX_C$ 被分割为 $\triangle X_AXX_B$, $\triangle X_BXX_C$ 和 $\triangle X_CXX_A$,于是 $\triangle X_AX_BX_C$ 的面积是这三个三角形的面积的和,即

$$A_{\triangle X_AX_BX_C} = \frac{\sqrt{3}}{4}XX_A \cdot XX_B + \frac{\sqrt{3}}{4}XX_B \cdot XX_C + \frac{\sqrt{3}}{4}XX_C \cdot XX_A$$

(因为 $\angle X_AXX_B$, $\angle X_BXX_C$ 和 $\angle X_CXX_A$ 的大小都是 $120°$). 现在设 r 是 $\triangle ABC$ 的内切圆的半径,设

$$XX_A = x_a^X, XX_B = x_b^X, XX_C = x_c^X$$

于是由维维亚尼定理(见本章的问题 2 后面的评注和问题 32 后的评注(3))

$$x_a^X + x_b^X + x_c^X = 3r$$

如果我们设

$$x_a^X - r = t_a^X, x_b^X - r = t_b^X, x_c^X - r = t_c^X$$

于是 $t_a^X + t_b^X + t_c^X = 0$ 和

$$\begin{aligned} A_{\triangle X_AX_BX_C} &= \frac{\sqrt{3}}{4}(x_a^Xx_b^X + x_b^Xx_c^X + x_c^Xx_a^X) \\ &= \frac{\sqrt{3}}{4}[(r+t_a^X)(r+t_b^X) + (r+t_b^X)(r+t_c^X) + (r+t_c^X)(r+t_a^X)] \\ &= \frac{\sqrt{3}}{4}(3r^2 + t_a^Xt_b^X + t_b^Xt_c^X + t_c^Xt_a^X) \end{aligned}$$

因为 $P \in (OQ)$，所以存在 $\alpha \in (0,1)$，使 $OP = \alpha OQ$. 我们来看有平行于两底的 PP_A 的梯形 OO_AQ_AQ. 我们作 $OM \perp QQ_A (M \in QQ_A)$，用 N 表示 OM 与 PP_A 的交点. 由于 $\triangle ONP$ 与 $\triangle OMQ$ 相似，我们有

$$\frac{NP}{MQ} = \frac{OP}{OQ} = \alpha \Leftrightarrow \frac{t_a^P}{t_a^Q} = \alpha \Leftrightarrow t_a^P = \alpha t_a^Q$$

（因为我们有 $OO_A = NP_A = MQ_A = r, PP_A = x_a^P$，和 $QQ_A = x_a^Q$）. 用同样的方法我们得到

$$t_b^P = \alpha t_b^Q, t_c^P = \alpha t_c^Q$$

于是

$$\begin{aligned} f(P) &= A_{\triangle P_A P_B P_C} \\ &= \frac{\sqrt{3}}{4}(3r^2 + t_a^P t_b^P + t_b^P t_c^P + t_c^P t_a^P) \\ &= \frac{\sqrt{3}}{4}(3r^2 + \alpha^2 t_a^Q t_b^Q + \alpha^2 t_b^Q t_c^Q + \alpha^2 t_c^Q t_a^Q) \end{aligned}$$

但是

$$f(Q) = A_{\triangle Q_A Q_B Q_C} = \frac{\sqrt{3}}{4}(3r^2 + t_a^Q t_b^Q + t_b^Q t_c^Q + t_c^Q t_a^Q)$$

因此

$$f(P) - f(Q) = \frac{\sqrt{3}}{4}(\alpha^2 - 1)(t_a^Q t_b^Q + t_b^Q t_c^Q + t_c^Q t_a^Q) > 0$$

因为 $\alpha^2 - 1 < 0$ 以及

$$\begin{aligned} 2(t_a^Q t_b^Q + t_b^Q t_c^Q + t_c^Q t_a^Q) &= (t_a^Q + t_b^Q + t_c^Q)^2 - [(t_a^Q)^2 + (t_b^Q)^2 + (t_c^Q)^2] \\ &= -[(t_a^Q)^2 + (t_b^Q)^2 + (t_c^Q)^2] < 0 \end{aligned}$$

证毕.

评注　实际上我们既不需要三角形是等边三角形，也不需要 O,P,Q 共线，也就是说，一般的结果成立.

设 ABC 是三角形，O 是外心. 对于三角形所在平面内一点 X，我们用 $f(X)$ 表示 X 分别在直线 BC,CA,AB 上的投影确定的三角形的面积.（该三角形称为 X 的垂足三角形.）于是对于 $\triangle ABC$ 的外接圆内（或上）的 P 和 Q，我们有

$$OP < OQ \Leftrightarrow f(P) > f(Q)$$

事实上，欧拉的一个结果给出三角形所在平面内任何一点 X 的垂足三角形的面积，也就是说，对 X 分别在 BC,CA,AB 上的投影 X_A, X_B, X_C，我们有

$$f(X) = A_{\triangle X_A X_B X_C} = \frac{|R^2 - OX^2|}{4R^2} \cdot A_{\triangle ABC}$$

R 是三角形的外接圆的半径(例如,见 Ivan Borsenco 在 *Mathematical Reflections*,2/2007 中的文章"On the Area of a Pedal Triangle"). 显然 如果 X 是 $\triangle ABC$ 内的一点,那么这一公式为

$$f(X)=A_{\triangle X_AX_BX_C}=\frac{R^2-OX^2}{4R^2}\cdot A_{\triangle ABC}$$

于是,确实有

$$OP<OQ\Leftrightarrow\frac{R^2-OP^2}{4R^2}\cdot A_{\triangle ABC}>\frac{R^2-OQ^2}{4R^2}\cdot A_{\triangle ABC}\Leftrightarrow f(P)>f(Q)$$

还要注意到

$$OP<OQ\Leftrightarrow f(P)<f(Q)$$

只要 P 和 Q 都在 $\triangle ABC$ 的外接圆的外部.

50. 设 $ABCD$ 是凸四边形,设 E 是对角线的交点. 如果 $\triangle EAB$,$\triangle EBC$,$\triangle ECD$,$\triangle EDA$ 的内切圆半径相等,证明:$ABCD$ 是菱形.

证明 设 $A_{\triangle XYZ}$ 和 $p_{\triangle XYZ}$ 分别表示 $\triangle XYZ$ 的面积和半周长. 设 α 是 $\angle AEB$ 的大小,设 r 是 $\triangle EAB$,$\triangle EBC$,$\triangle ECD$,$\triangle EDA$ 中任何一个的内切圆半径. 那么在 $\triangle EAB$ 中

$$\frac{EA+EB-AB}{2}=r\cot\frac{\alpha}{2}$$

以及在 $\triangle ECD$ 中

$$\frac{EC+ED-CD}{2}=r\cot\frac{\alpha}{2}$$

得到

$$EA+EB-AB=EC+ED-CD$$

类似地,由 $\triangle EBC$ 和 $\triangle EDA$,我们得到

$$EB+EC-BC=ED+EA-DA$$

现在设

$$EA=a,EB=b,EC=c,ED=d$$

$$EA+EB-AB=EC+ED-CD=u$$

$$EB+EC-BC=ED+EA-DA=v$$

于是 $AB=a+b-u$,$CD=c+d-u$,$BC=b+c-v$,$DA=d+a-v$.

我们进一步有

$$A_{\triangle EAB}=p_{\triangle EAB}r,A_{\triangle EDA}=p_{\triangle EDA}r$$

因此

$$\frac{A_{\triangle EAB}}{A_{\triangle EDA}}=\frac{p_{\triangle EAB}}{p_{\triangle EDA}}$$

另外

$$\frac{A_{\triangle EAB}}{A_{\triangle EDA}}=\frac{b}{d}$$

所以我们得到

$$\frac{b}{d}=\frac{2a+2b-u}{2a+2d-v}$$

这直接表明

$$\frac{b}{d}=\frac{2a-u}{2a-v}$$

对 $\triangle EBC$ 和 $\triangle ECD$ 采用同样的推理,我们得到

$$\frac{b}{d}=\frac{2c-v}{2c-u}$$

我们推得

$$\frac{2a-u}{2a-v}=\frac{2c-v}{2c-u}$$

这容易变形为

$$(u-v)[u+v-2(a+c)]=0$$

但是我们有

$$u+v-2(a+c)=2EB-EA-EC-AB-BC<0$$

(因为由三角形不等式,知 $EB<EA+AB$,$EB<EC+BC$),于是剩下的唯一可能是 $u-v=0$. 于是

$$\frac{b}{d}=\frac{2a-u}{2a-v}=1$$

即 $b=d$. 由类似的推理我们得到 $a=c$;与 $b=d$ 结合就证明了 $ABCD$ 是平行四边形. 最后

$$AB=a+b-u=b+c-v=BC$$

于是平行四边形 $ABCD$ 是菱形,这就是要证明的.

51. 设 $ABCD$ 是圆内接四边形,AB 和 CD 不平行. 等腰 $\triangle ABM$ 和等腰 $\triangle CDN$ 作在四边形的外部,且

$$m(\angle MAB)=m(\angle MBA)=a, m(\angle NCD)=m(\angle NDC)=b$$

设 I 是 AC 和 BD 的交点. 证明:当且仅当 $a+b=m(\angle AIB)$ 时,点 M,N,I 共线.

证明　引入以下引理:

引理 设 ABC 是三角形，$AB \neq AC$. 设 $\triangle PBC$ 和 $\triangle QBC$ 是在 ABC 外部的等腰三角形，且

$$m(\angle PBC)=m(\angle PCB)=a, m(\angle QBC)=m(\angle QCB)=b$$

那么当且仅当 $a+b=m(\angle BAC)$ 时，直线 AP 和 AQ 关于 $\angle BAC$ 的角平分线对称.

引理的证明 在 ABC 的外接圆中，设 K 是不包含 A 的 $\overparen{BC}$ 的中点. 点 P 和 Q 在 $[BC]$ 的垂直平分线上，它也经过 K. $\angle BAC$ 的角平分线恰好是 $[AK$，所以当且仅当 $[AK$ 是 $\angle PAQ$ 的角平分线时，AP 和 AQ 关于这条角平分线对称. 注意到

$$m(\angle KBC)=m(\angle KCB)=\frac{m(\angle BAC)}{2}$$

所以（几乎）是直接证明条件 $a+b=\angle BAC$ 等价于 $[BK$ 是 $\angle PBQ$ 的角平分线这一事实，或者等价于 $[CK$ 是 $\angle PCQ$ 的角平分线这一事实.（请证明这个等价性！）

假定 AP 和 AQ 关于 $\angle BAC$ 的角平分线对称. 如上面已证，这意味着 $[AK$ 就是 $\angle PAQ$ 的角平分线，因为 $K \in PQ$，这意味着（由角平分线的性质）

$$\frac{AP}{AQ}=\frac{KP}{KQ}:=k$$

于是点 A 和 K 属于由点 P，Q 和 k 生成的同一个 Apollonius 圆. 这个圆经过 A 和 K（我们刚才说过），并且关于直线 PQ 对称. 容易看出恰好存在一个具有这一性质的圆，也就是这个 Apollonius 圆，我们有

$$\frac{BP}{BQ}=k=\frac{KP}{KQ}$$

这就证明了 $[BK$ 是 $\angle PBQ$ 的角平分线，也就是说，

$$a+b=m(\angle BAC)$$

反之，如果上式成立，我们推出相反的过程：我们有

$$\frac{BP}{BQ}=\frac{KP}{KQ}$$

所以 B 和 K 属于关于 PQ 对称的同一个 Apollonius 圆，但是这个圆只可能是 $\triangle ABC$ 的外接圆，因此 A 属于这个圆，于是

$$\frac{AP}{AQ}=\frac{KP}{KQ}$$

以及 $[AK$ 是 $\angle PAQ$ 的角平分线，这就是所求的.

注意到 $P=Q$ 必须分开考虑. 因为在这一情况下，我们用到的 Apollonius 圆不确定. 但是这不存在问题. 在这一情况下，当且仅当 AP 和 $AQ=AP$ 与 AK 重合时，于是当且仅当 $P=Q=K$，等等时，AP 和 $AQ=AP$ 关于 AK 对称. 引理的证明结束.

为了解决我们的问题，现在考虑在圆内接四边形 $ABCD$ 外（唯一确定的）点 N'，使等腰 $\triangle N'AB$ 相似于 $\triangle NCD$. 因为 $ABCD$ 是圆内接四边形，所以 $\triangle ABI$ 相似于 $\triangle DCI$. 推出四边形 $NDIC$ 和 $N'AIB$ 相似，于是 $m(\angle NIC)=m(\angle N'IB)$. 但是当且仅当 $m(\angle NIC)=m(\angle MIA)$ 时，M, I, N 共线. 所以当且仅当 $m(\angle N'IB)=m(\angle MIA)$ 时，也就是说，当且仅当 IM 和 IN 关于 $\angle AIB$ 对称时，M, I, N 共线.

根据引理，这等价于

$$m(\angle MAB)+m(\angle N'AB)=m(\angle AIB)$$

即等价于 $a+b=m(\angle AIB)$. 证明到此结束.

评注　设 $A\neq B$ 是平面内的两点，再设 k 是不等于 1 的正实数. 对应 A, B, k 的 Apollonius 圆是使

$$\frac{XA}{XB}=k$$

的点 X 的轨迹. 如果我们考虑一个笛卡儿坐标系，其中 $A(-m, 0)$ 和 $B(m, 0)$，如果我们设 $X(x, y)$，那么这一条件等价于

$$(x+m)^2+y^2=k^2((x-m)^2+y^2)$$

经过一些代数运算后，方程变为

$$\left(x+m\cdot\frac{1+k^2}{1-k^2}\right)^2+y^2=\frac{4m^2k^2}{(1-k^2)^2}$$

这证明了轨迹确实是一个关于 Ox 对称（当且仅当 $(x, -y)$ 满足该方程时，(x, y) 也满足该方程）的一个圆，也就是说，关于 AB 对称的圆（在证明中我们用过这一事实）. 我们可以验证这确实是一个以 $[CD]$ 为直径的圆，这里 C 和 D 是直线 AB 上的点，且有

$$\frac{CA}{CB}=\frac{DA}{DB}=k$$

（其中一点在 A 和 B 之间，一点在 $[AB]$ 外）—— 是将向量 $\overrightarrow{AB}$ 分为比是 k 的两点.

XYZ 出版社的其他一些图书

[1]Andreescu, T. ,Boreico,I. , Mushkarov, O. , Nikolov, N. , *Topics in Functional Equations 3rd edition*, 2019.

[2]Andreescu, T. , Stânean, M. ,118 *Inequalities for Mathematics Competitions*, 2019.

[3]Andreescu, T. , Safaei, N. ,Ventullo, A. , 117 *Polynomial Problems from the AwesomeMath Summer Program*, 2019.

[4]Andreescu, T. , Mushkarov, O. , *Topics in Geometric Inequalities*, 2019.

[5]Andreescu, T. , Ignatiuc, M. , *Mathematical Reflections-Two Wonderful Years* (2016—2017), 2018.

[6]Andreescu. T. , Tetiva, M. , *Sums and Products*, 2018.

[7]Andreescu, T. , Kisačanin, B. , *Math Leads for Mathletes*, *Book* 2, 2018.

[8]Andreescu, T. , Stânean, M. , 116 *Algebraic Inequalities from the AwesomeMath Year-Round Program*, 2018.

[9]Andreescu, T. , Crişan, V. ,115 *Trigonometry Problems from the AwesomeMath Summer Program*, 2017.

[10]Andreescu, T. , Crişan, V. ,*Mathematical Induction. A Powerful and Elegant Method of Proof*, 2017.

[11]Andreescu, T. , Dospinescu, G. ,Mushkarov, O. ,*Number Theory. Concepts and Problems*, 2017.

[12]Andreescu, T. , Elliot, S. ,114 *Exponent and Logarithm Problems from the AwesomeMath Summer Program*, 2017.

[13]Andreescu, A. , Andreescu, T. , Mushkarov, O. , 113 *Geometric Inequalities from the AwesomeMath Summer Program*, 2017.

[14]Bosch, R. , *Cuban Mathematical Olympiads* (2001—2016),2017.

[15]Andreescu, T. , Mortici, C. , Tetiva, M. , *Pristine Landscapes in Elementary Mathematics*, 2016.

[16]Andreescu, A. , Vale, V. , 111 *Problems in Algebra and Number Theory*,2016.

[17]Andreescu, T., *Mathematical Reflections-Two Special Years*, 2016.

[18]Andreescu, T., Pohoata, C., Korsky, S., *Lemmas in Olympiad Geometry*, 2016.

[19]Matei, V., Reiland, E., 112 *Combinatorial Problems from the AwesomeMath Summer Program*, 2016.

[20]Mihalescu, C., *The Geometry of Remarkable Elements. Points, Lines, and Circles*, 2016.

[21]Andreescu, T., Pohoata, C., 110 *Geometry Problems for the International Mathematical Olympiad*, 2015.

[22]Andreescu, T., Ganesh, A., 109 *Inequalities from the AwesomeMath Summer Program*, 2015.

[23]Andreescu, T., Pohoata, C., *Mathematical Reflections-Two Great Years*, 2014.

[24]Andreescu, T., Ganesh, A., 108 *Algebra Problems from the AwesomeMath Year-Round Program*, 2014.

[25]Andreescu, T., Kisačanin, B., *Math Leads for Mathletes-A Rich Resource for Young Math Enthusiasts, Parents, Teachers, and Mentors*, *Book* 1, 2014.

[26]Becheanu, M., Enescu, B., *Balkan Mathematical Olympiads-The First* 30 *Years*, 2014.

[27]Andreescu, T., Mathematical Reflections-Two More Years, 2013.

[28]Andreescu, T., Rolinek, M., Tkadlec, J., 107 *Geometry Problems from the AwesomeMath Year-Round Program*, 2013.

[29]Andreescu, T., Rolinek, M., Tkadlec, J., 106 *Geometry Problems from the AwesomeMath Summer Program*, 2013.

[30]Andreescu, T., 105 *Algebra Problems from the AwesomeMath Summer Program*, 2013.

[31]Andreescu, T., Kane, J., *Purple Comet Math Meet! — The First Ten Years*, 2013.

[32]Andreescu, T., *Mathematical Reflections-The Next Two Years*, 2012.

[33]Andreescu, T., Dospinescu, G., *Straight from the Book*, 2012.

[34]Andreescu, T., *Mathematical Reflections-The First Two Years*, 2011.

[35]Andreescu, T., Dospinescu, G., *Problems from the Book*, 2nd edition, 2010.

刘培杰数学工作室
已出版(即将出版)图书目录——初等数学

书　名	出版时间	定　价	编号
新编中学数学解题方法全书(高中版)上卷(第2版)	2018－08	58.00	951
新编中学数学解题方法全书(高中版)中卷(第2版)	2018－08	68.00	952
新编中学数学解题方法全书(高中版)下卷(一)(第2版)	2018－08	58.00	953
新编中学数学解题方法全书(高中版)下卷(二)(第2版)	2018－08	58.00	954
新编中学数学解题方法全书(高中版)下卷(三)(第2版)	2018－08	68.00	955
新编中学数学解题方法全书(初中版)上卷	2008－01	28.00	29
新编中学数学解题方法全书(初中版)中卷	2010－07	38.00	75
新编中学数学解题方法全书(高考复习卷)	2010－01	48.00	67
新编中学数学解题方法全书(高考真题卷)	2010－01	38.00	62
新编中学数学解题方法全书(高考精华卷)	2011－03	68.00	118
新编平面解析几何解题方法全书(专题讲座卷)	2010－01	18.00	61
新编中学数学解题方法全书(自主招生卷)	2013－08	88.00	261

数学奥林匹克与数学文化(第一辑)	2006－05	48.00	4
数学奥林匹克与数学文化(第二辑)(竞赛卷)	2008－01	48.00	19
数学奥林匹克与数学文化(第二辑)(文化卷)	2008－07	58.00	36′
数学奥林匹克与数学文化(第三辑)(竞赛卷)	2010－01	48.00	59
数学奥林匹克与数学文化(第四辑)(竞赛卷)	2011－08	58.00	87
数学奥林匹克与数学文化(第五辑)	2015－06	98.00	370

世界著名平面几何经典著作钩沉——几何作图专题卷(共3卷)	2022－01	198.00	1460
世界著名平面几何经典著作钩沉——民国平面几何老课本	2011－03	38.00	113
世界著名平面几何经典著作钩沉——建国初期平面三角老课本	2015－08	38.00	507
世界著名解析几何经典著作钩沉——平面解析几何卷	2014－01	38.00	264
世界著名数论经典著作钩沉——算术卷	2012－01	28.00	125
世界著名数学经典著作钩沉——立体几何卷	2011－02	28.00	88
世界著名三角学经典著作钩沉——平面三角卷Ⅰ	2010－06	28.00	69
世界著名三角学经典著作钩沉——平面三角卷Ⅱ	2011－01	38.00	78
世界著名初等数论经典著作钩沉——理论和实用算术卷	2011－07	38.00	126
世界著名几何经典著作钩沉——解析几何卷	2022－10	68.00	1564

发展你的空间想象力(第3版)	2021－01	98.00	1464
空间想象力进阶	2019－05	68.00	1062
走向国际数学奥林匹克的平面几何试题诠释.第1卷	2019－07	88.00	1043
走向国际数学奥林匹克的平面几何试题诠释.第2卷	2019－09	78.00	1044
走向国际数学奥林匹克的平面几何试题诠释.第3卷	2019－03	78.00	1045
走向国际数学奥林匹克的平面几何试题诠释.第4卷	2019－09	98.00	1046
平面几何证明方法全书	2007－08	48.00	1
平面几何证明方法全书习题解答(第2版)	2006－12	18.00	10
平面几何天天练上卷・基础篇(直线型)	2013－01	58.00	208
平面几何天天练中卷・基础篇(涉及圆)	2013－01	28.00	234
平面几何天天练下卷・提高篇	2013－01	58.00	237
平面几何专题研究	2013－07	98.00	258
平面几何解题之道.第1卷	2022－05	38.00	1494
几何学习题集	2020－10	48.00	1217
通过解题学习代数几何	2021－04	88.00	1301
最新世界各国数学奥林匹克中的平面几何试题	2007－09	38.00	14

刘培杰数学工作室
已出版(即将出版)图书目录——初等数学

书　　名	出版时间	定　价	编号
数学竞赛平面几何典型题及新颖解	2010-07	48.00	74
初等数学复习及研究(平面几何)	2008-09	68.00	38
初等数学复习及研究(立体几何)	2010-06	38.00	71
初等数学复习及研究(平面几何)习题解答	2009-01	58.00	42
几何学教程(平面几何卷)	2011-03	68.00	90
几何学教程(立体几何卷)	2011-07	68.00	130
几何变换与几何证题	2010-06	88.00	70
计算方法与几何证题	2011-06	28.00	129
立体几何技巧与方法(第2版)	2022-10	168.00	1572
几何瑰宝——平面几何500名题暨1500条定理(上、下)	2021-07	168.00	1358
三角形的解法与应用	2012-07	18.00	183
近代的三角形几何学	2012-07	48.00	184
一般折线几何学	2015-08	48.00	503
三角形的五心	2009-06	28.00	51
三角形的六心及其应用	2015-10	68.00	542
三角形趣谈	2012-08	28.00	212
解三角形	2014-01	28.00	265
三角函数	2024-10	38.00	1744
探秘三角形:一次数学旅行	2021-10	68.00	1387
三角学专门教程	2014-09	28.00	387
图天下几何新题试卷.初中(第2版)	2017-11	58.00	855
圆锥曲线习题集(上册)	2013-06	68.00	255
圆锥曲线习题集(中册)	2015-01	78.00	434
圆锥曲线习题集(下册·第1卷)	2016-10	78.00	683
圆锥曲线习题集(下册·第2卷)	2018-01	98.00	853
圆锥曲线习题集(下册·第3卷)	2019-10	128.00	1113
圆锥曲线的思想方法	2021-08	48.00	1379
圆锥曲线的八个主要问题	2021-10	48.00	1415
圆锥曲线的奥秘	2022-06	88.00	1541
论九点圆	2015-05	88.00	645
论圆的几何学	2024-06	48.00	1736
近代欧氏几何学	2012-03	48.00	162
罗巴切夫斯基几何学及几何基础概要	2012-07	28.00	188
罗巴切夫斯基几何学初步	2015-06	28.00	474
用三角、解析几何、复数、向量计算解数学竞赛几何题	2015-03	48.00	455
用解析法研究圆锥曲线的几何理论	2022-05	48.00	1495
美国中学几何教程	2015-04	88.00	458
三线坐标与三角形特征点	2015-04	98.00	460
坐标几何学基础.第1卷,笛卡儿坐标	2021-08	48.00	1398
坐标几何学基础.第2卷,三线坐标	2021-09	28.00	1399
平面解析几何方法与研究(第1卷)	2015-05	28.00	471
平面解析几何方法与研究(第2卷)	2015-06	38.00	472
平面解析几何方法与研究(第3卷)	2015-07	28.00	473
解析几何研究	2015-01	38.00	425
解析几何学教程.上	2016-01	38.00	574
解析几何学教程.下	2016-01	38.00	575
几何学基础	2016-01	58.00	581
初等几何研究	2015-02	58.00	444
十九和二十世纪欧氏几何学中的片段	2017-01	58.00	696
平面几何中考.高考.奥数一本通	2017-07	28.00	820
几何学简史	2017-08	28.00	833
四面体	2018-01	48.00	880
平面几何证明方法思路	2018-12	68.00	913
折纸中的几何练习	2022-09	48.00	1559
中学新几何学(英文)	2022-10	98.00	1562
线性代数与几何	2023-04	68.00	1633
四面体几何学引论	2023-06	68.00	1648

刘培杰数学工作室
已出版(即将出版)图书目录——初等数学

书　　名	出版时间	定　价	编号
平面几何图形特性新析．上篇	2019－01	68.00	911
平面几何图形特性新析．下篇	2018－06	88.00	912
平面几何范例多解探究．上篇	2018－04	48.00	910
平面几何范例多解探究．下篇	2018－12	68.00	914
从分析解题过程学解题：竞赛中的几何问题研究	2018－07	68.00	946
从分析解题过程学解题：竞赛中的向量几何与不等式研究(全2册)	2019－06	138.00	1090
从分析解题过程学解题：竞赛中的不等式问题	2021－01	48.00	1249
二维、三维欧氏几何的对偶原理	2018－12	38.00	990
星形大观及闭折线论	2019－03	68.00	1020
立体几何的问题和方法	2019－11	58.00	1127
三角代换论	2021－05	58.00	1313
俄罗斯平面几何问题集	2009－08	88.00	55
俄罗斯立体几何问题集	2014－03	58.00	283
俄罗斯几何大师——沙雷金论数学及其他	2014－01	48.00	271
来自俄罗斯的5000道几何习题及解答	2011－03	58.00	89
俄罗斯初等数学问题集	2012－05	38.00	177
俄罗斯函数问题集	2011－03	38.00	103
俄罗斯组合分析问题集	2011－01	48.00	79
俄罗斯初等数学万题选——三角卷	2012－11	38.00	222
俄罗斯初等数学万题选——代数卷	2013－08	68.00	225
俄罗斯初等数学万题选——几何卷	2014－01	68.00	226
俄罗斯《量子》杂志数学征解问题100题选	2018－08	48.00	969
俄罗斯《量子》杂志数学征解问题又100题选	2018－08	48.00	970
俄罗斯《量子》杂志数学征解问题	2020－05	48.00	1138
463个俄罗斯几何老问题	2012－01	28.00	152
《量子》数学短文精粹	2018－09	38.00	972
用三角、解析几何等计算解来自俄罗斯的几何题	2019－11	88.00	1119
基谢廖夫平面几何	2022－01	48.00	1461
基谢廖夫立体几何	2023－04	48.00	1599
数学：代数、数学分析和几何(10－11年级)	2021－01	48.00	1250
直观几何学：5—6年级	2022－04	58.00	1508
几何学：第2版．7—9年级	2023－08	68.00	1684
平面几何：9—11年级	2022－10	48.00	1571
立体几何．10—11年级	2022－01	58.00	1472
几何快递	2024－05	48.00	1697

谈谈素数	2011－03	18.00	91
平方和	2011－03	18.00	92
整数论	2011－05	38.00	120
从整数谈起	2015－10	28.00	538
数与多项式	2016－01	38.00	558
谈谈不定方程	2011－05	28.00	119
质数漫谈	2022－07	68.00	1529

解析不等式新论	2009－06	68.00	48
建立不等式的方法	2011－03	98.00	104
数学奥林匹克不等式研究(第2版)	2020－07	68.00	1181
不等式研究(第三辑)	2023－08	198.00	1673
不等式的秘密(第一卷)(第2版)	2014－02	38.00	286
不等式的秘密(第二卷)	2014－01	38.00	268
初等不等式的证明方法	2010－06	38.00	123
初等不等式的证明方法(第二版)	2014－11	38.00	407
不等式・理论・方法(基础卷)	2015－07	38.00	496
不等式・理论・方法(经典不等式卷)	2015－07	38.00	497
不等式・理论・方法(特殊类型不等式卷)	2015－07	48.00	498
不等式探究	2016－03	38.00	582
不等式探秘	2017－01	88.00	689

刘培杰数学工作室
已出版(即将出版)图书目录——初等数学

书　　名	出版时间	定　价	编号
四面体不等式	2017－01	68.00	715
数学奥林匹克中常见重要不等式	2017－09	38.00	845
三正弦不等式	2018－09	98.00	974
函数方程与不等式:解法与稳定性结果	2019－04	68.00	1058
数学不等式.第1卷,对称多项式不等式	2022－05	78.00	1455
数学不等式.第2卷,对称有理不等式与对称无理不等式	2022－05	88.00	1456
数学不等式.第3卷,循环不等式与非循环不等式	2022－05	88.00	1457
数学不等式.第4卷,Jensen不等式的扩展与加细	2022－05	88.00	1458
数学不等式.第5卷,创建不等式与解不等式的其他方法	2022－05	88.00	1459
不定方程及其应用.上	2018－12	58.00	992
不定方程及其应用.中	2019－01	78.00	993
不定方程及其应用.下	2019－02	98.00	994
Nesbitt不等式加强式的研究	2022－06	128.00	1527
最值定理与分析不等式	2023－02	78.00	1567
一类积分不等式	2023－02	88.00	1579
邦费罗尼不等式及概率应用	2023－05	58.00	1637
同余理论	2012－05	38.00	163
[x]与{x}	2015－04	48.00	476
极值与最值.上卷	2015－06	28.00	486
极值与最值.中卷	2015－06	38.00	487
极值与最值.下卷	2015－06	28.00	488
整数的性质	2012－11	38.00	192
完全平方数及其应用	2015－08	78.00	506
多项式理论	2015－10	88.00	541
奇数、偶数、奇偶分析法	2018－01	98.00	876
历届美国中学生数学竞赛试题及解答(第1卷)1950～1954	2014－07	18.00	277
历届美国中学生数学竞赛试题及解答(第2卷)1955～1959	2014－04	18.00	278
历届美国中学生数学竞赛试题及解答(第3卷)1960～1964	2014－06	18.00	279
历届美国中学生数学竞赛试题及解答(第4卷)1965～1969	2014－04	28.00	280
历届美国中学生数学竞赛试题及解答(第5卷)1970～1972	2014－06	18.00	281
历届美国中学生数学竞赛试题及解答(第6卷)1973～1980	2017－07	18.00	768
历届美国中学生数学竞赛试题及解答(第7卷)1981～1986	2015－01	18.00	424
历届美国中学生数学竞赛试题及解答(第8卷)1987～1990	2017－05	18.00	769
历届国际数学奥林匹克试题集	2023－09	158.00	1701
历届中国数学奥林匹克试题集(第3版)	2021－10	58.00	1440
历届加拿大数学奥林匹克试题集	2012－08	38.00	215
历届美国数学奥林匹克试题集	2023－08	98.00	1681
历届波兰数学竞赛试题集.第1卷,1949～1963	2015－03	18.00	453
历届波兰数学竞赛试题集.第2卷,1964～1976	2015－03	18.00	454
历届巴尔干数学奥林匹克试题集	2015－05	38.00	466
历届CGMO试题及解答	2024－03	48.00	1717
保加利亚数学奥林匹克	2014－10	38.00	393
圣彼得堡数学奥林匹克试题集	2015－01	38.00	429
匈牙利奥林匹克数学竞赛题解.第1卷	2016－05	28.00	593
匈牙利奥林匹克数学竞赛题解.第2卷	2016－05	28.00	594
历届美国数学邀请赛试题集(第2版)	2017－10	78.00	851
全美高中数学竞赛:纽约州数学竞赛(1989—1994)	2024－08	48.00	1740
普林斯顿大学数学竞赛	2016－06	38.00	669
亚太地区数学奥林匹克竞赛题	2015－07	18.00	492
日本历届(初级)广中杯数学竞赛试题及解答.第1卷(2000～2007)	2016－05	28.00	641
日本历届(初级)广中杯数学竞赛试题及解答.第2卷(2008～2015)	2016－05	38.00	642
越南数学奥林匹克题选:1962－2009	2021－07	48.00	1370
罗马尼亚大师杯数学竞赛试题及解答	2024－09	48.00	1746
欧洲女子数学奥林匹克	2024－04	48.00	1723
360个数学竞赛问题	2016－08	58.00	677

刘培杰数学工作室
已出版(即将出版)图书目录——初等数学

书　　名	出版时间	定　价	编号
奥数最佳实战题. 上卷	2017－06	38.00	760
奥数最佳实战题. 下卷	2017－05	58.00	761
解决问题的策略	2024－08	48.00	1742
哈尔滨市早期中学数学竞赛试题汇编	2016－07	28.00	672
全国高中数学联赛试题及解答:1981—2019(第 4 版)	2020－07	138.00	1176
2024 年全国高中数学联合竞赛模拟题集	2024－01	38.00	1702
20 世纪 50 年代全国部分城市数学竞赛试题汇编	2017－07	28.00	797
国内外数学竞赛题及精解:2018—2019	2020－08	45.00	1192
国内外数学竞赛题及精解:2019—2020	2021－11	58.00	1439
许康华竞赛优学精选集. 第一辑	2018－08	68.00	949
天问叶班数学问题征解 100 题. Ⅰ,2016－2018	2019－05	88.00	1075
天问叶班数学问题征解 100 题. Ⅱ,2017－2019	2020－07	98.00	1177
美国初中数学竞赛:AMC8 准备(共 6 卷)	2019－07	138.00	1089
美国高中数学竞赛:AMC10 准备(共 6 卷)	2019－08	158.00	1105
中国数学奥林匹克国家集训队选拔试题背景研究	2015－01	78.00	1781

高考数学核心题型解题方法与技巧	2010－01	28.00	86
高考数学压轴题解题诀窍(上)(第 2 版)	2018－01	58.00	874
高考数学压轴题解题诀窍(下)(第 2 版)	2018－01	48.00	875
突破高考数学新定义创新压轴题	2024－08	88.00	1741
应当这样解答高考题:十年高考真题创新解法集萃	2025－03	98.00	1814
向量法巧解数学高考题	2009－08	28.00	54
高中数学课堂教学的实践与反思	2021－11	48.00	791
数学高考参考	2016－01	78.00	589
新课程标准高考数学解答题各种题型解法指导	2020－08	78.00	1196
全国及各省市高考数学试题审题要津与解法研究	2015－02	48.00	450
高中数学章节起始课的教学研究与案例设计	2019－05	28.00	1064
新课标高考数学——五年试题分章详解(2007～2011)(上、下)	2011－10	78.00	140,141
全国中考数学压轴题审题要津与解法研究	2013－04	78.00	248
新编全国及各省市中考数学压轴题审题要津与解法研究	2014－05	58.00	342
全国及各省市 5 年中考数学压轴题审题要津与解法研究(2015 版)	2015－04	58.00	462
中考数学专题总复习	2007－04	28.00	6
中考数学较难题常考题型解题方法与技巧	2016－09	48.00	681
中考数学难题常考题型解题方法与技巧	2016－09	48.00	682
中考数学中档题常考题型解题方法与技巧	2017－08	68.00	835
中考数学选择填空压轴好题妙解 365	2024－01	80.00	1698
中考数学:三类重点考题的解法例析与习题	2020－04	48.00	1140
中小学数学的历史文化	2019－11	48.00	1124
小升初衔接数学	2024－06	68.00	1734
赢在小升初——数学	2024－08	78.00	1739
初中平面几何百题多思创新解	2020－01	58.00	1125
初中数学中考备考	2020－01	58.00	1126
高考数学之九章演义	2019－08	68.00	1044
高考数学之难题谈笑间	2022－06	68.00	1519
化学可以这样学:高中化学知识方法智慧感悟疑难辨析	2019－07	58.00	1103
如何成为学习高手	2019－09	58.00	1107
高考数学:经典真题分类解析	2020－04	78.00	1134
高考数学解答题破解策略	2020－11	58.00	1221
从分析解题过程学解题:高考压轴题与竞赛题之关系探究	2020－08	88.00	1179
从分析解题过程学解题:数学高考与竞赛的互联互通探究	2024－06	88.00	1735
教学新思考:单元整体视角下的初中数学教学设计	2021－03	58.00	1278
思维再拓展:2020 年经典几何题的多解探究与思考	即将出版		1279
十年高考数学试题创新与经典研究:基于高中数学大概念的视角	2024－10	58.00	1777
高中数学题型全解(全 5 册)	2024－10	298.00	1778
中考数学小压轴汇编初讲	2017－07	48.00	788
中考数学大压轴专题微言	2017－09	48.00	846

刘培杰数学工作室
已出版(即将出版)图书目录——初等数学

书　　名	出版时间	定　价	编号
怎么解中考平面几何探索题	2019－06	48.00	1093
北京中考数学压轴题解题方法突破(第 10 版)	2024－11	88.00	1780
高考数学奇思妙解	2016－04	38.00	610
高考数学解题策略	2016－05	48.00	670
数学解题泄天机(第 2 版)	2017－10	48.00	850
高中物理教学讲义	2018－01	48.00	871
高中物理教学讲义:全模块	2022－03	98.00	1492
高中物理答疑解惑 65 篇	2021－11	48.00	1462
中学物理基础问题解析	2020－08	48.00	1183
初中数学、高中数学脱节知识补缺教材	2017－06	48.00	766
高考数学客观题解题方法和技巧	2017－10	38.00	847
十年高考数学精品试题审题要津与解法研究	2021－10	98.00	1427
中国历届高考数学试题及解答. 1949－1979	2018－01	38.00	877
历届中国高考数学试题及解答. 第二卷,1980—1989	2018－10	28.00	975
历届中国高考数学试题及解答. 第三卷,1990—1999	2018－10	48.00	976
跟我学解高中数学题	2018－07	58.00	926
中学数学研究的方法及案例	2018－05	58.00	869
高考数学抢分技能	2018－07	68.00	934
高一新生常用数学方法和重要数学思想提升教材	2018－06	38.00	921
高考数学全国卷六道解答题常考题型解题诀窍:理科(全 2 册)	2019－07	78.00	1101
高考数学全国卷 16 道选择、填空题常考题型解题诀窍. 理科	2018－09	88.00	971
高考数学全国卷 16 道选择、填空题常考题型解题诀窍. 文科	2020－01	88.00	1123
高中数学一题多解	2019－06	58.00	1087
历届中国高考数学试题及解答:1917－1999	2021－08	118.00	1371
2000～2003 年全国及各省市高考数学试题及解答	2022－05	88.00	1499
2004 年全国及各省市高考数学试题及解答	2023－08	78.00	1500
2005 年全国及各省市高考数学试题及解答	2023－08	78.00	1501
2006 年全国及各省市高考数学试题及解答	2023－08	88.00	1502
2007 年全国及各省市高考数学试题及解答	2023－08	98.00	1503
2008 年全国及各省市高考数学试题及解答	2023－08	88.00	1504
2009 年全国及各省市高考数学试题及解答	2023－08	88.00	1505
2010 年全国及各省市高考数学试题及解答	2023－08	98.00	1506
2011～2017 年全国及各省市高考数学试题及解答	2024－01	78.00	1507
2018～2023 年全国及各省市高考数学试题及解答	2024－03	78.00	1709
突破高原:高中数学解题思维探究	2021－08	48.00	1375
高考数学中的"取值范围"	2021－10	48.00	1429
新课程标准高中数学各种题型解法大全. 必修一分册	2021－06	58.00	1315
新课程标准高中数学各种题型解法大全. 必修二分册	2022－01	68.00	1471
高中数学各种题型解法大全. 选择性必修一分册	2022－06	68.00	1525
高中数学各种题型解法大全. 选择性必修二分册	2023－01	58.00	1600
高中数学各种题型解法大全. 选择性必修三分册	2023－04	48.00	1643
高中数学专题研究	2024－05	88.00	1722
历届全国初中数学竞赛经典试题详解	2023－04	88.00	1624
孟祥礼高考数学精刷精解	2023－06	98.00	1663
新高考数学第二轮复习讲义	2025－01	88.00	1808
新编 640 个世界著名数学智力趣题	2014－01	88.00	242
500 个最新世界著名数学智力趣题	2008－06	48.00	3
400 个最新世界著名数学最值问题	2008－09	48.00	36
500 个世界著名数学征解问题	2009－06	48.00	52
400 个中国最佳初等数学征解老问题	2010－01	48.00	60
500 个俄罗斯数学经典老题	2011－01	28.00	81
1000 个国外中学物理好题	2012－04	48.00	174
300 个日本高考数学题	2012－05	38.00	142
700 个早期日本高考数学试题	2017－02	88.00	752

刘培杰数学工作室
已出版(即将出版)图书目录——初等数学

书　名	出版时间	定　价	编号
500 个前苏联早期高考数学试题及解答	2012－05	28.00	185
546 个早期俄罗斯大学生数学竞赛题	2014－03	38.00	285
548 个来自美苏的数学好问题	2014－11	28.00	396
20 所苏联著名大学早期入学试题	2015－02	18.00	452
161 道德国工科大学生必做的微分方程习题	2015－05	28.00	469
500 个德国工科大学生必做的高数习题	2015－06	28.00	478
360 个数学竞赛问题	2016－08	58.00	677
200 个趣味数学故事	2018－02	48.00	857
470 个数学奥林匹克中的最值问题	2018－10	88.00	985
德国讲义日本考题.微积分卷	2015－04	48.00	456
德国讲义日本考题.微分方程卷	2015－04	38.00	457
二十世纪中叶中、英、美、日、法、俄高考数学试题精选	2017－06	38.00	783

中国初等数学研究　2009 卷(第 1 辑)	2009－05	20.00	45
中国初等数学研究　2010 卷(第 2 辑)	2010－05	30.00	68
中国初等数学研究　2011 卷(第 3 辑)	2011－07	60.00	127
中国初等数学研究　2012 卷(第 4 辑)	2012－07	48.00	190
中国初等数学研究　2014 卷(第 5 辑)	2014－02	48.00	288
中国初等数学研究　2015 卷(第 6 辑)	2015－06	68.00	493
中国初等数学研究　2016 卷(第 7 辑)	2016－04	68.00	609
中国初等数学研究　2017 卷(第 8 辑)	2017－01	98.00	712

初等数学研究在中国.第 1 辑	2019－03	158.00	1024
初等数学研究在中国.第 2 辑	2019－10	158.00	1116
初等数学研究在中国.第 3 辑	2021－05	158.00	1306
初等数学研究在中国.第 4 辑	2022－06	158.00	1520
初等数学研究在中国.第 5 辑	2023－07	158.00	1635

几何变换(Ⅰ)	2014－07	28.00	353
几何变换(Ⅱ)	2015－06	28.00	354
几何变换(Ⅲ)	2015－01	38.00	355
几何变换(Ⅳ)	2015－12	38.00	356

初等数论难题集(第一卷)	2009－05	68.00	44
初等数论难题集(第二卷)(上、下)	2011－02	128.00	82,83
数论概貌	2011－03	18.00	93
代数数论(第二版)	2013－08	58.00	94
代数多项式	2014－06	38.00	289
初等数论的知识与问题	2011－02	28.00	95
超越数论基础	2011－03	28.00	96
数论初等教程	2011－03	28.00	97
数论基础	2011－03	18.00	98
数论基础与维诺格拉多夫	2014－03	18.00	292
解析数论基础	2012－08	28.00	216
解析数论基础(第二版)	2014－01	48.00	287
解析数论问题集(第二版)(原版引进)	2014－05	88.00	343
解析数论问题集(第二版)(中译本)	2016－04	88.00	607
解析数论基础(潘承洞,潘承彪著)	2016－07	98.00	673
解析数论导引	2016－07	58.00	674
数论入门	2011－03	38.00	99
代数数论入门	2015－03	38.00	448

刘培杰数学工作室
已出版(即将出版)图书目录——初等数学

书　　名	出版时间	定　价	编号
数论开篇	2012－07	28.00	194
解析数论引论	2011－03	48.00	100
Barban Davenport Halberstam 均值和	2009－01	40.00	33
基础数论	2011－03	28.00	101
初等数论 100 例	2011－05	18.00	122
初等数论经典例题	2012－07	18.00	204
最新世界各国数学奥林匹克中的初等数论试题(上、下)	2012－01	138.00	144,145
初等数论(Ⅰ)	2012－01	18.00	156
初等数论(Ⅱ)	2012－01	18.00	157
初等数论(Ⅲ)	2012－01	28.00	158
平面几何与数论中未解决的新老问题	2013－01	68.00	229
代数数论简史	2014－11	28.00	408
代数数论	2015－09	88.00	532
代数、数论及分析习题集	2016－11	98.00	695
数论导引提要及习题解答	2016－01	48.00	559
素数定理的初等证明. 第 2 版	2016－09	48.00	686
数论中的模函数与狄利克雷级数(第二版)	2017－11	78.00	837
数论:数学导引	2018－01	68.00	849
范氏大代数	2019－02	98.00	1016
解析数学讲义. 第一卷,导来式及微分、积分、级数	2019－04	88.00	1021
解析数学讲义. 第二卷,关于几何的应用	2019－04	68.00	1022
解析数学讲义. 第三卷,解析函数论	2019－04	78.00	1023
分析·组合·数论纵横谈	2019－04	58.00	1039
Hall 代数:民国时期的中学数学课本:英文	2019－08	88.00	1106
基谢廖夫初等代数	2022－07	38.00	1531
基谢廖夫算术	2024－05	48.00	1725

数学精神巡礼	2019－01	58.00	731
数学眼光透视(第 2 版)	2017－06	78.00	732
数学思想领悟(第 2 版)	2018－01	68.00	733
数学方法溯源(第 2 版)	2018－08	68.00	734
数学解题引论	2017－05	58.00	735
数学史话览胜(第 2 版)	2017－01	48.00	736
数学应用展观(第 2 版)	2017－08	68.00	737
数学建模尝试	2018－04	48.00	738
数学竞赛采风	2018－01	68.00	739
数学测评探营	2019－05	58.00	740
数学技能操握	2018－03	48.00	741
数学欣赏拾趣	2018－02	48.00	742

从毕达哥拉斯到怀尔斯	2007－10	48.00	9
从迪利克雷到维斯卡尔迪	2008－01	48.00	21
从哥德巴赫到陈景润	2008－05	98.00	35
从庞加莱到佩雷尔曼	2011－08	138.00	136

博弈论精粹	2008－03	58.00	30
博弈论精粹. 第二版(精装)	2015－01	88.00	461
数学 我爱你	2008－01	28.00	20
精神的圣徒　别样的人生——60 位中国数学家成长的历程	2008－09	48.00	39
数学史概论	2009－06	78.00	50

刘培杰数学工作室
已出版(即将出版)图书目录——初等数学

书　　名	出版时间	定　价	编号
数学史概论(精装)	2013—03	158.00	272
数学史选讲	2016—01	48.00	544
斐波那契数列	2010—02	28.00	65
数学拼盘和斐波那契魔方	2010—07	38.00	72
斐波那契数列欣赏(第 2 版)	2018—08	58.00	948
Fibonacci 数列中的明珠	2018—06	58.00	928
数学的创造	2011—02	48.00	85
数学美与创造力	2016—01	48.00	595
数海拾贝	2016—01	48.00	590
数学中的美(第 2 版)	2019—04	68.00	1057
数论中的美学	2014—12	38.00	351
数学王者　科学巨人——高斯	2015—01	28.00	428
振兴祖国数学的圆梦之旅:中国初等数学研究史话	2015—06	98.00	490
二十世纪中国数学史料研究	2015—10	48.00	536
《九章算法比类大全》校注	2024—06	198.00	1695
数字谜、数阵图与棋盘覆盖	2016—01	58.00	298
数学概念的进化:一个初步的研究	2023—07	68.00	1683
数学发现的艺术:数学探索中的合情推理	2016—07	58.00	671
活跃在数学中的参数	2016—07	48.00	675
数海趣史	2021—05	98.00	1314
玩转幻中之幻	2023—08	88.00	1682
数学艺术品	2023—09	98.00	1685
数学博弈与游戏	2023—10	68.00	1692
数学解题——靠数学思想给力(上)	2011—07	38.00	131
数学解题——靠数学思想给力(中)	2011—07	48.00	132
数学解题——靠数学思想给力(下)	2011—07	38.00	133
我怎样解题	2013—01	48.00	227
数学解题中的物理方法	2011—06	28.00	114
数学解题的特殊方法	2011—06	48.00	115
中学数学计算技巧(第 2 版)	2020—10	48.00	1220
中学数学证明方法	2012—01	58.00	117
数学趣题巧解	2012—03	28.00	128
高中数学教学通鉴	2015—05	58.00	479
和高中生漫谈:数学与哲学的故事	2014—08	28.00	369
算术问题集	2017—03	38.00	789
张教授讲数学	2018—07	38.00	933
陈永明实话实说数学教学	2020—04	68.00	1132
中学数学学科知识与教学能力	2020—06	58.00	1155
怎样把课讲好:大罕数学教学随笔	2022—03	58.00	1484
中国高考评价体系下高考数学探秘	2022—03	48.00	1487
数苑漫步	2024—01	58.00	1670
自主招生考试中的参数方程问题	2015—01	28.00	435
自主招生考试中的极坐标问题	2015—04	28.00	463
近年全国重点大学自主招生数学试题全解及研究. 华约卷	2015—02	38.00	441
近年全国重点大学自主招生数学试题全解及研究. 北约卷	2016—05	38.00	619
自主招生数学解证宝典	2015—09	48.00	535
中国科学技术大学创新班数学真题解析	2022—03	48.00	1488
中国科学技术大学创新班物理真题解析	2022—03	58.00	1489
格点和面积	2012—07	18.00	191
射影几何趣谈	2012—04	28.00	175
斯潘纳尔引理——从一道加拿大数学奥林匹克试题谈起	2014—01	28.00	228
李普希兹条件——从几道近年高考数学试题谈起	2012—10	18.00	221
拉格朗日中值定理——从一道北京高考试题的解法谈起	2015—10	18.00	197

刘培杰数学工作室
已出版(即将出版)图书目录——初等数学

书　　名	出版时间	定　价	编号
闵科夫斯基定理——从一道清华大学自主招生试题谈起	2014－01	28.00	198
哈尔测度——从一道冬令营试题的背景谈起	2012－08	28.00	202
切比雪夫逼近问题——从一道中国台北数学奥林匹克试题谈起	2013－04	38.00	238
伯恩斯坦多项式与贝齐尔曲面——从一道全国高中数学联赛试题谈起	2013－03	38.00	236
卡塔兰猜想——从一道普特南竞赛试题谈起	2013－06	18.00	256
麦卡锡函数和阿克曼函数——从一道前南斯拉夫数学奥林匹克试题谈起	2012－08	18.00	201
贝蒂定理与拉姆贝克莫斯尔定理——从一个拣石子游戏谈起	2012－08	18.00	217
皮亚诺曲线和豪斯道夫分球定理——从无限集谈起	2012－08	18.00	211
平面凸图形与凸多面体	2012－10	28.00	218
斯坦因豪斯问题——从一道二十五省市自治区中学数学竞赛试题谈起	2012－07	18.00	196
纽结理论中的亚历山大多项式与琼斯多项式——从一道北京市高一数学竞赛试题谈起	2012－07	28.00	195
原则与策略——从波利亚"解题表"谈起	2013－04	38.00	244
转化与化归——从三大尺规作图不能问题谈起	2012－08	28.00	214
代数几何中的贝祖定理(第一版)——从一道 IMO 试题的解法谈起	2013－08	18.00	193
成功连贯理论与约当块理论——从一道比利时数学竞赛试题谈起	2012－04	18.00	180
素数判定与大数分解	2014－08	18.00	199
置换多项式及其应用	2012－10	18.00	220
椭圆函数与模函数——从一道美国加州大学洛杉矶分校(UCLA)博士资格考题谈起	2012－10	28.00	219
差分方程的拉格朗日方法——从一道 2011 年全国高考理科试题的解法谈起	2012－08	28.00	200
力学在几何中的一些应用	2013－01	38.00	240
从根式解到伽罗华理论	2020－01	48.00	1121
康托洛维奇不等式——从一道全国高中联赛试题谈起	2013－03	28.00	337
拉克斯定理和阿廷定理——从一道 IMO 试题的解法谈起	2014－01	58.00	246
毕卡大定理——从一道美国大学数学竞赛试题谈起	2014－07	18.00	350
拉格朗日乘子定理——从一道 2005 年全国高中联赛试题的高等数学解法谈起	2015－05	28.00	480
雅可比定理——从一道日本数学奥林匹克试题谈起	2013－04	48.00	249
李天岩一约克定理——从一道波兰数学竞赛试题谈起	2014－06	28.00	349
受控理论与初等不等式:从一道 IMO 试题的解法谈起	2023－03	48.00	1601
布劳维不动点定理——从一道前苏联数学奥林匹克试题谈起	2014－01	38.00	273
莫德尔一韦伊定理——从一道日本数学奥林匹克试题谈起	2024－10	48.00	1602
斯蒂尔杰斯积分——从一道国际大学生数学竞赛试题的解法谈起	2024－10	68.00	1605
切博塔廖夫猜想——从一道 1978 年全国高中数学竞赛试题谈起	2024－10	38.00	1606
卡西尼卵形线:从一道高中数学期中考试试题谈起	2024－10	48.00	1607
格罗斯问题:亚纯函数的唯一性问题	2024－10	48.00	1608
布格尔问题——从一道第 6 届全国中学生物理竞赛预赛试题谈起	2024－09	68.00	1609
多项式逼近问题——从一道美国大学生数学竞赛试题谈起	2024－10	48.00	1748
中国剩余定理——总数法构建中国历史年表	2015－01	28.00	430
沙可夫斯基定理——从一道韩国数学奥林匹克竞赛试题的解法谈起	2025－01	68.00	1753
斯特林公式——从一道 2023 年高考数学(天津卷)试题的背景谈起	2025－01	28.00	1754
外索夫博弈:从一道瑞士国家队选拔考试试题谈起	2025－03	48.00	1755
分圆多项式——从一道美国国家队选拔考试试题的解法谈起	2025－01	48.00	1786
费马数与广义费马数——从一道 USAMO 试题的解法谈起	2025－01	48.00	1794

刘培杰数学工作室
已出版(即将出版)图书目录——初等数学

书　　名	出版时间	定　价	编号
贝克码与编码理论——从一道全国高中数学联赛二试试题的解法谈起	2025—03	48.00	1751
拉比诺维奇定理	即将出版		
刘维尔定理——从一道《美国数学月刊》征解问题的解法谈起	即将出版		
卡塔兰恒等式与级数求和——从一道 IMO 试题的解法谈起	即将出版		
勒让德猜想与素数分布——从一道爱尔兰竞赛试题谈起	即将出版		
天平称重与信息论——从一道基辅市数学奥林匹克试题谈起	即将出版		
哈密尔顿—凯莱定理:从一道高中数学联赛试题的解法谈起	2014—09	18.00	376
艾思特曼定理——从一道 CMO 试题的解法谈起	即将出版		
阿贝尔恒等式与经典不等式及应用	2018—06	98.00	923
迪利克雷除数问题	2018—07	48.00	930
幻方、幻立方与拉丁方	2019—08	48.00	1092
帕斯卡三角形	2014—03	18.00	294
蒲丰投针问题——从 2009 年清华大学的一道自主招生试题谈起	2014—01	38.00	295
斯图姆定理——从一道"华约"自主招生试题的解法谈起	2014—01	18.00	296
许瓦兹引理——从一道加利福尼亚大学伯克利分校数学系博士生试题谈起	2014—08	18.00	297
拉姆塞定理——从王诗宬院士的一个问题谈起	2016—04	48.00	299
坐标法	2013—12	28.00	332
数论三角形	2014—04	38.00	341
毕克定理	2014—07	18.00	352
数林掠影	2014—09	48.00	389
我们周围的概率	2014—10	38.00	390
凸函数最值定理:从一道华约自主招生题的解法谈起	2014—10	28.00	391
易学与数学奥林匹克	2014—10	38.00	392
生物数学趣谈	2015—01	18.00	409
反演	2015—01	28.00	420
因式分解与圆锥曲线	2015—01	18.00	426
轨迹	2015—01	28.00	427
面积原理:从常庚哲命的一道 CMO 试题的积分解法谈起	2015—01	48.00	431
形形色色的不动点定理:从一道 28 届 IMO 试题谈起	2015—01	38.00	439
柯西函数方程:从一道上海交大自主招生的试题谈起	2015—02	28.00	440
三角恒等式	2015—02	28.00	442
无理性判定:从一道 2014 年"北约"自主招生试题谈起	2015—01	38.00	443
数学归纳法	2015—03	18.00	451
极端原理与解题	2015—04	28.00	464
法雷级数	2014—08	18.00	367
摆线族	2015—01	38.00	438
函数方程及其解法	2015—05	38.00	470
含参数的方程和不等式	2012—09	28.00	213
希尔伯特第十问题	2016—01	38.00	543
无穷小量的求和	2016—01	28.00	545
切比雪夫多项式:从一道清华大学金秋营试题谈起	2016—01	38.00	583
泽肯多夫定理	2016—03	38.00	599
代数等式证题法	2016—01	28.00	600
三角等式证题法	2016—01	28.00	601
吴大任教授藏书中的一个因式分解公式:从一道美国数学邀请赛试题的解法谈起	2016—06	28.00	656
易卦——类万物的数学模型	2017—08	68.00	838
"不可思议"的数与数系可持续发展	2018—01	38.00	878
最短线	2018—01	38.00	879
数学在天文、地理、光学、机械力学中的一些应用	2023—03	88.00	1576
从阿基米德三角形谈起	2023—01	28.00	1578

刘培杰数学工作室
已出版(即将出版)图书目录——初等数学

书　　名	出版时间	定　价	编号
幻方和魔方(第一卷)	2012-05	68.00	173
尘封的经典——初等数学经典文献选读(第一卷)	2012-07	48.00	205
尘封的经典——初等数学经典文献选读(第二卷)	2012-07	38.00	206
初级方程式论	2011-03	28.00	106
初等数学研究(Ⅰ)	2008-09	68.00	37
初等数学研究(Ⅱ)(上、下)	2009-05	118.00	46,47
初等数学专题研究	2022-10	68.00	1568
趣味初等方程妙题集锦	2014-09	48.00	388
趣味初等数论选美与欣赏	2015-02	48.00	445
耕读笔记(上卷):一位农民数学爱好者的初数探索	2015-04	28.00	459
耕读笔记(中卷):一位农民数学爱好者的初数探索	2015-05	28.00	483
耕读笔记(下卷):一位农民数学爱好者的初数探索	2015-05	28.00	484
几何不等式研究与欣赏.上卷	2016-01	88.00	547
几何不等式研究与欣赏.下卷	2016-01	48.00	552
初等数列研究与欣赏·上	2016-01	48.00	570
初等数列研究与欣赏·下	2016-01	48.00	571
趣味初等函数研究与欣赏.上	2016-09	48.00	684
趣味初等函数研究与欣赏.下	2018-09	48.00	685
三角不等式研究与欣赏	2020-10	68.00	1197
新编平面解析几何解题方法研究与欣赏	2021-10	78.00	1426
火柴游戏(第2版)	2022-05	38.00	1493
智力解谜.第1卷	2017-07	38.00	613
智力解谜.第2卷	2017-07	38.00	614
故事智力	2016-07	48.00	615
名人们喜欢的智力问题	2020-01	48.00	616
数学大师的发现、创造与失误	2018-01	48.00	617
异曲同工	2018-09	48.00	618
数学的味道(第2版)	2023-10	68.00	1686
数学千字文	2018-10	68.00	977
数贝偶拾——高考数学题研究	2014-04	28.00	274
数贝偶拾——初等数学研究	2014-04	38.00	275
数贝偶拾——奥数题研究	2014-04	48.00	276
钱昌本教你快乐学数学(上)	2011-12	48.00	155
钱昌本教你快乐学数学(下)	2012-03	58.00	171
集合、函数与方程	2014-01	28.00	300
数列与不等式	2014-01	38.00	301
三角与平面向量	2014-01	28.00	302
平面解析几何	2014-01	38.00	303
立体几何与组合	2014-01	28.00	304
极限与导数、数学归纳法	2014-01	38.00	305
趣味数学	2014-03	28.00	306
教材教法	2014-04	68.00	307
自主招生	2014-05	58.00	308
高考压轴题(上)	2015-01	48.00	309
高考压轴题(下)	2014-10	68.00	310

刘培杰数学工作室
已出版(即将出版)图书目录——初等数学

书　　名	出版时间	定　价	编号
从费马到怀尔斯——费马大定理的历史	2013—10	198.00	Ⅰ
从庞加莱到佩雷尔曼——庞加莱猜想的历史	2013—10	298.00	Ⅱ
从切比雪夫到爱尔特希(上)——素数定理的初等证明	2013—07	48.00	Ⅲ
从切比雪夫到爱尔特希(下)——素数定理 100 年	2012—12	98.00	Ⅲ
从高斯到盖尔方特——二次域的高斯猜想	2013—10	198.00	Ⅳ
从库默尔到朗兰兹——朗兰兹猜想的历史	2014—01	98.00	Ⅴ
从比勃巴赫到德布朗斯——比勃巴赫猜想的历史	2014—02	298.00	Ⅵ
从麦比乌斯到陈省身——麦比乌斯变换与麦比乌斯带	2014—02	298.00	Ⅶ
从布尔到豪斯道夫——布尔方程与格论漫谈	2013—10	198.00	Ⅷ
从开普勒到阿诺德——三体问题的历史	2014—05	298.00	Ⅸ
从华林到华罗庚——华林问题的历史	2013—10	298.00	Ⅹ

美国高中数学竞赛五十讲. 第 1 卷(英文)	2014—08	28.00	357
美国高中数学竞赛五十讲. 第 2 卷(英文)	2014—08	28.00	358
美国高中数学竞赛五十讲. 第 3 卷(英文)	2014—09	28.00	359
美国高中数学竞赛五十讲. 第 4 卷(英文)	2014—09	28.00	360
美国高中数学竞赛五十讲. 第 5 卷(英文)	2014—10	28.00	361
美国高中数学竞赛五十讲. 第 6 卷(英文)	2014—11	28.00	362
美国高中数学竞赛五十讲. 第 7 卷(英文)	2014—12	28.00	363
美国高中数学竞赛五十讲. 第 8 卷(英文)	2015—01	28.00	364
美国高中数学竞赛五十讲. 第 9 卷(英文)	2015—01	28.00	365
美国高中数学竞赛五十讲. 第 10 卷(英文)	2015—02	38.00	366

三角函数(第 2 版)	2017—04	38.00	626
不等式	2014—01	38.00	312
数列	2014—01	38.00	313
方程(第 2 版)	2017—04	38.00	624
排列和组合	2014—01	28.00	315
极限与导数(第 2 版)	2016—04	38.00	635
向量(第 2 版)	2018—08	58.00	627
复数及其应用	2014—08	28.00	318
函数	2014—01	38.00	319
集合	2020—01	48.00	320
直线与平面	2014—01	28.00	321
立体几何(第 2 版)	2016—04	38.00	629
解三角形	即将出版		323
直线与圆(第 2 版)	2016—11	38.00	631
圆锥曲线(第 2 版)	2016—09	48.00	632
解题通法(一)	2014—07	38.00	326
解题通法(二)	2014—07	38.00	327
解题通法(三)	2014—05	38.00	328
概率与统计	2014—01	28.00	329
信息迁移与算法	即将出版		330

刘培杰数学工作室
已出版(即将出版)图书目录——初等数学

书　　名	出版时间	定　价	编号
IMO 50 年. 第 1 卷(1959—1963)	2014—11	28.00	377
IMO 50 年. 第 2 卷(1964—1968)	2014—11	28.00	378
IMO 50 年. 第 3 卷(1969—1973)	2014—09	28.00	379
IMO 50 年. 第 4 卷(1974—1978)	2016—04	38.00	380
IMO 50 年. 第 5 卷(1979—1984)	2015—04	38.00	381
IMO 50 年. 第 6 卷(1985—1989)	2015—04	58.00	382
IMO 50 年. 第 7 卷(1990—1994)	2016—01	48.00	383
IMO 50 年. 第 8 卷(1995—1999)	2016—06	38.00	384
IMO 50 年. 第 9 卷(2000—2004)	2015—04	58.00	385
IMO 50 年. 第 10 卷(2005—2009)	2016—01	48.00	386
IMO 50 年. 第 11 卷(2010—2015)	2017—03	48.00	646
数学反思(2006—2007)	2020—09	88.00	915
数学反思(2008—2009)	2019—01	68.00	917
数学反思(2010—2011)	2018—05	58.00	916
数学反思(2012—2013)	2019—01	58.00	918
数学反思(2014—2015)	2019—03	78.00	919
数学反思(2016—2017)	2021—03	58.00	1286
数学反思(2018—2019)	2023—01	88.00	1593
历届美国大学生数学竞赛试题集. 第一卷(1938—1949)	2015—01	28.00	397
历届美国大学生数学竞赛试题集. 第二卷(1950—1959)	2015—01	28.00	398
历届美国大学生数学竞赛试题集. 第三卷(1960—1969)	2015—01	28.00	399
历届美国大学生数学竞赛试题集. 第四卷(1970—1979)	2015—01	18.00	400
历届美国大学生数学竞赛试题集. 第五卷(1980—1989)	2015—01	28.00	401
历届美国大学生数学竞赛试题集. 第六卷(1990—1999)	2015—01	28.00	402
历届美国大学生数学竞赛试题集. 第七卷(2000—2009)	2015—08	18.00	403
历届美国大学生数学竞赛试题集. 第八卷(2010—2012)	2015—01	18.00	404
新课标高考数学创新题解题诀窍:总论	2014—09	28.00	372
新课标高考数学创新题解题诀窍:必修 1～5 分册	2014—08	38.00	373
新课标高考数学创新题解题诀窍:选修 2—1,2—2,1—1,1—2分册	2014—09	38.00	374
新课标高考数学创新题解题诀窍:选修 2—3,4—4,4—5分册	2014—09	18.00	375
全国重点大学自主招生英文数学试题全攻略:词汇卷	2015—07	48.00	410
全国重点大学自主招生英文数学试题全攻略:概念卷	2015—01	28.00	411
全国重点大学自主招生英文数学试题全攻略:文章选读卷(上)	2016—09	38.00	412
全国重点大学自主招生英文数学试题全攻略:文章选读卷(下)	2017—01	58.00	413
全国重点大学自主招生英文数学试题全攻略:试题卷	2015—07	38.00	414
全国重点大学自主招生英文数学试题全攻略:名著欣赏卷	2017—03	48.00	415
劳埃德数学趣题大全. 题目卷. 1:英文	2016—01	18.00	516
劳埃德数学趣题大全. 题目卷. 2:英文	2016—01	18.00	517
劳埃德数学趣题大全. 题目卷. 3:英文	2016—01	18.00	518
劳埃德数学趣题大全. 题目卷. 4:英文	2016—01	18.00	519
劳埃德数学趣题大全. 题目卷. 5:英文	2016—01	18.00	520
劳埃德数学趣题大全. 答案卷:英文	2016—01	18.00	521

刘培杰数学工作室
已出版(即将出版)图书目录——初等数学

书　　名	出版时间	定　价	编号
李成章教练奥数笔记.第1卷	2016—01	48.00	522
李成章教练奥数笔记.第2卷	2016—01	48.00	523
李成章教练奥数笔记.第3卷	2016—01	38.00	524
李成章教练奥数笔记.第4卷	2016—01	38.00	525
李成章教练奥数笔记.第5卷	2016—01	38.00	526
李成章教练奥数笔记.第6卷	2016—01	38.00	527
李成章教练奥数笔记.第7卷	2016—01	38.00	528
李成章教练奥数笔记.第8卷	2016—01	48.00	529
李成章教练奥数笔记.第9卷	2016—01	28.00	530
第19～23届"希望杯"全国数学邀请赛试题审题要津详细评注(初一版)	2014—03	28.00	333
第19～23届"希望杯"全国数学邀请赛试题审题要津详细评注(初二、初三版)	2014—03	38.00	334
第19～23届"希望杯"全国数学邀请赛试题审题要津详细评注(高一版)	2014—03	28.00	335
第19～23届"希望杯"全国数学邀请赛试题审题要津详细评注(高二版)	2014—03	38.00	336
第19～25届"希望杯"全国数学邀请赛试题审题要津详细评注(初一版)	2015—01	38.00	416
第19～25届"希望杯"全国数学邀请赛试题审题要津详细评注(初二、初三版)	2015—01	58.00	417
第19～25届"希望杯"全国数学邀请赛试题审题要津详细评注(高一版)	2015—01	48.00	418
第19～25届"希望杯"全国数学邀请赛试题审题要津详细评注(高二版)	2015—01	48.00	419
物理奥林匹克竞赛大题典——力学卷	2014—11	48.00	405
物理奥林匹克竞赛大题典——热学卷	2014—04	28.00	339
物理奥林匹克竞赛大题典——电磁学卷	2015—07	48.00	406
物理奥林匹克竞赛大题典——光学与近代物理卷	2014—06	28.00	345
历届中国东南地区数学奥林匹克试题及解答	2024—06	68.00	1724
历届中国西部地区数学奥林匹克试题集(2001～2012)	2014—07	18.00	347
历届中国女子数学奥林匹克试题集(2002～2012)	2014—08	18.00	348
数学奥林匹克在中国	2014—06	98.00	344
数学奥林匹克问题集	2014—01	38.00	267
数学奥林匹克不等式散论	2010—06	38.00	124
数学奥林匹克不等式欣赏	2011—09	38.00	138
数学奥林匹克超级题库(初中卷上)	2010—01	58.00	66
数学奥林匹克不等式证明方法和技巧(上、下)	2011—08	158.00	134,135
他们学什么:原民主德国中学数学课本	2016—09	38.00	658
他们学什么:英国中学数学课本	2016—09	38.00	659
他们学什么:法国中学数学课本.1	2016—09	38.00	660
他们学什么:法国中学数学课本.2	2016—09	28.00	661
他们学什么:法国中学数学课本.3	2016—09	38.00	662
他们学什么:苏联中学数学课本	2016—09	28.00	679

刘培杰数学工作室
已出版(即将出版)图书目录——初等数学

书　　名	出版时间	定　价	编号
高中数学题典——集合与简易逻辑・函数	2016—07	48.00	647
高中数学题典——导数	2016—07	48.00	648
高中数学题典——三角函数・平面向量	2016—07	48.00	649
高中数学题典——数列	2016—07	58.00	650
高中数学题典——不等式・推理与证明	2016—07	38.00	651
高中数学题典——立体几何	2016—07	48.00	652
高中数学题典——平面解析几何	2016—07	78.00	653
高中数学题典——计数原理・统计・概率・复数	2016—07	48.00	654
高中数学题典——算法・平面几何・初等数论・组合数学・其他	2016—07	68.00	655
台湾地区奥林匹克数学竞赛试题. 小学一年级	2017—03	38.00	722
台湾地区奥林匹克数学竞赛试题. 小学二年级	2017—03	38.00	723
台湾地区奥林匹克数学竞赛试题. 小学三年级	2017—03	38.00	724
台湾地区奥林匹克数学竞赛试题. 小学四年级	2017—03	38.00	725
台湾地区奥林匹克数学竞赛试题. 小学五年级	2017—03	38.00	726
台湾地区奥林匹克数学竞赛试题. 小学六年级	2017—03	38.00	727
台湾地区奥林匹克数学竞赛试题. 初中一年级	2017—03	38.00	728
台湾地区奥林匹克数学竞赛试题. 初中二年级	2017—03	38.00	729
台湾地区奥林匹克数学竞赛试题. 初中三年级	2017—03	28.00	730
不等式证题法	2017—04	28.00	747
平面几何培优教程	2019—08	88.00	748
奥数鼎级培优教程. 高一分册	2018—09	88.00	749
奥数鼎级培优教程. 高二分册. 上	2018—04	68.00	750
奥数鼎级培优教程. 高二分册. 下	2018—04	68.00	751
高中数学竞赛冲刺宝典	2019—04	68.00	883
初中尖子生数学超级题典. 实数	2017—07	58.00	792
初中尖子生数学超级题典. 式、方程与不等式	2017—08	58.00	793
初中尖子生数学超级题典. 圆、面积	2017—08	38.00	794
初中尖子生数学超级题典. 函数、逻辑推理	2017—08	48.00	795
初中尖子生数学超级题典. 角、线段、三角形与多边形	2017—07	58.00	796
数学王子——高斯	2018—01	48.00	858
坎坷奇星——阿贝尔	2018—01	48.00	859
闪烁奇星——伽罗瓦	2018—01	58.00	860
无穷统帅——康托尔	2018—01	48.00	861
科学公主——柯瓦列夫斯卡娅	2018—01	48.00	862
抽象代数之母——埃米・诺特	2018—01	48.00	863
电脑先驱——图灵	2018—01	58.00	864
昔日神童——维纳	2018—01	48.00	865
数坛怪侠——爱尔特希	2018—01	68.00	866
传奇数学家徐利治	2019—09	88.00	1110

刘培杰数学工作室
已出版(即将出版)图书目录——初等数学

书　　名	出版时间	定　价	编号
当代世界中的数学.数学思想与数学基础	2019－01	38.00	892
当代世界中的数学.数学问题	2019－01	38.00	893
当代世界中的数学.应用数学与数学应用	2019－01	38.00	894
当代世界中的数学.数学王国的新疆域(一)	2019－01	38.00	895
当代世界中的数学.数学王国的新疆域(二)	2019－01	38.00	896
当代世界中的数学.数林撷英(一)	2019－01	38.00	897
当代世界中的数学.数林撷英(二)	2019－01	48.00	898
当代世界中的数学.数学之路	2019－01	38.00	899

105 个代数问题:来自 AwesomeMath 夏季课程	2019－02	58.00	956
106 个几何问题:来自 AwesomeMath 夏季课程	2020－07	58.00	957
107 个几何问题:来自 AwesomeMath 全年课程	2020－07	58.00	958
108 个代数问题:来自 AwesomeMath 全年课程	2019－01	68.00	959
109 个不等式:来自 AwesomeMath 夏季课程	2019－04	58.00	960
110 个几何问题:选自各国数学奥林匹克竞赛	2024－04	58.00	961
111 个代数和数论问题	2019－05	58.00	962
112 个组合问题:来自 AwesomeMath 夏季课程	2019－05	58.00	963
113 个几何不等式:来自 AwesomeMath 夏季课程	2020－08	58.00	964
114 个指数和对数问题:来自 AwesomeMath 夏季课程	2019－09	48.00	965
115 个三角问题:来自 AwesomeMath 夏季课程	2019－09	58.00	966
116 个代数不等式:来自 AwesomeMath 全年课程	2019－04	58.00	967
117 个多项式问题:来自 AwesomeMath 夏季课程	2021－09	58.00	1409
118 个数学竞赛不等式	2022－08	78.00	1526
119 个三角问题	2024－05	58.00	1726
119 个三角问题	2024－05	58.00	1726

紫色彗星国际数学竞赛试题	2019－02	58.00	999
数学竞赛中的数学:为数学爱好者、父母、教师和教练准备的丰富资源.第一部	2020－04	58.00	1141
数学竞赛中的数学:为数学爱好者、父母、教师和教练准备的丰富资源.第二部	2020－07	48.00	1142
和与积	2020－10	38.00	1219
数论:概念和问题	2020－12	68.00	1257
初等数学问题研究	2021－03	48.00	1270
数学奥林匹克中的欧几里得几何	2021－10	68.00	1413
数学奥林匹克题解新编	2022－01	58.00	1430
图论入门	2022－09	58.00	1554
新的、更新的、最新的不等式	2023－07	58.00	1650
几何不等式相关问题	2024－04	58.00	1721
数学归纳法——一种高效而简捷的证明方法	2024－06	48.00	1738
数学竞赛中奇妙的多项式	2024－01	78.00	1646
120 个奇妙的代数问题及 20 个奖励问题	2024－04	48.00	1647
几何不等式相关问题	2024－04	58.00	1721
数学竞赛中的十个代数主题	2024－10	58.00	1745
AwesomeMath 入学测试题:前九年:2006—2014	2024－11	38.00	1644
AwesomeMath 入学测试题:接下来的七年:2015—2021	2024－12	48.00	1782
奥林匹克几何入门	2025－01	48.00	1796
数学太空漫游:21 世纪的立体几何	2025－01	68.00	1810
数学奥林匹克竞赛中的几何引理	2025－04	48.00	1815

刘培杰数学工作室
已出版(即将出版)图书目录——初等数学

书　　名	出版时间	定　价	编号
澳大利亚中学数学竞赛试题及解答(初级卷)1978～1984	2019－02	28.00	1002
澳大利亚中学数学竞赛试题及解答(初级卷)1985～1991	2019－02	28.00	1003
澳大利亚中学数学竞赛试题及解答(初级卷)1992～1998	2019－02	28.00	1004
澳大利亚中学数学竞赛试题及解答(初级卷)1999～2005	2019－02	28.00	1005
澳大利亚中学数学竞赛试题及解答(中级卷)1978～1984	2019－03	28.00	1006
澳大利亚中学数学竞赛试题及解答(中级卷)1985～1991	2019－03	28.00	1007
澳大利亚中学数学竞赛试题及解答(中级卷)1992～1998	2019－03	28.00	1008
澳大利亚中学数学竞赛试题及解答(中级卷)1999～2005	2019－03	28.00	1009
澳大利亚中学数学竞赛试题及解答(高级卷)1978～1984	2019－05	28.00	1010
澳大利亚中学数学竞赛试题及解答(高级卷)1985～1991	2019－05	28.00	1011
澳大利亚中学数学竞赛试题及解答(高级卷)1992～1998	2019－05	28.00	1012
澳大利亚中学数学竞赛试题及解答(高级卷)1999～2005	2019－05	28.00	1013
天才中小学生智力测验题.第一卷	2019－03	38.00	1026
天才中小学生智力测验题.第二卷	2019－03	38.00	1027
天才中小学生智力测验题.第三卷	2019－03	38.00	1028
天才中小学生智力测验题.第四卷	2019－03	38.00	1029
天才中小学生智力测验题.第五卷	2019－03	38.00	1030
天才中小学生智力测验题.第六卷	2019－03	38.00	1031
天才中小学生智力测验题.第七卷	2019－03	38.00	1032
天才中小学生智力测验题.第八卷	2019－03	38.00	1033
天才中小学生智力测验题.第九卷	2019－03	38.00	1034
天才中小学生智力测验题.第十卷	2019－03	38.00	1035
天才中小学生智力测验题.第十一卷	2019－03	38.00	1036
天才中小学生智力测验题.第十二卷	2019－03	38.00	1037
天才中小学生智力测验题.第十三卷	2019－03	38.00	1038
重点大学自主招生数学备考全书:函数	2020－05	48.00	1047
重点大学自主招生数学备考全书:导数	2020－08	48.00	1048
重点大学自主招生数学备考全书:数列与不等式	2019－10	78.00	1049
重点大学自主招生数学备考全书:三角函数与平面向量	2020－08	68.00	1050
重点大学自主招生数学备考全书:平面解析几何	2020－07	58.00	1051
重点大学自主招生数学备考全书:立体几何与平面几何	2019－08	48.00	1052
重点大学自主招生数学备考全书:排列组合·概率统计·复数	2019－09	48.00	1053
重点大学自主招生数学备考全书:初等数论与组合数学	2019－08	48.00	1054
重点大学自主招生数学备考全书:重点大学自主招生真题.上	2019－04	68.00	1055
重点大学自主招生数学备考全书:重点大学自主招生真题.下	2019－04	58.00	1056
高中数学竞赛培训教程:平面几何问题的求解方法与策略.上	2018－05	68.00	906
高中数学竞赛培训教程:平面几何问题的求解方法与策略.下	2018－06	78.00	907
高中数学竞赛培训教程:整除与同余以及不定方程	2018－01	88.00	908
高中数学竞赛培训教程:组合计数与组合极值	2018－04	48.00	909
高中数学竞赛培训教程:初等代数	2019－04	78.00	1042
高中数学讲座:数学竞赛基础教程(第一册)	2019－06	48.00	1094
高中数学讲座:数学竞赛基础教程(第二册)	即将出版		1095
高中数学讲座:数学竞赛基础教程(第三册)	即将出版		1096
高中数学讲座:数学竞赛基础教程(第四册)	即将出版		1097

刘培杰数学工作室
已出版(即将出版)图书目录——初等数学

书　　名	出版时间	定　价	编号
新编中学数学解题方法 1000 招丛书. 实数(初中版)	2022－05	58.00	1291
新编中学数学解题方法 1000 招丛书. 式(初中版)	2022－05	48.00	1292
新编中学数学解题方法 1000 招丛书. 方程与不等式(初中版)	2021－04	58.00	1293
新编中学数学解题方法 1000 招丛书. 函数(初中版)	2022－05	38.00	1294
新编中学数学解题方法 1000 招丛书. 角(初中版)	2022－05	48.00	1295
新编中学数学解题方法 1000 招丛书. 线段(初中版)	2022－05	48.00	1296
新编中学数学解题方法 1000 招丛书. 三角形与多边形(初中版)	2021－04	48.00	1297
新编中学数学解题方法 1000 招丛书. 圆(初中版)	2022－05	48.00	1298
新编中学数学解题方法 1000 招丛书. 面积(初中版)	2021－07	28.00	1299
新编中学数学解题方法 1000 招丛书. 逻辑推理(初中版)	2022－06	48.00	1300

高中数学题典精编. 第一辑. 函数	2022－01	58.00	1444
高中数学题典精编. 第一辑. 导数	2022－01	68.00	1445
高中数学题典精编. 第一辑. 三角函数·平面向量	2022－01	68.00	1446
高中数学题典精编. 第一辑. 数列	2022－01	58.00	1447
高中数学题典精编. 第一辑. 不等式·推理与证明	2022－01	58.00	1448
高中数学题典精编. 第一辑. 立体几何	2022－01	58.00	1449
高中数学题典精编. 第一辑. 平面解析几何	2022－01	68.00	1450
高中数学题典精编. 第一辑. 统计·概率·平面几何	2022－01	58.00	1451
高中数学题典精编. 第一辑. 初等数论·组合数学·数学文化·解题方法	2022－01	58.00	1452

历届全国初中数学竞赛试题分类解析. 初等代数	2022－09	98.00	1555
历届全国初中数学竞赛试题分类解析. 初等数论	2022－09	48.00	1556
历届全国初中数学竞赛试题分类解析. 平面几何	2022－09	38.00	1557
历届全国初中数学竞赛试题分类解析. 组合	2022－09	38.00	1558

从三道高三数学模拟题的背景谈起:兼谈傅里叶三角级数	2023－03	48.00	1651
从一道日本东京大学的入学试题谈起:兼谈 π 的方方面面	2025－01	68.00	1652
从两道 2021 年福建高三数学测试题谈起:兼谈球面几何学与球面三角学	2025－01	58.00	1653
从一道湖南高考数学试题谈起:兼谈有界变差数列	2024－01	48.00	1654
从一道高校自主招生试题谈起:兼谈詹森函数方程	即将出版		1655
从一道上海高考数学试题谈起:兼谈有界变差函数	即将出版		1656
从一道北京大学金秋营数学试题的解法谈起:兼谈伽罗瓦理论	2024－10	38.00	1657
从一道北京高考数学试题的解法谈起:兼谈毕克定理	即将出版		1658
从一道北京大学金秋营数学试题的解法谈起:兼谈帕塞瓦尔恒等式	2024－10	68.00	1659
从一道高三数学模拟测试题的背景谈起:兼谈等周问题与等周不等式	即将出版		1660
从一道 2020 年全国高考数学试题的解法谈起:兼谈斐波那契数列和纳卡穆拉定理及奥斯图达定理	即将出版		1661
从一道高考数学附加题谈起:兼谈广义斐波那契数列	2025－01	68.00	1662

刘培杰数学工作室
已出版(即将出版)图书目录——初等数学

书　　名	出版时间	定　价	编号
从一道普通高中学业水平考试中数学卷的压轴题谈起——兼谈最佳逼近理论	2024－10	58.00	1759
从一道高考数学试题谈起——兼谈李普希兹条件	即将出版		1760
从一道北京市朝阳区高二期末数学考试题的解法谈起——兼谈希尔宾斯基垫片和分形几何	即将出版		1761
从一道高考数学试题谈起——兼谈巴拿赫压缩不动点定理	即将出版		1762
从一道中国台湾地区高考数学试题谈起——兼谈费马数与计算数论	即将出版		1763
从 2022 年全国高考数学压轴题的解法谈起——兼谈数值计算中的帕德逼近	2024－10	48.00	1764
从一道清华大学 2022 年强基计划数学测试题的解法谈起——兼谈拉马努金恒等式	即将出版		1765
从一篇有关数学建模的讲义谈起——兼谈信息熵与信息论	即将出版		1766
从一道清华大学自主招生的数学试题谈起——兼谈格点与闵可夫斯基定理	即将出版		1767
从一道 1979 年高考数学试题谈起——兼谈勾股定理和毕达哥拉斯定理	即将出版		1768
从一道 2020 年北京大学“强基计划”数学试题谈起——兼谈微分几何中的包络问题	即将出版		1769
从一道高考数学试题谈起——兼谈香农的信息理论	即将出版		1770

代数学教程．第一卷，集合论	2023－08	58.00	1664
代数学教程．第二卷，抽象代数基础	2023－08	68.00	1665
代数学教程．第三卷，数论原理	2023－08	58.00	1666
代数学教程．第四卷，代数方程式论	2023－08	48.00	1667
代数学教程．第五卷，多项式理论	2023－08	58.00	1668
代数学教程．第六卷，线性代数原理	2024－06	98.00	1669

中考数学培优教程——二次函数卷	2024－05	78.00	1718
中考数学培优教程——平面几何最值卷	2024－05	58.00	1719
中考数学培优教程——专题讲座卷	2024－05	58.00	1720

联系地址：哈尔滨市南岗区复华四道街 10 号　哈尔滨工业大学出版社刘培杰数学工作室

邮　　编：150006

联系电话：0451－86281378　　13904613167

E-mail:lpj1378@163.com